钢管煤矸石混凝土结构的抗震性能

李帼昌　张海霞　杨志坚　著

科学出版社
北京

内 容 简 介

本书系统阐述了作者多年来的研究成果，主要内容包括：通过试验、理论和数值模拟相结合的方法，研究了钢管煤矸石轻骨料混凝土纯弯构件、压弯构件及四种不同形式钢管煤矸石轻骨料混凝土梁柱节点在往复荷载作用下的力学性能、影响因素；评价了各构件的抗震性能指标；建立了纯弯构件、压弯构件的恢复力理论模型；并对钢管煤矸石混凝土框架结构进行静力弹塑性和非线性动力分析，对其进行抗震性能评估。

本书内容丰富，具有系统性、理论性和实用性，可供土建类专业教师、研究生、高年级本科生及广大科技人员参考。

图书在版编目(CIP)数据

钢管煤矸石混凝土结构的抗震性能/李帼昌，张海霞，杨志坚著. —北京：科学出版社，2018. 4

ISBN 978-7-03-056878-6

Ⅰ.①钢… Ⅱ.①李…②张…③杨… Ⅲ.①煤矸石混凝土-轻集料混凝土-钢管混凝土结构-抗震性能 Ⅳ.①TU37

中国版本图书馆 CIP 数据核字(2018)第 048319 号

责任编辑：周 炜 / 责任校对：郭瑞芝
责任印制：师艳茹 / 封面设计：陈 敬

科学出版社出版
北京东黄城根北街 16 号
邮政编码：100717
http://www.sciencep.com

中国科学院印刷厂印刷
科学出版社发行 各地新华书店经销
*
2018 年 4 月第 一 版 开本：720×1000 1/16
2018 年 4 月第一次印刷 印张：22
字数：423 000

定价：135.00 元

（如有印装质量问题，我社负责调换）

前　言

建筑业是国民经济的支柱型产业，近年来，建筑业保持着良好的发展态势，城镇化的进程不断加快，资源消耗总量也逐年迅速增长，然而资源的过度消耗已经成为制约我国经济发展的一大难题，开展资源综合利用、寻找新型可替代能源是我国实现可持续发展战略的重要途径。辽宁省的煤矸石资源十分丰富，主要分布在阜新、本溪、抚顺、铁岭等地区。自1976年以来，辽宁省建设科学研究院开始对自燃煤矸石进行了大量试验研究工作，取得了一定成果。经多年研究表明，辽宁省的煤矸石可以作为建筑结构用的轻骨料，其不仅生产工艺简单、价格低廉，而且煤矸石混凝土在抗压强度与普通混凝土相同的条件下，其容重可降低20%以上。目前煤矸石作为轻骨料已被列入国家有关规范、标准中，并得到了一定的应用。

随着我国高层建筑的不断增多，钢管混凝土结构因其在性能和施工工艺方面的优势，已成为国内外高层建筑结构体系中的重要组成部分。随着对钢管混凝土研究的日益深入和对其理论的不断完善，其在实际工程中的应用已越来越广泛。用煤矸石轻骨料混凝土代替普通混凝土与钢管相结合，形成钢管煤矸石混凝土构件，并将其应用于各类建筑，不仅可以在钢管普通混凝土构件的基础上降低结构自重，而且可以节约砂石等不可再生资源、减少堆积煤矸石占用的耕地、治理环境，使自然资源得到可持续利用，产生可观的经济效益和社会效益。作者1992年开始对煤矸石轻骨料混凝土构件进行研究，本书是作者多年来根据实际应用需要所取得的研究成果的总结。

本书共8章，第1章详细介绍钢管混凝土的特点及发展现状，介绍钢-煤矸石轻骨料混凝土组合结构的研究进展。第2章通过试验研究钢管煤矸石混凝土纯弯构件在往复荷载作用下的受力性能、影响因素；比较分析试验结果与国内外有关规范中抗弯承载力和刚度理论计算结果；建立纯弯构件的恢复力模型；利用有限元软件，进一步分析纯弯构件的延性、耗能、刚度退化和强度退化等抗震性能指标。第3章通过试验研究钢管煤矸石混凝土压弯构件在往复荷载作用下的受力性能；分析影响其抗震性能的主要因素；比较分析试验结果与国内外有关规范中极限承载力理论计算结果；建立恢复力模型的简化数学模型；利用数值模拟的方法，进一步深入研究压弯构件的滞回性能。第4章首先介绍钢管混凝土梁柱节点连接的主要形式、研究及应用现状，然后通过试验研究钢管煤矸石混凝土柱-钢梁外加强环节点在低周反复荷载作用下的力学性能，分析其滞回曲线、骨架曲线特征及抗震性能指标；探讨钢梁、钢管壁和加强环的应变分布规律，研究影响节点受力性能的主要因素；建立节点有限元模型，对其进行抗震性能研究及多参数的有限元分析。第5章～第7章通过试验分别研究钢管煤矸石混凝土牛腿-钢梁外加强环节点、钢管煤矸石混凝土柱-钢筋煤矸石混凝土环梁节点和钢筋贯通式钢管煤矸石混凝土柱-煤矸石混凝土梁节点在往复荷载作用下的力学性能；分析其滞回性能、骨架曲线特征、耗能能力和延性性能等抗震性能指标；分析节点区梁、柱、加强环或牛腿应变分布规律；利用有限元软件，建立不同类型节点模型，对其进行抗震性能研究及多参数有限元分析。第8章首先介绍钢管煤矸石混凝土框架结构抗震性能的发展现状；然后利用有限元分析软件SAP2000和OpenSees对十层钢管煤矸石混凝土框架结构进行静力弹塑性和非线性动力分析，考虑在小震、中震和大震下不同侧向力加载方式和不同地震波作用对钢管煤矸石混凝土框架体系抗震性能的影响，综合基底剪力-顶点位移曲线、结构侧向变形、结构加速度反应时程曲线和塑性铰发展情况，对钢管煤矸石混凝土框架进行抗震性能评估；并比较两种方法下钢管煤矸石混凝土框架结构抗震性能的差异。

本书的研究是在国家重点实验室基金项目、住房和城乡建设部研究开发项目、辽宁省教育厅科学技术研究项目、辽宁省科学技术计划项目的资助下完成的，在此表示衷心的感谢。

本书是作者课题组多年开展钢管煤矸石轻骨料混凝土结构研究工作的总结。在课题研究过程中，研究生刘麟、孙威、佟京阳、聂尧、舒铮、任秋实、柏吉、姜杰、张春雨、慕童、方晨等协助作者完成了大量试验、计算及分析工作，他们均对本书作出了重要贡献。作者在此对他们付出的辛勤劳动和对本书面世所作的贡献表示诚挚的谢意。

限于作者水平，书中难免存在疏漏和不妥之处，敬请读者批评指正。

目　　录

第1章　绪　　论

1.1　钢管混凝土的特点及发展现状

钢管混凝土结构是在钢管内填充混凝土形成的，由钢管和核心混凝土共同承担荷载作用的结构形式（钟善桐，1999，1995）。钢管混凝土结构能充分利用钢管和混凝土各自的优点。一方面，核心混凝土的存在增加了钢管壁的稳定性，同时又延缓了钢管发生局部屈曲；另一方面，外部钢管对核心混凝土的约束作用使得核心混凝土在荷载作用下处于三向受力状态，提高了混凝土的抗压强度，增加了其延性（韩林海，2000）。

1.1.1　钢管混凝土的特点

钢管混凝土按截面形式的不同，可以分为圆钢管混凝土，方、矩形钢管混凝土和多边形钢管混凝土等（韩林海，2004）。目前工程和研究中最常见的四种钢管混凝土构件截面形式如图1.1所示。钢管混凝土柱在承担轴向力时，开始时混凝土向外扩张的变形远小于钢管扩张变形，随着轴向力的增加，核心混凝土向外扩张的变形大于钢管的直径扩张变形，从而钢管箍住混凝土，阻碍核心混凝土的扩张，这使得钢管和核心混凝土处于三向受力状态（韩林海和杨有福，2004）。随着混凝土受到钢管紧箍力的增大，混凝土的抗压强度增加，塑性变形能力提高。由于钢管的局部稳定决定钢管的承载力，核心混凝土的存在，提高钢管的局部稳定性，也充分利用钢管的屈服强度。在钢管混凝土构件中，两种材料取长补短，充分合理地利用两种材料的优点，使得钢管混凝土结构成为理想的受力构件。

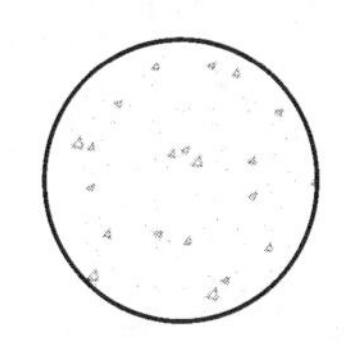
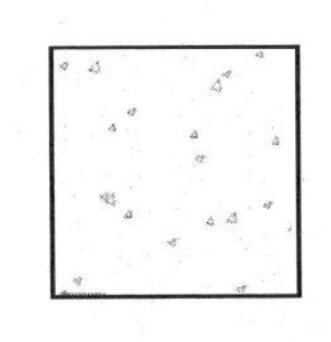
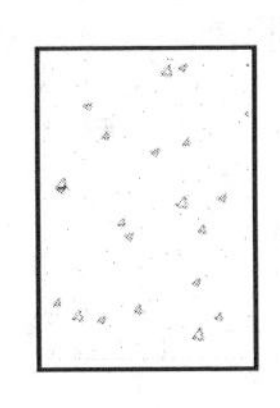
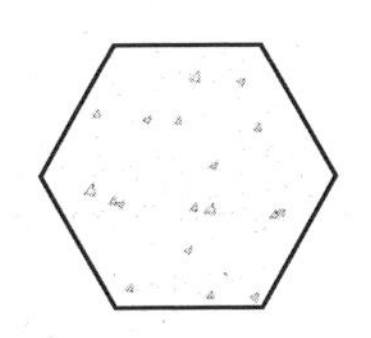

图1.1　常见钢管混凝土构件截面形式

钢管混凝土的迅速发展是因为其具有以下主要特点（钟善桐，1999）。

(1) 构件承载力高。混凝土的抗压强度高，抗拉能力相对较弱，而钢材的抗拉能力强，但局部缺陷和焊接残余应力对钢管影响较大，则在受压时钢管易失稳，使其极限承载能力不稳定。由于钢管中核心混凝土的存在，随着轴向力的增加，钢管对混凝土产生紧箍效应，从而混凝土处在三向受力状态，有效延缓其纵向开裂。同时，核心混凝土也延缓了在钢管壁上过早发生局部屈曲。

(2) 塑性和韧性好。在钢管混凝土结构中，混凝土受到钢管的约束作用，不但改善了混凝土在使用阶段的弹性性质，而且使其在破坏阶段产生较大的塑性变形。在往复荷载作用下，钢管混凝土构件有饱满的滞回曲线，延性好，吸收能量多，刚度退化很小，良好的塑性与韧性使钢管混凝土具备良好的抗震性能。

(3) 施工方便。与钢结构构件相比，钢管混凝土柱较少使用零件，焊缝短，构造相对简单。柱脚采用在混凝土基础上预留杯口的插入式柱脚。同时构件自重较小，方便运输和吊装，因而施工很简便，节省工期。另外，与钢筋混凝土柱相比，钢管混凝土柱的钢管具有钢筋的功能，兼有纵向钢筋和横向箍筋的作用，因此管内不用设钢筋，从施工角度看，省了钢筋下料切断、弯曲和绑扎钢筋等一系列工艺过程。

(4) 耐火性能较好。钢管和核心混凝土之间的相互作用，使得钢管混凝土具有良好的耐火性能。首先，发生火灾时，虽然外部钢管升温较快，但内部混凝土升温滞后，且温度沿截面分布很不均匀，同时温度不高的混凝土部分仍具有承载力，使钢管混凝土能经受较长的火灾燃烧时间而不破坏；对外部钢管而言，由于其热量充分被核心混凝土吸收，也使外部钢管温度升高的幅度低于纯钢结构，可有效提高钢管混凝土构件的耐火极限。其次，当构件遭受火灾作用时，由于钢管的保护作用，核心混凝土在高温下不会像钢筋混凝土那样发生剥落和崩裂，而钢管虽然在高温下已软化，丧失强度而失去承载力，但是由于内部混凝土的存在，保证钢管不发生失稳和局部屈曲，因此两者协同互补，共同工作，提高了钢管混凝土构件的整体性，使这种结构具有很好的耐火性能。

(5) 经济效果好。作为一种较为合理的结构形式，采用钢管混凝土可以很好地发挥钢材和混凝土两种材料的特性和潜力，大量实际工程表明，采用钢管混凝土的承压构件比普通钢筋混凝土承压构件可节约混凝土 50%，减轻结构自重 50%左右，钢材用量略高或相等；与钢结构比较，可节约钢材 50%左右。

1.1.2　钢管混凝土的发展

钢管混凝土结构的优势和特点促使其广泛应用并得到有效发展。钢管混凝土结构起源于 19 世纪(蔡绍怀，2003)，英国建造赛文铁路桥时为了防止钢管锈蚀且增加桥墩的承载力，首次在钢管中灌注混凝土。1897 年美国 Larry 在房屋建筑的承重柱中利用圆钢管混凝土，并取得专利，从此，钢管混凝土开始受到欧美国家土木工程师的重视(Lally，1926)。20 世纪 40 年代，苏联对钢管混凝土的基本力学性能开展了试验研究，Gvozdev 教授阐明了钢管套箍混凝土的工作机理，并成功地用极限平衡法推导出钢管混凝土轴压短柱极限承载能力的理论计算公式，为现代钢管混凝土结构的设计计算理论奠定了坚实的基础(蔡绍怀，2003)。20 世纪 60 年代，苏联继续对钢管混凝土结构进行系统研究，同时其他工业发达国家开始高度重视和大力发展钢管混凝土技术，大量的研究和工程实践在这一时期开展起来。到了 20 世纪 80 年代，随着泵送混凝土技术的出现和成熟，钢管混凝土的浇筑工艺得到改进和完善，使得钢管混凝土技术又一次得到快速的发展。各国相关学者对钢管混凝土的静力性能、长期荷载作用的影响、动力性能以及耐火极限等进行了深入的试验研究和理论分析，并取得一系列成果，为钢管混凝土技术的完善和发展奠定了一定的基础。迄今为止，美国、日本以及欧洲等国已经出版了多部关于钢管混凝土结构的设计规范，这些规范中都同时包含了圆钢管混凝土和方、矩形钢管混凝土构件承载力设计计算方面的条文。

在我国，钢管混凝土起步相对较晚，自 20 世纪 60 年代从苏联引进钢管混凝土技术，现已发展 50 多年。1959 年中国科学院土木建筑研究所就最先开展了钢管混凝土基本性能的试验研究。20 世纪 70 年代，在冶金、造船、电力等行业的单层厂房和重型构架中，钢管混凝土结构得到大量使用和广泛推广。进入 80 年代，中国建筑科学研究院结构所、哈尔滨建筑工程学院等单位开展了较系统的试验研究，建立了一套能满足设计需要的钢管混凝土结构计算理论和设计方法，标志着钢管混凝土结构在我国的发展进入了一个崭新的阶段。20 世纪 90 年代以后，我国在钢管混凝土的研究工作方面取得了巨大的成就，许多学者在钢管混凝土构件的抗爆性能、耐火极限、施工设计方法、锈蚀防护、经济优化等方面进行了大量的研究，为钢管混凝土的应用和发展作出了巨大的贡献，使得钢管混凝土理论研究日趋完善。

我国近十几年来已先后颁布了几本有关钢管混凝土结构设计方面的规程，如中国工程建设标准化协会标准《钢管混凝土结构设计与施工规程》(CECS28:90)、我国电力行业标准《钢-混凝土组合结构设计规程》(DL/T 5085—1999)等都给出了圆钢管混凝土结构设计方面的规定。中国工程建设标准化协会标准《矩形钢管混凝土结构技术规程》(CECS159:2004)给出了矩形钢管混凝土结构设计方面的条文。福建省工程建设地方标准《钢管混凝土结构技术规程》(DBJ/T 13-51—2010)可适合于圆形和方、矩形钢管混凝土结构的设计计算方法。中国工程建设标准化协会于 2012 年发布了由哈尔滨工业大学、中国建筑科学研究院等单位全面修订的《钢管混凝土结构技术规程》(CECS28:2012)适用于采用圆形钢管混凝土构件的工业与民用建筑及构筑物的结构设计及施工，也可适用于采用圆形钢管混凝土构件的桥梁、塔架的设计与施工。

1.2 煤矸石轻骨料混凝土的特点

1.2.1 煤矸石简介及综合利用

随着我国经济的飞速发展和城市化进程的不断加快，资源的过度消耗已经成为制约我国经济发展的一大难题。为了摆脱资源匮乏的困境，保持我国经济持续快速发展的强劲势头，开展资源综合利用、寻找新型可替代能源和实施节能减排政策是我国实现可持续发展战略的重要途径（李帼昌，2001）。

煤矸石是采煤过程和洗煤过程中排出的废弃物，是我国最大的工业固体废弃物。截至 2012 年，有数据显示，我国煤矸石累计堆存已超过 50 亿 t，且总量仍在以每年 3 亿～3.5 亿 t 的速度增加。专家预计，到 2020 年，全国煤矸石年排放量将增至 7.29 亿 t。煤矸石的大量堆放，不仅压占土地，影响生态环境，矸石淋溶水将污染周围土壤和地下水，而且煤矸石中含有一定的可燃物，在适宜的条件下发生自燃，排放二氧化硫、氮氧化物、碳氧化物和烟尘等有害气体污染大气环境，影响矿区居民的身体健康，如辽宁本溪矿区曾发生过因矸石自燃造成人员中毒死亡的事故。世界各国都很重视煤矸石的处理和利用。英国煤管局在 1970 年成立了煤矸石管理处。波兰和匈牙利联合成立了海尔得克斯矸石利用公司，这些机构专门从事煤矸石处理和利用。

1999 年国家经济贸易委员会、科学技术部下达了关于印发《煤矸石综合利用技术政策要点》的通知，对煤矸石综合利用技术原则、煤矸石作燃料发电、煤矸石生产建筑材料及制品、煤矸石复垦及回填矿井采空区技术、回收有益组分及制取化工产品及煤矸石生产复合肥料等给出了详细的指导性意见。

近年来，中国煤炭工业大力发展循环经济，按照减量化、再利用、再循环的原则，重点治理和利用煤矸石、矿井水和粉煤灰。2010 年煤矸石综合利用量 3.9 亿 t 以上，利用率达到 70%以上。其中，煤矸石等低热值燃料电厂年利用 2 亿 t；煤矸石砖利用 0.9 亿 t；煤矸石复垦造田筑路和井下充填消纳 1 亿 t 以上；产生矿井水 50 亿 m^3，利用 36 亿 m^3，利用率达到 70%。2013 年煤矸石综合利用量为 4.8 亿 t，利用率为 64%。2015 年 3 月 1 日起施行《煤矸石综合利用管理办法》修订版，对煤矸石的综合利用提出具体要求。

1.2.2 煤矸石轻骨料混凝土

辽宁省的煤矸石资源十分丰富，主要分布于阜新、本溪、沈阳、抚顺、铁岭等地。从 1976 年起辽宁省建设科学研究院曾对自燃煤矸石进行了大量试验研究工作，取得了一定成果，经多年研究表明，辽宁省的煤矸石可以作为建筑结构用轻骨料(刘振清等,1986)。煤矸石作为轻骨料已被列入国家有关规范标准中,如建筑工业行业标准《工业灰渣混凝土空心隔墙条板》(JG 3063—1999)、我国标准《轻骨料混凝土技术规程》(JGJ 51—2002),我国标准《轻骨料混凝土结构技术规程》(JGJ 12—2006)。

自燃煤矸石用作轻骨料,生产工艺简单,只需破碎、筛分成要求的粒级,是轻骨料生产中最经济的一种方法,价格比普通砂石还便宜。采用自燃煤矸石代替普通砂石作为结构用轻骨料,节约砂石不可再生资源,此举实为废物利用,经济、社会效益显著。煤矸石混凝土的最大特点是在抗压强度与普通混凝土相同的条件下,其容重可降低20%以上。用煤矸石混凝土代替普通混凝土与钢管相结合,形成钢管煤矸石混凝土柱,可以在钢管普通混凝土柱的基础上降低结构自重20%,从而减轻地基所承受的荷载。由于结构自重的降低,竖向构件的截面尺寸相对减小,因此建筑物的使用面积增加。由于煤矸石混凝土的容重比普通混凝土的小,使得压型钢板-煤矸石混凝土组合楼板在承受与压型钢板普通混凝土组合楼板相同荷载时自重降低30%左右,楼板厚度相应减小,增大房屋的净空高度,竖向构件截面尺寸减小,有效使用面积增加。由于煤矸石混凝土的横向变形性能优于普通混凝土,更能充分发挥钢管对核心混凝土的约束作用;采用压型钢板-煤矸石混凝土组合楼板代替压型钢板-普通混凝土楼板和钢筋混凝土楼板应用于各类建筑,尤其是高层建筑,不仅降低结构造价,另外还可以利用工业废料-煤矸石,节约砂石不可再生资源、减少堆积煤矸石占用的耕地、治理环境,使自然资源得到可持续利用,产生可观的经济效益和深远的社会效益(李幗昌等,2005,2004,2003a;Li 和 Wang,2004;Ma et al.,2001;李幗昌和钟善桐,2000)。

自燃煤矸石轻骨料混凝土具有较好的抗渗、抗冻、抗碳化性能,对钢筋也可起到较好的保护作用。

(1) 抗渗性能。在抗压强度相对不高的正常配合比下,自燃煤矸石中抗渗最差的白色矸石轻骨料混凝土的抗渗性可以达到P10,而工程中应用的混合煤矸石混凝土的抗渗指标高达P14,可见自燃煤矸石轻骨料混凝土是完全可以满足耐久性的抗渗性要求(由世岐和沈玄,2005)。徐彬等(1997)通过激发剂技术制得的大掺量煤矸石混凝土不仅抗冻、抗碳化、抗硫酸盐腐蚀性能良好,且经“快速压蒸法”测试,在相同条件下掺煤矸石混凝土发生碱集料反应的可能性要小于水泥混凝土。宋小军和王培铭(2005)在混凝土中掺入30%高温活化煤矸石,经28d标准养护,虽然强度略低于普通混凝土,但因煤矸石的掺入改善了混凝土结构,其抗氯离子渗透性能提高。周双喜(2007)将30%的热活化煤矸石细粉取代水泥掺入混凝土中进行了抗氯离子渗透性能和抗海水侵蚀性能试验。研究发现,7d龄期单掺热活化煤矸石细粉和复掺热活化煤矸石细粉的混凝土相对氯离子扩散系数均高于素混凝土,到了180d龄期,无论单掺热活化煤矸石细粉还是复掺热活化煤矸石细粉的混凝土相对氯离子扩散系数不到素混凝土的一半。180d 龄期，掺热活化煤矸石细粉混凝土的抗海水侵蚀能力要低于素混凝土，热活化煤矸石细粉与粉煤灰二元复掺混凝土及热活化煤矸石细粉与矿渣粉二元复掺混凝土在经海水侵蚀后，混凝土的强度不仅未降低反而有一定增加。

(2) 抗冻性。由世岐和沈玄(2005)对不同强度的自燃煤矸石混凝土进行抗冻试验，结果表明，自燃煤矸石轻集料混凝土的抗冻性与普通混凝土相比毫不逊色，完全可以满足耐久性的抗冻要求。

(3) 抗碳化性能。总体而言，考虑各种影响混凝土碳化因素，自燃煤矸石混凝土与其他品种的轻集料混凝土抗碳化能力是相当的(由世岐和沈玄，2005)。

(4) 抗侵蚀性能。张长森等(2004)的试验结果也显示，掺煤矸石混凝土的抗硫酸盐侵蚀能力明显优于不掺煤矸石的试样。沙建芳(2007)进行了掺、不掺煤矸石混凝土碱硅酸反应(ASR)、氯盐腐蚀的劣化试验研究，研究表明，煤矸石的掺入能有效延迟和减缓混凝土 ASR 膨胀；煤矸石对混凝土孔结构的改善，其抗氯离子渗透性能明显优于普通水泥混凝土；普通混凝土经受 ASR、氯盐腐蚀两者短期破坏作用后即处于濒临失效状态，掺煤矸石混凝土同期损伤程度小，动弹性模量下降缓慢，结构寿命延长(詹炳根等，2008；沙建芳，2007)。郭金敏和朱伶俐(2011)以煤矸石替代碎石、粉煤灰，矿渣替代水泥配制煤矸石混凝土进行其耐久性的正交试验研究，结果表明，煤矸石混凝土经过硫酸盐侵蚀后强度影响不是太大。该成果突破了传统的煤矸石活化方法研究煤矸石，对其在道路工程、排水工程等方面的利用具有一定的参考价值。

(5) 对钢筋的保护作用。自燃煤矸石轻集料混凝土抗碳化能力的研究表明，只要按不同使用环境类别、不同的构件类别，对轻骨料混凝土最低强度等级、最小水泥用量、最大水灰比及掺和料粉煤灰最大用量加以限制，可保证结构使用要求(由世岐和沈玄，2005)。

1.3 钢-煤矸石轻骨料混凝土组合结构的研究现状

目前，国内外有关钢管轻骨料混凝土构件的研究和应用还处于探索阶段。尽管日本成功地将钢管轻骨料混凝土应用于“新干线”高速铁路桥梁的建设中，但对于钢管轻骨料混凝土基本力学性能的探索和研究并未系统地开展(杨明，2006)。

李帼昌等(2003b，2002a，2002b，2001)通过对大量的轴压短柱进行试验研究，在对试验结果进行数值分析的基础上，提出了钢管煤矸石混凝土结构中核心煤矸石混凝土的强度准则和本构关系表达式；用理论分析和数值计算的方法，提出了钢管煤矸石混凝土中核心煤矸石混凝土的泊松比计算公式。对钢管煤矸石混凝土受压过程进行分析，将组合材料看成一种材料，对本构关系进行简化。利用简化后的本构关系推导出钢管煤矸石混凝土轴压短柱的承载力计算公式，建立钢管煤矸石混凝土轴压短柱的神经网络结构。同时，分析了含钢率和核心混凝土轴心抗压强度对煤矸石混凝土极限抗压强度的影响规律。结果表明，低强度的轻骨料混凝土代替普通砂石混凝土与钢管形成钢管混凝土结构能充分发挥钢管的紧箍效应。

李帼昌等(2003c,1999)基于均匀设计方法，对4根不同偏心率、不同长细比的圆钢管煤矸石混凝土柱进行了偏心受压的试验研究，得到了钢管煤矸石混凝土偏压构件承载力计算公式，定义了偏压构件的极限承载能力，推导出极限状态时偏心受压构件中截面的中性轴、挠度与偏心距和长细比之间的关系式。通过对偏压构件的受荷过程进行分析，给出了偏压构件的稳定承载力计算公式。

李帼昌等(2003a)对8块不同钢板厚度、不同剪跨长度、不同组合板厚度的压型钢板-煤矸石混凝土组合楼板进行了试验研究，绘制了荷载-变形曲线，给出了组合板在施工阶段的承载力计算公式和正截面强度计算公式，确定了组合板的水平抗剪的极限承载力计算公式、组合板斜截面受剪承载力计算公式和抗冲切承载力计算公式。

李帼昌等(2005)通过试验研究了5种不同含钢率的钢管煤矸石混凝土受弯构件。在试验中，计算了弯矩-挠度曲线、弯矩-最大拉应变曲线，从而分析了曲线的特征和极限承载力，分析了曲线的三个特征点，将构件的变形过程分为三个不同的阶段，即弹性段、弹塑性段和强化段。同时，分析了受弯构件中和轴变化规律和核心煤矸石混凝土对受弯构件强度的影响。通过试验数据，推导了计算钢管煤矸石受弯构件承载力的公式和极限状态时的挠度计算公式，验证了计算结果与试验结果的吻合度。

李帼昌等(2009,2008)对钢管煤矸石混凝土节点进行了低周往复荷载作用下的试验研究，给出了节点的破坏形态，得到梁的荷载-位移滞回曲线、骨架曲线，分析了试件的延性和耗能能力。试验表明，钢管煤矸石混凝土梁柱节点抗震性能良好。

吉伯海等(2006a,2005)通过试验研究了6组共17根钢管约束下核心轻骨料混凝土试件的紧箍效应，考察了混凝土强度、含钢率等因素对钢管轻骨料混凝土受压构件的承载力、应力-应变关系曲线等的影响。试验结果表明，钢管的约束作用改善了轻骨料混凝土的变形性能和延性，提高了混凝土的强度。同时，课题组还对42根在轴向压力作用下的钢管轻骨料混凝土短柱构件进行了试验，用短柱剥离分析的方法对试验数据进行数值分析，对核心混凝土和钢管进行了应力分析，得出了内置于钢管中的核心混凝土的本构关系计算方程，核心混凝土的本构关系曲线与按剥离法得出的曲线有很好的吻合。

吉伯海等(2006b)考虑不同试验参数，采用荷载作用在核心混凝土上、荷载作用在整个截面上和采用滚轴加载板将荷载作用在整个截面上 3 种不同加载方式对 27 根钢管轻集料混凝土短柱进行轴压试验，分析了加载方式对构件轴心受压破坏形态和力学性能的影响。研究表明，加载方式对钢管轻集料混凝土短柱的轴压变形性能有较大影响，而对其极限承载力影响不大。钢管轻集料混凝土短柱的纵向压缩变形能力都很强，具有良好的延性，并具有较大的后期承载能力。吉伯海等(2007)还进行了中长柱轴压力学性能的试验研究。研究表明，在相同条件下，长细比越大，试件的承载力越低；钢管轻集料混凝土的稳定系数要高于长细比相同的钢管普通混凝土。傅中秋等(2009a)对 18 根不同长细比和含钢率的钢管轻集料混凝土长柱进行轴压试验，研究了长柱在轴心压力下的受力性能，并与钢管普通混凝土进行了对比。结果表明，钢管轻集料混凝土长柱破坏属于整体失稳破坏，长细比越大，其承载力和稳定系数越低；相同长细比情况下，钢管轻集料混凝土构件的承载力随含钢率增大而增大；钢管轻集料混凝土的界限长细比低于钢管普通混凝土，而稳定系数要高于长细比相同的钢管普通混凝土。傅中秋和吉伯海(2010)基于钢管轻集料混凝土轴压柱的试验结果，进一步分析长细比对钢管轻集料混凝土破坏形态、极限承载力的影响，并将界限长细比及稳定系数的经验公式计算结果与试验实测结果进行对比。分析结果表明，界限长细比作为钢管轻集料混凝土柱弹塑性和弹性破坏的分界点，可以应用 Euler 公式计算，其计算结果与试验相吻合，同时低于钢管普通混凝土经验公式计算结果。

吉伯海等(2009a)进行了 18 根钢管轻集料混凝土短柱的偏心受压试验。分析了偏心荷载作用下不同含钢率、偏心率的钢管轻集料混凝土短柱的破坏过程、破坏模式及破坏机理，并对试件的承载力影响参数及其承载力性能开展了研究。试验结果表明，内填轻集料混凝土能够有效延缓外侧钢管的局部屈曲；试件的破坏模式属于弹塑性破坏或塑性破坏；含钢率和偏心率对试件的极限承载力性能有一定影响，含钢率越大，试件极限承载力也越大，偏心率越大，试件极限承载力越小；钢管轻集料混凝土短柱偏压承载力与相同条件下的钢管普通混凝土短柱大致相当。傅中秋等(2010a,2010b)进行了 54 根不同偏心率、不同长径比、不同含钢率下的钢管轻集料混凝土偏心受压柱的承载力试验，分析了各参数对钢管轻集料混凝土承载力的影响规律，并应用多种规范对试验构件的承载力进行计算，将计算结果与试验结果进行对比分析。研究结果表明，偏心率越大、长径比越大、含钢率越小，钢管轻集料混凝土的极限承载力越低；现有规范对钢管轻集料混凝土的适用性有待进一步研究。另外，试件延性随着偏心率的增大而增大；偏心与稳定对钢管轻集料混凝土的承载力影响相互独立，其承载力折减系数可以由偏心折减系数乘以稳定系数得到，进一步建立了钢管轻集料混凝土的偏心折减系数计算公式，其计算结果与试验结果吻合良好。

傅中秋等(2009b)对 27 根钢管轻集料混凝土试件进行单调推出试验和 4 个

试件进行反复推出试验，研究了钢管轻集料混凝土黏结滑移的发展过程及破坏机理，考察了影响钢管轻集料混凝土黏结强度的因素。单调推出试验表明，养护方式和浇筑方式对钢管轻集料混凝土组合界面的黏结强度有一定的影响；钢管内壁越粗糙，黏结强度也越大；黏结强度随长细比和径厚比增长而降低。反复推出试验表明，随着同一方向推出次数的增加，钢管轻集料混凝土的黏结破坏荷载和黏结强度均会降低。

吉伯海等(2007)进行了21根钢管轻集料混凝土以及8根空钢管的纯弯试验，研究钢管轻集料混凝土构件在弯矩作用下的宏观变形特征、受力性能及影响因素。研究表明，钢管轻集料混凝土构件在纯弯矩的作用下，其宏观变形特征和破坏形态与钢管普通混凝土构件相似；内填的轻集料混凝土可以大大延缓或避免钢管局部屈曲的发生；钢管轻集料混凝土受弯试件具有较高的抗弯承载力和良好的延性性能；在相同条件下，钢管轻集料混凝土与钢管普通混凝土的极限抗弯承载力大致相当。

吉伯海等(2009b)分析了钢管轻集料混凝土抗弯刚度的影响因素，对钢管轻集料混凝土抗弯刚度的计算方法进行了探讨。结果表明，在其他参数相同的条件下，内填轻集料混凝土的强度对试件抗弯刚度影响很小，随着钢管壁厚的增加，试件抗弯刚度明显提高。吉伯海等(2011a)设计了一个钢管轻集料混凝土空间桁架梁试件及一个相应的K形节点试件，并对其进行结构计算分析，得到了预估承载力。吉伯海等(2013)进行了由钢管轻集料混凝土梁、钢筋混凝土板和剪力连接件组成的钢管轻集料混凝土组合梁试件的纯弯试验研究，分析了组合梁破坏形态、协同工作性能、荷载-应变关系及抗弯刚度。结果表明，开孔钢板作为组合梁的剪力连接件可以保证混凝土板和钢管轻集料混凝土梁的协同工作性能；组合梁具有较高的抗弯承载能力且位移延性系数大于5.0；钢管对受拉轻集料混凝土具有良好的环向约束作用，在正常使用阶段，保证了组合梁良好的抗弯刚度；提出的钢管轻集料混凝土组合梁抗弯刚度计算值与试验实测值较吻合。

孙洪滨等(2011)设计了穿心钢筋、穿心钢筋加弯矩传递板和穿心工字钢3种圆钢管轻集料混凝土梁与混凝土桥墩连接节点形式，并进行了其在低周往复荷载作用下的抗震性能试验研究。试验表明，3种节点都具有良好的抗震耗能性能，等效黏滞阻尼系数都超过了钢筋混凝土结构要求的0.1，延性系数都大于2的规范规定。

吉伯海等(2011b)基于29根钢管轻集料混凝土试件的抗剪试验，研究其破坏形态、抗剪承载力及影响因素。研究表明，当剪跨比$\lambda<0.5$时，试件均为剪切型破坏；当剪跨比$0.5\leqslant\lambda<0.85$时，施加轴压力的试件为剪弯型破坏；剪跨比$\lambda\geqslant 0.5$未施加轴压力及剪跨比$\lambda>0.85$施加轴压力的试件为弯曲型破坏。建立的抗剪承载力计算公式，试验值与计算值吻合较好，且偏于安全。

丁发兴等(2011)、雷崇和丁发兴(2011)通过对钢管轻骨料混凝土短柱进行轴压试验和有限元模拟,分析了钢管轻骨料混凝土短柱的轴压力学性能,提出了轻骨料混凝土在三向受压状态下的应力-应变关系表达式,并通过参数分析,验证了利用该表达式计算得到的轻骨料混凝土应力-应变关系全曲线与试验结果吻合,同时经过有限元分析,得出钢管对轻骨料混凝土的约束作用略差于对普通混凝土的约束效果的结论。

肖海兵等(2012)运用统一强度理论,考虑中间主应力的影响以及轻骨料混凝土与普通混凝土多轴强度准则差异的影响,推导出薄壁钢管轻骨料混凝土轴压短柱的极限承载力公式,并进行了参数分析。文献中的计算结果与试验数据吻合良好,表明统一强度理论运用于薄壁钢管轻骨料混凝土轴压短柱承载力计算是可行的。

1.4 本书的研究内容

钢管混凝土结构是一种新型的结构体系,由于它具有较好的抗震性能,因此在高层建筑中得到了越来越广泛的应用。钢管煤矸石混凝土是用煤矸石这种工业废料取代普通砂石,这样既可以发挥其自重较低和横向变形性能好的优点,又可以使自然资源得到可持续利用。为此,本书进行钢管煤矸石轻骨料混凝土纯弯、压弯构件滞回性能研究,同时设计了四种不同形式(即钢管煤矸石混凝土柱-钢梁加强环节点、钢管煤矸石混凝土柱-钢筋煤矸石环梁节点、钢管煤矸石混凝土柱-钢筋贯通式煤矸石混凝土梁节点和钢管煤矸石混凝土柱牛腿-钢梁外加强环节点)的钢管煤矸石混凝土梁柱节点,并通过试验研究、理论分析和数值模拟相结合的方法,对其进行了低周往复荷载作用下的受力性能研究。在此基础上,对钢管煤矸石轻集料混凝土框架结构进行抗震性能分析,具体研究内容如下。

(1) 往复荷载作用下钢管煤矸石混凝土纯弯构件的受力性能。

进行了6个圆钢管煤矸石混凝土纯弯构件滞回性能的试验研究,考察含钢率对试件变形、延性、刚度、耗能等性能的影响;分析试件滞回曲线、骨架曲线的特性,延性性能、耗能能力、刚度和强度退化特征等抗震性能指标;建立抗弯承载力和刚度的计算公式以及恢复力模型;建立纯弯构件数值模型,深入研究其工作机理。

(2) 往复荷载作用下钢管煤矸石混凝土压弯构件的受力性能。

进行了7个圆钢管煤矸石混凝土压弯构件在往复荷载作用下的试验研究,考察了轴压比与含钢率等参数对圆钢管煤矸石混凝土压弯构件承载力、延性、刚度、耗能等的影响;分析试件滞回曲线、骨架曲线的特性,延性性能、耗能能力、刚度和强度退化特征等抗震性能指标;建立构件承载力计算公式;建立压弯构件恢复力模型的简化数学模型;建立圆钢管煤矸石混凝土压弯构件的滞回数值模型,深入研究压弯构件受力全过程及工作机理。

(3) 往复荷载作用下钢管煤矸石混凝土梁柱节点的受力性能。

通过7个低周往复荷载作用下的四种不同类型钢管煤矸石混凝土梁柱节点的试验，研究其受力过程和破坏机理；分析节点滞回性能、骨架曲线特征、耗能能力、延性性能、刚度退化和强度退化规律等抗震性能指标；分析节点核心区钢管、混凝土、环梁、梁内钢筋或钢梁应变的变化情况；研究轴压比、节点形式、含钢率、钢材强度、煤矸石混凝土强度等因素对节点滞回性能的影响；研究钢管煤矸石混凝土梁柱节点核心区的抗剪机理，建立钢管煤矸石混凝土节点在出现塑性铰时的节点承载力计算公式；建立钢管煤矸石混凝土节点恢复力理论模型，给出相关公式；利用ABAQUS对节点进行深入的有限元模拟分析，进一步研究其滞回性能及试验外主要参数分析。

(4) 钢管煤矸石混凝土框架结构抗震性能分析。

在钢管混凝土统一理论基础上，建立钢管煤矸石混凝土结构的静力弹塑性分析和非线性动力分析的计算模型；利用有限元分析软件SAP2000和OpenSees对不同侧向力作用下的十层钢管煤矸石混凝土框架体系进行静力弹塑性分析，并与同一模型尺寸、同一材料等级的钢管普通混凝土框架进行对比分析；对钢管煤矸石混凝土框架体系进行了非线性动力分析，比较了SAP2000中静力弹塑性分析和非线性动力分析结果的差异；比较OpenSees中静力弹塑性分析和非线性动力分析结果的差异；结合两种软件的分析结果，即结构体系塑性铰的出现顺序和位置、层间位移、基底剪力-监测点位移曲线，结合我国抗震规范，对钢管煤矸石混凝土框架体系进行抗震性能评估。

参 考 文 献

蔡绍怀. 2003. 现代钢管混凝土结构. 北京：人民交通出版社.

丁发兴，应小勇，余志武，等. 2011. 圆钢管轻骨料混凝土轴压短柱的力学性能分析. 深圳大学学报：理工版，28(3)：207－212.

福建省住房和城乡建设厅. 2010. DBJ/T 13-51—2010 钢管混凝土结构技术规程. 福州.

傅中秋，吉伯海. 2010. 长细比对钢管轻集料混凝土轴压柱受力性能的影响. 工业建筑，40(1)：112－115.

傅中秋，吉伯海，陈晶晶，等. 2009b. 钢管轻集料混凝土组合界面黏结滑移性能. 河海大学学报：自然科学版，37(3)：317－322.

傅中秋，吉伯海，胡正清，等. 2009a. 钢管轻集料混凝土长柱轴压性能试验研究. 东南大学学报：自然科学版，39(3)：546－551.

傅中秋，吉伯海，马麟，等. 2010b. 偏心率对钢管轻集料混凝土受压性能的影响. 东南大学学报，40(3)：624－629.

傅中秋，吉伯海，孙媛媛，等. 2010a. 钢管轻集料混凝土偏心受压构件承载力分析. 中南大学学报：自然科学版，41(5)：1961－1966.

郭金敏，朱伶俐. 2011. 煤矸石混凝土耐久性的正交试验研究. 辽宁工程技术大学学报：自然科学版，30(4)：566－570.

韩林海. 2000. 钢管混凝土结构. 北京：科学出版社.

韩林海. 2004. 钢管混凝土结构——理论与实践. 北京：科学出版社.

韩林海，杨有福. 2004. 现代钢管混凝土结构技术. 北京：中国建筑工业出版社.

吉伯海，陈甲树，王晓亮，等. 2006b. 受荷方式对钢管轻集料混凝土短柱轴压性能的影响. 东南大学学报：自然科学版，36(4)：590－595.

吉伯海，傅中秋，程苗，等. 2013. 钢管轻集料混凝土组合梁受弯性能的试验研究. 中南大学学报：自然科学版，44(1)：324－331.

吉伯海，傅中秋，胡正清. 2009a. 钢管轻集料混凝土短柱偏心受压性能的试验. 交通科学与工程，25(3)：22－28.

吉伯海，傅中秋，瞿涛，等. 2011b. 钢管轻集料混凝土抗剪承载力试验研究. 土木工程学报，44(12)：25－33.

吉伯海，傅中秋，沈云，等. 2009b. 圆钢管轻集料混凝土抗弯刚度计算方法的探讨. 建筑结构，39(6)：47－49.

吉伯海，胡正清，陈甲树，等. 2007. 圆钢管轻集料混凝土构件抗弯性能的试验研究. 土木工程学报，40(8)：35－40.

吉伯海，王晓亮，马敬海，等. 2005. 钢管高强轻集料短柱轴压试验研究. 建筑结构学报，26(5)：60－65.

吉伯海，杨明，陈甲树. 2006a. 钢管约束下轻集料混凝土的紧箍效应及强度准则. 桥梁建设，(4)：11－14.

吉伯海，周文杰，王晓亮. 2007. 钢管轻集料混凝土中长柱轴压性能的试验研究. 建筑结构学报，28(5)：118－123.

吉伯海，周宇，姜涛，等. 2011a. 钢管轻集料混凝土空间桁架梁受弯试验设计. 结构工程师，27(1)：174－178.

雷崇，丁发兴. 2011. 圆钢管轻骨料混凝土轴压柱非线性有限元分析. 铁道工程学报，163(6)：68－71.

李帼昌. 1999. 钢管煤矸石混凝土偏压构件的试验研究. 工程力学，(增刊)：569－573.

李帼昌. 2001. 自应力钢管轻集料混凝土结构. 沈阳：东北大学出版社.

李帼昌，常春. 2003c. 钢管煤矸石混凝土偏压柱折减系数的均匀设计试验研究. 混凝土，(5)：31－32.

李帼昌，常春，曲赜胜. 2003a. 压型钢板-煤矸石砼组合楼板的力学性能. 辽宁工程技术大学学报，22(1)：61－63.

李帼昌，段江侠. 2003b. 钢管煤矸石混凝土偏压构件的承载力. 辽宁工程技术大学学报，22(2)：61－63.

李帼昌，刘之洋. 2002a. 钢管煤矸石混凝土中核心混凝土的本构关系及强度准则. 东北大学学报,23(1):64－66.

李帼昌,龙海波,王兆强. 2004. 钢管煤矸石混凝土轴压中长柱的非弹性屈曲荷载. 沈阳建筑大学学报:自然科学版,20(4):291－293.

李帼昌,孙巍,刑忠华. 2008. 钢管煤矸石混凝土梁柱加强环中节点低周往复荷载试验. 沈阳建筑大学学报:自然科学版,24(2):200－203.

李帼昌,王兆强,邵玉梅. 2005. 钢管煤矸石混凝土受弯构件的承载力分析. 沈阳建筑大学学报:自然科学版,21(6):654－657.

李帼昌,赵兴,杨景利,等. 2009. 钢筋贯通式钢管煤矸石混凝土节点的试验. 沈阳建筑大学学报:自然科学版,25(4):699－703.

李帼昌,钟善桐. 2000. 钢管轻砼受弯构件的试验研究. 工程力学,(增刊):569－573.

李帼昌,钟善桐. 2001. 用神经网络预测钢管煤矸石混凝土轴压短柱的承载力. 哈尔滨建筑大学学报,34(增刊):23－25.

李帼昌,钟善桐. 2002b. 钢管约束下煤矸石混凝土的强度及横向变形系数. 哈尔滨建筑大学学报,35(3):20－23.

刘振清,刁廷礼,李明柱. 1986. 轻骨料砼收缩特性及环境湿度影响. 建筑结构,17(1):24－29.

沙建芳. 2007. 掺煤矸石混凝土在ASR、氯盐腐蚀双因素作用下耐久性. 工业建筑,37(增刊):954－957.

宋小军,王培铭. 2005. 活化煤矸石水泥混凝土性能的研究. 新型建筑材料,(2):3－5.

孙洪滨,董亚东,姜竹昌,等. 2011. 圆钢管轻集料混凝土梁与混凝土桥墩连接节点试验研究. 防灾减灾工程学报,31(5):578－584.

肖海兵,赵均海,孙楚平,等. 2012. 薄壁钢管轻骨料混凝土轴压短柱承载力分析. 建筑结构,42(11):101－106.

徐彬,张天石,吕淑珍. 1997. 大掺量煤矸石水泥混凝土耐久性研究. 混凝土与水泥制品,(6):16－19.

杨明. 2006. 钢管约束下核心轻集料混凝土基本力学性能研究. 南京:河海大学硕士学位论文.

由世岐,沈玄. 2005. 自燃煤矸石轻集料混凝土结构耐久性综述. 粉煤灰,(2):39－42.

詹炳根,孙伟,沙建芳,等. 2008. 煤矸石对混凝土碱硅酸反应损伤的抑制作用. 建筑材料学报,11(3):253－258.

张长森,蔡树元,张伟,等. 2004. 自燃煤矸石作活性掺和料配制高强混凝土研究. 煤炭科学技术,32(11):47－50.

中国工程建设标准化协会. 1990. CECS28:90 钢管混凝土结构设计与施工规程. 北京:中国计划出版社.

中国工程建设标准化协会. 2012. CECS28:2012 钢管混凝土结构技术规程. 北京:中国计划出版社.

中国工程建设标准化协会. 2014. CECS159:2004 矩形钢管混凝土结构技术规程. 北京:中国计划出版社.

中华人民共和国国家经济贸易委员会. 1999. DL/T 5085—1999 钢-混凝土组合结构设计规程. 北京:中国电力出版社.

钟善桐. 1995. 钢管混凝土结构(修订版). 哈尔滨:黑龙江科学技术出版社.

钟善桐. 1999. 钢管混凝土构件的动力性能. 建筑结构,21(3):56-61.

钟善桐. 1999. 高层钢管混凝土结构. 哈尔滨:黑龙江科学技术出版社.

周双喜. 2007. 海洋环境下掺活化煤矸石细粉混凝土的试验研究. 混凝土,(12):76-78.

Lally. 1926. Handbook of Lally Column Construction. New York: Lally Column Companies.

Li G C, Wang Z Q. 2004. Researching progress of composite structure with low environmental pollution steel and composite structure//Proceeding of the Second International Conference on Steel and Composite Structures, Seoul: 112-117.

Li G C, Zhong S T. 2001. Bearing capacity of gangue concrete filled steel tubular columns under axial compression//Proceedings of Sixth Pacific Structural Steel Conference. Beijing: Seismological Press: 1106-1111.

Ma J S, Liu C P, Xu G Q. 2001. Experimental study on the ultimate bearing capacity of concrete filled steel tubular short columns//Proceedings of Sixth Pacific Structural Steel Conference. Beijing: Seismological Press: 1094-1099.

第 2 章　钢管煤矸石混凝土纯弯构件的滞回性能研究

2.1　引　言

我国是一个地震灾害较严重的国家，传统的钢筋混凝土结构的抗震性能研究一直备受关注。为了提高混凝土结构的抗震性能，研究者提出了箍筋约束混凝土、劲性混凝土、钢纤维混凝土、钢管混凝土和 CFRP-钢管混凝土等新型的结构形式。目前，国内外钢管混凝土的理论研究已经达到了相对比较成熟且相对稳定的时期，而对于煤矸石等绿色资源的使用尚在探索使其完备的阶段，在工程上煤矸石混凝土等轻集料混凝土在钢筋混凝土中已发挥一定作用，在钢管混凝土中的使用尚未规模化出现。特别是对于圆钢管煤矸石轻骨料混凝土纯弯构件的研究则更少。为此，本章进行了 6 个圆钢管煤矸石混凝土纯弯构件滞回性能的试验研究，考察含钢率对试件变形、延性、刚度、耗能等性能的影响；建立抗弯承载力和刚度的计算公式以及恢复力模型；建立纯弯构件数值模型，对其受力性能进行数值分析。本章结果不仅可以为圆钢管煤矸石混凝土构件滞回性能的评估提供参考，而且可以为编制有关规范、规程和技术措施等提供较为科学的数据。

2.2　试验概况

2.2.1　试件设计与制作

试验共设计了 6 个圆钢管煤矸石轻骨料混凝土纯弯构件，试件截面尺寸如图 2.1(a)所示。试验中采用的钢管为无缝圆钢管，制作时首先按要求加工成长度为 1500mm 的空钢管，并保证两端平整。在空钢管的一端焊上厚度为 20mm 带有 4 个螺栓孔的钢板作为试件的盖板，另一端在混凝土浇灌两周后焊接另外一块盖板。盖板与试件连接处承受较大剪力，故盖板与钢管几何中心要严格对中，并应保证焊缝强度。盖板具体尺寸如图 2.1(b)所示。试验所采用螺栓为 10.9 级 A22 高强摩擦型螺栓，严格按照《钢结构设计规范》(GB 50017—2003)进行设计。轻骨料混凝土配制采用机械拌和。在进行轻骨料混凝土浇灌时，先将钢管直立，混凝土从顶部灌入，用振捣棒振捣直至密实。养护两星期后，将试件浇筑端的混凝土表面与钢管壁用角磨机磨平，然后再焊上相应的盖板，以保证钢管与核心混凝土在试验施加荷载初期能够共同受力。试件养护 28 天，期间时常浇水以保证试件制作质量。具体试件参数见表 2.1。

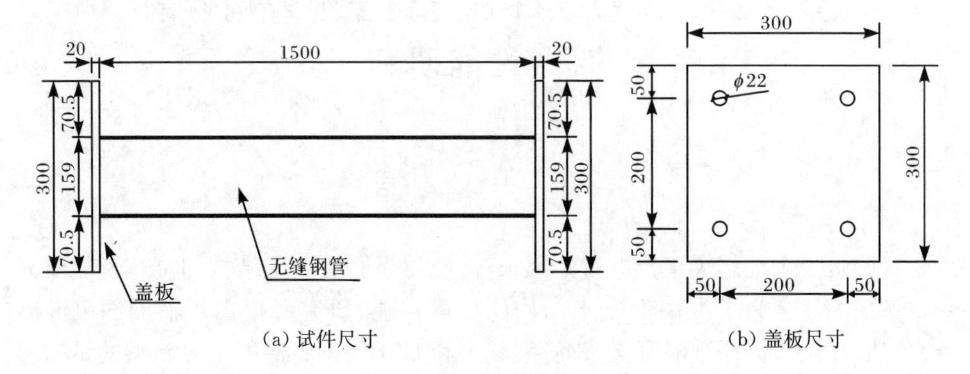

(a) 试件尺寸　　(b) 盖板尺寸

图 2.1　试件设计简图(单位:mm)

表 2.1　试件一览表

试件编号	圆钢管尺寸 $D\times t\times L$/(mm×mm×mm)	α	ξ	f_y/MPa	f_{ck}/MPa
C-5-1	159×5×1500	0.139	2.16	334.6	19.6
C-5-2	159×5×1500	0.139	2.16	334.6	19.6
C-6-1	159×6×1500	0.170	2.43	374.7	21.5
C-6-2	159×6×1500	0.170	2.43	374.7	21.5
C-8-1	159×8×1500	0.236	3.76	363.8	22.3
C-8-2	159×8×1500	0.236	3.76	363.8	22.3

注：D 为圆钢管截面外直径；t 为钢管壁厚；L 为试件有效计算长度；α 为含钢率，$\alpha=A_s/A_c$，其中，A_s、A_c 分别为钢管和煤矸石混凝土的截面面积；ξ 为构件紧箍系数，$\xi=\alpha f_y/f_{ck}$；f_y 为钢材屈服强度，f_{ck}为煤矸石混凝土轴心抗压强度。

2.2.2　轻集料混凝土

试验采用煤矸石作为轻集料混凝土的骨料。煤矸石用筛网筛分成粒径为5mm 以下的矸石砂和 5～20mm 的矸石碎石，其中将矸石砂与普通河砂按 1∶1 混合作为煤矸石混凝土的轻骨料，矸石碎石作为粗骨料。水泥标号采用 32.5 级普通硅酸盐水泥。使用实验室配合方法，坍落度为 50mm，满足流动性较好的要求。煤矸石混凝土的立方体抗压强度由与试验试件相同条件下浇注养护的 150mm×150mm×150mm 立方体试块按《普通混凝土力学性能试验方法标准》(GB/T 50081—2002)得到。煤矸石混凝土的配合比及力学性能指标见表 2.2。

表 2.2　煤矸石混凝土的配合比及力学性能指标

强度等级	水泥 /(kg·m²)	细沙 /(kg·m²)	矸石砂 /(kg·m²)	矸石碎石 /(kg·m²)	水 /(kg·m²)	减水剂 /(kg·m²)	f_{cu} /MPa	E_c /MPa
CL30	420	421.5	421.5	608	250	4.2	29.8	24000

煤矸石混凝土试块破坏情况如图 2.2 所示，从图中明显看出，轻集料混凝土的特点，即裂缝断裂处基本穿过粗骨料而非绕过，说明轻集料混凝土粗骨料的抗压强度略小于普通混凝土中粗骨料的强度，图 2.3 即为经打磨的圆钢管煤矸石混凝土试件表面。

图 2.2　煤矸石混凝土试块破坏截面

图 2.3　圆钢管截面

2.2.3　钢材力学性能

钢材强度由拉伸试验确定，每种厚度钢管截取一段制成标准试件，一组三个，具体尺寸如图 2.4 所示。

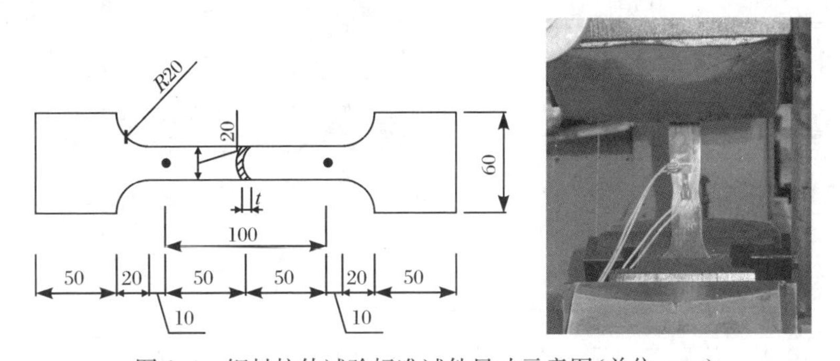

图 2.4　钢材拉伸试验标准试件尺寸示意图(单位:mm)

用数据自动采集系统采集数据，测得钢板的平均屈服强度 f_y、极限抗拉强度 f_u、弹性模量 E_s、泊松比 μ_s，具体指标见表 2.3。

表 2.3　钢管材料性能一览表

壁厚/mm	f_y/MPa	f_u/MPa	μ_s	E_s/MPa
5	393.6	492	0.28	198500
6	440.8	551	0.27	198530
8	344.0	430	0.29	198480

2.2.4　试验装置、测试方法及加载制度

1. 试验装置

试验装置简图如图 2.5 所示，反力墩上压有两根钢梁，通过地锚杆与地沟固定，通过地锚拉力和钢梁摩擦力可以保证整个体系无上下和左右的位移。纯弯试件水平放置，两端边界条件为铰接，且平板铰一端与反力墙相连，另一端则与反力墩相连。往复荷载由位于跨中位置的竖向 MTS 伺服作动器施加，MTS 作动器与分配梁通过一刚性夹具连接，分配梁则通过滚轴作用在试件上，从而实现纯弯加载。由于本试验加载装置复杂、机构较多，加载过程中为了避免试验过程中 MTS 作动器与试件轴线不在同一平面上而发生失稳，设计了一个侧向支撑装置，该装置是由工字钢焊接组成的三角形支架。侧向支撑作用于刚性夹具的滑轮上，下部与地锚刚性连接，以此保证加载过程中试件在平面内的自由垂直移动，并限制试件发生侧向位移，试验装置如图 2.6 所示。

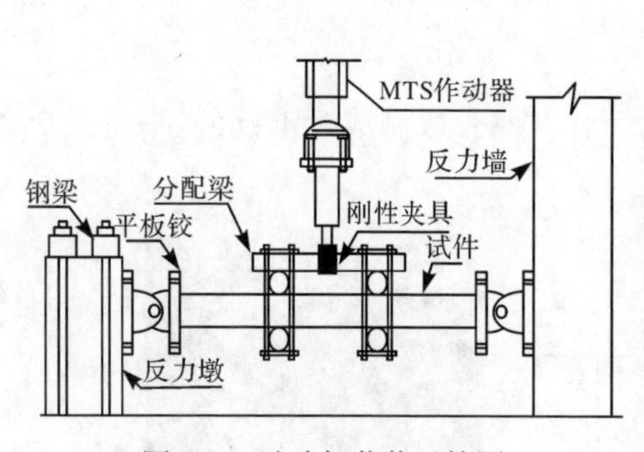

图 2.5　试验加载装置简图

图 2.6　试验装置

2. 测点布置及测量内容

在试件 1/3 位置各设置一个位移计，与跨中 MTS 系统的作动器位移进行同步采集。为了测得 M-ϕ 曲线，在试件中部设置了曲率仪，用以测量试件中截面的曲率。试验所量测的内容如下。

(1) 竖向荷载、位移关系曲线(跨中位置处)由 MTS 直接采集。

(2) 跨中纵向、环向应变由粘贴于钢管上的应变片测得。2mm×3mm 的应变片贴于试件的中截面，如图 2.7 所示。

(3) 跨中截面曲率变化情况由曲率仪测得。

(4) 三分点处挠度由位移计测得。

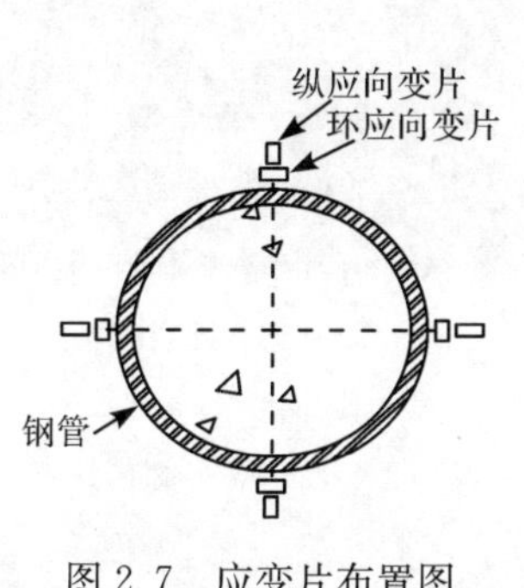

图 2.7　应变片布置图

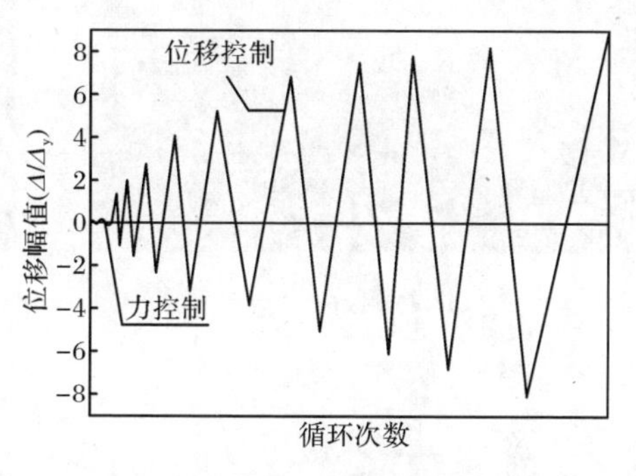

图 2.8　加载制度

3. 加载制度

试验的加载程序采用荷载-位移混合控制方法。在试件屈服前采用荷载控制并分级加载，分别按 $0.25P_u$、$0.5P_u$、$0.7P_u$ 进行加载，每级荷载循环 2 次，其中 P_u 为估算试件极限承载力。试件接近屈服时，采用变形控制，按 Δ_y、$1.5\Delta_y$、$2.0\Delta_y$、$3.0\Delta_y$、$5.0\Delta_y$、$7.0\Delta_y$、$8.0\Delta_y$ 进行加载，其中 Δ_y 为试件的屈服位移，$\Delta_y = P_u/K_{0.7}$，$K_{0.7}$为荷载达到 $0.7P_u$ 时荷载-变形曲线的割线刚度，前 3 级每级荷载循环 3 次，其余分别循环 2 次。试件加载制度如图 2.8 所示。加载至试件的承载力下降到最大承载力的 50%或接近作动器的最大允许位移时停止。

2.3　试验现象

对试验的全过程观测表明，6 个试件的破坏形态基本相同。加载过程中，当施加在试件上的荷载未达到屈服荷载时，试件的荷载-位移关系基本上是弹性的，无明显的残余变形。当荷载超过屈服荷载后，随着竖向位移的逐级增大，在刚性夹具与试件连接处以及弧形加载支座处均产生微小鼓曲，如图 2.9(a)所示。在随后的卸载及反方向加载过程中，鼓曲部分又重新被拉平，并引起另一侧受压区的微小鼓曲。随后在试件与刚性夹具连接处顺弯曲方向局部凸起的范围逐渐增大且渐渐沿环向发展。试件接近破坏时，这种鼓曲急剧发展，在试验的最后阶段，5mm 及 6mm 壁厚的试件，鼓曲处突然开裂[图 2.9(b)、(c)]，且有煤矸石混凝土碎末漏出，试件承载力急剧下降到 50%以下，停止试验。

(a) 钢管鼓曲

(b) 钢管开裂

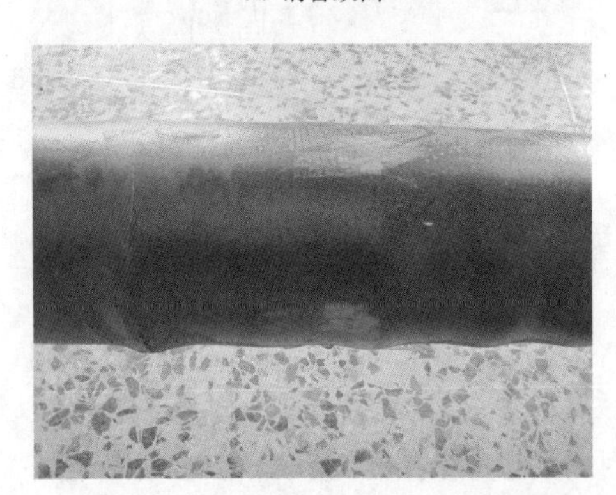

(c) 壁厚 6mm 试件剖开前与剖开后对比

图 2.9 试件典型破坏形态

从以上破坏形态可分析得出，刚性夹具对构件的局部加强作用使其在跨中部位出现间断局部鼓曲。另外，试验加载过程中，壁厚为 8mm 的试件钢管发生了鼓曲，但并未被拉裂，煤矸石混凝土仅产生了微小裂缝，表明含钢率较高的试件对混凝土的约束能力更好，整体性更好。

2.4 试验结果与分析

2.4.1 挠度变形曲线

图 2.10 为试件各测点挠度分布，横坐标为试件上各点的位置，纵坐标为加载过程中试件不同位置处的挠度，其中实线为按照正弦半波规律得出的挠度曲线，虚线为试验测得的试件挠度曲线。

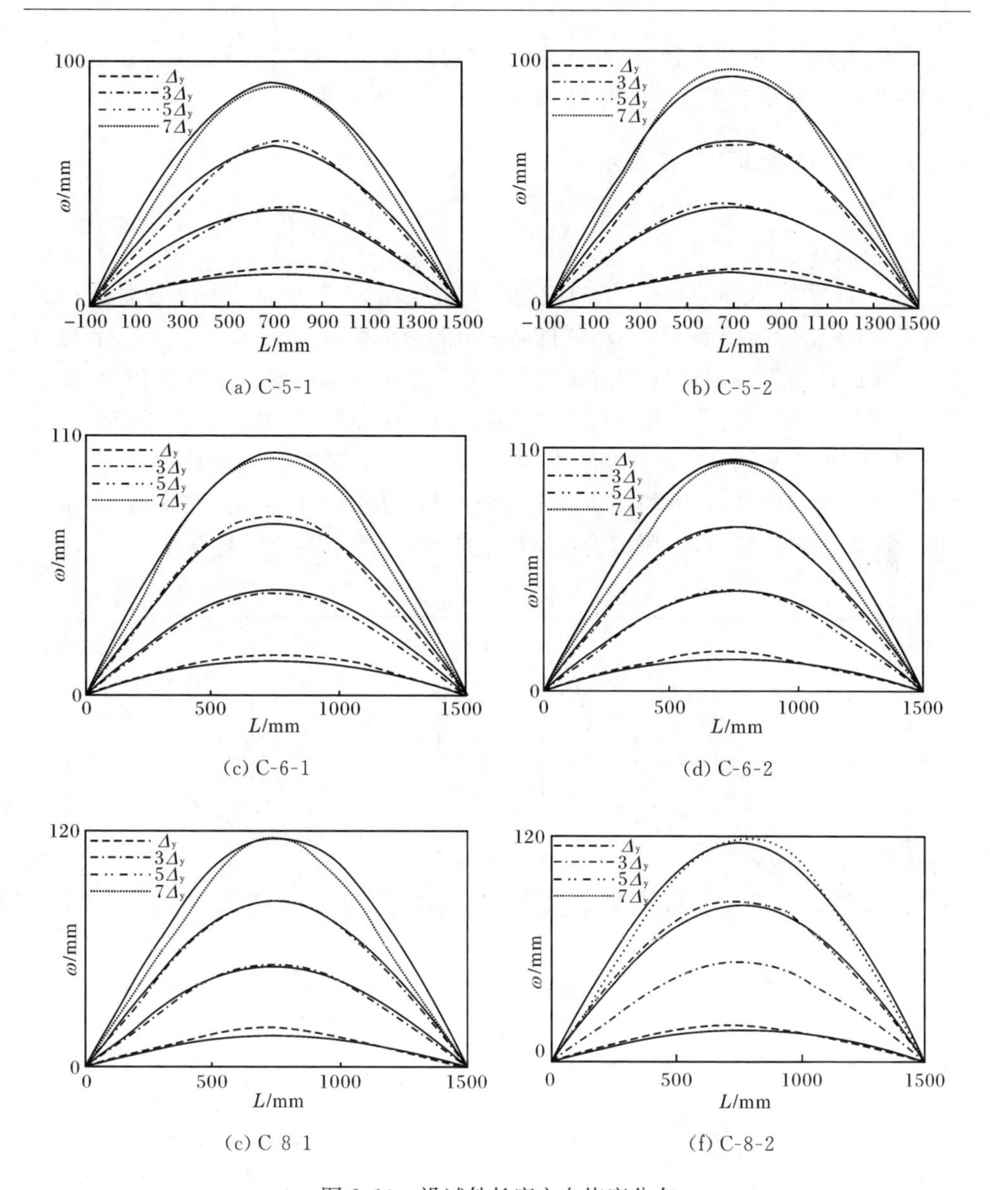

(a) C-5-1　(b) C-5-2

(c) C-6-1　(d) C-6-2

(c) C 8-1　(f) C-8-2

图 2.10　沿试件长度方向挠度分布

从图中可看出，所有试件的竖向挠度变形基本符合正弦半波曲线的变化规律。整体分析挠度曲线变形特点是：加载初期，试件的变形在弹性范围内；当位移达到 Δ_y（Δ_y 为屈服位移）时，试件的变形几乎与正弦半波曲线重合。然而随着荷载的增加，变形超出弹性范围，由于刚性夹具对试件纯弯段有一定的局部加强作用，且对其变形有一定限制，故纯弯段处变形不协调，导致与正弦曲线有所偏离。当施加荷载接近试件极限荷载时，这种现象更加明显，试件 C-8-1 和试件 C-8-2，由于含钢率较高，承载力较大，在试验最后阶段，最大位移超出了 110mm，此时试件的挠曲线已不同于正弦半波曲线，如图 2.10(e)和(f)所示。

2.4.2 荷载-应变滞回关系曲线

1. 荷载-纵向应变

图 2.11 为各试件的荷载-纵向应变滞回关系曲线，其中横坐标为试件跨中的纵向应变，纵坐标为由 MTS 作动器自动采集的竖向荷载。从图中可以看出，试件在往复荷载作用下滞回曲线圆滑饱满，没有明显的捏缩现象。在加载初期，试件变形属于弹性变形，荷载与应变呈线性关系；当试件屈服后，在卸载阶段产生了残余应变，但卸载刚度与加载刚度基本相同，且与初始加载弹性阶段时的斜率基本相同。采用位移控制后，钢材产生一定的包辛格效应，即在循环往复荷载下，试件屈服后向反方向加载时，屈服应力可能明显降低，最严重时为零载滑移。

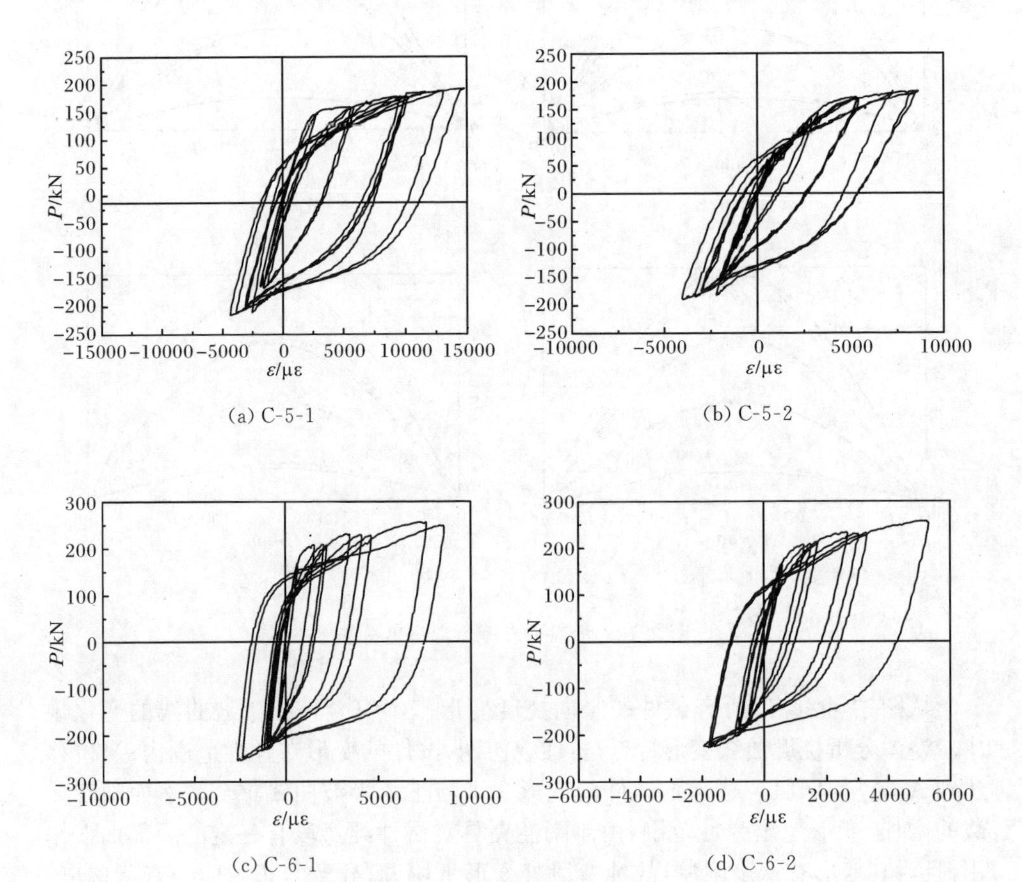

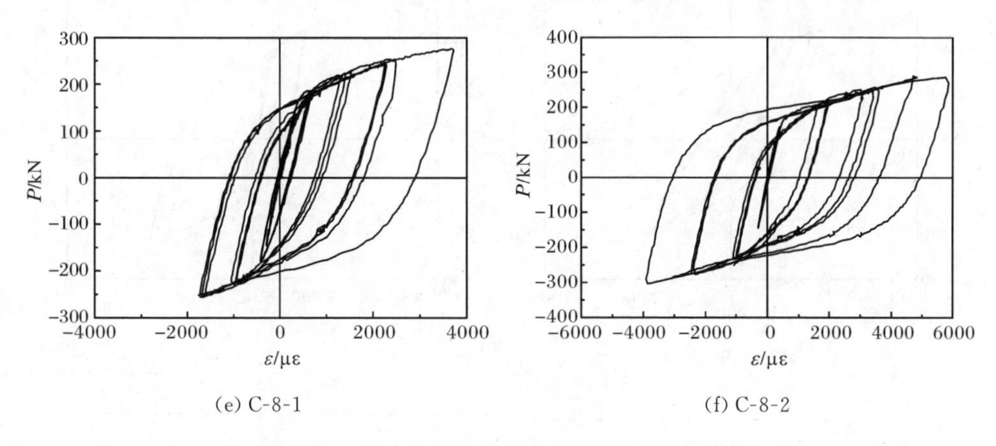

(e) C-8-1　　(f) C-8-2

图 2.11　各试件的荷载-纵向应变滞回关系曲线

2. 荷载-环向应变

图 2.12 为各试件的荷载-环向应变滞回关系曲线，其中横坐标为试件跨中的环向应变，纵坐标为由 MTS 作动器自动采集的竖向荷载。加载初期，试件钢管纵向受拉，环向受压，卸载过程中受力趋势不变，当反向加载时，环向受压应变与纵向受拉应变逐渐减小至 0。随着荷载增加，位移增大，纵向则为受压，而环向受拉，与加载初期阶段正好相反。卸载过程受力趋势仍然不变，只是应变逐渐减小，当再一次反向加载至目标荷载时，环向与纵向应变再次变号，如此往复循环，直到加载至试件破坏。由图可见，滞回曲线仍然圆滑饱满，没有明显的捏缩现象。

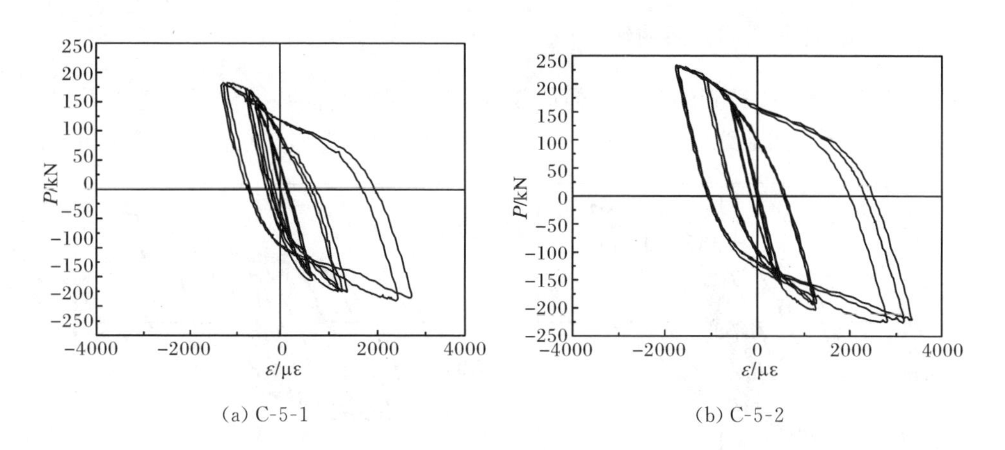

(a) C-5-1　　(b) C-5-2

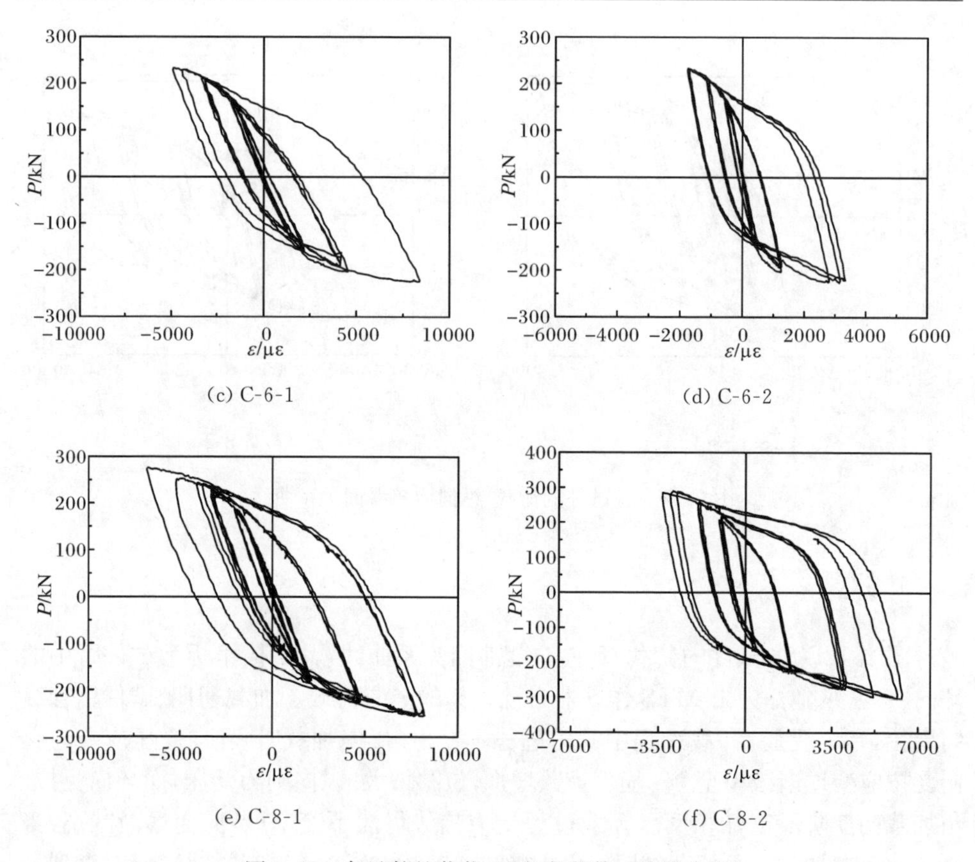

图 2.12　各试件的荷载-环向应变滞回关系曲线

2.4.3　荷载-位移滞回关系曲线

图 2.13 为试验得到的各试件的荷载-位移滞回关系曲线。从图中可以看出，总体上试件的滞回曲线较为饱满，呈纺锤形，没有明显的捏缩现象。在加载初期，由

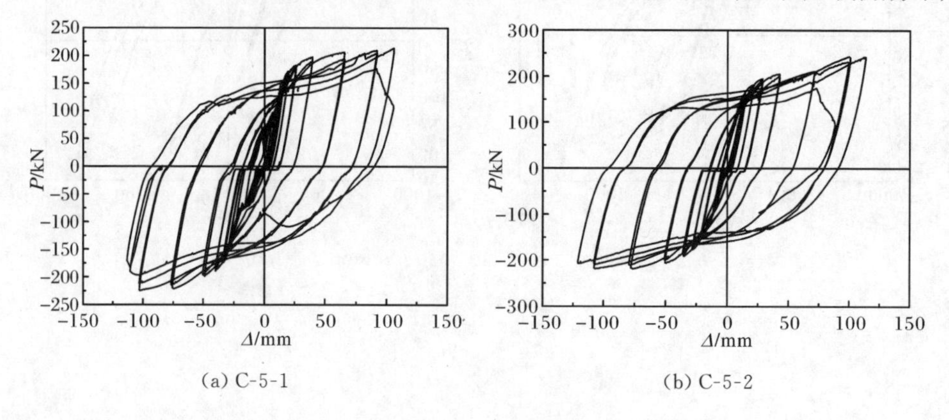

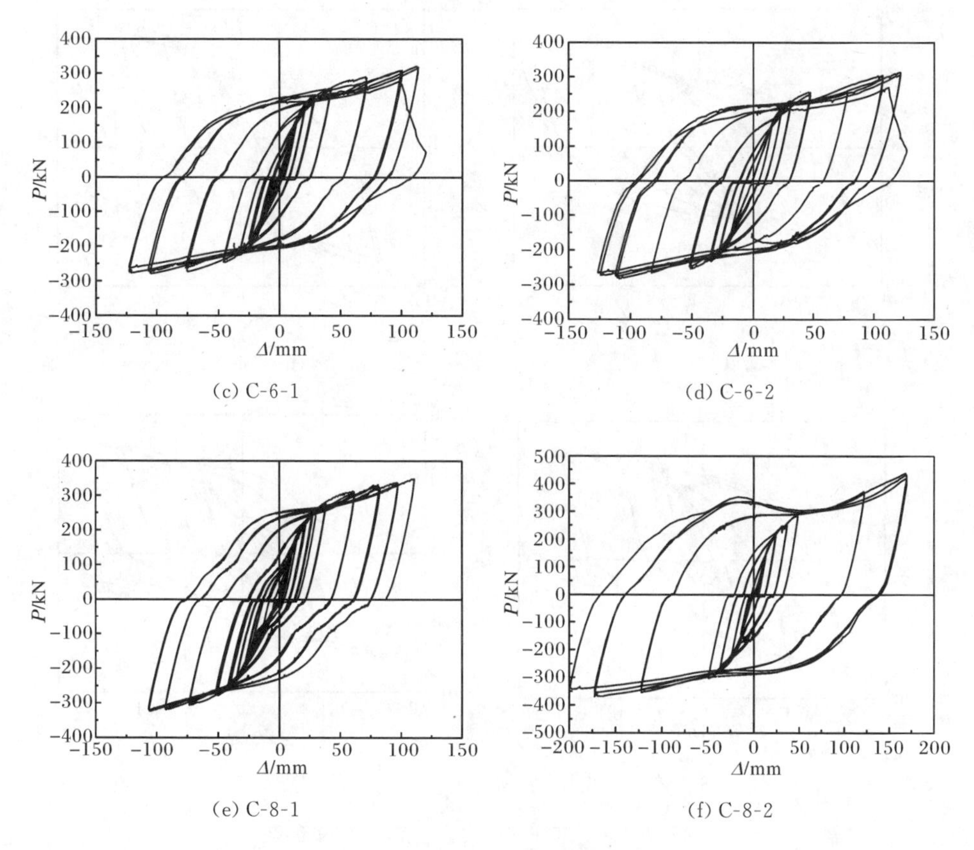

(c) C-6-1　(d) C-6-2

(e) C-8-1　(f) C-8-2

图 2.13　各试件的荷载-位移滞回关系曲线

于竖向荷载较小，试件基本上处在弹性阶段，滞回曲线接近于线性变化；试件屈服之后，随着竖向位移的不断增加，残余变形越来越大，试件刚度逐渐降低。但是试件的承载力仍然在上升，曲线没有下降段，说明加载后期出现强化段，试件具有良好的延性和耗能性能。

2.4.4 弯矩-曲率关系曲线

典型试件的弯矩 M-曲率 ϕ 关系曲线如图 2.14 所示。从图中可以看出，试件的 M-ϕ 滞回关系曲线均较为饱满，无捏缩现象产生。在加载初期采用力控制时，试件的变形为弹性变形，弯矩与曲率关系为线弹性。试件卸载时的曲线斜率和加载时的曲线斜率基本一致，但是屈服后曲线斜率小于弹性阶段曲线斜率，存在刚度退化现象。

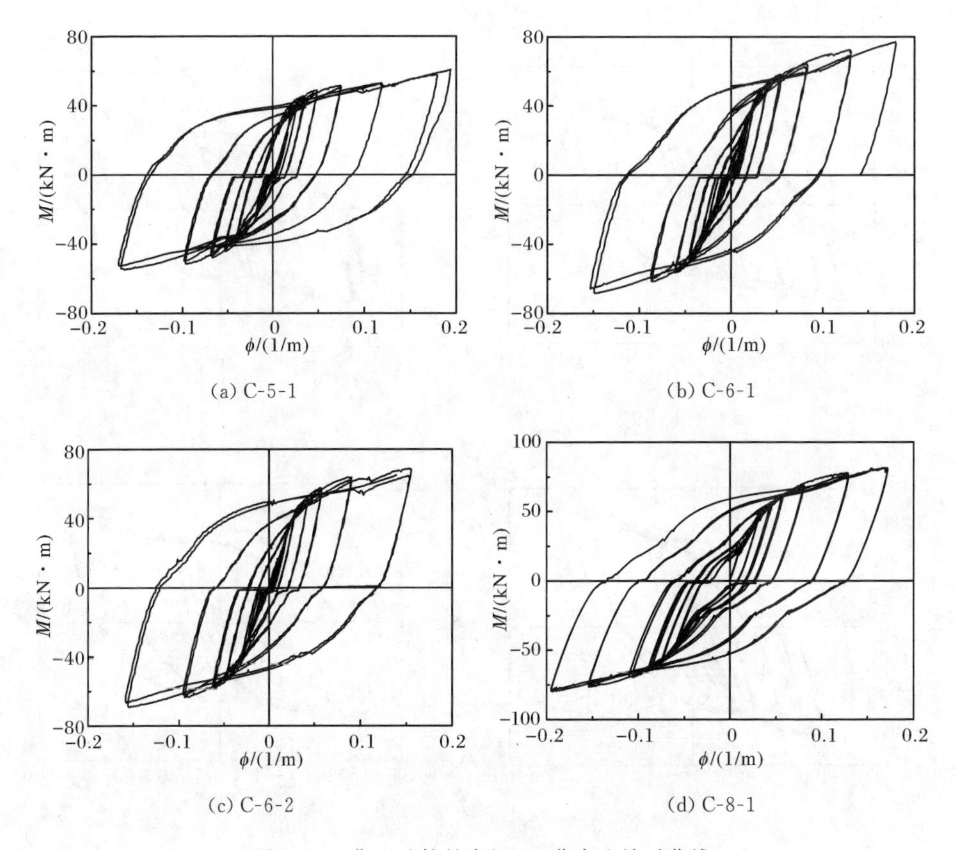

(a) C-5-1 (b) C-6-1

(c) C-6-2 (d) C-8-1

图 2.14 典型试件的弯矩 M-曲率 ϕ 关系曲线

2.4.5 骨架曲线

1. 荷载-位移骨架曲线

图 2.15 为不同含钢率情况下试件的荷载-位移骨架曲线。从图中可以看出，试件屈服前，含钢率对曲线的影响较小，刚度基本无明显变化。试件屈服后，含钢率对试件极限承载力有较大影响，随着含钢率的增加，试件的承载力逐渐增大。

2. 弯矩-曲率骨架曲线

图 2.16 为不同含钢率情况下试件弯矩-曲率骨架曲线的比较。从图中可知，曲线无明显下降段，曲率延性好，这是因为钢管煤矸石混凝土(构件)中的轻骨料混凝土受到钢管的约束，在受力过程中不会发生因混凝土过早地被压碎而导致破坏。此外，由于混凝土的存在也可以避免或延缓钢管过早地发生局部屈曲，且由于组成钢管煤矸石混凝土的钢管和其核心混凝土之间相互协调、共同工作的优

势，可保证钢材和轻骨料混凝土材料性能的充分发挥，骨架曲线表现出良好的稳定性。

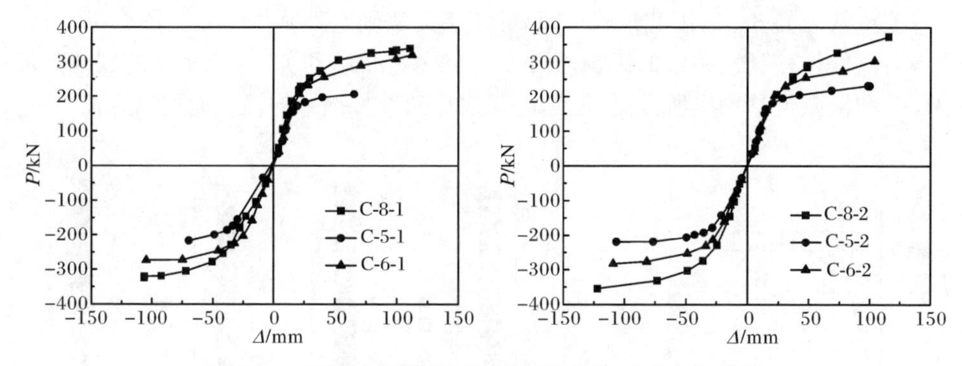

图 2.15　不同含钢率情况下试件的荷载-位移骨架曲线

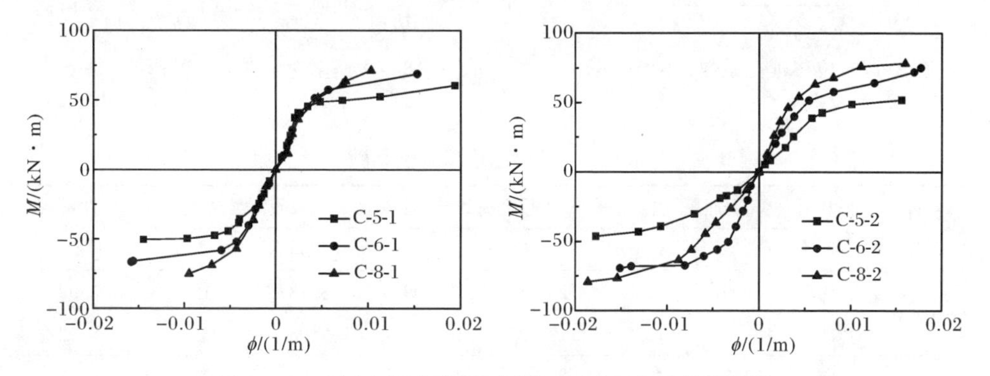

图 2.16　不同含钢率情况下试件的弯矩-曲率骨架曲线

2.4.6　位移延性系数

结构的延性是在外力作用下，结构超过弹性阶段后，其承载能力无显著下降的情况下，结构的后期非弹性变形能力。结构中某一构件的延性也是如此。延性是反映工程结构抗震性能的一个重要特性。延性系数分为曲率延性系数和位移延性系数，其中曲率延性系数只标志截面的延性，位移延性系数和构件的长度有关，反映整个构件的延性。本节采用位移延性系数 μ 来研究圆钢管煤矸石轻骨料混凝土纯弯构件的延性特征，其表达式为

$$\mu = \Delta_u / \Delta_y \tag{2.1}$$

式中，Δ_y 为屈服位移；Δ_u 为极限位移。

圆钢管煤矸石混凝土构件荷载-位移曲线没有明显的屈服点，屈服位移的取法是取骨架线弹性段的沿线与过峰值点的水平线交点处的位移；极限位移取承载力下降到峰值承载力的 85%时所对应的位移，如图 2.17 所示。根据上述方法计

算确定各试件的屈服位移、极限位移及位移延性系数见表 2.4。表中，由于 8mm 壁厚的钢管煤矸石混凝土试件的抗弯能力较强，直至试验结束时其荷载未下降到其峰值承载力的 85%，因此按式(2.1)的定义无法确定其延性系数。图 2.18 为含钢率对试件位移延性系数的影响。由表 2.4 及图 2.18 可知，含钢率高的试件其极限荷载和极限位移均有所提高，但延性系数却随着含钢率的提高而逐渐降低。

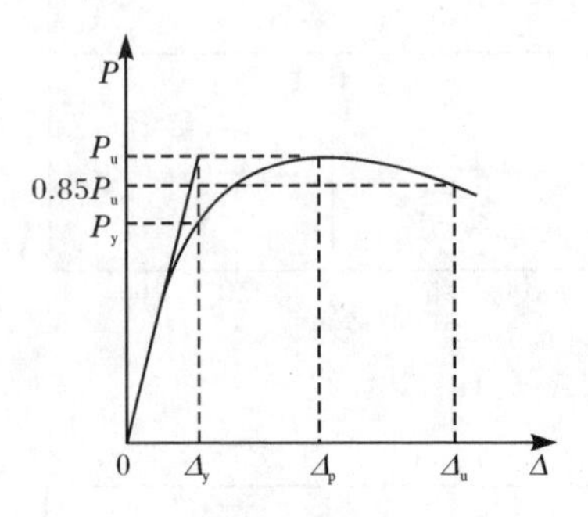

图 2.17 位移延性系数的确定

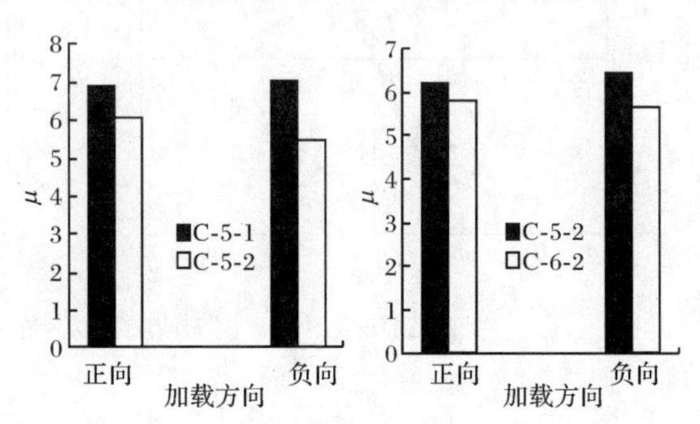

图 2.18 含钢率对延性系数的影响

表 2.4 试件的位移延性系数

试件编号	加载方向	屈服点		最大荷载点		极限荷载点		延性系数
		P_y/kN	Δ_y/mm	P_u/kN	Δ_p/mm	$0.85P_u$/kN	Δ_u/mm	μ
C-5-1	正向	149.91	13.21	209.62	106.09	178.18	91.43	6.92
	负向	151.37	12.89	195.23	107.55	165.95	90.56	7.02
C-5-2	正向	153.38	13.44	231.00	99.85	196.35	83.53	6.21
	负向	160.10	14.12	219.09	106.61	186.23	91.12	6.41
C-6-1	正向	177.61	15.62	320.91	112.58	272.77	94.89	6.07
	负向	180.00	15.97	273.15	104.62	232.18	87.78	5.49
C-6-2	正向	168.93	15.45	302.94	103.91	257.50	89.45	5.79
	负向	171.55	16.10	282.37	109.15	240.01	90.97	5.65
C-8-1	正向	—	—	339.00	110.70	288.15	94.11	—
	负向	—	—	323.98	106.32	275.38	91.37	—
C-8-2	正向	—	—	373.00	115.38	317.05	96.92	—
	负向	—	—	353.95	122.18	300.86	101.27	—

2.4.7 耗能能力

耗能反映构件在往复加载过程中吸收能量的能力，是衡量构件抗震能力的一个重要指标，结构可吸收地震能量的能力越强，结构抗倒塌能力越大。图 2.19 为构件在往复荷载作用下典型的荷载-位移曲线滞回环。其中,面积 S_1 表示构件在一个周期中所吸收的能量(又称为耗能),面积 S_2 表示构件在卸载过程中所释放的能量。滞回曲线所包含的面积 S_1 的累积耗能即可反映构件综合弹塑性耗能能力大小。一般来说,滞回环越饱满,即包围面积越大,耗散的能量越多,结构的耗能性能越好。表 2.5 列出了加载结束时各试件累积的耗能值。显而易见,随着含钢率的增大,试件的耗能能力显著增强。

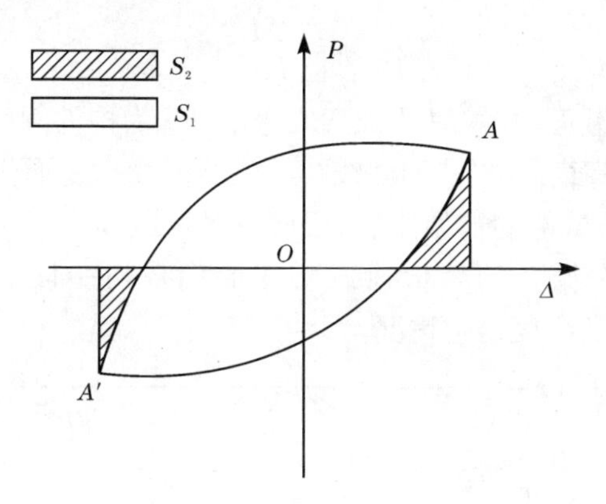

图 2.19　典型 P-Δ 滞回环

表 2.5　总耗能值对比

总耗能 E_{total}/(kN · m)	壁厚 5mm	壁厚 6mm	壁厚 8mm
第一组试件	99.9	100.08	184.97
第二组试件	84.73	107.01	159.81

图 2.20 为各级加载循环下试件累积耗能 E 随位移的变化情况,由图可见,随着加载位移的增加,试件的耗能能力也逐渐增强。在 $3\Delta_y$ 之前,含钢率对试件的耗能能力影响很小。$3\Delta_y$ 之后,随着加载位移增大,含钢率高的试件耗能能力更为突出。

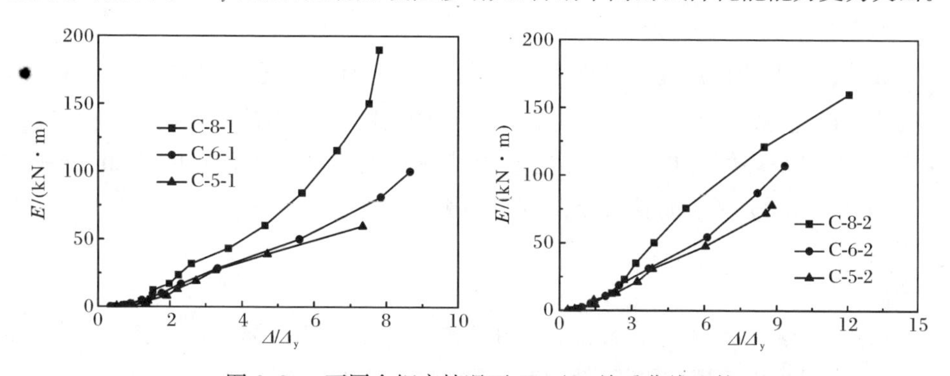

图 2.20　不同含钢率情况下 E-Δ/Δ_y 关系曲线比较

2.4.8 刚度退化曲线

构件的刚度随着循环次数的增加以及施加荷载的增大而不断下降的现象称为刚度退化。刚度退化引起构件的承载力降低,因此研究构件的刚度退化曲线有着重要的意义。

对于纯弯构件,需满足下列方程:

$$\phi = \frac{M}{EI} \tag{2.2}$$

式中,ϕ 为构件跨中截面曲率;M 为纯弯段弯矩;EI 为构件刚度。

将试验测得的荷载-变形滞回曲线初始段的荷载与变形代入式(2.2)中,经过反复迭代,可计算出试件的初始刚度,后面每级荷载和变形对应的刚度按同样方法计算,只要把每次循环的峰值荷载与变形代替初始段的荷载与变形即可。图 2.21为纯弯试件的刚度退化情况。

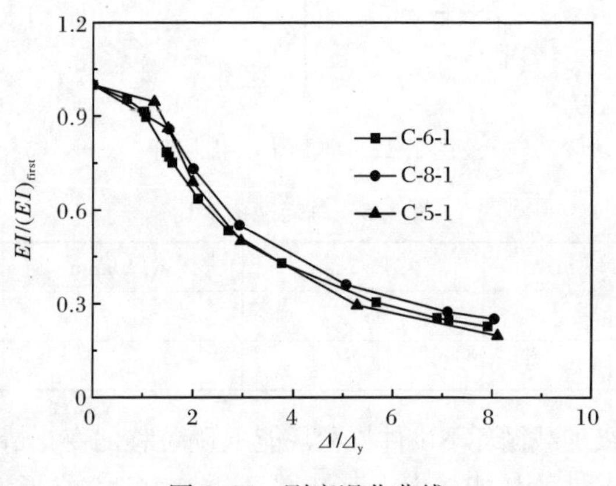

图 2.21 刚度退化曲线

为方便比较,上述图形中的纵坐标均取为无量纲化的 $EI/(EI)_{first}$。$(EI)_{first}$ 为第一级荷载所对应的刚度。从图中可以看出,开始时刚度退化缓慢,在 $2\Delta_y$ 以后,刚度急剧退化,最后趋于平缓。总体上,构件的刚度 EI 与初始刚度 $(EI)_{first}$ 的比值在 0.2~1,且平均值为 0.6。刚度退化最为明显的是含钢率最小的 5mm 壁厚试件,当加载至位移 $8\Delta_y$ 时,刚度下降为初始刚度的 19%。

2.4.9 强度退化曲线

在往复荷载作用下,压力、拉力不断变换。如果在等位移幅值加载情况下,强度随循环次数的增加而不断降低,则说明构件的强度退化了。为了反映每次循环时构件强度的变化情况,定义同级强度退化系数 θ_{ij},即为同级加载各次循环所得

峰值点荷载与该级第一次循环所得峰值点荷载比值，则

$$\theta_{ij} = \frac{P_{ij}}{P_{i1}} \tag{2.3}$$

式中，θ_{ij}为第i级加载第j次循环的同级荷载退化系数；P_{ij}为第i级加载第j次循环所对应的峰点荷载；P_{i1}为第i级加载第1次循环所对应的峰点荷载。

根据试验的加载制度，除了C-8-1和C-8-2两个试件外，其他试件均在$8\Delta_y$左右破坏，共计21个循环，将峰值荷载代入式(2.3)中，以θ_{ij}为纵坐标，循环数为横坐标，得到强度退化曲线如图2.22所示。由图可见，前期加载时荷载和位移均比较小，所有试件强度均没有下降，有个别峰值点强度却高于第一次峰值点，这是因为随着多次的往复加载，试件不可能完全恢复水平状态，试件弯曲，形成拱形，对试件有加强作用。临近破坏阶段，试件强度明显下降。随着含钢率的提高，试件强度下降有所减缓，试件C-5-1和C-5-2、C-6-1和C-6-2最终强度下降为初始强度的25%，而试件C-8-1和C-8-2下降到初始强度的75%。

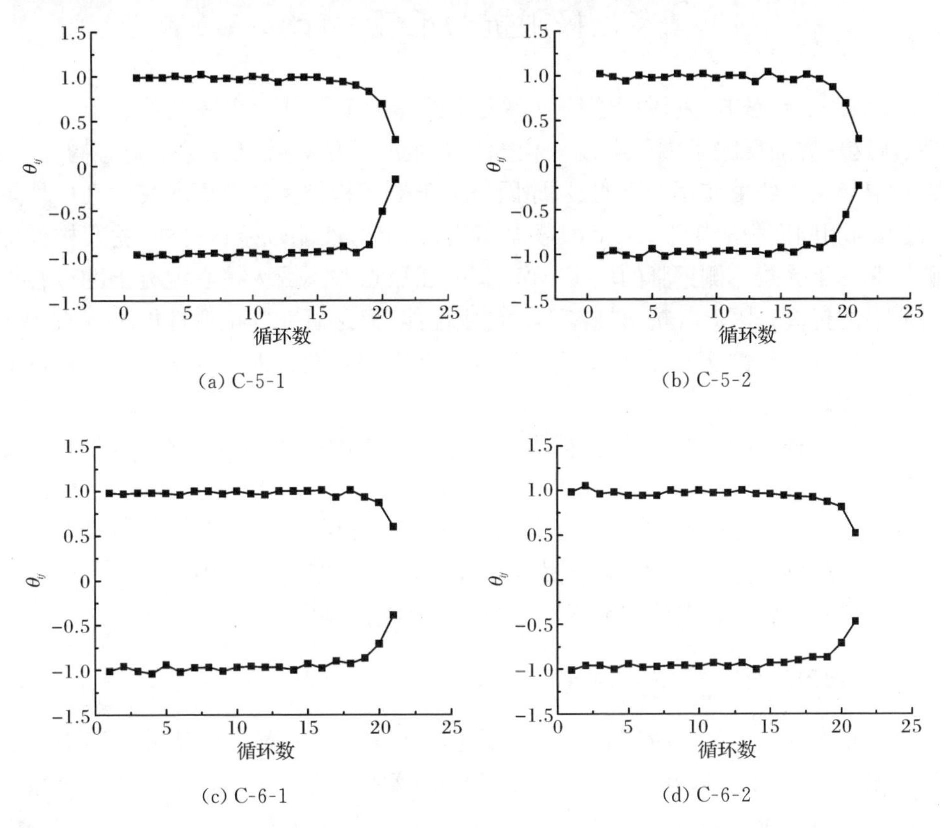

(a) C-5-1　(b) C-5-2

(c) C-6-1　(d) C-6-2

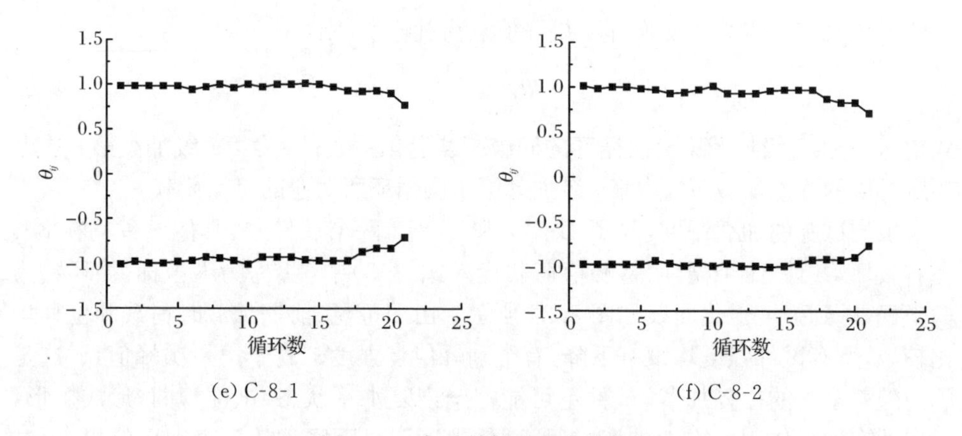

(e) C-8-1　　(f) C-8-2

图 2.22　各试件的强度退化曲线

2.5　极限抗弯承载力计算

钢管混凝土构件利用钢管约束混凝土的横向变形从而提高其承载能力及延性,从这一方面反映了钢管混凝土构件具有很好的抗震性能。对于受弯构件,钢管对混凝土的约束作用并不明显,原因是由于受弯构件大部分面积集中在中性轴附近,与相同面积的矩形、工字型截面相比,其抗弯性能较差。另外,受弯构件的破坏起始于受拉一侧钢管的屈服,而钢管的屈服点并不因为核心混凝土的存在而有明显的提高。因此其抗弯性能不如抗压性能,但是研究其抗弯性能不仅有利于对抗弯构件工作性能的了解,更主要的是有助于深入理解钢管混凝土偏压构件的工作机理。

实际工程中的受弯构件,其截面可以是开口的,也可以是闭口的,可以是单轴对称,也可以是双轴对称。如果各主轴抗弯能力不一致,构件还可能产生整体失稳。但是对于圆形截面,构件在各个方向抗弯能力相同,若无结构缺陷或荷载偏心等因素影响,则不存在整体失稳的问题,而只具有强度问题,因此本节主要探讨圆钢管煤矸石轻骨料混凝土纯弯构件的抗弯强度和刚度。

2.5.1　国内外有关规范抗弯承载力计算公式

多年来国内外学者对钢管普通混凝土的力学性能和设计方法开展了细致的研究工作,已取得丰硕成果。国外有关钢管普通混凝土的设计规范主要有美国规程 AISC-LRFD(1999)、日本规程 AIJ(2008)、欧洲规范 EC4(2004)等,这些规程中都同时包含了圆钢管混凝土和方钢管混凝土构件承载力设计计算方面的条文。

20 世纪五六十年代以来,我国的研究者也进行了钢管混凝土力学性能和设计方法方面的研究工作，特别是近十几年来取得了令人瞩目的成就，例如，哈尔滨工业大学钟善桐教授的钢管统一理论相关受弯构件的计算公式、《钢-混凝土组合结构设计规程》(DL/T 5085—1999)、福建省工程建设地方标准《钢管混凝土结构技术规程》(DBJ/T 13-51—2010)等。部分规范的设计方法及计算公式如下。

1. 美国规程 AISC-LRFD(1999)、日本规程 AIJ(2008)

AISC-LRFD(1999)和 AIJ(2008)规程在计算钢管普通混凝土纯弯构件承载力时采用相似的计算公式，即忽略混凝土对抗弯承载能力的贡献，仅考虑钢管的作用，其计算公式如下：

$$M_u = Zf_y \tag{2.4}$$

式中，M_u 为构件的极限弯矩；f_y 为钢材的屈服强度；Z 为钢管截面抵抗矩，$Z=\frac{A_s}{2}a$，a 为塑性受拉区和受压区两个半圆截面形心点之间的距离，A_s 为钢管截面面积。对于钢管混凝土的钢管，当钢管的壁厚 t 远远小于钢管半径 r_0 时，$a\approx\frac{4r_0}{\pi}$，则 $Z=\frac{2r_0A_s}{\pi}$。

两国的规程虽然在形式上相近，但并不完全相同，AIJ(2008)采用允许应力设计法，该设计法是建立在截面弹性理论基础上的，其定义 Z 为钢管的弹性截面模量，定义 f 为允许抗拉强度。AISC-LRFD(1999)则采用极限状态设计法，该设计方法是建立在截面的塑性理论基础上的。

2. 欧洲规范 EC4(2004)

EC4(2004)规定圆钢管混凝土纯弯构件承载力为

$$M_u = f_y\left[A_s\frac{D-2t-d_c}{2}+Dt(t+d_c)\right] \tag{2.5}$$

式中，M_u 为构件的极限弯矩；A_s 为钢管截面面积；D 为钢管直径；t 为钢管壁厚；d_c 为截面中和轴距受压区边缘距离，$d_c=\frac{A_s-2Dt}{(D-2t)\rho+4t}$，$\rho=\frac{0.6f_{ck}}{f_y}$，$f_{ck}$ 为混凝土棱柱体抗压强度。

3. 中国规程

中国规程《钢-混凝土组合结构设计规程》(DL/T 5085—1999)规定纯弯构件承载力为

$$M_u = \gamma_m W_{scm} f_{scy} \tag{2.6}$$

式中，γ_m 为抗弯承载力计算系数，$\gamma_m=-0.4047\xi+1.7629\sqrt{\xi}$(圆钢管混凝土)；

W_{scm}为构件截面抗弯模量，$W_{scm}=\frac{\pi d^3}{32}$（圆钢管混凝土）；$f_{scy}$为圆钢管混凝土轴压强度指标，$f_{scy}=(1.212+B_1\xi+C_1\xi^2)f_{ck}$，其中，$B_1=\frac{0.1759f_y}{235}+0.974$，$C_1=\frac{-0.1038f_{ck}}{20}+0.0309$，$\xi$为约束效应系数，$\xi=\frac{A_s f_y}{A_c f_{ck}}$，$\alpha$为截面含钢率，$\alpha=\frac{A_s}{A_c}$。

4. 福建省工程建设地方标准

《钢管混凝土结构技术规程》(DBJ/T 13-51—2010)纯弯构件承载力的计算公式为

$$M_u=\gamma_m W_{scm} f_{scy} \tag{2.7}$$

式中，γ_m 为构件截面抗弯塑性发展系数，$r_m=1.1+0.48\ln(\xi+0.1)$；f_{scy}为圆钢管混凝土轴压强度指标，$f_{scy}=(1.14+1.02\xi)f_{ck}$。

2.5.2 理论计算结果与试验结果的对比分析

为了验证上述理论计算公式是否同样适用于钢管煤矸石混凝土受弯构件，采用上述公式进行计算，并且将计算结果与试验结果做了比较，列于表 2.6 中。从表中分析可知，与实测结果最为接近的是我国规程《钢-混凝土组合结构设计规程》(DL/T 5085—1999)，M_c/M_{ue}达到 1.052，其中 M_c 为计算极限弯矩，M_{ue}为实测弯矩。美国规程 AISC-LRFD(1999)虽然没考虑混凝土的作用，但是其计算值也较为接近，普遍小于实测值，偏于安全。而欧洲规范 EC4(2004)计算结果超出实测结果较多，福建省地方标准计算结果偏小。从试验结果看，建议采用国内规程计算钢管煤矸石混凝土纯弯构件的极限弯矩，但应继续对其检验与理论分析，以便提出更加准确的公式指导工程实践。此外，从以上规程的对比分析中可以看出，含钢率对纯弯构件的极限承载力影响较大，即约束效应系数 ξ 越大，承载力越大。然而，含钢率越大，构件延性性能也越差，如试件 C-8-1 和 C-8-2 虽然承载力有一定升高，但是其位移延性系数降低了，影响了其抗震性能。因此，工程上建议含钢率不宜大于 0.2。

表 2.6 试验结果与规程对比

试件编号	f_y /MPa	f_{ck} /MPa	M_{ue} /(kN·m)	AISC-LRFD		EC4(2004)		DL/T 5085—1999		DBJ/T 13-51—2010	
				M_c /(kN·m)	M_c/M_{ue}	M_c /(kN·m)	M_c/M_{ue}	M_c /(kN·m)	M_c/M_{ue}	M_c /(kN·m)	M_c/M_{ue}
C-5-1	41.8	22.5	52.40	51.2	0.977	71.2	1.359	62.8	1.227	43.7	0.834
C-5-2	41.8	21.4	60.45	51.2	0.847	71.1	1.176	62.7	1.037	45.6	0.754
C-6-1	46.8	20.9	78.78	68.4	0.868	94.0	1.193	80.4	1.021	52.1	0.661

续表

试件编号	f_y /MPa	f_{ck} /MPa	M_{ue} /(kN·m)	AISC-LRFD		EC4(2004)		DL/T 5085—1999		DBJ/T 13-51—2010	
				M_c /(kN·m)	M_c/M_{ue}	M_c /(kN·m)	M_c/M_{ue}	M_c /(kN·m)	M_c/M_{ue}	M_c /(kN·m)	M_c/M_{ue}
C-6-2	46.8	23.7	76.28	68.4	0.897	94.1	1.234	80.9	1.061	55.1	0.722
C-8-1	45.5	24.1	86.85	87.4	1.006	118.3	1.362	94.7	1.090	77.8	0.896
C-8-2	45.5	23.0	107.60	87.4	0.812	118.2	1.099	94.5	0.878	76.4	0.710
平均值	—	—	—	0.901		1.237		1.052		0.632	
均方差	—	—	—	0.170		0.235		0.252		0.14	

2.6　抗弯刚度计算

2.6.1　国内外规范抗弯刚度计算公式

试验结果表明，在加载初期，试件基本处于弹性变形阶段，挠度的增长和外荷载的增长基本成正比，此时中截面处的纵向应变较小，且变化不大，中和轴基本没有上升；当钢管拉区最大纤维应变达到钢材的屈服应变以后，试件变形的增长速度要快于外荷载的增加速度，构件进入弹塑性变形阶段。从理论上讲，弹性变形范围内构件的刚度是一个不变的常数。但由于煤矸石混凝土抗拉强度较低，在试件的弹性变形范围内，受拉区混凝土有可能出现开裂，而对钢管煤矸石混凝土构件的抗弯刚度产生影响，虽然如此，由于钢管煤矸石混凝土构件中钢管与混凝土存在着相互约束作用，受拉区混凝土开裂后，混凝土由三向受力变为两向受力，已开裂混凝土与钢管的相互约束作用依然存在，此时，钢管煤矸石混凝土构件的受力仍在弹性范围内。

通过弯矩-曲率关系曲线的分析可以得出各试件的抗弯刚度。一般将受弯钢管混凝土构件在弯矩 $M=0.2M_u$ 时的抗弯刚度作为构件的初始抗弯刚度，因为此时受拉区混凝土尚未开裂或处于初始开裂状态，其变形基本是线弹性的。Sakino 和 Tomii(1981)提出构件在 $M=0.6M_u$ 的抗弯刚度作为构件的使用阶段抗弯刚度，此时构件的受力通常处于各种外荷载组合作用下的正常使用受力状态，从弯矩-曲率关系曲线来看，构件此时仍处于弹性变形范围内，因此取 $M=0.6M_u$ 的抗弯刚度作为构件的使用阶段刚度是合理的。为此，本节取试件在 $M=0.2M_u$ 及 $M=0.6M_u$ 时的割线刚度作为试件的初始抗弯刚度和使用阶段抗弯刚度进行对比和分析。

国内外不同规范中有关抗弯刚度的计算方法基本是分别考虑钢管和混凝土

对刚度的贡献，其刚度计算基本公式为

$$K_c = E_s I_s + mE_c I_c \tag{2.8}$$

式中，E_s、E_c 分别为钢材及混凝土的弹性模量；I_s、I_c 为钢材和混凝土的截面惯性矩；m 为考虑混凝土对抗弯刚度贡献程度的系数，不同规范 m 的取值不同。美国规程 AISC-LRFD(1999)取 $m=0.8$，日本规程 AIJ(2008)取 $m=0.2$、欧洲规范 EC4(2004)取 $m=0.6$、福建省工程建设地方标准(DBJ/T 13-51—2010)取 $m=0.8$。

本节分别采用美国规程 AISC-LRFD(1999)、日本规程 AIJ(2008)、欧洲规范 EC4(2004)，对试验试件的初始抗弯刚度和使用阶段抗弯刚度进行计算，并与试验结果进行比较分析。部分设计规范或规程的钢管混凝土抗弯刚度的计算方法如下。

1. 美国规程 AISC-LRFD(1999)

$$K_c = E_s I_s + 0.8E_c I_c \tag{2.9}$$

式中，$E_s=1.99\times10^5$MPa；$E_c=4733\sqrt{f_c}$(MPa)，f_c 为混凝土圆柱体抗压强度，对于普通混凝土，国外圆柱体 150mm×300mm 试件抗压强度 f_c 与国内立方体 150mm×150mm×150mm 抗压强度 f_{cu} 之间的关系大致为 $f_c=0.79f_{cu}$，对于本次试验用的煤矸石混凝土，拟采用与普通混凝土相同的关系公式。

2. 日本规程 AIJ(2008)

$$K_c = E_s I_s + 0.2E_c I_c \tag{2.10}$$

式中，$E_s=2.058\times10^5$(MPa)；$E_c=2.1\times10^4\sqrt{f_c/19.6}$(MPa)，$f_c$ 为混凝土圆柱体抗压强度。

3. 欧洲规范 EC4(2004)

$$K_c = E_s I_s + 0.6E_c I_c \tag{2.11}$$

式中，$E_s=2.06\times10^5$MPa；$E_c=9500\,(f_c+8)^{\frac{1}{3}}$(MPa)。

4. 福建省工程建设地方标准(DBJ/T 13-51—2010)

$$K_c = E_s I_s + 0.8E_c I_c \tag{2.12}$$

式中，$E_s=2.06\times10^5$MPa；对于煤矸石混凝土弹性模量 E_c 按试验实测值确定。

2.6.2 理论计算结果与试验结果的对比分析

为了深入分析钢管煤矸石混凝土构件抗弯刚度的变化规律，对本次试验进行的 6 根钢管煤矸石混凝土纯弯试件采用上述四个设计规范或规程的计算公式进行计算，将计算结果与试验结果进行比较，结果见表 2.7 和表 2.8 中。

表 2.7　初始抗弯刚度与规范计算值比较　（单位：kN · m）

试件编号	试验值	均值	AIJ(2008)		EC4(2004)		AISC-LRFD(1999)		DBJ/T 13-51—2010	
		$K_{0.2}$	K_c	$K_c/K_{0.6}$	K_c	$K_c/K_{0.6}$	K_c	$K_c/K_{0.6}$	K_c	$K_c/K_{0.6}$
C-5-1	943	1119	1873	1.67	1588	1.42	1909	1.71	1478	1.32
C-5-2	1295									
C-6-1	1474	1415	2103	1.43	1844	1.33	2149	1.52	1741	1.23
C-6-2	1356									
C-8-1	1608	1509	2535	1.68	2336	1.55	2599	1.72	2234	1.34
C-8-2	1409									
平均值	—	—	1.59		1.43		1.65		1.30	
均方差	—	—	0.201		0.157		0.159		0.083	

表 2.8　使用阶段抗弯刚度与规范计算值比较　（单位：kN · m）

试件编号	试验值	均值	AIJ(2008)		EC4(2004)		AISC-LRFD(1999)		DBJ/T 13-51—2010	
		$K_{0.2}$	K_c	$K_c/K_{0.6}$	K_c	$K_c/K_{0.6}$	K_c	$K_c/K_{0.6}$	K_c	$K_c/K_{0.6}$
C-5-1	879	988.5	1873	1.89	1588	1.61	1909	1.93	1478	1.50
C-5-2	1098									
C-6-1	1246	1213	2103	1.73	1844	1.52	2149	1.77	1741	1.43
C-6-2	1180									
C-8-1	1657	1429	2535	1.77	2326	1.63	2599	1.82	2234	1.56
C-8-2	1201									
平均值	—	—	1.80		1.59		1.84		1.50	
均方差	—	—	0.118		0.083		0.116		0.092	

从表 2.7 可以看出，试验结果的初始抗弯刚度平均值与各规范计算结果相比偏差较大。相对而言，福建省工程建设地方标准《钢管混凝土结构技术规程》(DBJ/T 13-51—2010)计算结果与试验结果吻合较好，其平均值和方差分别为 1.30 和0.083，而其余的规范计算结果较接近，但均大于试验结果 40%以上。

从表 2.8 中可以看出，试验结果的使用阶段抗弯刚度平均值与福建省地方标准《钢管混凝土结构技术规程》(DBJ/T 13-51—2010)的计算结果吻合较好，其平均值和方差分别为 1.50 和0.092，而其余各规范计算结果与实测结果仍然存在一定偏差，但是控制在 30%以内。总之，无论初始弹性抗弯刚度还是使用阶段抗弯刚度，福建省工程建设地方标准(DBJ/T 13-51—2010)的计算结果与试验结果最为相近，欧洲规范 EC4(2004)、美国规程 AISC-LRFD(1999)和日本规程 AIJ(2008)计算结果与试验结果偏差较大。

分析计算结果的平均值，可知使用阶段抗弯刚度的计算值与试验值偏差较大，这主要是因为试件在使用阶段抗弯刚度有较大的退化。从均方差可知，使用阶段抗弯刚度与规范计算值比较，其离散性要小一些。

2.7 恢复力模型的理论分析

结构在地震作用下其内力随之正负交替，将钢管混凝土用于地震区的建筑物时，需进行抗震设计规范中规定的结构弹塑性地震反应分析，因而，应对钢管煤矸石混凝土构件的受力性能进行研究，需要研究钢管煤矸石混凝土构件在往复加载下的弯矩-曲率滞回关系特性，以确定其恢复力滞回模型，从而为对此类构件进行正确的抗震设计提供依据。

本节在相关文献研究的基础上，计算出圆钢管煤矸石混凝土纯弯构件的滞回模型，并与试验得到的滞回曲线相对比并加以分析。

图 2.23 为典型纯弯构件的 M-ϕ 关系曲线，其中，ϕ_e、M_e 和 ϕ_0、M_u 分别为弹性阶段 OA 和弹塑性阶段 AB 结束时对应的曲率和弯矩。M-ϕ 曲线各阶段的工作特征如下。

(1) 弹性阶段(OA)。

在此阶段，构件截面中和轴与截面形心轴基本重合，构件处于弹性阶段。由于混凝土抗拉强度较低，构件在达到 A 点时即将开裂。

(2) 弹塑性阶段(AB)。

随着荷载的增加，受压区和受拉区逐渐扩大，受拉区钢管屈服区不断向截面内部扩展，截面刚度不断下降。

(3) 强化阶段(BC)。

随着外荷载的继续增加，受拉区最外边缘钢管将首先进入塑性状态，截面内力发生重分布，截面塑性区域不断向内发展。当内部钢材也发展到屈服时，最外纤维的钢材已进入强化阶段。随着曲率的不断增加，弯矩还将缓慢增加，但增长的幅度不大，曲线没有下降段。

结合图 2.23 及韩林海(2007)关于钢管混凝土压弯构件的滞回模型的介绍，给出圆钢管煤矸石混凝土纯弯构件的滞回模型，如图 2.24 所示。图中的三线性模型中有五个参数需要确定，即弹性阶段结束时对应的弯矩 M_e 和曲率 ϕ_e、弹塑性阶段结束时对应的弯矩 M_u 和曲率 ϕ_0 及强化段刚度 K_p。

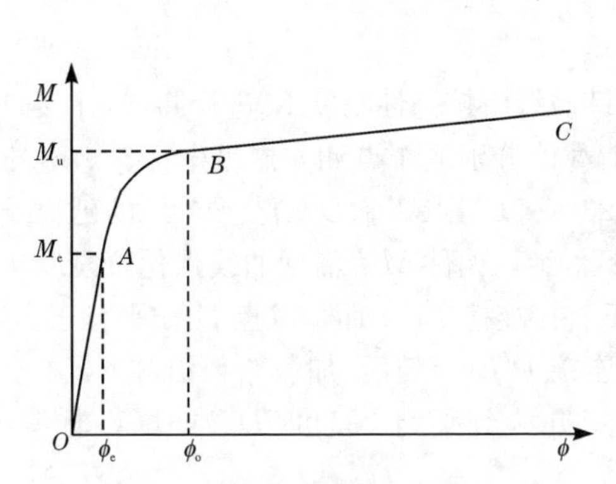

图 2.23　典型纯弯构件的 M-ϕ 关系曲线

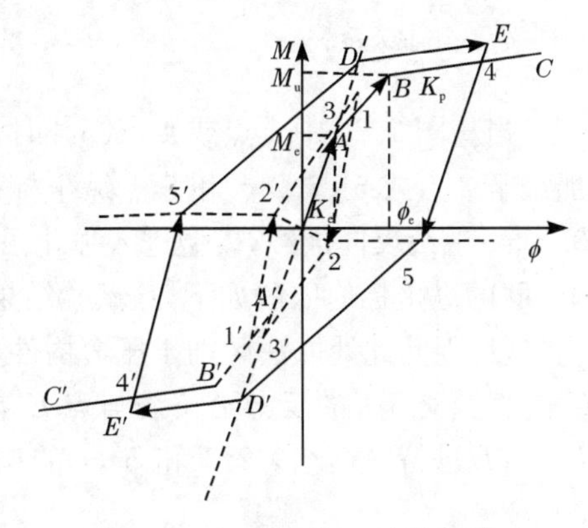

图 2.24　纯弯构件 M-ϕ 滞回模型

1. M、ϕ_e、M_u、ϕ_o 的确定

利用统计回归方法用数学公式表示，即

$$M=\begin{cases}\dfrac{0.21M_u\phi}{\phi_e}, & \phi\leqslant\phi_e\\[2ex] 0.91-\left[\dfrac{0.756}{1+\left(\dfrac{\phi}{0.209\phi_o}\right)^{2.386}}\right]M_u, & \phi_e<\phi<\phi_o\\[2ex] \left[0.038\left(\dfrac{\phi}{\phi_o}\right)+0.867\right]M_u, & \phi\geqslant\phi_o\end{cases}\tag{2.13}$$

其中

$$\phi_e=[(-5.06.85\beta_c)+329.23\xi+2008.19]\beta_s^{0.82}/(E_sD)\tag{2.14}$$

$$\phi_o=12.875\phi_e\tag{2.15}$$

以上各式中，$\beta_c=\dfrac{f_u}{30}$，$\beta_s=\dfrac{f_y}{345}$。

对于抗弯强度 M_u，由前面规范对比可知，我国规程《钢-混凝土组合结构设计规程》(DL/T 5085 1999)与实测结果最为接近，鉴于此，采用我国规程。

2. 参数 K_p 的确定

强化段刚度 K_p 也可由式(2.16)确定，即

$$M=\left[0.038\left(\frac{\phi}{\phi_o}\right)+0.867\right]M_u\tag{2.16}$$

此方程为关于 M、ϕ 的一次线性函数，对其求导可得 $K_p=\dfrac{dM}{d\phi}=0.038\dfrac{M_u}{\phi_o}$。

3. 模型软化段

当从图 2.24 中 1 点或 4 点卸载时，卸载线将按弹性刚度 K_e进行卸载，并反向加载至 2 点或 5 点，2 点和 5 点纵坐标荷载值分别取 1 点和 4 点纵坐标弯矩值的 0.2 倍；继续反向加载，模型进入强化段 23′或 5D'，点 3′和D'均在OA 线的延长线上，D'的纵坐标值取法如下，从试验结果看，纯弯构件 M-ϕ 滞回曲线强化阶段没有下降段，因此此处取法区别于压弯构件不直接连接 4′D'，而是以点 D'作平行于 $B'C'$的直线交 5′4′的反向延长线与点 E'，连接 $D'E'$。随后，加载路径沿 3′1′2′3 或 D'4′5′D进行，软化段 2′3 和 5′D 的确定办法分别与 23′和 5D'类似（韩林海，2007）。

图 2.25 分别给出部分典型的弯矩-曲率滞回模型与试验实测的滞回曲线对比情况，其中实线为试验曲线，虚线为计算曲线。可见，模型计算结果与试验结果吻合较好。

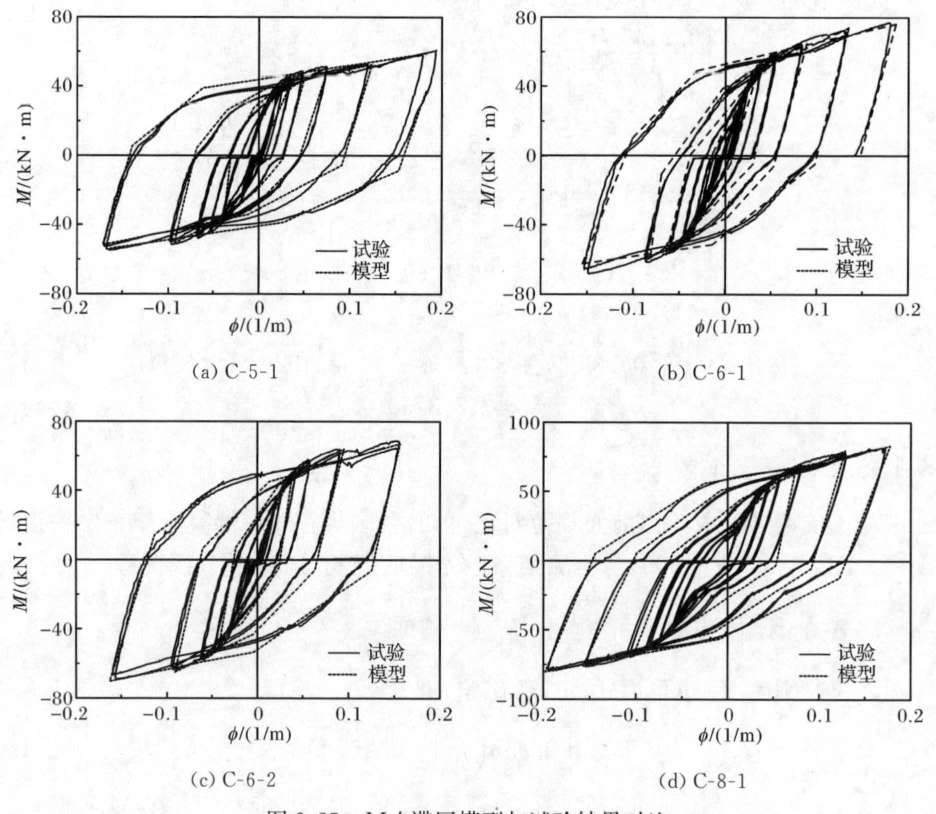

图 2.25 M-ϕ 滞回模型与试验结果对比

2.8　有限元模型的建立及验证

2.8.1　材料模型的选取

1. 钢材的本构关系

根据钢材在往复荷载下的特点，选取了如图2.26所示的钢材应力-应变关系来建立圆钢管煤矸石混凝土纯弯构件的有限元模型。该模型为双线性模型，即把塑性阶段和强化阶段简化为一条斜直线，近似地模拟钢材的弹塑性阶段。在双线性模型中，弹性段的加、卸载刚度采用初始弹性模量E，强化段的弹性模量取为$0.01E$。

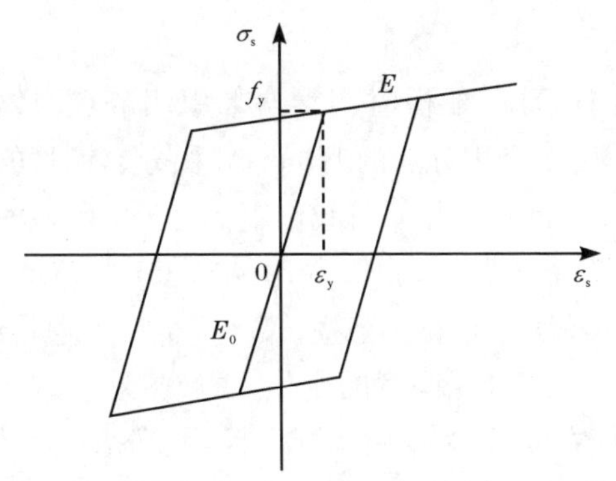

图2.26　钢材应力-应变关系

2. 核心煤矸石混凝土的本构关系

在往复荷载作用下，有关研究者进行了大量钢筋混凝土中混凝土材料应力-应变滞回关系曲线的试验研究，发现混凝土骨架曲线基本上接近于单向加载的应力-应变曲线，因而提出钢筋混凝土结构在往复循环荷载作用下，混凝土材料的应力-应变滞回关系骨架曲线可用单向加载应力-应变曲线来代替。由于对圆钢管混凝土受力性能的研究开展得尚不充分，而针对其核心混凝土材料应力-应变滞回关系的试验研究未见有报道，因此在确定圆钢管混凝土的核心混凝土应力-应变滞回关系骨架曲线时，暂采用单向加载时的应力-应变关系曲线代替。

在进行圆钢管煤矸石混凝土构件的有限元分析时，为合理考虑钢管对核心煤矸石混凝土的约束作用，本节拟采用杨明(2006)提出的钢管轻集料混凝土中核心轻集料混凝土的本构模型，在有限元分析前，通过试算表明采用此本构关系时得到的分析结果与试验结果相比较为符合。同时，还要考虑煤矸石混凝土在由荷载方向改变时形成的刚度退化以及裂面咬合效应等因素，通过定义 ABAQUS 中的混凝土塑性损伤(concrete plastic damage)模型来模拟。

对于受拉区的煤矸石混凝土，采用混凝土破坏能量准则即应力-断裂能来确定。受拉混凝土的本构关系计算时采用混凝土断裂能 G_f 表达的形式，在混凝土开裂后其拉应力-裂缝宽度关系采用双折线模型。混凝土断裂能 G_f(单位：N/mm)参照 FIP 推荐的以下公式进行计算：

$$G_f = \alpha\,(f_c'/10)^{0.7} \times 10^{-3} \tag{2.17}$$

式中，$\alpha=1.25d_{max}+10$，d_{max}为粗骨料的粒径，mm。

2.8.2 模型的建立

1. 钢管模型的建立

为满足一定的计算精度，建模时钢管均采用四节点减缩积分格式的壳单元(S4R)，沿厚度方向采用 9 个积分点的 Simpson 积分。钢材的弹性模量取 2.06×10^5 MPa，泊松比取 0.3。钢材在往复荷载作用下会产生明显的包辛格效应，考虑到其对构件加载卸载过程中的影响，则需选用 ABAQUS 随动强化模型(kinematic hardening)进行钢材本构关系模型的建立。S4 属于一种通用的壳单元，即它允许沿厚度方向的剪切变形，随着壳厚度的变化，求解方法会自动服从厚壳理论或薄壳理论，当壳厚度很小时，剪切变形变得非常小。此外，S4 考虑了有限薄膜应变和大转动，属于有限应变壳单元，因此它适于包含大应变的分析。

2. 煤矸石混凝土模型的建立

煤矸石混凝土材料模型采用 ABAQUS 软件中提供的混凝土塑性损伤模型，该模型基于拉压各向同性塑性的连续性损伤模型，可较好地描述混凝土的非线性行为。混凝土的泊松比取 0.2，初始弹性模量按美国混凝土协会规程 ACI Committee 318(ACI 318-05)中给出的计算公式确定，即 $E=4730\sqrt{f_c'}$(单位：MPa)。根据圆钢管煤矸石混凝土的组成和受力特性，采用三维实体单元模拟核心煤矸石混凝土，由于模型中涉及煤矸石混凝土和钢管与盖板的接触，而多接触问题最大的问题就是收敛性较差，所以在选取各模型时采用接触收敛性较好的一次单元。煤矸石混凝土主要采用 8 个节点六面体减缩积分单元(C3D8R)。对于三维问题，六面体单元能以最低的成本给出最好的结果，但是对于较为复杂的截面形式，如果仅仅采用六面体单元会造成网格的严重扭曲而影响计算结果，从而可以考虑以六面体为主、楔形体或四面体单元为辅的网格形式。

3. 盖板模型的建立

盖板尺寸为 300mm×300mm×20mm，同样采用 8 节点减缩积分的三维实体单元(C3D8R)，由于其相对于整个构件刚度很大，将其简化为弹性模量 $E=1\times10^{12}$MPa，泊松比 $\mu=0.0001$ 的弹性体。

4. 钢管与混凝土界面模型的建立

钢管与盖板之间的界面接触采用的是 Tie 接触。设定钢管与混凝土之间的接触时，将钢管设为主面，混凝土设为从面，相对运动定义为小滑动(small sliding)，定义接触搜寻算法为点对面(node to surface)，这样的接触设置便于收敛。设定盖板与混凝土之间的接触时，将刚度较大的盖板设为主面，混凝土设为从面，相对运动同样定义为小滑动。盖板与混凝土之间的界面模型定义为法向硬接触。钢管与混凝土之间的界面模型是由截面法线方向的接触和切线方向的黏结滑移构成的。钢管与混凝土界面法线方向的接触采用硬接触。界面切向力的模拟采用库仑摩擦模型，如图 2.27 所示，界面可以传递剪应力，直到剪应力达到临界值 τ_{crit}，界面之间产生相对滑动，在滑动过程中界面剪应力保持 τ_{crit} 不变，如图 2.28 所示，τ_{crit} 的表达式如下：

$$\tau_{crit}=\mu p\geqslant\tau_{bond}\tag{2.18}$$

式中，μ 为界面摩擦系数。大量钢管混凝土有限元分析算例的计算结果表明，界面摩擦系数取 0.6 会得到较好的计算效果(韩林海，2007)。

对于圆钢管混凝土可根据 Roeder 等(1999)的研究成果，τ_{bond} 按式(2.19)计算

$$\tau_{bond}=2.314-0.0195\frac{d}{t}\tag{2.19}$$

式中，d 为核心混凝土的直径；t 为钢管壁厚。

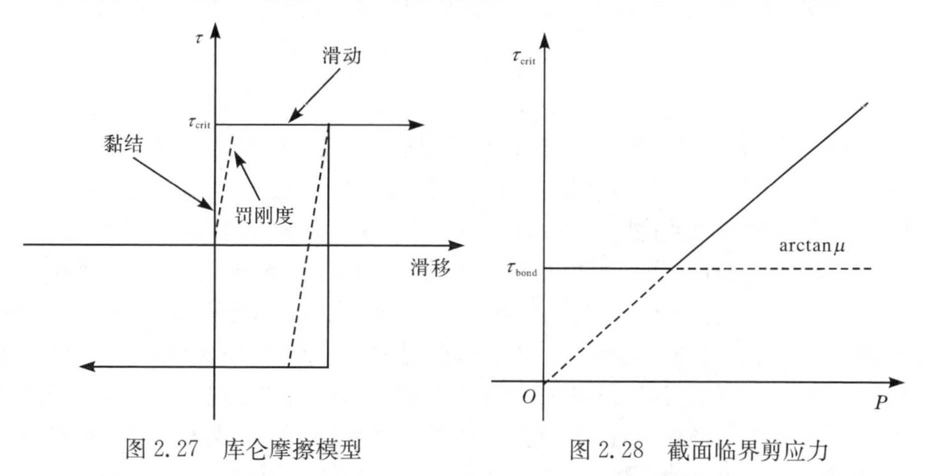

图 2.27　库仑摩擦模型　　　图 2.28　截面临界剪应力

5. 整体模型的建立

对于纯弯构件，圆钢管混凝土截面为轴对称，因此在计算时，根据对称性可以只取截面和跨度各一半划分单元，即取全部构件的 1/4 来模拟进行计算。以壁厚 t=5mm 试件为例，来建立典型圆钢管煤矸石混凝土纯弯构件的有限元分析模型，如图 2.29 所示。

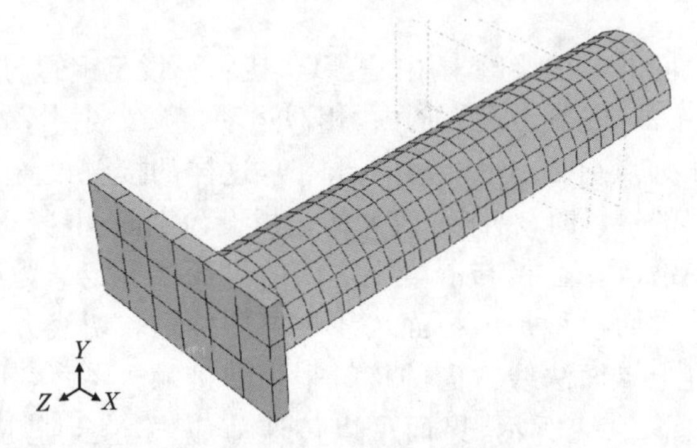

图 2.29　有限元建模及网格划分

6. 边界条件的设定

对于构件整体模型来说，由于选用的分析模型为 1/4 模型，模型中固定端的边界条件按照对称方法设定，选择 Symmetry/Antisymmetry/Encastre。在整个有限元分析过程中，为了更好地计算荷载-变形的全过程曲线，其加载制度为全程采用位移加载。

2.8.3　模型的求解

有限元计算包括三类非线性问题，即钢材与混凝土非线性问题、几何非线性问题以及钢管与混凝土在受力过程中界面接触条件发生变化引起的边界条件非线性问题。求解方法大致可归纳为三类：迭代法、增量法以及增量迭代混合法。本节采用增量迭代混合法求解，该方法综合增量法和迭代法的优点，即仍将荷载划分为若干级增量，但荷载分级数比增量法大大减小了，对每一个荷载增量进行迭代计算，使得每一级增量中的计算误差可控制在很小的范围内。运行有限元模型，得到了如图 2.30 所示的圆钢管煤矸石混凝土纯弯构件的 1/4 模型应力云图。图 2.31 为构件经过映像处理后输出的全模型图。从全模型图中可以看出，加载结束后，构件发生明显的变形。当加载达到屈服强度后，在 1/4 加载处出现鼓曲现象。随着荷载的逐级增加，鼓曲逐渐向环向发展，影响的范围越来越大，钢管的局部隆起也越来越明显，此时圆钢管丧失了约束煤矸石混凝土的能力，变形急剧增大，最终达到破坏。

2.8.4　模型与试验结果的对比验证

1. 滞回曲线对比

通过有限元分析软件 ABAQUS，模拟计算构件的荷载-变形滞回曲线。为了验证数值计算结果的准确性，分别与试验结果进行对比，如图 2.32 所示，图中试验曲线用实线表示，数值计算曲线用虚线表示。从图中可以看出，各试件的试验曲线与计算曲线符合较好。但含钢率较高的试件 C-8-1 和 C-8-2 的试验曲线与计算曲线的符合程度存在一定的差异。

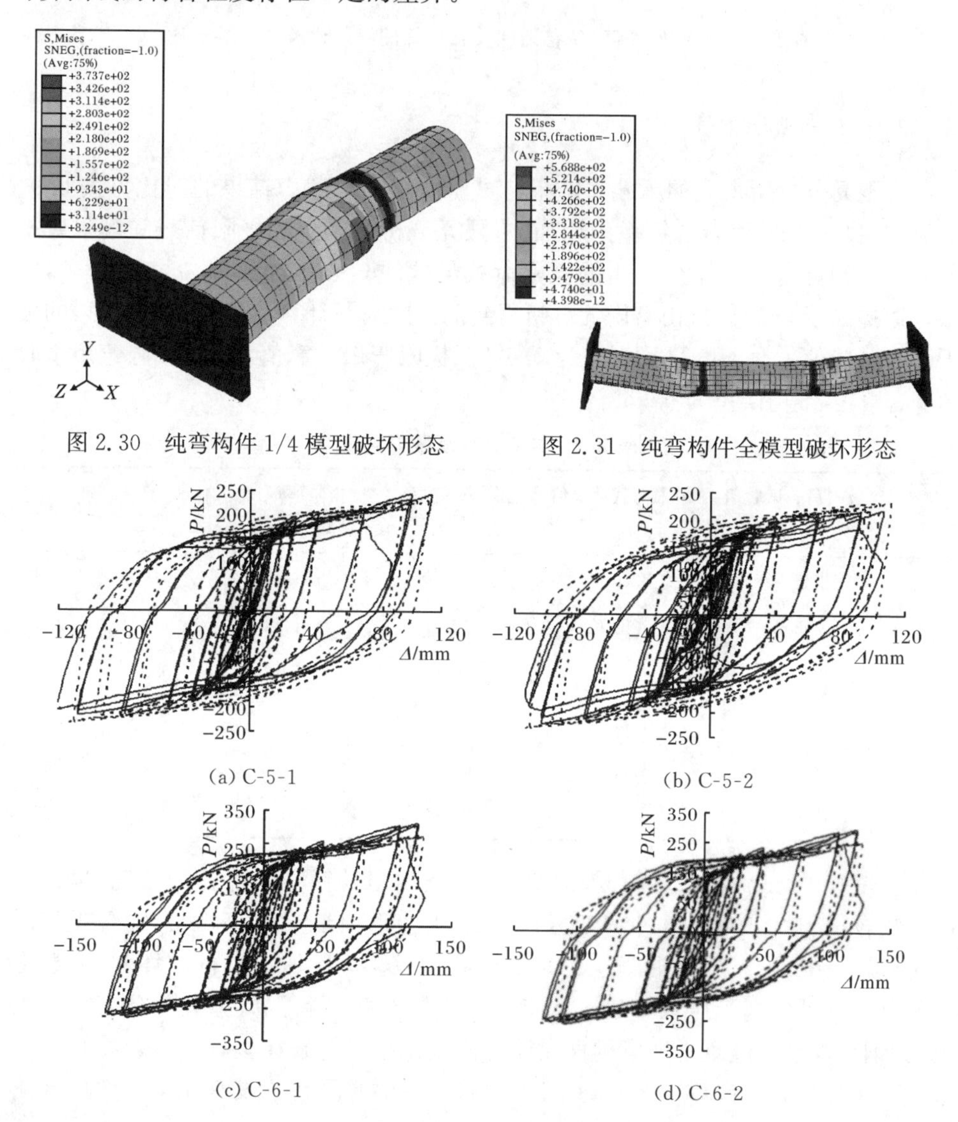

图 2.30　纯弯构件 1/4 模型破坏形态

图 2.31　纯弯构件全模型破坏形态

(a) C-5-1

(b) C-5-2

(c) C-6-1

(d) C-6-2

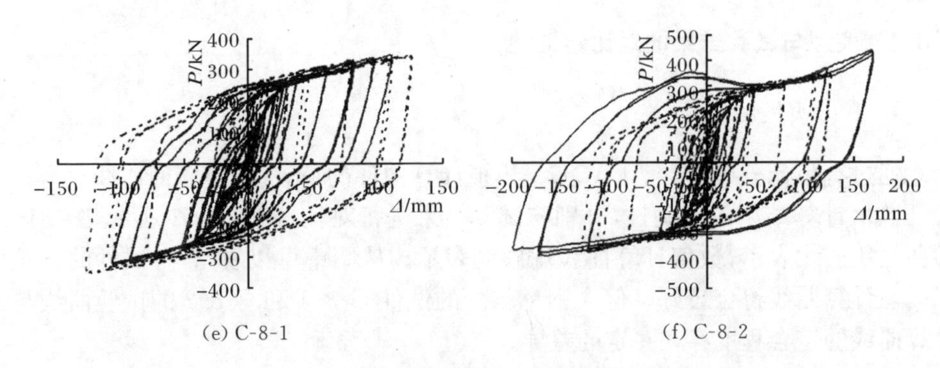

图 2.32 各试件荷载-位移滞回关系计算曲线与试验曲线的对比

2. 极限承载力对比

有限元分析所得到的承载力结果与试验所得的承载力结果的对比见表 2.9。从表中可以看出，随着含钢率的增加，有限元分析所得到的极限荷载和极限弯矩都有显著的提高。试件 C-8-1 的极限荷载与试件 C-5-1 相比提高了 58.8%，极限弯矩提高了 56.6%。由有限元分析得到的极限荷载计算值 P_u 与试验所得的极限荷载试验值 P_{eu} 相比，平均误差为 0.953。极限弯矩计算值 M_u 与极限弯矩试验值 M_{eu} 相比，平均误差为 0.958。

表 2.9 纯弯试件承载力对比

试件编号	极限荷载试验值 P_{eu}/kN	极限荷载计算值 P_u/kN	极限弯矩试验值 M_{eu}/(kN·m)	极限弯矩计算值 M_u/(kN·m)	P_u/P_{eu}	M_u/M_{eu}
C-5-1	238.92	225.36	44.80	42.83	0.943	0.956
C-5-2	205.97	225.36	38.62	42.83	1.094	1.109
C-6-1	301.78	273.90	56.58	51.36	0.907	0.908
C-6-2	303.23	273.90	56.85	51.36	0.903	0.904
C-8-1	347.37	357.86	65.13	67.10	1.030	1.031
C-8-2	426.14	357.86	79.90	67.10	0.840	0.841

在试验中，试件在破坏时受压区钢管均出现多处钢管局部外凸的现象，且外凸部位较均匀地分布在试件的四分点与跨中之间。试验结束后切开钢管观察混凝土破坏情况，可以看出混凝土的裂缝分布比较均匀。所有试件破坏时，混凝土的裂缝均已延伸到受压区钢管。从钢管内煤矸石轻骨料混凝土裂缝分布均匀可见，圆钢管煤矸石混凝土纯弯构件在往复荷载作用下的破坏呈延性破坏特征。部分纯弯构件的数值计算结果略高于试验结果，主要原因在于没有完全考虑局部屈

曲引起的刚度下降。此外，有限元建模过程中，圆钢管和煤矸石混凝土的内部作用假定为完好，也是影响计算结果的原因之一。另外，由于 C3D8R 单元本身是基于弥散裂缝模型和最大拉应力开裂为判断依据的，在很多情况下会因为应力集中而使混凝土提前破坏，从而和试验结果不吻合，这也是有限元分析结果和试验结果存在误差的另一个原因。

总之，从表中可见，圆钢管煤矸石混凝土纯弯构件有限元分析计算值与试验值吻合较好，这说明利用上述方法所建立的分析模型可以应用到往复荷载作用下圆钢管煤矸石混凝土纯弯构件的有限元分析中。

2.9　基于 ABAQUS 的圆钢管煤矸石轻骨料混凝土纯弯构件理论分析

2.9.1　工作机理研究

图 2.33 为纯弯构件荷载-位移全过程骨架曲线，为了论述方便，选取 6 个特征点，包括正向 A 点、B 点、C 点和反向 A'点、B'点、C'点，其中 A 点为外钢管超出比例极限前的点；B 点为构件达到屈服时的取值点；C 点为跨中挠度较大时的点，如挠度 u_m达到 $L/30$。点 A'、B'和 C'分别为负向加载时所对应的上述特征点。通过在上述各特征点处构件所处的应力状态来分析其在整个受力过程的工作机理。以厚度为 5mm 的试件 C-5-1 为例，分析往复荷载作用下圆钢管煤矸石混凝土纯弯构件在受力过程中的工作机理。

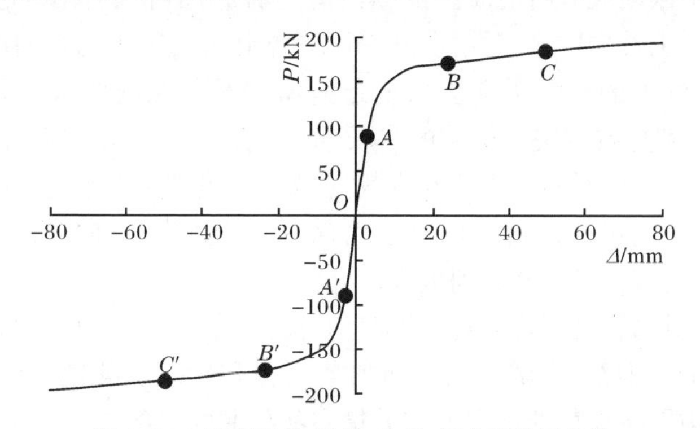

图 2.33　纯弯构件荷载-位移全过程骨架曲线

从图 2.33 中可以看出，圆钢管煤矸石混凝土纯弯构件的荷载-位移骨架曲线有比较明显的弹性、弹塑性和塑性强化阶段，曲线没有出现明显的下降段，构件具有很好的延性。纯弯构件的正向加载阶段的工作机理大致可以分为三个阶段。

(1) 弹性阶段(OA 段)。此阶段为钢管处于弹性阶段。在加载初期,受拉区钢管最外缘尚未进入屈服,虽然构件受拉区煤矸石混凝土开始开裂,但由于受拉区钢管仍处于弹性受力阶段,纯弯试件的变形仍保持良好的线性状态。在受压区因煤矸石混凝土处于低应力状态,泊松比小于钢材的泊松比,可以认为两种材料单向受压。此时,钢管与煤矸石混凝土之间的相互作用力较小。

(2) 弹塑性阶段(AB 段)。此阶段为纯弯构件处于屈服阶段。随着荷载的增加,钢管的纵向应力先后超过了比例极限,开始发展塑性。混凝土受压区的纵向应力大幅度增长,由于圆钢管对核心煤矸石混凝土的约束作用,使得煤矸石混凝土的强度有所提高,在此阶段,随着荷载的增加,受拉区钢管最外缘进入屈服阶段,构件的刚度开始有所下降,靠近外边缘的受压煤矸石混凝土的横向变形大于钢材的横向变形,圆钢管与煤矸石混凝土的相互作用力逐渐增大。由于受压区煤矸石混凝土的横向变形速度增长较快,使得圆钢管与受压区煤矸石混凝土最外纤维的相互作用力要大于圆钢管与受拉区煤矸石混凝土最外纤维的相互作用力。由于受压区煤矸石混凝土的横向变形速度要大于受拉区煤矸石混凝土的速度,圆钢管与受拉区煤矸石混凝土的相互作用力有增大的趋势,与受压区煤矸石混凝土有分离的趋势。同时在此阶段,受拉区的钢管最外纤维处最大拉应力超过屈服极限,煤矸石混凝土受拉区逐渐扩大。当纯弯试件进入屈服后,抗弯刚度有一定的下降。

(3) 强化阶段(BC 段)。此阶段为纯弯构件出现较大挠度阶段。随着荷载的继续增加,构件挠度不断加大。圆钢管的纵向应力值进一步增大,截面应力发生重分布。从跨中截面煤矸石混凝土的纵向应力分布图可以看出,在 C 点,跨中截面的煤矸石混凝土首先进入塑性段,其受压区煤矸石混凝土的纵向应力值有所降低,但煤矸石混凝土的最大纵向应力值还有所增长。在纯弯试件开始进入屈服前,荷载的增长速度明显快于位移的增长速度;然而,试件屈服后,随着跨中挠度的不断增加,荷载虽然继续增加,但荷载的增长速度要明显慢于位移增长速度。此外,由于圆钢管对核心煤矸石混凝土仍存在着约束作用,使受压区煤矸石混凝土处于复杂受力状态,其强度得到提高。

图 2.34 为圆钢管煤矸石混凝土纯弯构件在往复荷载作用下达到各特征点时的变形。从图中不难看出,试件在正向加载过程和反向加载过程中的变形情况,同时还可看出构件在加载处出现了应力集中和鼓曲的现象。

图 2.35 和图 2.36 分别为构件达到各特征点时圆钢管和煤矸石混凝土的纵向应力沿构件长度方向的分布情况。由图可见,构件在纯弯受力段(构件 1/4 加载点与跨中截面之间段)的纵向应力沿构件长度方向均匀分布。正向特征点 A、B、C 和反向特征点 A'、B'、C' 的钢管和煤矸石混凝土的纵向应力云图基本对称一致,即在往复荷载作用下,圆钢管煤矸石混凝土纯弯构件正向加载与反向加载的工作机

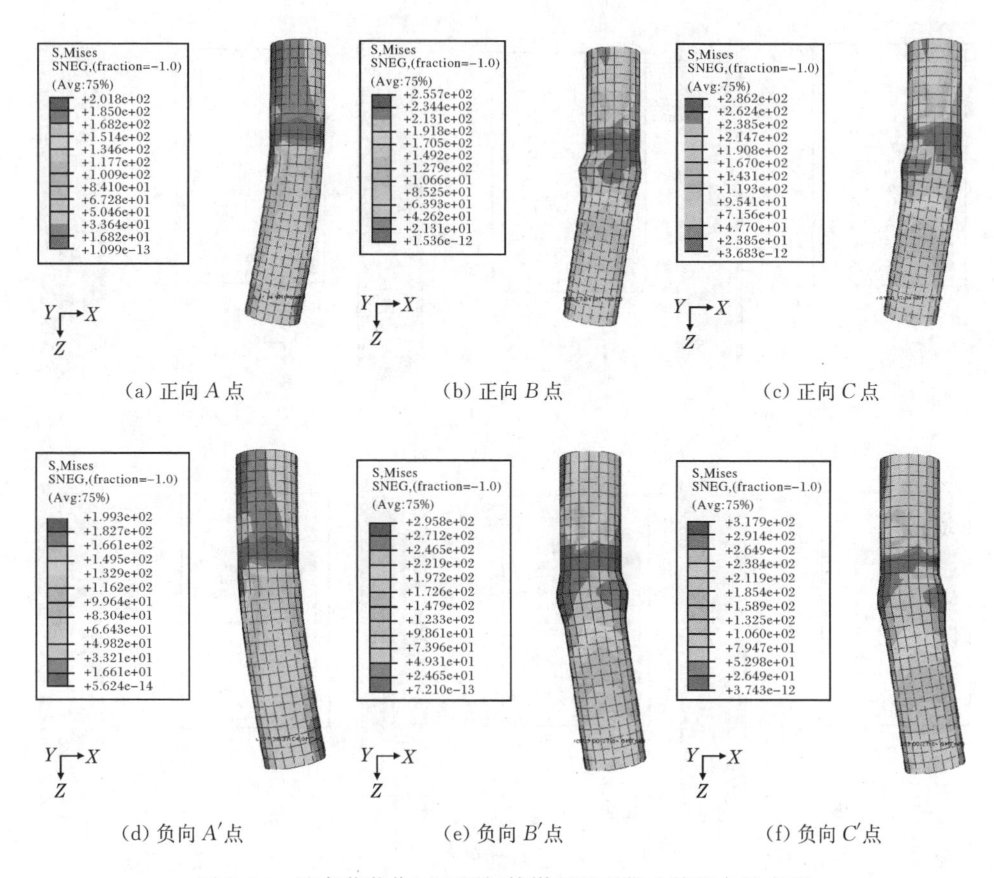

(a) 正向 A 点　　(b) 正向 B 点　　(c) 正向 C 点

(d) 负向 A' 点　　(e) 负向 B' 点　　(f) 负向 C' 点

图 2.34　纯弯荷载作用下圆钢管煤矸石混凝土特征点处变形

理相似，因此本节只分析其正向加载时的工作机理，进而可知往复荷载作用下纯弯构件整体的工作性能。另外，在模拟结果中，纯弯构件的最大应力分布并没有完全出现在构件的纯弯段，而构件加载点附近出现了一定的应力集中现象。这是由于在建模的过程中，纯弯构件采用了 1/4 模型，而加载点处采用参考点与切割面进行耦合约束，用来模拟加载所用的夹具，最后对参考点进行位移赋值。这种建模条件对试件加载端造成了一定的约束作用，因此出现了此种情况。从图 2.35 还可以看出，在钢管切割面处的应力值基本相同，而且在整个加载过程中无太大变化。这是由于参考点与切割面进行耦合约束后形成了一个整体，因而应力变化基本相同。另外，由于采用了 1/4 模型进行建模，对跨中截面的钢管边缘与混凝土边缘进行了边界约束，计算结果所得到的应力值相对较小。这就导致加载点附近区域出现应力集中现象。

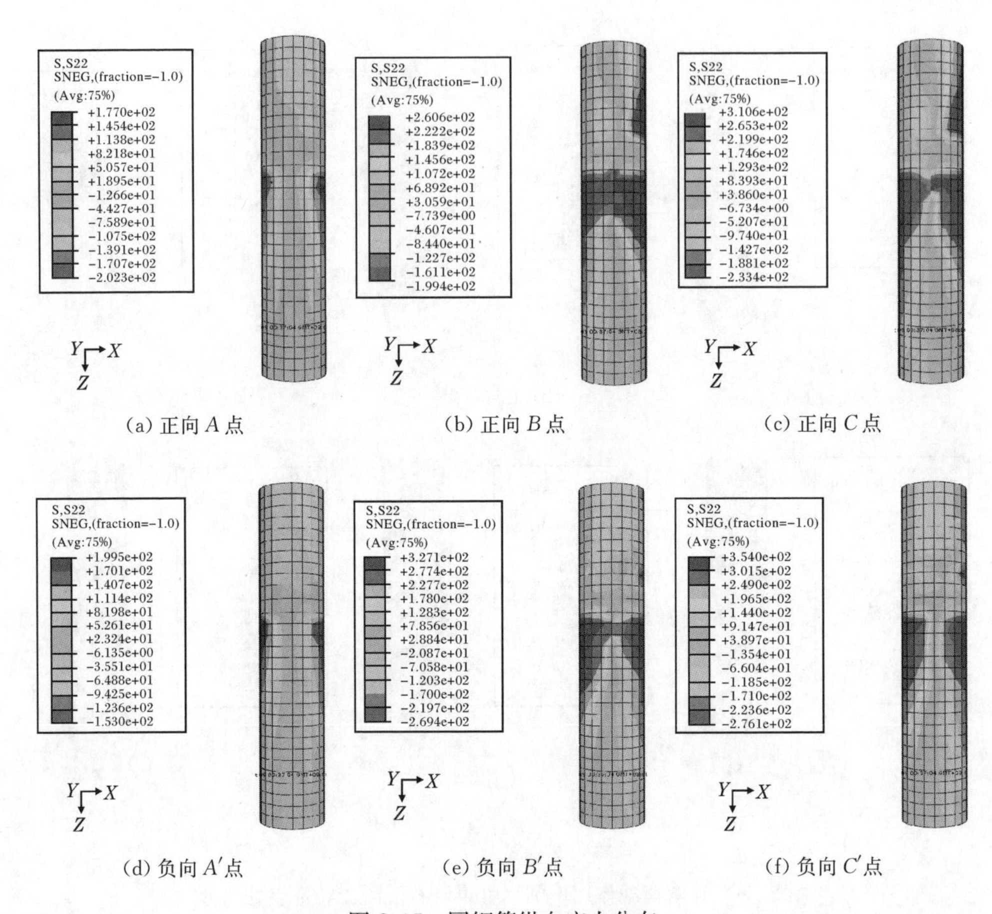

(a) 正向 A 点　　(b) 正向 B 点　　(c) 正向 C 点

(d) 负向 A' 点　　(e) 负向 B' 点　　(f) 负向 C' 点

图 2.35　圆钢管纵向应力分布

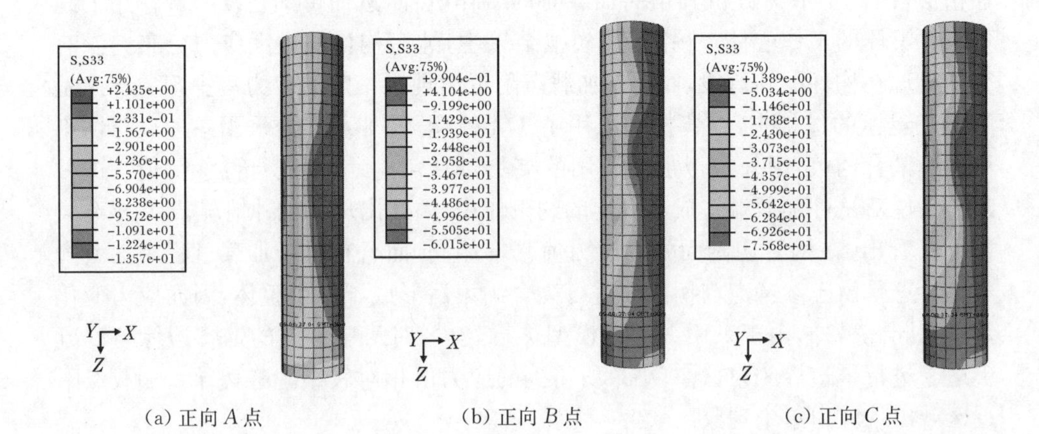

(a) 正向 A 点　　(b) 正向 B 点　　(c) 正向 C 点

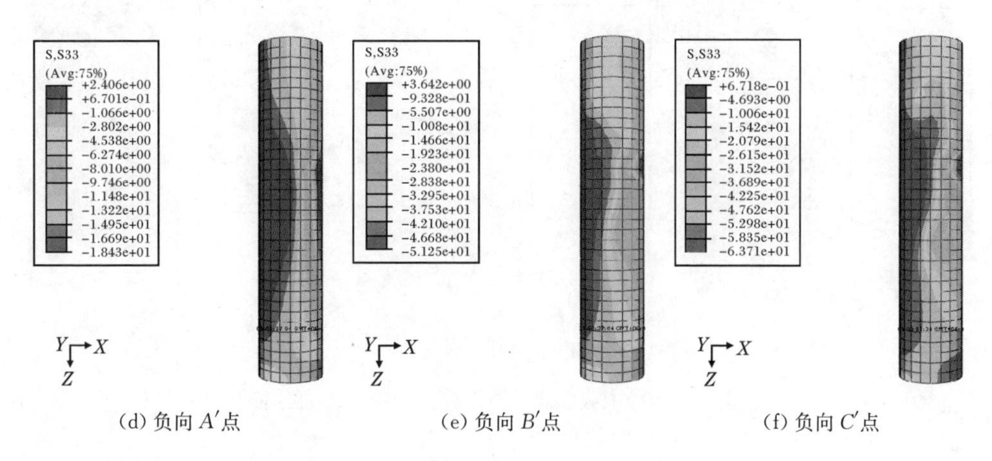

(d) 负向 A' 点　　(e) 负向 B' 点　　(f) 负向 C' 点

图 2.36　煤矸石混凝土纵向应力分布

图 2.37 为往复荷载作用下核心煤矸石混凝土跨中截面的纵向应力分布，此图可直观地反映跨中截面煤矸石混凝土的应力变化及分布。图 2.38 为构件达到各特征点时煤矸石混凝土横向应力的分布情况。从图中可以看出，随着荷载的增加，煤矸石混凝土的横向应力逐渐增大，最大横向应力主要分布在加载处附近。当构件进入屈服阶段后，受压区煤矸石混凝土的横向变形增长较快，与圆钢管之间产生紧箍力，并且这种相互作用力不断增大。此时，纯弯构件在加载处出现鼓曲和应力集中现象。

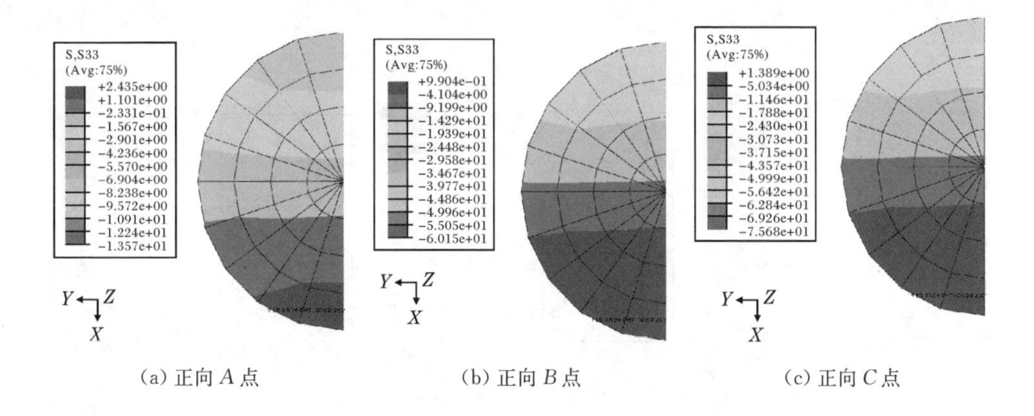

(a) 正向 A 点　　(b) 正向 B 点　　(c) 正向 C 点

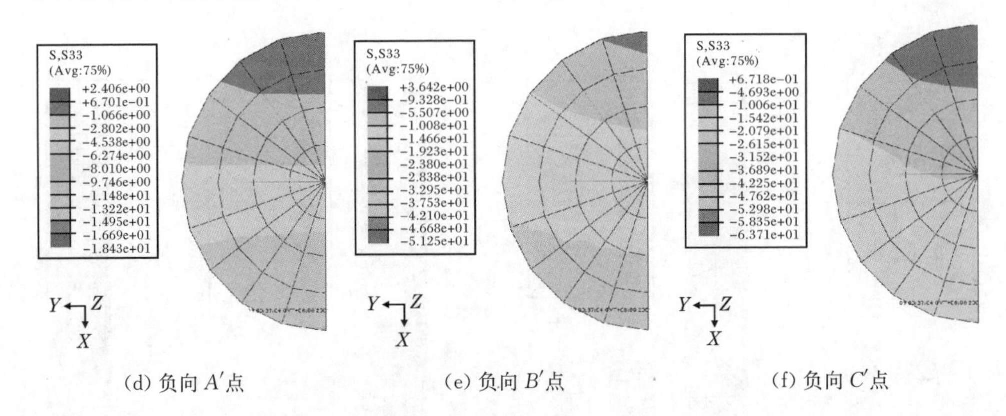

(d) 负向 A' 点　　(e) 负向 B' 点　　(f) 负向 C' 点

图 2.37　跨中截面煤矸石混凝土的纵向应力分布

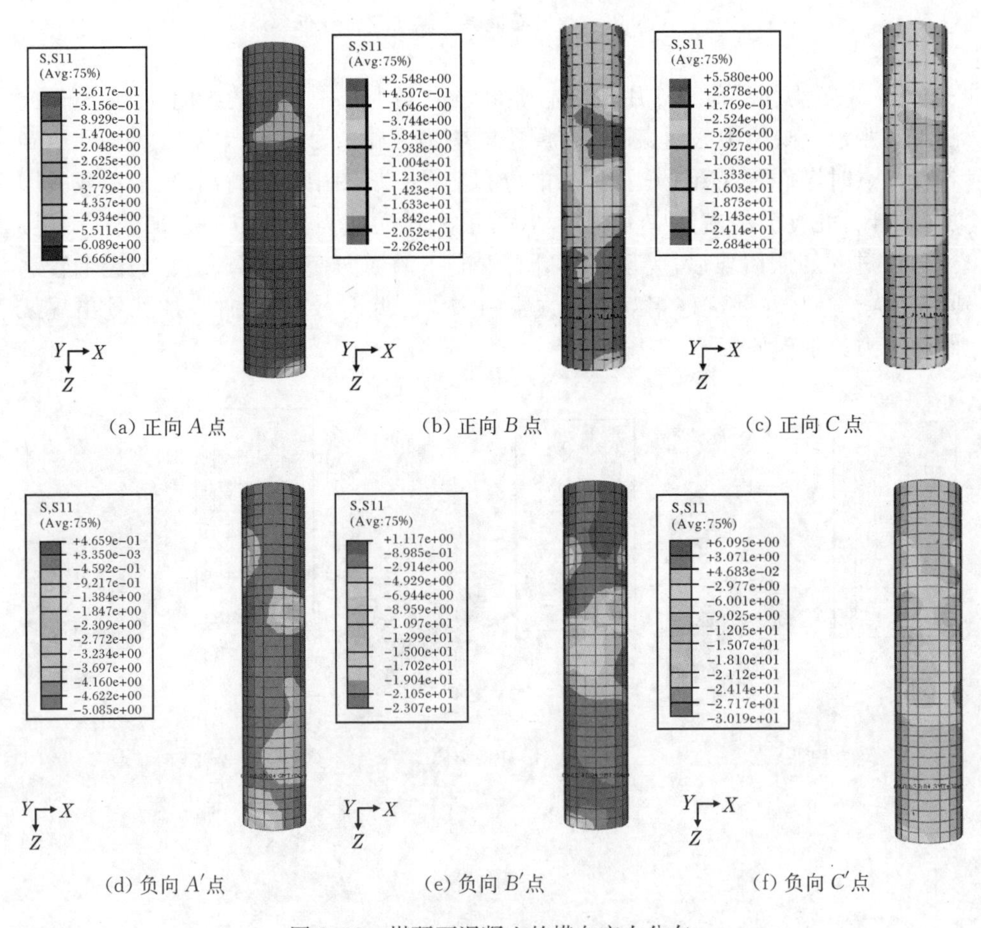

(a) 正向 A 点　　(b) 正向 B 点　　(c) 正向 C 点

(d) 负向 A' 点　　(e) 负向 B' 点　　(f) 负向 C' 点

图 2.38　煤矸石混凝土的横向应力分布

2.9.2　弯矩-曲率滞回关系曲线的计算

1. 纯弯构件弯矩-曲率滞回特性分析

图 2.39 所示的是通过 ABAQUS 计算出的纯弯构件典型的 M-ϕ 滞回关系曲线。

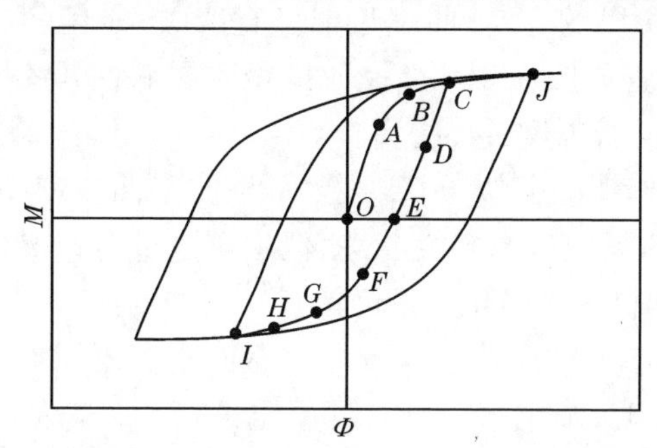

图 2.39　圆钢管煤矸石混凝土纯弯构件弯矩-曲率滞回关系曲线

由图 2.39 可以看出：

(1) OA 段。此阶段弯矩-曲率基本呈线性关系，钢管与煤矸石混凝土之间的相互作用力几乎没有，可以近似地认为它们都处于单向应力状态。在 A 点受拉区钢管最外纤维即将屈服。

(2) AB 段。此阶段弯矩-曲率呈曲线关系，截面进入弹塑性状态，构件受压区开始有约束力产生。随着弯矩的不断增加，受拉区钢管屈服，且屈服区域逐渐增大，截面刚度逐渐降低。在 B 点受压区钢管最外纤维也达到屈服。

(3) BC 段。此阶段弯矩-曲率呈曲线关系，其截面刚度下降较多，且远小于初始刚度，构件截面开始进入强化阶段，受压区和受拉区钢管的屈服面积不断增加，由于受压区核心混凝土受钢管的约束不断增强，其强度也缓慢地提高。

(4) CD 段。从 C 点开始卸载，曲线基本呈直线，卸载刚度与 OA 段刚度基本相同。卸载到 D 点时，混凝土残余变形大于钢管残余变形，使部分受拉核心混凝土由受压转为受拉应力状态。

(5) DE 段。截面继续卸载，曲线仍然基本呈线性，此时混凝土单元压应力逐渐减小，混凝土对截面刚度的贡献很小，外力主要由钢管承担；在 E 点截面卸载为 0，核心混凝土和钢管的应力为 0，但在这两种材料中都存在残余应变，因此在 E 点截面上有残余正向曲率产生。

(6) EF 段。此阶段截面开始反向加载，弯矩-曲率仍然基本呈线性。部分混凝土处于受拉状态，截面刚度基本与 DE 段相同。原来受拉的钢管转为受压，而原处于受压状态的钢管变为受拉，但均处于弹性状态，在 F 点钢管最外纤维处于即将屈服状态。

(7) FG 段。此阶段弯矩-曲率仍然呈曲线关系，随着弯矩的增加，钢管的屈服面积逐渐增加，截面的刚度逐渐降低，在 G 点受拉区混凝土逐渐转为受压状态。

(8) GH 段。此阶段弯矩-曲率仍然呈曲线关系，由于部分混凝土开始受压，截面刚度在 G 点有一定程度的提高。曲线在 G 点出现拐点，但由于截面上钢管塑性区域的不断扩大，曲线的斜率仍然逐渐降低。

(9) HI 段。此阶段的弯矩-曲率近似呈直线关系，但斜率很小，截面处于强化阶段，新受拉区钢管屈服面积和新受压区钢管屈服面积不断增加；受压区混凝土由于紧箍力不断增大，强度缓慢提高。

(10) IJ 段。工作情况类似于 CI 段，弯矩-曲率曲线斜率很小。虽然这时截面上仍然不断有新的区域进入塑性状态，但由于这部分区域距离形心较近，对截面刚度影响不大。钢材进入强化阶段仍具有一定的刚度，而受压区的混凝土由于紧箍力的作用，也具有一定的刚度，因此整个截面刚度较好。

以上分析结果表明，圆钢管煤矸石混凝土纯弯构件弯矩-曲率关系曲线的特点是无显著下降段，转角延性好，其形状与不发生局部失稳钢构件的性能类似，曲线表现出良好的稳定性，基本上没有刚度退化和强度退化，曲线图形饱满，呈纺锤形，没有捏缩现象，耗能性能良好。

2. 弯矩-曲率骨架曲线的特点

大量计算结果表明，钢管混凝土构件的弯矩-曲率滞回曲线的骨架线与单调加载时的弯矩-曲率关系曲线基本重合(Bazant and Kim，1979)。骨架曲线可以反映构件的极限强度和破坏强度。采用以上所述模型进行计算，也得出重合较好的曲线，如图 2.40 所示。

影响圆钢管煤矸石混凝土纯弯构件弯矩-曲率滞回关系骨架线的因素主要有含钢率 α、钢材屈服强度 f_y 及煤矸石混凝土抗压强度 f_{ck} 等。以下通过算例来分析各因素对纯弯构件力学性能的影响，同时也将其与圆钢管普通混凝土纯弯构件的性能进行对比分析。

1) 含钢率

在对圆钢管煤矸石混凝土纯弯构件的力学性能研究中，含钢率是重要的影响

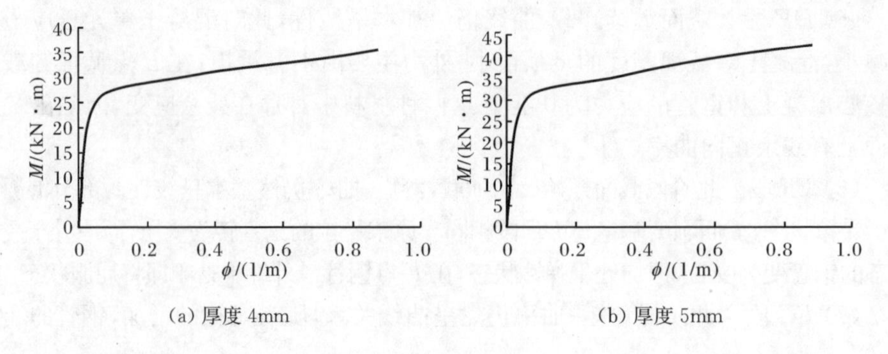

(a) 厚度 4mm　　(b) 厚度 5mm

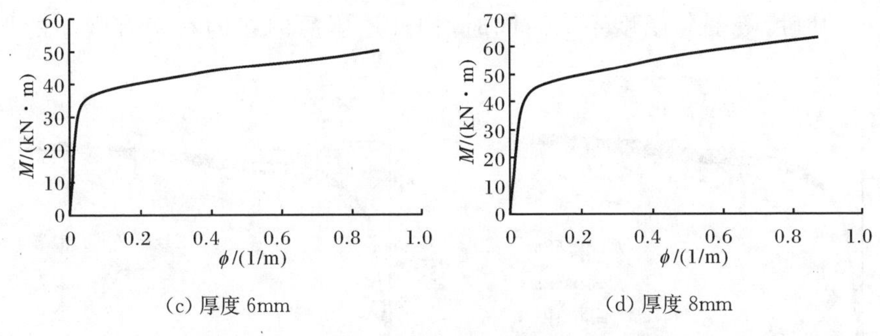

(c) 厚度 6mm　　(d) 厚度 8mm

图 2.40　纯弯构件单调加载弯矩-曲率关系曲线

参数。图 2.41 给出了在同种钢材强度 Q235，煤矸石混凝土强度 C30，四种不同含钢率 α 情况下纯弯构件 M-ϕ 骨架曲线。从图中可知，随着含钢率的提高，M-ϕ 关系曲线在弹性阶段的刚度均有所提高，屈服弯矩越来越大，极限弯矩也随之增大。含钢率较高的构件承受的荷载较大，因为核心混凝土的抗拉强度很低，所以在受拉一侧，弯矩几乎由钢管单独承担。另外，含钢率越大，钢管对核心混凝土的约束效应就越明显，从而可增强构件的变形能力，使承载力和延性得到相应的提高。

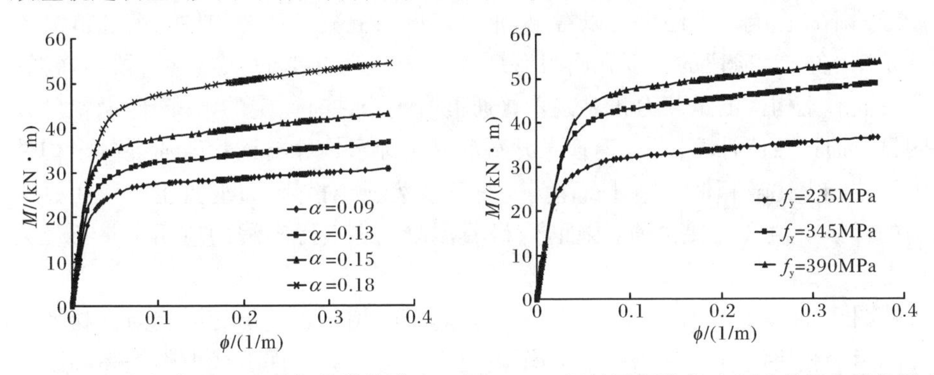

图 2.41　含钢率对 M-ϕ 骨架曲线的影响　图 2.42　钢材屈服强度对 M-ϕ 骨架曲线的影响

2) 钢材屈服强度的影响

图 2.42 给出了在同种混凝土强度 C30 和含钢率的条件下，不同的钢材屈服强度对圆钢管煤矸石混凝土纯弯构件 M-ϕ 骨架曲线的影响。从图中可以看出，钢材屈服强度对曲线弹性阶段的刚度几乎没有影响。随着钢材屈服强度的提高，构件的屈服弯矩和极限弯矩也逐渐增大。同时，构件的变形和塑性能力也随之提高。因而，适当地提高钢材强度，对改善构件的抗震性能、提高构件的承载力起到一定的作用。

3) 煤矸石混凝土抗压强度的影响

图 2.43 给出了在相同钢材屈服强度 f_y＝235MPa 和含钢率的条件下，不同的煤矸石混凝土抗压强度对圆钢管煤矸石混凝土纯弯构件 M-ϕ 骨架曲线的影响。从图中可以看出，随着煤矸石混凝土抗压强度的逐渐提高，构件的屈服弯矩和弹

性阶段的刚度等变化幅度不大。同时，构件屈服后曲线的斜率有微小的下降趋势。

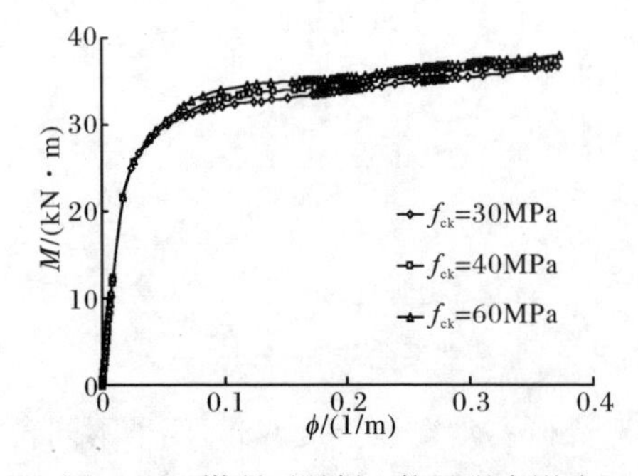

图 2.43　煤矸石混凝土抗压强度影响

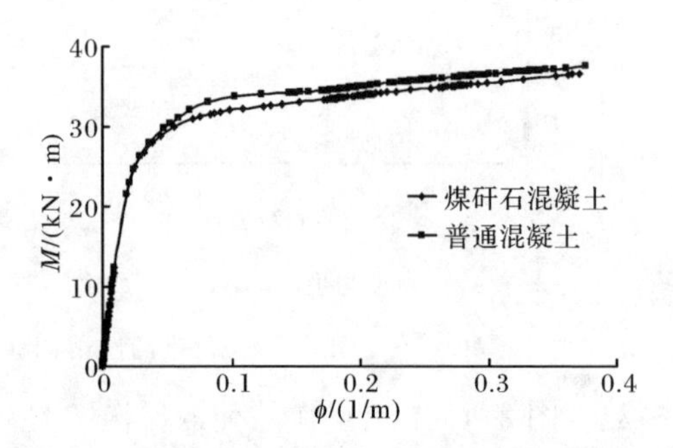

图 2.44　煤矸石混凝土与普通混凝土对比

4）普通混凝土与煤矸石混凝土的不同影响

图 2.44 给出了在相同钢材屈服强度 f_y＝235MPa、含钢率 α＝0.13 及混凝土强度 C30 的普通混凝土和煤矸石混凝土对圆钢管煤矸石混凝土纯弯构件 M-ϕ 骨架曲线的不同影响。从图中可以看出，钢管煤矸石混凝土纯弯构件与普通混凝土构件相比，在弹性阶段的刚度和屈服弯矩基本没差别，但是进入塑性阶段后，钢管煤矸石混凝土构件的承载力相对钢管普通混凝土构件有一定的下降，然而幅度并不明显。通过数值计算比较，钢管煤矸石混凝土纯弯构件与钢管普通混凝土构件在力学性能上比较相似。煤矸石作为一种工业废料，对煤矸石混凝土的应用具有很高的经济价值和环保价值，因而，煤矸石混凝土在实际工程的应用中具有很大的潜力。

从图 2.41～图 2.44 的 M-ϕ 曲线中可以发现，构件含钢率的影响与钢材屈服强度的影响相比而言，含钢率变化的影响更大。前者对构件承载力的提高幅度要大于后者，对构件力学性能的改善也优于后者。因此，在圆钢管煤矸石混凝土纯弯构件的设计中，含钢率的影响最大，其次为钢材屈服强度的影响，煤矸石混凝土抗压强度的影响最小，煤矸石混凝土与普通混凝土的影响差别不大，此点可为结构设计做相应参考。

2.9.3　弯矩-曲率滞回模型

以上所述是采用数值方法计算出圆钢管煤矸石混凝土纯弯构件的弯矩-曲率滞回关系曲线，从而可以较为深入地认识该类构件的工作特点，但不便于工程设计应用。因此，有必要提供 M-ϕ 滞回模型的简化确定方法。

对于圆钢管混凝土，在工程实用范围内，即 f_y＝200～500MPa，f_{ck}＝15～56MPa，α＝0.07～0.20，可采用双线型模型来描述其 M-ϕ 恢复力模型，如图 2.45

所示，该类模型常被用于描述金属构件或以弯曲变形为主的钢筋混凝土构件恢复力特性的模型。此模型有三个参数需要确定：屈服弯矩 M_y、弹性阶段的刚度 K_e 和强化阶段刚度 K_p。

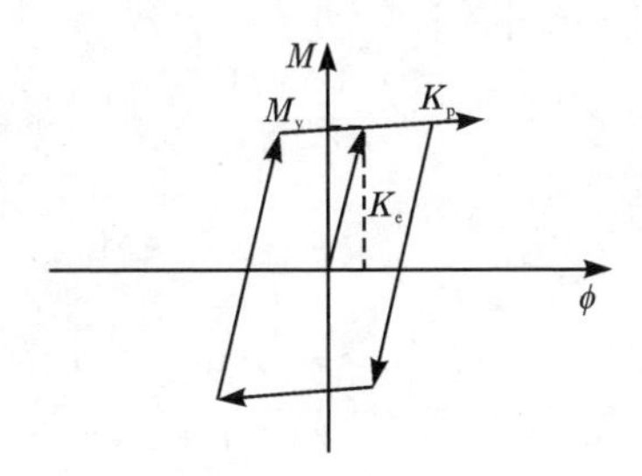

图 2.45　M-ϕ 恢复力模型

1) 屈服弯矩 M_y

定义 M_y 为弯矩-曲率关系曲线中弹性段延线与强化段延线交点处的弯矩值，如图 2.46 所示。通过改变不同参数进行有限元分析，可分别得出屈服弯矩 M_y 与极限弯矩 M_u，二者通过回归分析可知关系为

$$M_y = 0.803M_u \tag{2.20}$$

式中，M_u 为圆钢管煤矸石混凝土纯弯构件的抗弯极限弯矩，按照李帼昌等(2005)提供的公式计算。

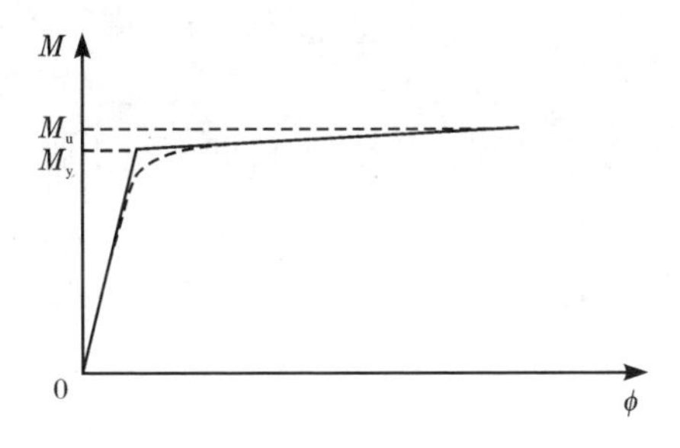

图 2.46　屈服弯矩定义

2) 弹性阶段刚度 K_e

首先定义构件的初始刚度 K_0，不同设计规程给出了各自的计算公式，其可定义为 $K_0=E_sI_s+AE_cI_c$。根据构件初始条件所计算出的大量结果与有限元分析结果所得的初始刚度对比，可得系数 $A=0.11$，弹性刚度按式(2.21)确定：

$$K_0 = E_sI_s + 0.11E_cI_c \tag{2.21}$$

式中，E_s、E_c 分别为钢材和煤矸石混凝土的弹性模量；I_s、I_c 分别为钢管和煤矸石混凝土的截面惯性矩。

通过大量的计算结果可知

$$\frac{M_u}{\phi_u} = 0.33K_0 \tag{2.22}$$

式中，M_u 为极限弯矩，可由韩林海和杨有福(2004)确定；ϕ_u 为对应的曲率。

从图 2.45 中可以看出，弹性阶段刚度为

$$K_e = \frac{M_y}{\phi_e} \tag{2.23}$$

式中，M_y 为屈服弯矩；ϕ_e 为屈服阶段曲率。

同时还可以看出

$$K_p = \frac{M_u - M_y}{\phi_u - \phi_e} \tag{2.24}$$

式中，K_p 为强化阶段刚度。

将式(2.22)和式(2.23)代入式(2.24)中，可得弹性阶段刚度 K_e 与初始刚度 K_0 的关系为

$$K_e = \frac{0.0265K_0K_p}{K_p - 0.0065K_0} \tag{2.25}$$

3) 强化阶段刚度 K_p

强化阶段的刚度 K_p 可以表示为弹性阶段刚度 K_e 与某一系数 λ_p 的乘积，即

$$K_p = \lambda_p K_e \tag{2.26}$$

计算结果表明，系数 λ_p 主要与含钢率 α 有关，二者的关系如图 2.47 所示，可见，系数 λ_p 随含钢率的增加而降低，通过回归分析可得到 λ_p 的表达式为

$$\lambda_p = 0.068 + 0.15\alpha - 1.02\alpha^2 \tag{2.27}$$

根据式(2.27)求出 λ_p 后，代入式(2.26)后即可求出强化阶段的刚度 K_p。

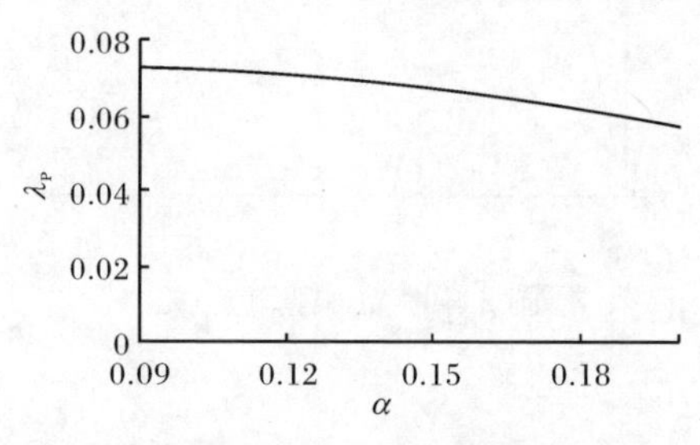

图 2.47　α-λ_p 关系曲线

可见，只要给定截面的几何特征和物理特征以及含钢率等参数，图 2.45 所示的 M-ϕ 恢复力模型即可唯一地确定。

图 2.48 分别为采用简化模型计算获得的圆钢管煤矸石混凝土纯弯构件在单向和往复荷载作用情况下 M-ϕ 模型与数值方法计算结果的对比情况，可见二者大体上吻合。

以上提供的简化模型能够较好地反映低周往复荷载作用下纯弯构件弯矩-曲率关系的基本特征，可供进行圆钢管煤矸石混凝土结构的抗震分析时参考。

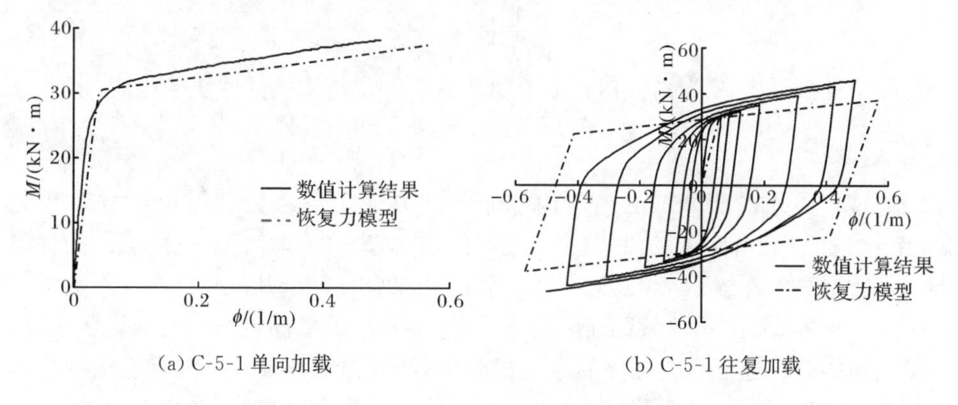

(a) C-5-1 单向加载　　(b) C-5-1 往复加载

图 2.48　恢复力模型与数值方法计算结果对比

2.10　基于 ABAQUS 的圆钢管煤矸石轻骨料混凝土纯弯构件抗震性能分析

结构的抗震性能是指在地震作用下结构构件的承载能力、变形能力、耗能能力、刚度及破坏形态的变化和发展。要对纯弯构件的抗震性能进行全面的评价，就需对在往复荷载作用下构件的延性、耗能能力、刚度和强度退化等方面进行全面的分析。

2.10.1　延性性能

本节采用位移延性系数来研究纯弯构件的特性，位移延性系数 μ 计算公式见式(2.1)。μ 值越大，纯弯构件延性性能越好。从圆钢管煤矸石混凝土纯弯构件的荷载-位移滞回骨架曲线中可以看出，曲线没有明显的下降段，在持续加载中曲线呈现一定的上升趋势。随着循环次数和位移的增大，构件截面的屈服极限不断增加，承载力不断增大，具有良好的延性性能。

2.10.2　耗能能力

为了科学地反映结构构件的耗能能力，有研究者提出了不同的系数，如功比系数、能量耗散系数、能量系数、正规化的能量系数和等效黏滞阻尼系数等，其中等效阻尼系数与《建筑抗震试验规程》(JGJ/T 101—2015) 推荐的耗能系数最为相近。

图 2.49 表示完整的滞回环，S_{ABCD}为构件在循环一周中所耗散的能量，S_{OEA}和S_{OFC}为构件所吸收能量的大小，滞回曲线的等效黏滞阻尼系数 ζ_{eq}定义为

$$\zeta_{eq}=\frac{1}{2\pi}\frac{S_{ABCD}}{S_{OEA}+S_{OFC}} \tag{2.28}$$

能量耗散系数 E 为构件在一个滞回环的总能量与构件弹性能的比值，定义为

$$E=\frac{S_{ABCD}}{S_{OEA}+S_{OFC}}=2\pi\zeta_{eq} \tag{2.29}$$

通过上述公式计算得出纯弯构件的等效黏滞阻尼系数和能量耗散系数见表 2.10。通过大量计算发现，随着含钢率的增大，E 值逐渐增加，说明试件的耗能能力有所提高。在含钢率 0.09～0.2、钢材强度 200～500MPa、煤矸石混凝土强度 20～60MPa 的范围内，等效黏滞阻尼系数 ζ_{eq}均大于 0.3，满足结构的抗震要求，这一特点与钢管普通混凝土构件的性能相似。因此，圆钢管煤矸石混凝土构件具有良好的抗震性能。

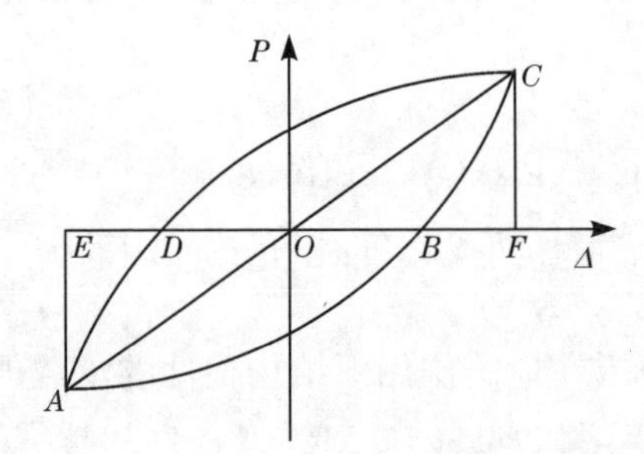

图 2.49 计算等效黏滞阻尼系数示意图

表 2.10 纯弯构件的耗能系数

试件编号	ζ_{eq}	E
C-5-1	0.34	2.14
C-6-1	0.37	2.31
C-8-1	0.39	2.43

2.10.3 刚度退化

在往复荷载作用下纯弯构件的研究中，刚度退化现象贯穿于整个过程中。构件的刚度随着每级循环的不同阶段又分为加载刚度、卸载刚度、重复加载刚度、屈服刚度、等效刚度等。其中，屈服刚度是指屈服点的切线刚度，等效刚度是指破坏点的割线刚度。从滞回曲线图中可以看出，试件在进入屈服以后，各循环都具有较大的残余变形，而且试件的刚度(指割线刚度)随着循环次数和位移的增加而降低。纯弯构件的曲率，弯矩与刚度满足式(2.2)，此式中曲率 ϕ 是确定纯弯构件抗

弯刚度的重要指标，本节在用有限元分析软件 ABAQUS 计算圆钢管煤矸石混凝土纯弯构件时，通过以下方法输出曲率值。首先，通过 ABAQUS 的后处理功能输出加载点处的位移值，由于选用的是 1/4 模型，所以需将位移值转化为跨中的位移值，然后利用曲率公式来计算曲率值，公式如下：

$$k = \frac{\pi^2 u_{\mathrm{m}}}{l^2} \tag{2.30}$$

式中，u_{m} 为位移值；l 为计算长度。

通过对荷载-变形关系曲线的计算，可得出 4 种不同钢管壁厚试件的刚度退化曲线，如图 2.50 所示。

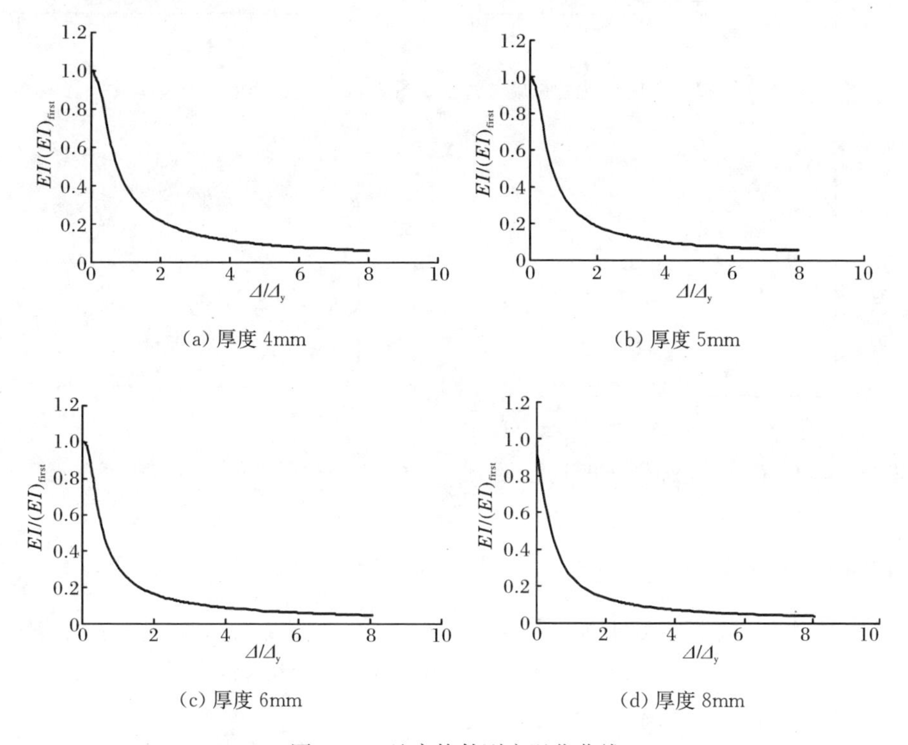

(a) 厚度 4mm　(b) 厚度 5mm

(c) 厚度 6mm　(d) 厚度 8mm

图 2.50　纯弯构件刚度退化曲线

图 2.51～图 2.54 给出了纯弯构件在往复加载过程中刚度退化的规律，同时也可以看出含钢率对刚度退化的影响。为方便比较，上述图形中的纵坐标均取为无量纲化 $EI/(EI)_{\mathrm{first}}$，$(EI)_{\mathrm{first}}$ 为第一级荷载所对应的刚度。在达到屈服位移前，构件的刚度退化曲线有一定的差别，退化迅速；当进入屈服后，构件的曲线退化幅度很小，随着含钢率的增加，刚度退化现象趋缓。采用同样的方法可以分析钢材屈服强度、混凝土抗压强度以及比较普通混凝土与煤矸石混凝土对刚度退化的影响。变化几种参数可以发现，除含钢率对构件的刚度有一定影响之外，其他参数

对构件的刚度退化影响很小。另外，钢管煤矸石混凝土的刚度退化曲线与钢管普通混凝土基本重合。

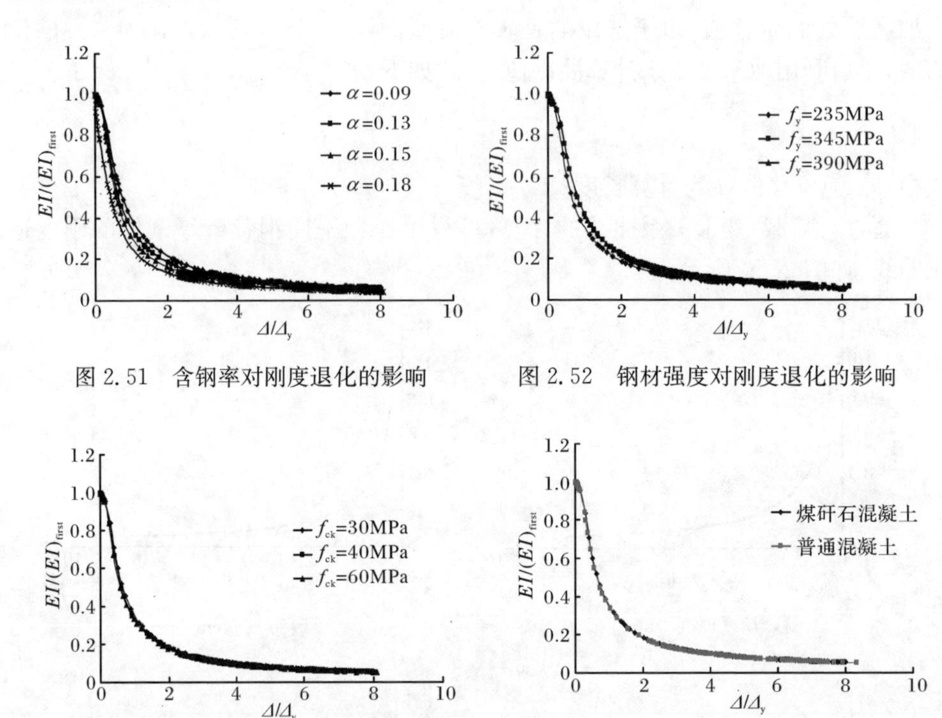

图 2.51　含钢率对刚度退化的影响

图 2.52　钢材强度对刚度退化的影响

图 2.53　煤矸石混凝土强度对刚度退化的影响

图 2.54　煤矸石混凝土与普通混凝土对比

2.10.4　强度退化

从圆钢管煤矸石混凝土纯弯构件的荷载-位移滞回关系曲线和骨架曲线可以看出，纯弯构件在整个过程中所出现的强度退化现象并不是十分明显，构件的强度在屈服前与屈服后基本上没什么变化。

由纯弯构件的滞回曲线可知，构件在进入屈服阶段后，其强度是不断退化的。这是由于纯弯构件在弹性阶段时，材料处于弹性阶段，没有达到强度极限，因此构件的受力变化无法反映构件的强度变化，屈服以后，这种现象较为明显，主要是由钢管和煤矸石混凝土之间的黏结破坏和材料的积累损伤所造成的。本节采用 2.4.9 节的方法得到圆钢管煤矸石混凝土纯弯构件的强度退化曲线，如图 2.55 所示。由图可见，在整个加载过程中，构件没有表现出明显的强度退化现象，甚至强度有小幅度的提高，其他厚度的纯弯构件的强度退化曲线与此相似，并且这一现象与普通混凝土很相似。

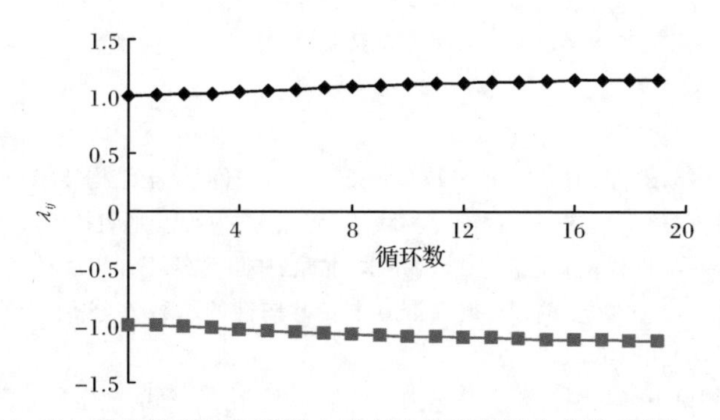

图 2.55　圆钢管煤矸石混凝土纯弯构件强度退化曲线(厚度 5mm)

2.11　本 章 小 结

本章进行了圆钢管煤矸石混凝土纯弯构件在往复荷载作用下的试验研究,分析其滞回性能,建立了构件恢复力简化理论模型;在此基础上,利用有限元分析软件 ABAQUS 对其进行了数值模拟,研究了纯弯构件的工作机理,同时也分析了影响纯弯构件弯矩-曲率滞回关系的主要因素,得到如下主要结论。

(1) 随着含钢率的提高,构件的承载力、耗能和初始刚度均有不同程度的提高,且延缓了刚度退化,但使用阶段刚度和位移延性有减小的趋势。含钢率的提高,对核心混凝土的约束作用加强,有效地改善了核心混凝土的脆性性能。

(2) M-ϕ 滞回曲线较为饱满,无捏缩现象,刚度退化与包辛格效应不明显。M-ϕ 滞回曲线的骨架线无下降段、转角延性好。P-Δ 滞回曲线呈纺锤形,无明显捏缩现象,说明构件延性性能和耗能能力良好。

(3) 提出了圆钢管煤矸石混凝土纯弯构件的弯矩-曲率滞回关系模型以及位移延性系数的确定方法,将模型计算结果与试验结果进行对比,两者吻合较好。

(4) 在验证有限元模拟结果正确的基础上,比较钢管煤矸石混凝土纯弯构件与普通混凝土纯弯构件的抗震指标可以看出,钢管煤矸石混凝土纯弯构件的抗震性能与普通混凝土纯弯构件的抗震性能很相似,均满足抗震要求。

(5) 通过对含钢率、钢材强度和煤矸石混凝土强度等不同参数的分析,可知圆钢管煤矸石混凝土纯弯构件具有良好的力学性能。

(6) 基于 ABAQUS 提出的圆钢管煤矸石混凝土纯弯构件弯矩-曲率恢复力模型,其形式简单,应用方便,可为钢管煤矸石混凝土组合结构体系弹塑性分析提供参考。

参考文献

福建省住房和城乡建设厅. 2010. DBJ/T 13-51—2010 钢管混凝土结构技术规程. 福州.

韩林海. 2007. 钢管混凝土结构——理论与实践. 2版. 北京:科学出版社.

韩林海,杨有福. 2004. 现代钢管混凝土结构技术. 北京:中国建筑工业出版社.

李幗昌,王兆强,邵玉梅. 2005. 钢管煤矸石混凝土受弯构件的承载力分析. 沈阳建筑大学学报:自然科学版,21(6):654-657.

杨明. 2006. 钢管约束下轻集料混凝土基本力学性能研究. 南京:河海大学硕士学位论文.

中华人民共和国国家经济贸易委员会. 1999. DL/T 5085—1999 钢-混凝土组合结构设计规程. 北京:中国电力出版社.

AIJ. 2008. Recommendations for Design and Construction of Concrete Filled Steel Tubular Structures. Architectural Institute of Japan.

American Institute of Steel Construction. 1999. Load and Resistance Factor Design Specification for Structural Steel Buildings. Chicago.

Bazant Z P, Kim S S. 1979. Plastic-fracturing theory for concrete. Journal of the Engineering Mechanics Division, 105(3):407－428.

European Committee for Standardization. 2004. Eurocode 4(EC4):Design of Composite Steel and Concrete Structures Part 1.1:General Rules and Rules for Buildings. Brussels.

Kawaguchi J, Morino S, Sugimoto T. 2010. Elastic-plastic behavior of concrete-filled steel tubular frames//Proceedings of an Engineering Foundation Conference, Irsee.

Roeder C W, Cameron B, Brown C B. 1999. Composite action in concrete filled tubes. Journal of Structural Engineering, 125(5):234－484.

Sakino K, Tomii M. 1981. Hysteretic behavior of concrete filled square steel tubular beam-columns failed in flexure. Transactions of the Japan Concrete Engineering, 3(6):439－446.

第3章　钢管煤矸石混凝土压弯构件的滞回性能研究

3.1　引　　言

本章对圆钢管煤矸石轻骨料混凝土压弯构件的滞回性能进行探讨，首先对7个圆钢管煤矸石混凝土压弯试件在往复荷载作用下的力学性能进行试验研究，以轴压比与含钢率为主要考察参数，以期考察各参数对圆钢管煤矸石混凝土压弯构件承载力、延性、刚度、耗能等的影响。然后在此基础上，采用数值模拟的方法研究圆钢管煤矸石混凝土压弯构件的滞回性能，并提出构件承载力计算公式及恢复力模型的简化数学模型。

3.2　试验概况

3.2.1　试件设计与制作

本节对7个圆钢管煤矸石混凝土压弯试件在往复荷载作用下的受力性能进行试验研究。试件长度 $L=1500$mm，外径 $D=159$mm，钢管壁厚 $t=5$mm 和 $t=6$mm，主要变化参数为含钢率和轴压比，试件具体参数见表3.1。

煤矸石混凝土和钢材的力学性能指标见表2.2和表2.3。

表3.1　试件基本参数

序号	试件	t/mm	α	f_y/MPa	f_{cu}/MPa	n	P_{ue}/kN
1	Y-5-0	5	0.1387	393.6	29.8	0	92.91
2	Y-5-1	5	0.1387	393.6	29.8	0.1	111.35
3	Y-5-3	5	0.1387	393.6	29.8	0.3	128.00
4	Y-6-0	6	0.1699	440.8	29.8	0	145.18
5	Y-6-2	6	0.1699	440.8	29.8	0.2	167.95
6	Y-6-4	6	0.1699	440.8	29.8	0.4	160.44
7	Y-6-6	6	0.1699	440.8	29.8	0.6	128.14

3.2.2　试验装置、测试方法及加载制度

本试验采用卧位试验，其两端边界条件为铰接，为保持轴力恒定，采用水平放置的2个1500kN的MTS作动器通过水平放置与其连接的横梁施加，试验过程中通过MTS作动器主机控制。当轴压比不为0时保持力控制，轴压比为0时使用位移控制。往复荷载由一个位于试件跨中位置的500kN MTS作动器施加，MTS作动器与试件通过一刚性夹具连接。试验装置具体情况如图3.1和3.2所示。

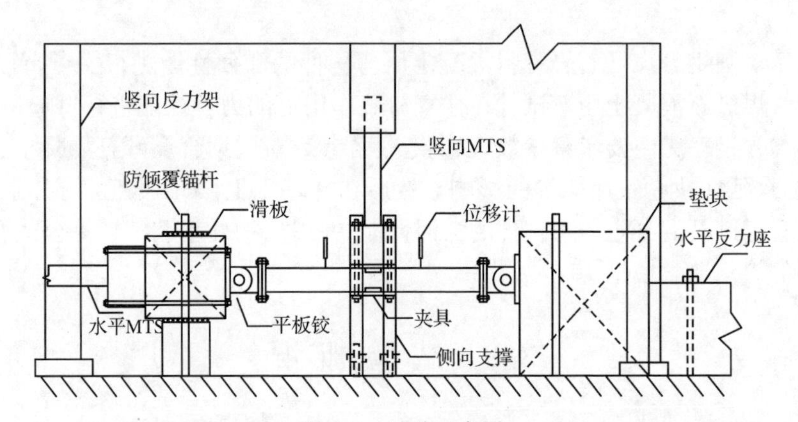

图3.1　试验示意图

图3.2　试验装置图

试验加载程序采用荷载-位移混合控制方法。具体加载制度详见2.2.4节。试验步骤如下：

(1) 轴力预载。试验开始时，为了使试件受力均匀，并观测仪器(百分表、应变片等)工作的可靠性，先给试件施加一定的轴向力(取轴压承载力 N_u 的 20%～

30%及施加荷载 N_0 的 40%～60%中的大者)，往复 3 次。再把荷载加到拟加的轴压力，就可以通过 MTS 作动器对试件施加竖向位移。

(2) 横向荷载预载。MTS 往复加载 2 次，采用荷载控制，施加的荷载分别为预计极限荷载的 10%左右，以检查测量仪表工作是否正常，并尽量消除试件内部组织的不均匀性。

(3) 开始数据采集，将轴力加到预定值 N_0，观察跨中截面纵向应变的变化情况。

(4) 在横向预载后开始用数据采集仪连续采集。首先采用荷载控制，试验过程中通过采集的钢管最大应变预估试件的屈服荷载，待钢材屈服后，采用位移控制。这一加载过程的荷载往复 2 次，屈服荷载所对应的位移即为屈服位移。

(5) 试验停机标准为试件的承载力下降到最大承载力的 50%或接近作动器的最大允许位移。

试验所量测的内容与 2.2.4 节中提及的量测内容相同。

3.3　试验现象

试验过程中，在荷载控制阶段，由于施加的荷载较小，位移也较小，在钢管外部没有明显的变化。在位移控制阶段，当施加 Δ_y～$3\Delta_y$ 时，夹具中间附近受压区发生微小鼓曲，在随后的卸载及反向加载过程中，鼓曲部分又重新被拉平，并引起另一侧受压区的微小鼓曲，随着加卸载位移的不断增大，中间附近开始出现局部鼓曲；当施加到 $3\Delta_y$～$4\Delta_y$ 时，夹具中间附近开始出现鼓曲；当施加到 $5\Delta_y$～$6\Delta_y$ 时，鼓曲显著发展；当施加到 $7\Delta_y$～$8\Delta_y$ 时，混凝土被压碎，钢管跨中由于鼓曲过大而被胀裂。试件失去承载力，停止试验。具体破坏情况如图 3.3 所示。

图 3.3　圆钢管煤矸石混凝土压弯试件破坏情况

图 3.4 为圆钢管煤矸石混凝土压弯试件典型破坏形态。从图中可以看出,在试件跨中附近钢管均出现局部鼓曲,剖开后混凝土出现较为明显的压碎现象。从几个典型试件中发现,混凝土均被压碎,破坏严重的混凝土甚至断裂。同时,可以从剖开后混凝土出现较为明显的压碎现象看出,随着轴压比的增大,混凝土压碎程度逐渐减轻,其原因可能是:轴压比的增大导致钢管对混凝土的约束作用加强,从而提高混凝土受压性能。

(a) 轴压比为 0 的试件剖开前和剖开后的对比

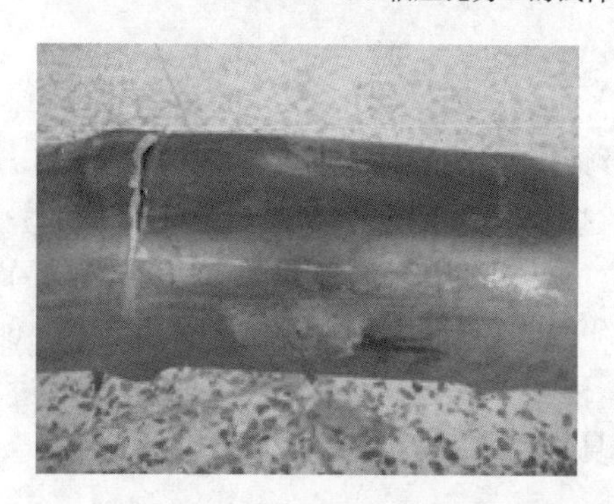

(b) 轴压比为 0.4 的试件剖开前和剖开后的对比

图 3.4　圆钢管煤矸石混凝土压弯试件典型破坏形态

3.4　试验结果与分析

3.4.1　挠度变形曲线

图 3.5 为典型试件在各级荷载下的挠度图,横坐标为试件上各点的位置,纵坐标为加载过程中试件不同位置处的挠度,其中虚线为按照正弦半波规律做出的挠度曲线,实线为试验测得各点的挠度。从图中可以看出,试件的挠度分布基本符合正弦半波曲线的变化规律。整体分析挠曲图的特点为:开始施加荷载时,试

件变形在弹性范围；$\Delta_y \sim 2\Delta_y$ 范围内，变形几乎与正弦半波曲线重合。然而随着荷载的增加至接近试件极限荷载，变形逐渐加大，由于刚性夹具对试件纯弯段有一定的局部加强作用，且对其变形有一定的限制，变形与正弦曲线有所偏离，但并不明显。总体上，试验曲线与正弦半波曲线吻合较好。

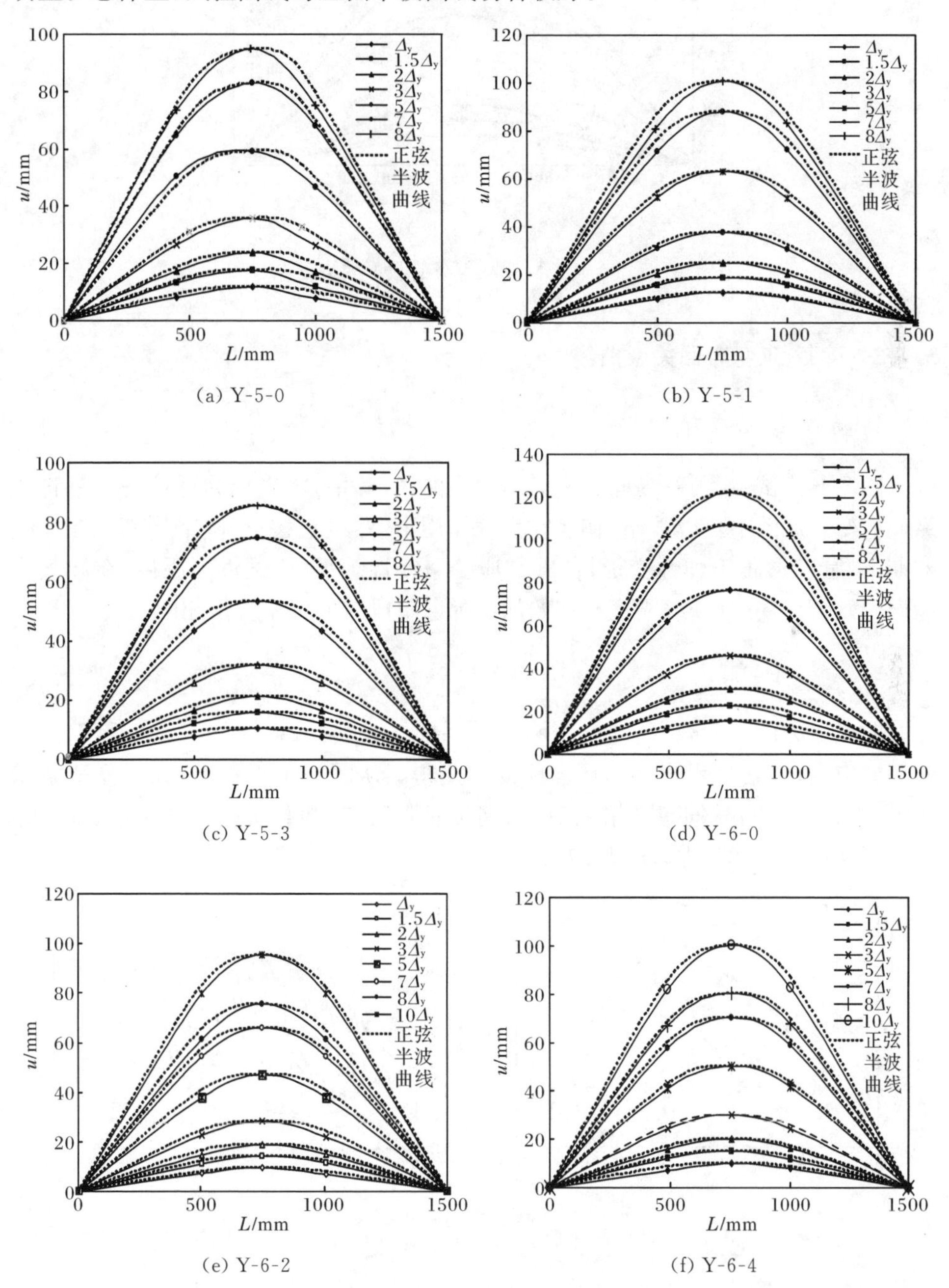

(a) Y-5-0　　(b) Y-5-1

(c) Y-5-3　　(d) Y-6-0

(e) Y-6-2　　(f) Y-6-4

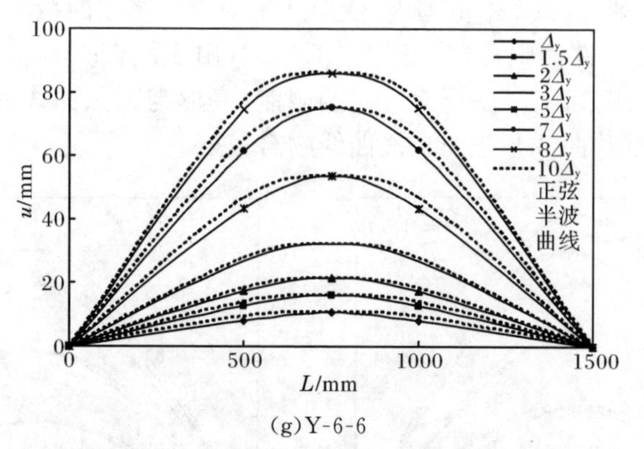

(g) Y-6-6

图 3.5　典型试件在各级荷载下的挠度图

3.4.2　荷载-应变滞回关系曲线

1. 荷载-纵向应变

图 3.6 为试件荷载-纵向应变滞回关系曲线，其中，横坐标为试件跨中钢管的纵向应变。从图中可以看出，在往复荷载作用下，曲线呈梭形，圆滑饱满。在加载初期，钢管变形属于弹性变形，荷载与应变呈线性关系；当试件屈服后，在卸载阶段产生残余应变，且卸载刚度与初始加载弹性阶段时的斜率基本相同。

2. 荷载-环向应变

图 3.7 为试件荷载-环向应变滞回关系曲线。其中，横坐标为试件跨中钢管的环向应变，由贴在钢管上的环向应变片测得。从图中可以看出，在往复荷载作用下，钢材产生明显的包辛格效应，当钢材屈服后，在卸载阶段有残余应变，且卸载刚度与初始加载弹性阶段时的斜率基本相同。

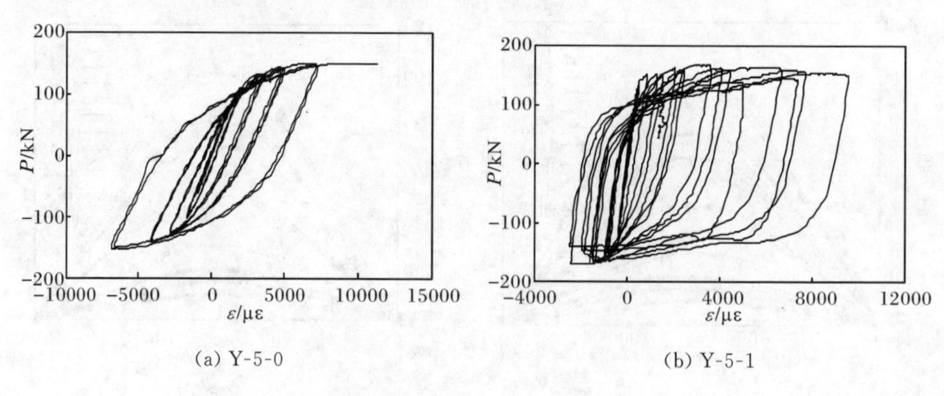

(a) Y-5-0　　(b) Y-5-1

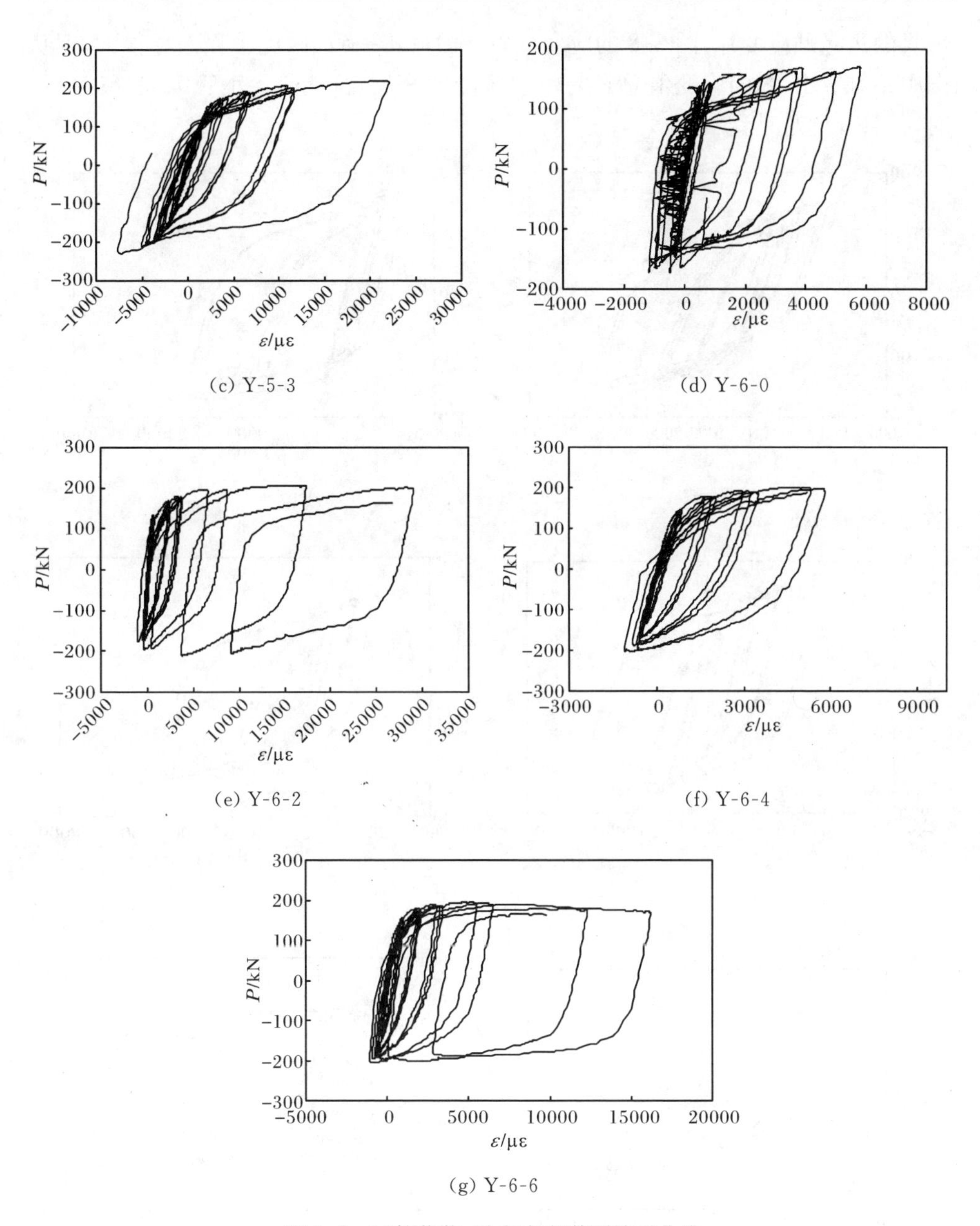

(c) Y-5-3　(d) Y-6-0

(e) Y-6-2　(f) Y-6-4

(g) Y-6-6

图 3.6　试件荷载-纵向应变滞回关系曲线

3. 荷载-钢管纵向应变和环向应变对比曲线

图 3.8 为钢管同一点翼缘纵向应变和环向应变对比曲线，实线为钢管的纵向应变，而虚线为钢管的环向应变。为防止有些跨中应变片在后期被压坏，在跨中

夹具的边缘贴应变片，图 3.8 的应变片破坏时间不一致，因此量程差异很大，但从图中不难看出，纵向应变值总是与环向应变值相反，可能是当钢管纵向受拉(压)时，钢管环向总是受压(拉)。

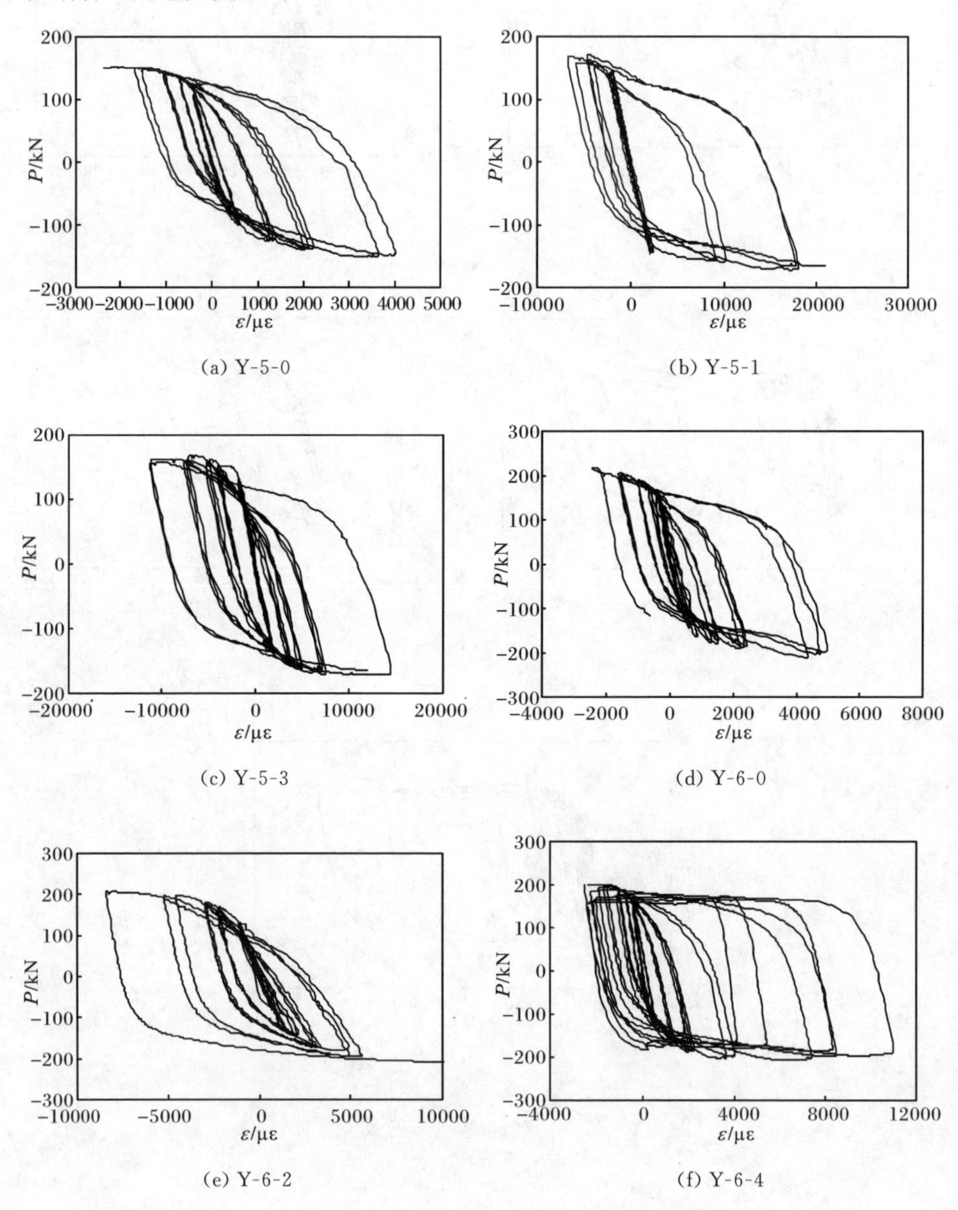

(a) Y-5-0　　(b) Y-5-1

(c) Y-5-3　　(d) Y-6-0

(e) Y-6-2　　(f) Y-6-4

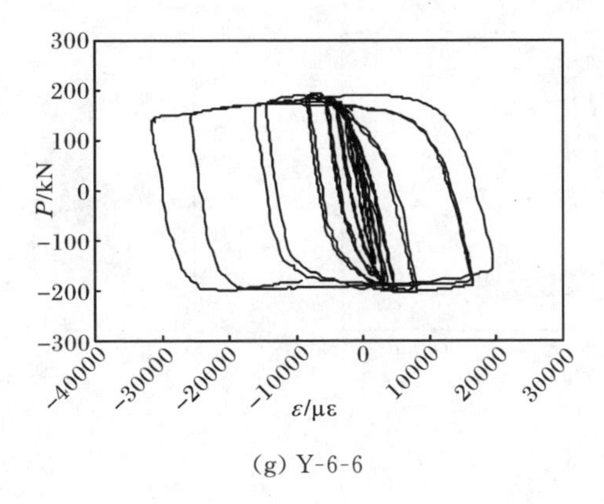

(g) Y-6-6

图 3.7　试件荷载-环向应变滞回关系曲线

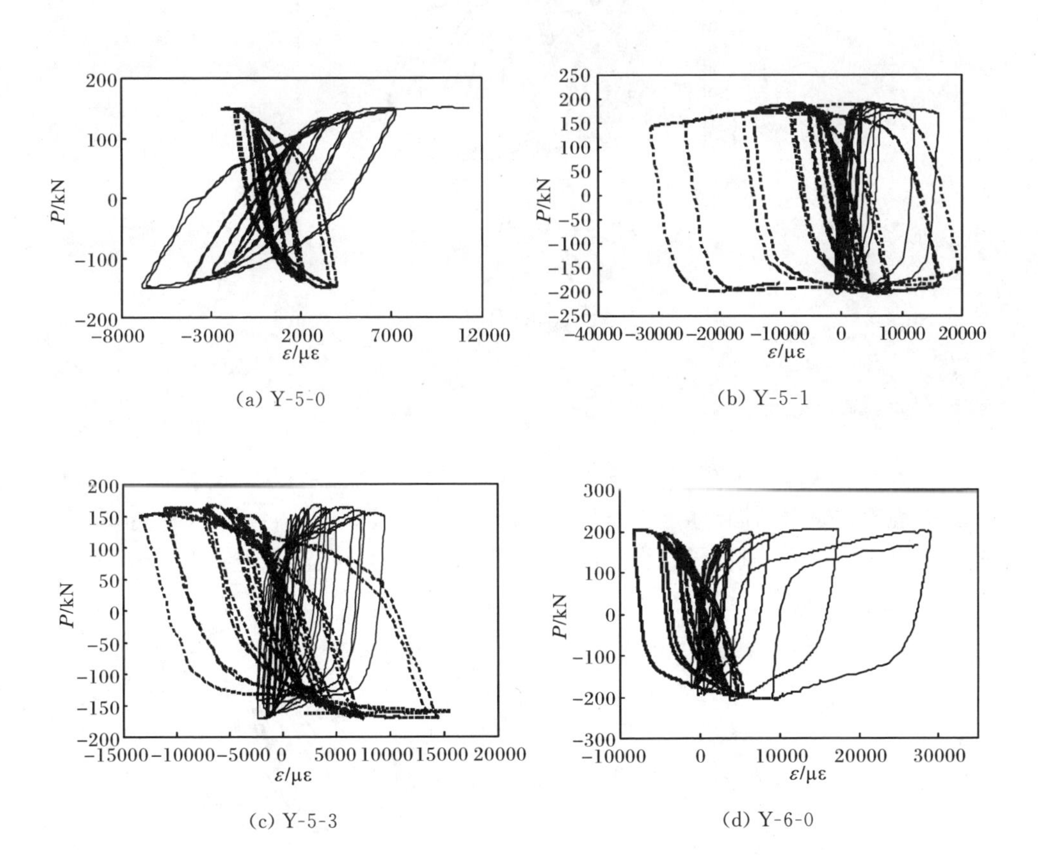

(a) Y-5-0　(b) Y-5-1

(c) Y-5-3　(d) Y-6-0

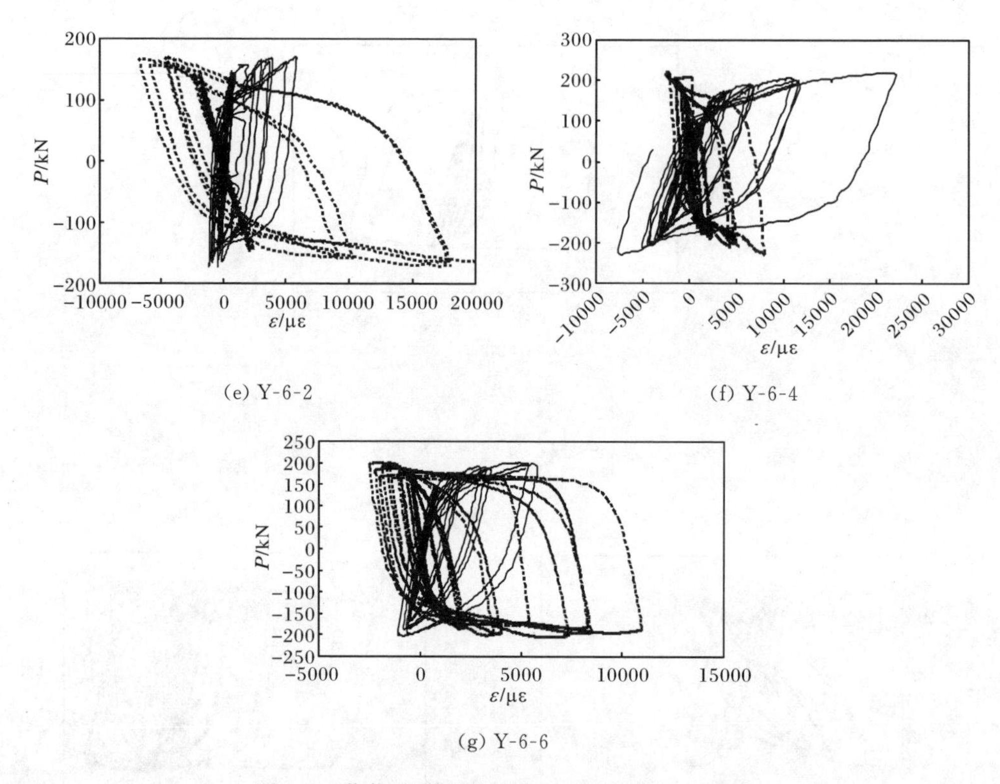

(e) Y-6-2　　　　(f) Y-6-4

(g) Y-6-6

图 3.8　荷载-钢管纵向应变和环向应变对比曲线

3.4.3　荷载-位移滞回关系曲线

图 3.9 为各试件的荷载-位移滞回关系曲线。从图中可以看出，滞回环饱满，无捏缩现象，试件整体耗能能力良好，说明试件具有良好的延性性能和耗能能力。随着含钢率的提升，试件承载力有所增长，但滞回环的形状没有改变，只是增大了

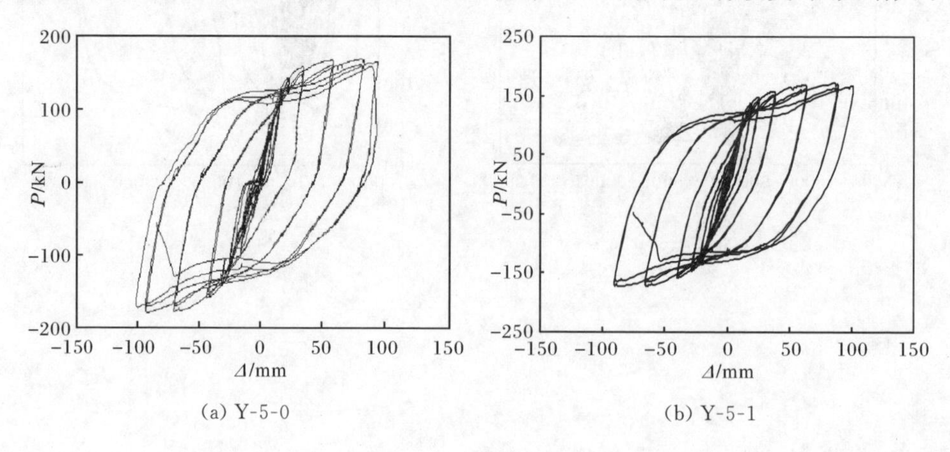

(a) Y-5-0　　　　(b) Y-5-1

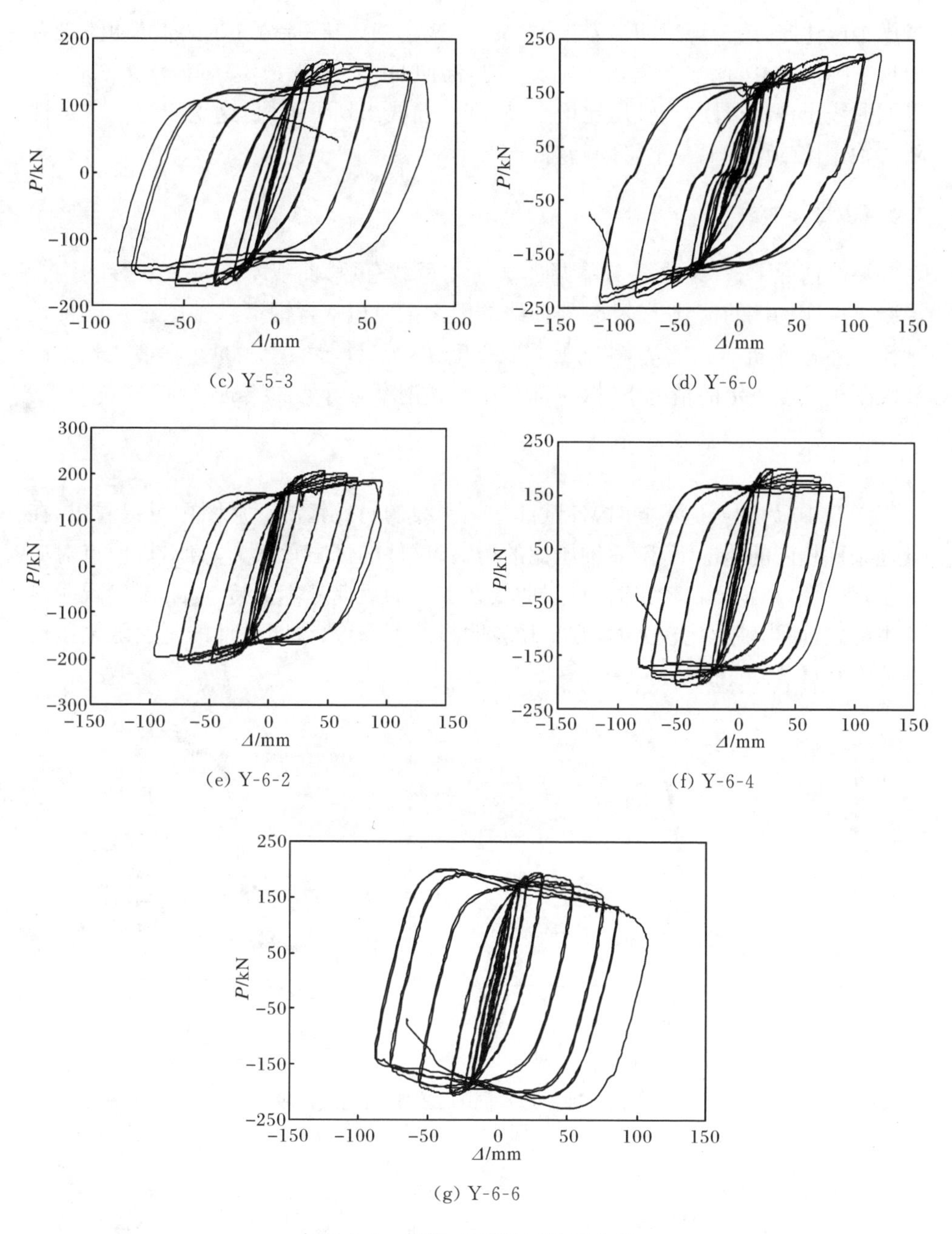

图 3.9　荷载-位移滞回关系曲线

滞回环的面积，表明随着含钢率的增大，试件的刚度和耗能能力均有所提高。轴压比对试件极限承载力、位移延性有较大影响，但对弹性阶段的刚度影响较小。

考虑轴压比时，图中可以明显看出，在 $n=0$ 或小轴压比 $n=0.1$ 时，滞回曲线没有出现下降段；轴压比增大至0.2与0.3时，滞回曲线上升段放缓；轴压比为0.4时，滞回曲线出现平滑段；当轴压比增至0.6时，曲线出现下降段，这说明试件的延性随着轴压比的增大而呈下降的趋势。

3.4.4 骨架曲线

一般情况下，骨架曲线与单调加载时的荷载-位移曲线基本一致。影响钢管混凝土压弯构件的荷载-位移骨架曲线的因素主要包括含钢率 α、轴压比 n、构件长细比 λ、混凝土抗压强度 f_c 和钢材屈服强度 f_y 等（钟善桐，2003）。本节在长细比和混凝土强度一定的情况下，探讨轴压比和含钢率对骨架曲线的影响。

1. 轴压比

图3.10为轴压比不同时，各试件骨架曲线的对比情况。从图中可以看出，在其他条件相同的情况下，随着轴压比的增大，试件的极限承载力降低，极值点对应的位移变小，在轴压比较小时，骨架曲线在加载的后期基本保持水平，不出现明显的下降段，而当轴压比较大时，则出现较明显的下降段，说明试件的延性随轴压比的增大有显著降低的趋势。

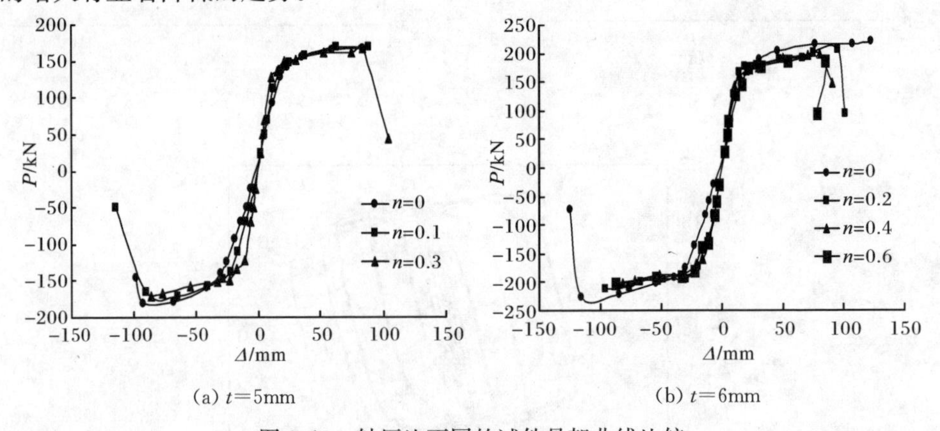

图3.10 轴压比不同的试件骨架曲线比较

2. 含钢率

图3.11为不同钢材厚度情况下，各试件骨架曲线的对比情况。从图中可以看出，随着含钢率的增大，试件抗侧移刚度增大，极限承载力增大。

3.4.5 位移延性系数

各试件的屈服荷载、屈服位移、极限荷载、极限位移以及位移延性系数见表3.2。

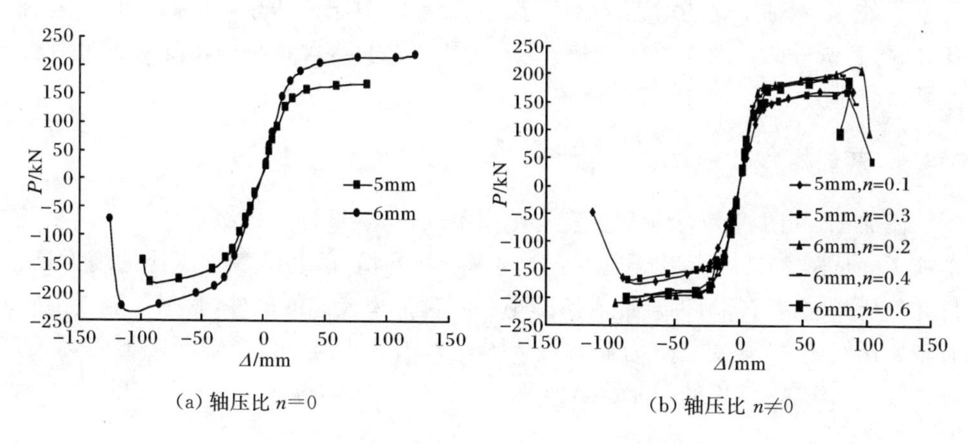

(a) 轴压比 $n=0$　(b) 轴压比 $n\neq0$

图 3.11　含钢率不同的试件骨架曲线比较

从表 3.2 可以看出,最大荷载点 P_u 的负向荷载总是比正向荷载大 10～30kN,其主要原因可能是:①当竖向 MTS 作动器上拉时,由于试件自重的影响,可使负向荷载增大;②在试验过程中,位于跨中两侧的侧向支撑将试件夹在中间,这样会使侧向支撑上面的滑轮组在负方向与试件之间产生摩擦,使得负向荷载增大。

表 3.2　正向和负向各试件的位移延性系数

试件编号	加载方向	屈服点		最大荷载点		极限荷载点		延性系数
		P_y/kN	Δ_y/mm	P_u/kN	Δ_p/mm	$0.85P_u$/kN	Δ_u/mm	μ
Y-5-0	正向	89.00	19.40	89.0	80.4	75.7	95.70	4.93
	负向	91.62	19.70	92.1	80.2	77.2	91.80	4.67
Y-5-1	正向	87.86	19.26	88.3	59.1	74.7	111.38	5.78
	负向	97.42	17.66	97.8	57.9	82.8	112.28	6.36
Y-5-3	正向	103.70	21.30	103.4	42.1	88.1	85.80	4.03
	负向	114.90	21.10	114.9	42.2	97.6	84.70	4.01
Y-6-0	正向	72.80	10.40	72.9	28.3	61.8	58.40	5.61
	负向	104.80	12.90	104.6	30.4	89.0	64.10	4.97
Y-6-2	正向	99.50	16.00	99.5	41.7	84.6	56.33	3.52
	负向	109.60	18.70	108.5	42.8	93.16	55.80	3.00
Y-6-4	正向	90.30	10.30	90.3	27.2	76.7	39.20	3.81
	负向	92.10	14.70	91.5	27.0	78.3	40.30	2.74
Y-6-6	正向	98.00	12.10	98.0	27.1	83.3	37.80	3.13
	负向	101.24	13.70	101.2	27.3	86.1	39.00	2.85

另外,随着轴压比的增大,试件延性系数减小,且下降很快,其原因可能是:轴压比越大,试件的承载力下降越快。当轴压比不变时,含钢率的增加对试件延性系数影响不大。

3.4.6 耗能能力

图 3.12 和图 3.13 为轴压比和含钢率不同时,各试件在每级位移下的累积耗能能力。从图 3.12 中可以看出,在含钢率不变的情况下,随着轴压比的增大,试件在经历相同位移循环时耗能有所减小。而含钢率较大的试件,其累积能耗值随着轴压比的增大,其变化更为显著。从图 3.13 中可以看出,当轴压比不变时,随着含钢率的增大,试件的耗能逐渐提高。

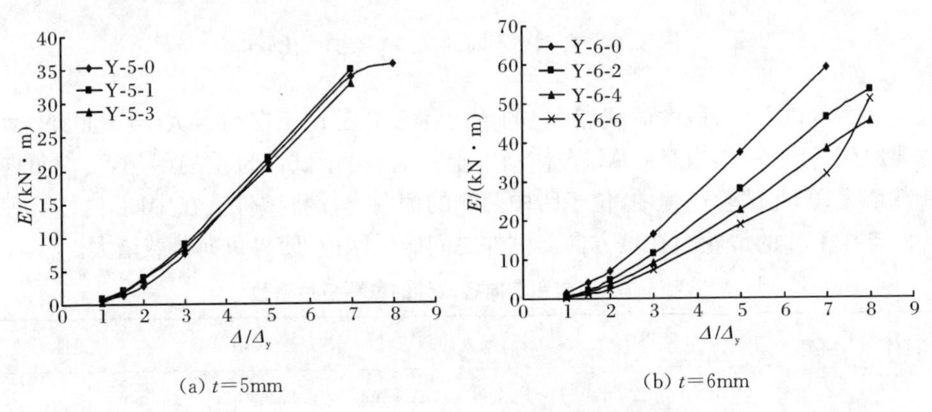

(a) t=5mm (b) t=6mm

图 3.12 轴压比变化下各试件累积耗能值

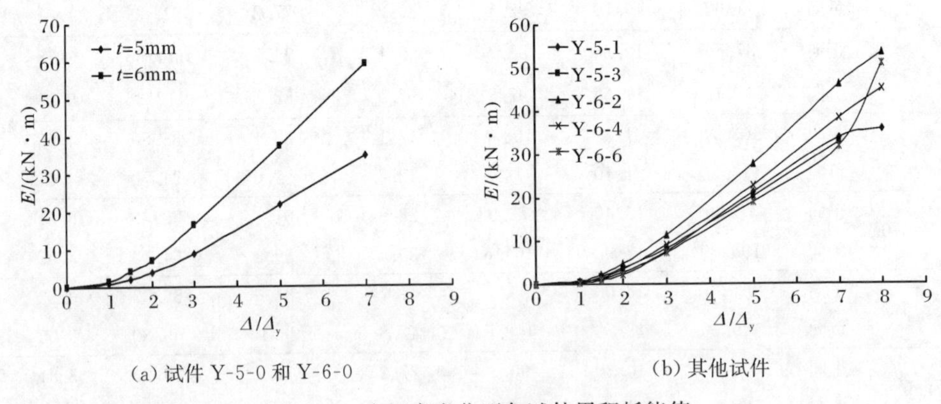

(a) 试件 Y-5-0 和 Y-6-0 (b) 其他试件

图 3.13 含钢率变化下各试件累积耗能值

3.4.7 刚度退化曲线

对于跨中受集中荷载的压弯构件,在考虑轴力引起的二阶效应的基础上,需满足下列方程：

$$\Delta = \frac{PL^3}{48EI}\left[\frac{3(\tan u - u)}{u^3}\right] \tag{3.1}$$

$$u = \frac{1}{2}\sqrt{\frac{NL^2}{EI}} \tag{3.2}$$

式中，P、Δ 分别为跨中的竖向荷载及其相应的竖向位移；N 为所施加的轴力；L 为试件的计算长度。

将试验测得的荷载-变形滞回曲线初始段的荷载 P 与变形 Δ 代入式(3.1)和式(3.2)，由于此方程组为超越方程，无法得出解析解，经过反复迭代，可得到数值解，可计算出试件的初始刚度 EI，后面每级荷载和变形对应的刚度也按照同样的方法计算，只要将每次循环的峰值荷载与变形代替初始段的荷载与变形即可。图 3.14 和图 3.15 分别给出相同含钢率下不同轴压比试件的刚度退化曲线，以及近似轴压比下不同钢管壁厚和不同含钢率试件的刚度退化曲线，图中 $(EI)_{\Delta=0}$ 为初始段的荷载 P 与变形 Δ 通过式(3.1)和式(3.2)迭代得到的初始刚度。

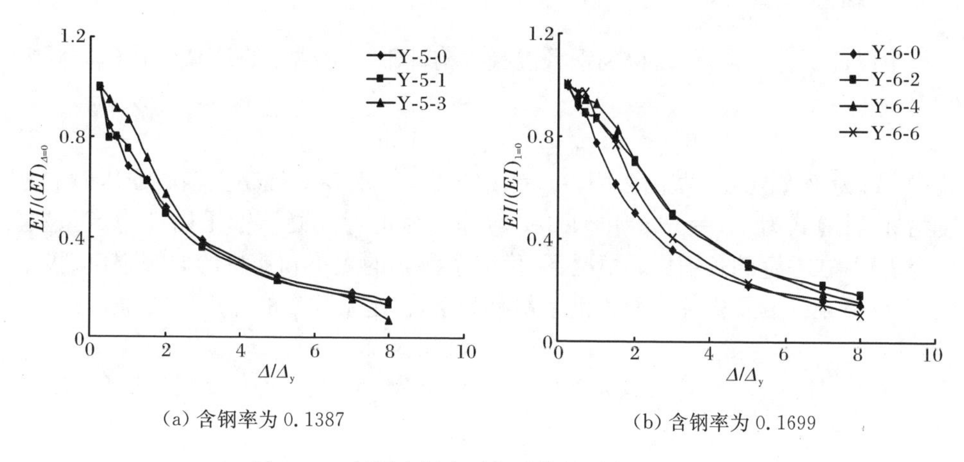

(a) 含钢率为 0.1387　　(b) 含钢率为 0.1699

图 3.14　相同含钢率下各试件的刚度退化曲线

从图中可以看出，在含钢率相同的情况下，随着轴压比的增大，刚度退化现象逐渐明显；从总体趋势上看，在同一级荷载下轴压比大的试件刚度比轴压比小的试件刚度有所增加，其原因可能是轴力使混凝土和钢管轴向晶体更加密实，而使两者的弹性模量变大导致整体刚度增大。

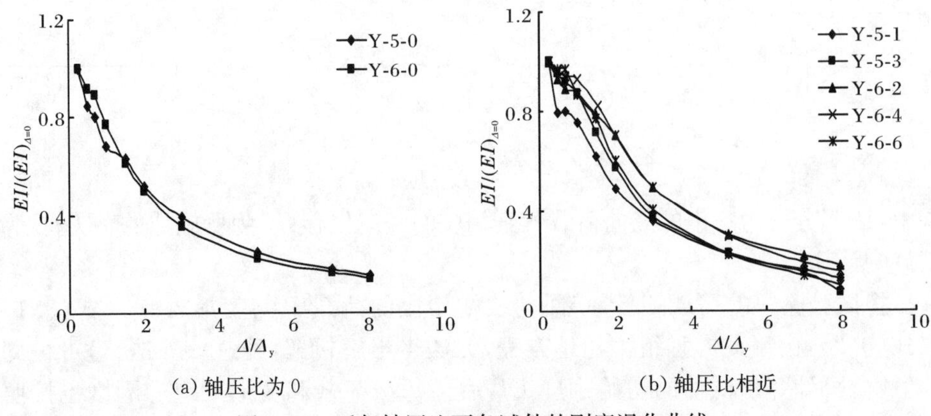

(a) 轴压比为 0 (b) 轴压比相近

图 3.15 近似轴压比下各试件的刚度退化曲线

3.5 极限承载力计算

3.5.1 轴力计算

由以往研究成果，可以得到钢管混凝土构件轴压承载力的计算公式(韩林海，2004)：

$$N_{u,cr} = \varphi N_u = \varphi A_{sc} f_{scy} \tag{3.3}$$

式中，A_{sc}为钢管混凝土截面面积，$A_{sc}=A_s+A_c$；f_{scy}为钢管混凝土轴心受压时的强度指标，计算式为 $f_{scy}=(1.14+1.02\xi)f_{ck}$；$\varphi$ 为钢管混凝土轴压构件稳定系数。研究表明，在一定的长细比 λ 情况下，稳定系数 φ 的大小和钢材的屈服强度、极限强度、混凝土强度及构件截面含钢率都有关系，稳定系数 φ 的计算公式为

$$\varphi = \begin{cases} 1, & \lambda \leqslant \lambda_0 \\ a\lambda^2 + b\lambda + c, & \lambda_0 < \lambda \leqslant \lambda_p \\ d/(\lambda+35)^2, & \lambda > \lambda_p \end{cases} \tag{3.4}$$

其中

$$a = \frac{1+(35+2\lambda_p-\lambda_0)e}{(\lambda_p-\lambda_0)^2}$$

$$b = e - 2a\lambda_p$$

$$c = 1 - a\lambda_0^2 - b\lambda_0$$

$$d = \left[13000 + 4657\ln\left(\frac{235}{f_y}\right)\right]\left(\frac{25}{f_{ck}+5}\right)^{0.3}\left(\frac{\alpha}{0.1}\right)^{0.05}$$

$$e = \frac{-d}{(\lambda_p+35)^3}$$

式中，λ_p 和 λ_0 分别为钢管混凝土轴压构件发生弹性或弹塑性失稳时的界限长细

比，可分别按式(3.5a)和式(3.5b)确定：

$$\lambda_p = 1743/\sqrt{f_y} \tag{3.5a}$$

$$\lambda_0 = \pi\sqrt{\frac{420\xi + 550}{(1.02\xi + 1.14)f_{ck}}} \tag{3.5b}$$

式中，f_y 和 f_{ck} 分别为钢管屈服强度和混凝土轴心受压强度，MPa。

3.5.2　横向极限承载力计算

荷载-变形关系曲线全过程分析虽然能从理论上准确地描述钢管混凝土压弯构件的工作机理和力学性能，但计算较为复杂，方法也不便于实际应用，因此有必要提供承载力实用计算方法。构件的横向极限承载力 P_c 如图3.16所示。

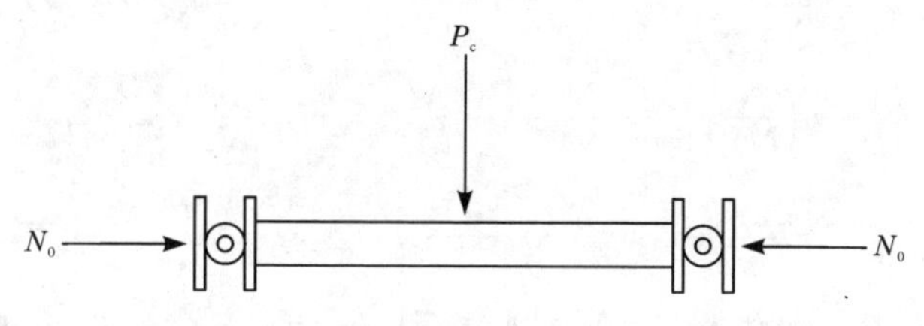

图3.16　构件受力及边界条件示意图

分析结果表明，影响圆形和方、矩形钢管混凝土压弯构件 N/N_u-M/M_u 关系曲线的主要因素有钢材和混凝土强度、含钢率和构件长细比。

典型的钢管混凝土 N/N_u-M/M_u 强度关系曲线上都存在一平衡点 A，如图3.17所示。

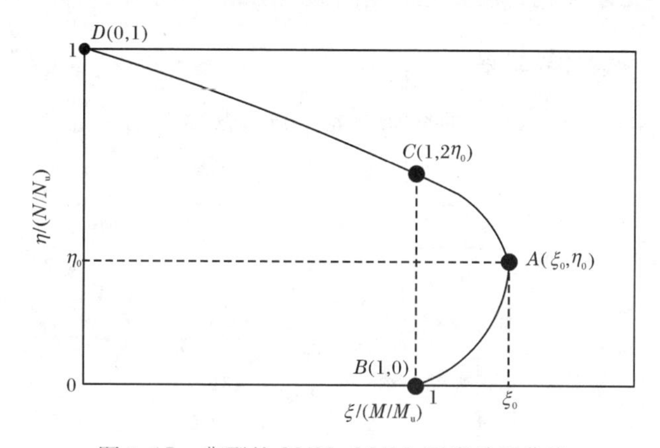

图3.17　典型的 N/N_u-M/M_u 强度关系曲线

图中，N_u 为钢管混凝土轴压强度承载力，参见式(3.3)计算；M_u 为抗弯承载力，计算公式为

$$M_u = \gamma_m W_{scm} f_{scy} \tag{3.6}$$

式中，γ_m 为抗弯强度承载力计算系数，$\gamma_m = 1.1 + 0.48\ln(\xi + 0.1)$；$W_{scm}$ 为钢管混凝土截面抗弯模量，$W_{scm} = \pi D^3/32$。

ζ_0 和 η_0 的计算公式为

$$\zeta_0 = 0.18\xi^{-1.15} + 1 \tag{3.7}$$

$$\eta_0 = \begin{cases} 0.5 - 0.245\xi, & \xi \leqslant 0.4 \\ 0.1 + 0.14\xi^{-0.84}, & \xi > 0.4 \end{cases} \tag{3.8}$$

考虑构件长细比的影响，最终可推导出钢管混凝土压弯构件 N/N_u-M/M_u 相关方程为（韩林海，2007）

$$\begin{cases} \dfrac{1}{\varphi}\dfrac{N}{N_u} + \dfrac{a}{d}\dfrac{M}{M_u} = 1, & \dfrac{N}{N_u} \geqslant 2\varphi^3\eta_0 \\ -b\left(\dfrac{N}{N_u}\right)^2 - c\dfrac{N}{N_u} + \dfrac{1}{d}\dfrac{M}{M_u} = 1, & \dfrac{N}{N_u} < 2\varphi^3\eta_0 \end{cases} \tag{3.9}$$

式中，$a = 1 - 2\varphi^2\eta_0$；$b = \dfrac{1-\zeta_0}{\varphi^3\eta_0^2}$；$c = \dfrac{2(\zeta_0 - 1)}{\eta_0}$；$d = 1 - 0.4\dfrac{N}{N_e}$，$\dfrac{1}{d}$是考虑二阶效应而对弯矩的放大系数。其中，$N_e$ 为欧拉临界力，$N_e = \pi^2 E_{sc} A_{sc}/\lambda^2$，$E_{sc}$为钢管混凝土名义轴压弹性模量，$E_{sc} = f_{scp}/\varepsilon_{scp}$，$f_{scp}$、$\varepsilon_{scp}$分别为名义轴压比例极限及其对应的应变，确定方法如下：

$$f_{scp} = [0.192(f_y/235) + 0.488] f_{scy} \tag{3.10}$$

$$\varepsilon_{scp} = 3.25 \times 10^{-6} f_y \tag{3.11}$$

通过上述公式，可求得钢管混凝土的横向极限承载力 P。

3.5.3 试件的理论计算结果

通过式(3.6)～式(3.11)，计算得到全部试件的承载力计算结果见表 3.3。

表 3.3　试件的理论计算值

编号	n	N/kN	N_0/kN	P_u/kN	M_u/(kN·m)	M/M_u
Y-5-0	0	955.2	0	133.76	50.10	1.000
Y-5-1	0.1	955.2	95.5	140.95	50.10	1.055
Y-5-3	0.3	955.2	286.6	113.56	50.10	0.850
Y-6-0	0	1065.5	0	181.44	68.02	1.000
Y-6-2	0.2	1065.5	213.1	179.80	68.02	0.991
Y-6-4	0.4	1065.5	426.2	142.06	68.02	0.783
Y-6-6	0.6	1065.5	639.3	121.12	68.02	0.667

注：以 Y-6-2 为例，Y 代表压弯构件，取压弯构件的拼音首字母，6 代表钢管厚度为 6mm，2 表示轴压比为 0.2。

3.5.4　试验值与各规范承载力的比较

为了便于分析比较圆钢管煤矸石混凝土压弯构件极限承载力，本节将试验值和各国规程的计算结果进行比较，包括美国 AISC-LRFD(1999)、日本 AIJ(2008)和欧洲 EC4(2004)等；我国《钢-混凝土组合结构设计规程》(DL/T 5085—1999)和《钢管混凝土结构技术规程》(DBJ/T 13-51—2010)。上述比较的目的是对圆钢管煤矸石混凝土压弯构件在往复荷载作用下极限承载力的计算方法进行探讨。由于各国规程中对材料分项系数取值的规定不同，为了使计算结果具有可比性，计算时钢材和混凝土强度指标均取为标准值。

表 3.4 给出以上各规程计算值与试验值的比较情况。其中，P_{uc}为规程计算值，P_{ue}为试验值，μ 为所有计算值与试验值比值的平均值，σ 为均方差。经过比较与检验，在同一刚度下，试件承载力与 EC4 规范最为接近。由表可见，各国规范承载力计算值与试验值均吻合较好。

表 3.4　各类规范承载力比较

试验编号	试验值	AIJ		AISC-LRFD		EC4	
	P_{ue}/kN	P_{uc}/kN	P_{uc}/P_{ue}	P_{uc}/kN	P_{uc}/P_{ue}	P_{uc}/kN	P_{uc}/P_{ue}
Y-5-0	92.91	100.50	1.082	99.90	1.075	97.50	1.049
Y-5-1	111.35	121.04	1.087	124.10	1.115	115.40	1.036
Y-5-3	128.00	134.30	1.049	132.00	1.031	136.50	1.066
Y-6-0	145.18	154.60	1.065	151.50	1.044	148.70	1.024
Y-6-2	167.95	171.60	1.022	170.50	1.015	171.70	1.022
Y-6-4	160.44	154.60	0.964	167.50	1.044	156.70	0.977
Y-6-6	128.14	121.60	0.949	135.50	1.057	132.70	1.036
平均值		1.031		1.054		1.030	
均方差		0.045		0.024		0.019	

试验编号	试验值	DL/T 5085—1999		DBJ/T 13-51—2010	
	P_{ue}/kN	P_{uc}/kN	P_{uc}/P_{ue}	P_{uc}/kN	P_{uc}/P_{ue}
Y-5-0	92.91	113.30	1.219	97.60	1.050
Y-5-1	111.35	133.30	1.197	118.40	1.063
Y-5-3	128.00	154.30	1.205	130.00	1.016
Y-6-0	145.18	171.60	1.182	149.60	1.030
Y-6-2	167.95	154.60	0.921	175.60	1.046
Y-6-4	160.44	145.60	0.908	170.60	1.063
Y-6-6	128.14	132.60	1.035	131.60	1.027
平均值		1.095		1.042	
均方差		0.121		0.015	

3.6　抗弯刚度计算

目前国内外大部分规程所规定的钢管混凝土抗弯刚度计算方法均是钢材和折减的核心混凝土抗弯刚度叠加而得，如美国 ACI(2011)和 AISC-LRFD(1999)、日本 AIJ(2008)、欧洲 EC4(2004)、英国 BS5400(2005)以及我国福建省工程建设地方标准《钢管混凝土结构技术规程》(DBJ/T 13-51—2010)等。不同规程规定的钢材弹性模量 E_s、混凝土弹性模量 E_c 和混凝土抗弯刚度折减系数 k 值不尽相同，表 3.5 中列出了这些规程中 E_s、E_c 和 k 的具体值或计算表达式。

表 3.5　各类规程中钢材、混凝土弹性模量 E_s、E_c 及折减系数 k

参数	ACI	AISC-LRFD	EC4	AIJ	BS5400	DBJ/T 13-51—2010
E_s	1.99×10^5	1.99×10^5	2.06×10^5	2.058×10^5	2.06×10^5	2.06×10^5
E_c	$4733\sqrt{f_c'}$	$4733\sqrt{f_c'}$	$9500\,(f_c'+8)^{1/3}$	$21000\sqrt{\frac{f_c'}{19.6}}$	$4500f_{cu}$	$\frac{10^5}{2.2+34.7/f_{cu}}$
k	0.2	0.8	0.6	0.2	1.0	0.6

注：f_{cu}为混凝土立方体抗压强度，f_c'为混凝土圆柱体抗压强度，在混凝土强度低于 C50 时，$f_c'=0.79f_{cu}$。

按以上各规程计算圆钢管煤矸石混凝土试件的抗弯刚度，具体如式(3.12)所示。

$$K = E_s I_s + kE_c I_c \tag{3.12}$$

式中，I_s、I_c 分别为钢管和煤矸石混凝土的截面惯性矩。

圆钢管试件初始抗弯刚度的计算公式为

$$M = \frac{0.2M_u}{\varphi_e} \tag{3.13}$$

$$\varphi_e = \frac{[(4.25\beta_c + 100.14) + (15.8\beta_c + 3.65)\xi]\beta_s^{\ 0.82}}{E_s D} \tag{3.14}$$

式中，$\beta_c = f_{cu}/30$，$\beta_s = f_y/345$，f_{cu}为混凝土立方体抗压强度，MPa；f_y 为钢材的屈服强度，MPa。

圆钢管试件使用阶段抗弯刚度的计算公式为(韩林海，2004)

$$M = \frac{0.6M_u}{\varphi_{0.6}} \tag{3.15}$$

$$\varphi_{0.6} = \frac{[(41.48\beta_c + 343.43) + (17.32\beta_c + 30.39)\xi]\beta_s^{0.82}}{E_s D} \tag{3.16}$$

式中，$\beta_c = f_{cu}/30$，$\beta_s = f_y/345$，f_{cu}为混凝土立方体抗压强度，MPa；f_y 为钢材的屈服强度，MPa。

表3.6和表3.7分别为本次试验中各试件初始抗弯刚度和使用阶段刚度与各规程所计算值的比较情况。从表3.6可以看出，各国规程计算值与试验值存在一定差异。对于圆钢管煤矸石混凝土试件，其初始刚度EC4计算值与试验值较为吻合，平均值和均方差分别为0.826和0.258。从表3.7可以看出，使用阶段刚度EC4计算值也与试验值较为吻合，平均值和均方差分别为0.917和0.259。

表3.6　各类规程初始抗弯刚度比较

试验编号	试验值	ACI		AISC-LRFD		EC4	
	K_{ie}/(kN·m²)	K_c/(kN·m²)	K_c/K_{ie}	K_c/(kN·m²)	K_c/K_{ie}	K_c/(kN·m²)	K_c/K_{ie}
Y-5-0	1419	1300	0.916	1320	0.930	1365	0.962
Y-5-1	1701	1300	0.764	1320	0.776	1365	0.802
Y-5-3	1956	1300	0.665	1320	0.675	1365	0.698
Y-6-0	1843	1496	0.812	1515	0.822	1567	0.850
Y-6-2	2132	1496	0.702	1515	0.711	1567	0.735
Y-6-4	2037	1496	0.734	1515	0.744	1567	0.769
Y-6-6	1626	1496	0.920	1515	0.932	1567	0.964
平均值		0.788		0.799		0.826	
均方差		0.082		0.082		0.085	

试验编号	试验值	AIJ		BS5400		DBJ/T 13-51—2010	
	K_{ie}/(kN·m²)	K_c/(kN·m²)	K_c/K_{ie}	K_c/(kN·m²)	K_c/K_{ie}	K_c/(kN·m²)	K_c/K_{ie}
Y-5-0	1419	1343	0.946	1358	0.957	1364	0.961
Y-5-1	1701	1343	0.790	1358	0.798	1364	0.802
Y-5-3	1956	1343	0.687	1358	0.694	1364	0.697
Y-6-0	1843	1546	0.839	1561	0.847	1567	0.850
Y-6-2	2132	1546	0.725	1561	0.732	1567	0.735
Y-6-4	2037	1546	0.759	1561	0.766	1567	0.769
Y-6-6	1626	1546	0.951	1561	0.960	1567	0.964
平均值		0.814		0.822		0.825	
均方差		0.084		0.085		0.085	

表3.7　各类规程使用阶段刚度比较

试验编号	试验值	ACI		AISC-LRFD		EC4	
	K_{ie}/(kN·m²)	K_c/(kN·m²)	K_c/K_{ie}	K_c/(kN·m²)	K_c/K_{ie}	K_c/(kN·m²)	K_c/K_{ie}
Y-5-0	1261	1300	1.031	1320	1.047	1365	1.082
Y-5-1	1512	1300	0.860	1320	0.873	1365	0.903

续表

试验编号	试验值	ACI		AISC-LRFD		EC4	
	K_{ie}/(kN·m²)	K_c/(kN·m²)	K_c/K_{ie}	K_c/(kN·m²)	K_c/K_{ie}	K_c/(kN·m²)	K_c/K_{ie}
Y-5-3	1737	1300	0.748	1320	0.760	1365	0.786
Y-6-0	1677	1496	0.892	1515	0.903	1567	0.934
Y-6-2	1940	1496	0.771	1515	0.781	1567	0.808
Y-6-4	1854	1496	0.807	1515	0.817	1567	0.845
Y-6-6	1480	1496	1.011	1515	1.024	1567	1.059
平均值		0.874		0.886		0.917	
均方差		0.089		0.090		0.093	

试验编号	试验值	AIJ		BS5400		DBJ/T 13-51—2010	
	K_{ie}/(kN·m²)	K_c/(kN·m²)	K_c/K_{ie}	K_c/(kN·m²)	K_c/K_{ie}	K_c/(kN·m²)	K_c/K_{ie}
Y-5-0	1261	1343	1.065	1358	1.077	1364	1.082
Y-5-1	1512	1343	0.888	1358	0.898	1364	0.902
Y-5-3	1737	1343	0.773	1358	0.782	1364	0.785
Y-6-0	1677	1546	0.922	1561	0.931	1567	0.934
Y-6-2	1940	1546	0.797	1561	0.805	1567	0.808
Y-6-4	1854	1546	0.834	1561	0.842	1567	0.845
Y-6-6	1480	1546	1.045	1561	1.055	1567	1.059
平均值		0.903		0.913		0.916	
均方差		0.092		0.093		0.093	

3.7　恢复力模型的理论分析

为了便于工程设计应用，有必要提供圆钢管煤矸石混凝土 P-Δ 滞回模型的简化确定方法。由于煤矸石混凝土与普通混凝土的使用阶段性质相似，本节用韩林海(2004)提供的圆钢管普通混凝土构件的 P-Δ 滞回模型代替钢管煤矸石混凝土构件的 P-Δ 滞回模型。图 3.18 为圆钢管煤矸石混凝土构件的 P-Δ 滞回模型。

图 3.18 中 A 点为骨架线弹性阶段的终点，B 点为骨架线峰值点，其极限荷载为 P_y，A 点的水平荷载大小取 $0.6P_y$。模型中还需考虑在加荷载时的软化问题，模型参数包括弹性阶段的刚度 K_a、B 点位移 Δ_p 和极限荷载 P_y 以及下降段刚度 K_T。

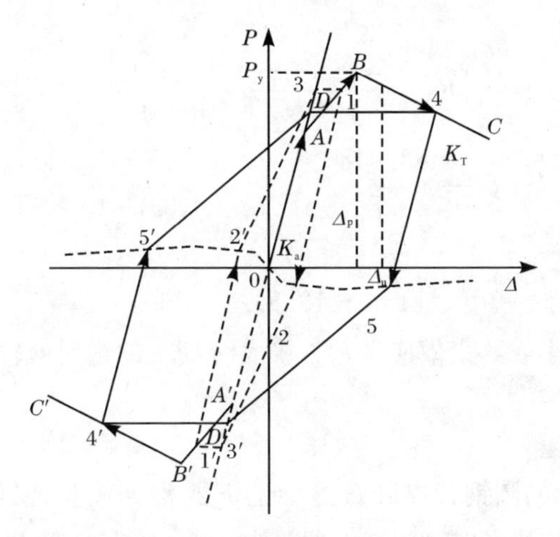

图 3.18　圆钢管煤矸石混凝土构件的 P-Δ 滞回模型

1. 弹性阶段刚度

由于轴压比对压弯构件弹性阶段的刚度影响较小，所以圆钢管煤矸石混凝土压弯构件弹性阶段的刚度可按与其相对应的纯弯构件刚度的计算方法，圆钢管煤矸石混凝土弹性阶段刚度 K_a 可按式(3.17)计算，其中 K_e 按马福(2003)介绍的方法计算，L 为柱计算长度，$L_1=L/2$。

$$K_a = 3K_e/L_1^3 \tag{3.17}$$

2. 极限荷载及其对应的位移

根据计算结果的分析，得到极限荷载 P_y 及其对应的位移 Δ_p 的表达式分别为

$$P_y=\begin{cases}a(0.2\xi+0.85)M_y/L_1, & 0.2\leqslant\xi\leqslant 1\\ 1.05aM_y/L_1, & 1<\xi\leqslant 4\end{cases} \tag{3.18a}$$

$$a=\begin{cases}0.96-0.002\xi, & 0\leqslant n\leqslant 0.3\\ (1.3-0.34\xi)n+0.1\xi+0.54, & 0.3\leqslant n\leqslant 1\end{cases} \tag{3.18b}$$

$$\Delta_p=\frac{6.74[(\ln r)^2-1.08\ln r+3.33]f_1(n)}{0.87-s}\times\frac{P_y}{K_a} \tag{3.19a}$$

$$r=\lambda/40 \tag{3.19b}$$

$$f_1(n)=\begin{cases}1.336n^2-0.044n+0.804, & 0\leqslant n\leqslant 0.5\\ 1.126-0.02n, & 0.5<n<1\end{cases} \tag{3.19c}$$

3. 下降段刚度

数值计算结果表明，圆钢管煤矸石混凝土 P-Δ 滞回模型下降段刚度 K_T 可表

示为

$$K_{\mathrm{T}}=\frac{0.03f_2(n)f(r,a)K_{\mathrm{a}}}{c^2-3.39c+5.41} \tag{3.20a}$$

$$f_2(n)=\begin{cases}3.043n-0.21, & 0\leqslant n\leqslant 0.7\\ 0.5n+1.57, & 0.7<n<1\end{cases} \tag{3.20b}$$

$$f(r,a)=\begin{cases}(8a-8.6)r+6a+0.9, & r\leqslant 1\\ (15a-13.8)r+6.1-a, & r>1\end{cases} \tag{3.20c}$$

当构件轴压比 n 较小或约束效应系数 ξ 较大时，K_{T} 的绝对值较小。

4. 模型软化段

由图 3.18 所示的圆钢管煤矸石混凝土 P-Δ 滞回模型的卸载段有如下特点：当在 1 点或 4 点卸载时，卸载线将按弹性刚度 K_{a} 进行卸载，并反向加载至 2 点或 5 点，2 点和 5 点纵坐标荷载值分别取 1 点和 4 点纵坐标荷载值的 0.2 倍；继续反向加载，模型进入软化段 $23'$ 或 $5D'$，点 $3'$ 和 D' 均在 OA 线的延长线上，其纵坐标荷载值分别与 1(或 3)和 4(或 D)点相同。随后，加载路径沿 $3'1'2'3$ 或 $D'4'5'D$ 进行，软化段 $2'3$ 和 $5'D$ 的确定方法分别与 $23'$ 和 $5D'$ 类似。

3.8 有限元分析

3.8.1 模型建立

模型的材料本构关系、单元选取、网格划分、接触处理等与第 2 章相同。由于钢管煤矸石混凝土压弯构件在往复荷载作用时的几何模型、荷载与边界条件关于双轴对称，因此可只取其 1/4 进行研究，即沿构件截面方向和轴向各取一半。在两对称面上施加正对称边界条件；盖板端部采用铰接，同时打开轴向位移约束以施加轴力。为了模拟加载过程创建了两个分析步：第一个分析步中先对盖板端部施加一轴向荷载；第二个分析步保持轴向荷载不变，在试件中部的刚性夹具上施加侧向往复荷载(由位移控制)，直至构件破坏。图 3.19 为圆钢管煤矸石混凝土模型边界条件的定义图。

3.8.2 模型与试验结果的对比验证

图 3.20 为典型圆钢管煤矸石混凝土压弯试件滞回曲线的有限元计算与试验数据的对比。由两者的比较可以看出，本节通过有限元计算得到的荷载-位移滞回曲线与试验曲线吻合良好。极限承载力相差不超过 10%，且曲线形态相似，滞回环包围的面积基本相同。

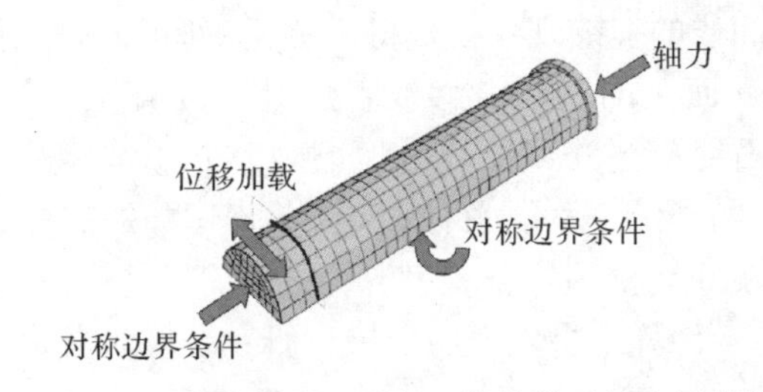

图 3.19　圆钢管煤矸石混凝土构件模型的边界条件

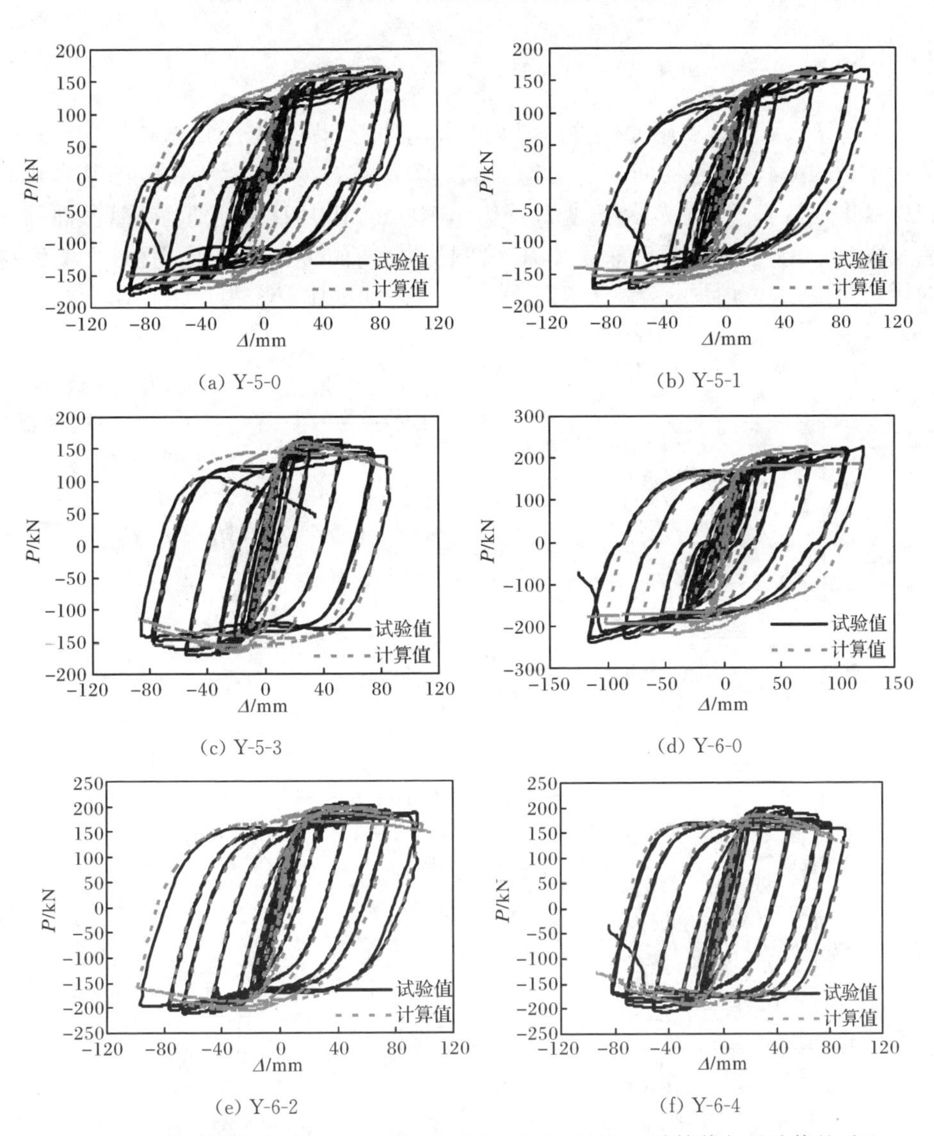

图 3.20　圆钢管煤矸石混凝土压弯构件滞回曲线的有限元计算值与试验值的对比

不足的是滞回曲线的捏缩现象模拟得不够精确,可能是未能有效模拟钢管和煤矸石混凝土接触界面上的黏结滑移或者煤矸石混凝土的压碎断裂所造成的。但考虑到钢管煤矸石混凝土滞回曲线的捏缩现象并不像钢筋混凝土结构那样明显,所以对计算结果的影响不大。总体来说,本节建立的有限元模型以及采用的材料本构模型可以较好地模拟往复荷载作用下圆钢管煤矸石混凝土压弯构件的特性,同时也说明基于计算结果做出的分析与研究是较为准确可靠的。

3.8.3 数值模拟结果分析

1. 荷载-位移滞回关系曲线

通过 ABAQUS 有限元软件模拟 8 根圆钢管煤矸石混凝土压弯构件在往复荷载作用下的荷载-位移滞回曲线,如图 3.21 所示。表 3.8 所示为构件的基本几何和材料物理性质。所有构件长度 L 均为 1500mm,其中 D、t 分别为钢管截面外直径及壁厚。A_s 为钢管横截面面积,A_{sc}为钢管煤矸石混凝土横截面面积,f_y 为钢材的屈服强度,f_{cu}为混凝土立方体抗压强度,n 为轴压比,N_0 为作用在压弯构件上的恒定轴心压力,P_{ue}为构件实测的极限水平力。试件编号由一组字母与数字组成,为方便区分,现举例介绍如下(如 BC5-03):BC 表示压弯构件,5 表示钢管厚度

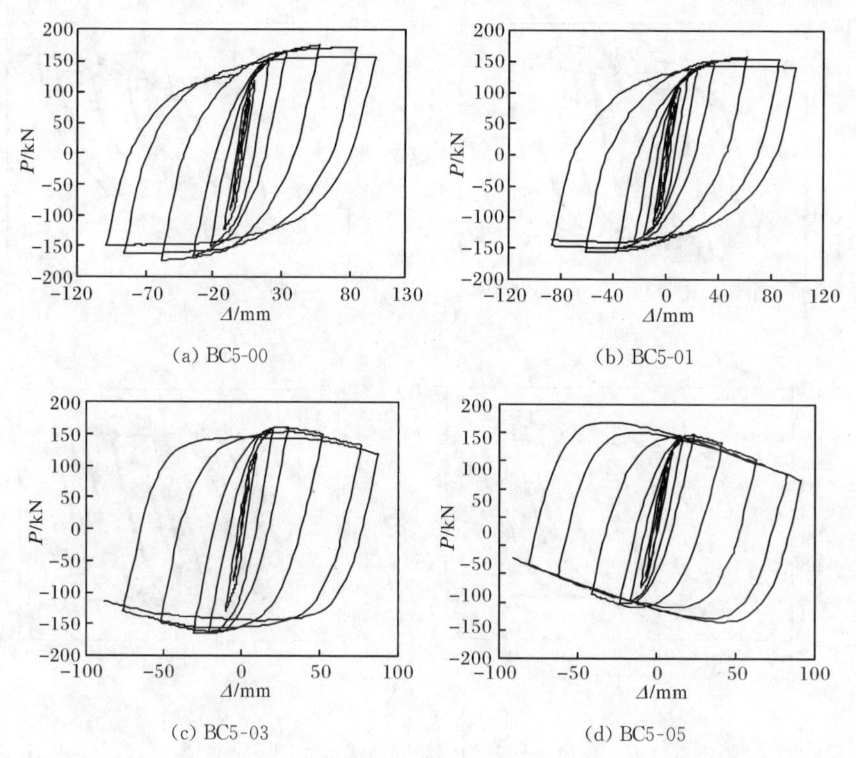

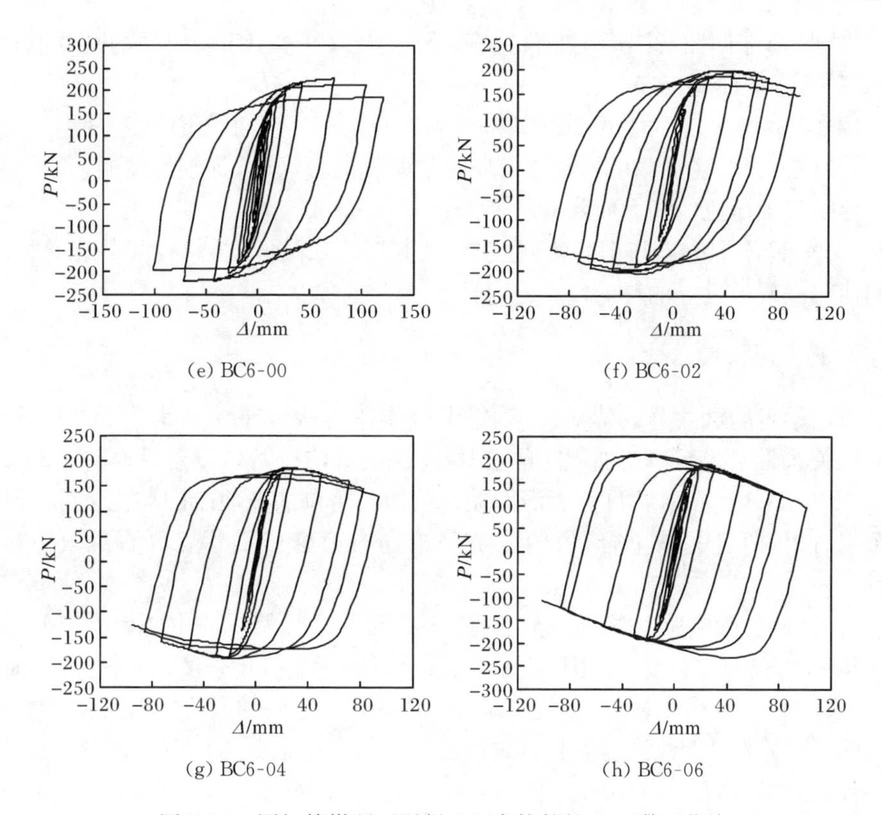

图 3.21 圆钢管煤矸石混凝土压弯构件的 P-Δ 滞回曲线

t=5mm,03 表示轴压比n=0.3。此次模拟主要考察两个不同系列(BC-5 与 BC-6)的压弯构件在不同轴压比下的力学性能。

表 3.8 构件的基本几何和材料物理性质

构件编号	$D\times t$/(mm×mm)	L/mm	f_y/MPa	f_{cu}/MPa	A_s/A_{sc}	N_0/kN	n	P_{ue}/kN
BC5-00	159×5	1500	345	30	0.14	0	0	133.76
BC5-01	159×5	1500	345	30	0.14	97.7	0.1	140.95
BC5-03	159×5	1500	345	30	0.14	293.1	0.3	113.56
BC5-05	159×5	1500	345	30	0.14	488.5	0.5	100.12
BC6-00	159×6	1500	345	30	0.17	0	0	181.44
BC6-02	159×6	1500	345	30	0.17	213.1	0.2	179.80
BC6-04	159×6	1500	345	30	0.17	426.2	0.4	142.06
BC6-06	159×6	1500	345	30	0.17	639.3	0.6	121.12

从图 3.21 中可以看出,在本次计算的圆钢管煤矸石混凝土压弯构件的参数变化范围内,荷载-位移曲线主要具有如下特点:

(1) 所有滞回曲线图形均非常饱满，呈纺锤形，基本上没有明显的刚度退化和捏缩现象，耗能性能良好。

(2) 当轴压比较小时，滞回曲线的骨架线在加载后期曲线下降段平缓；而当轴压比相对较大时，在加载后期则会出现非常明显的下降段，且较为陡峭，说明试件的延性随着轴压比的增大而降低。

(3) 煤矸石混凝土与钢管协同互补、共同工作，保证了材料性能的充分发挥，滞回曲线表现出良好的耗能性和稳定性。

2. P-Δ 滞回关系骨架线

根据学者的试验与数值研究，钢管混凝土压弯构件在往复荷载下的位移-荷载滞回关系骨架线与单调加载时的位移-荷载关系曲线基本重合(钟善桐，2003)。图 3.22 为部分计算结果的 P-Δ 滞回关系曲线与单调加载曲线的对比情况。从图中可以看出，两者基本重合，说明以上理论同时适合于钢管煤矸石混凝土压弯构件。

研究表明，影响钢管混凝土荷载-位移滞回关系骨架线的主要因素有轴压比 n、含钢率 α、长细比 λ、钢材屈服强度 f_y、煤矸石混凝土抗压强度 f_{cu} 等。本节通过 ABAQUS 有限元软件对大量钢管煤矸石混凝土压弯构件进行模拟计算，对不同参数的滞回关系骨架线进行分析。选取的钢管煤矸石混凝土压弯构件骨架曲线的基本计算参数为：$L=1500\text{mm}$，$f_y=345\text{MPa}$，$f_{cu}=30\text{MPa}$，$D=159\text{mm}$，$t=5\text{mm}$，$n=0.3$。分析不同参数的影响时，只改变所分析的参数，其余参数保持不变。

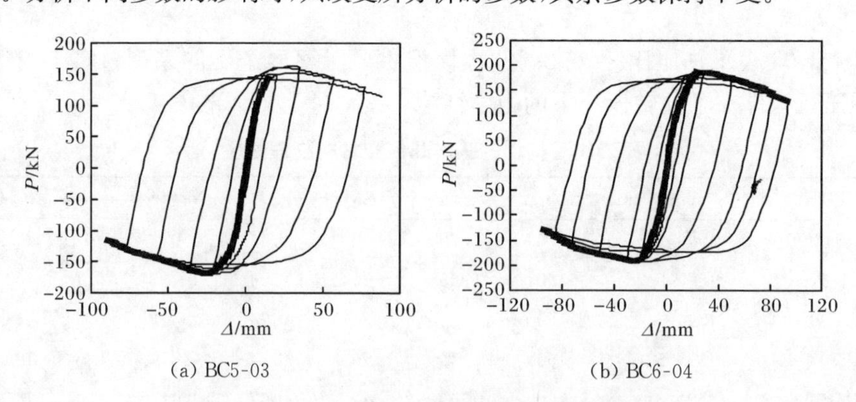

图 3.22 P-Δ 滞回关系曲线与单调加载曲线对比

1) 轴压比

图 3.23 为轴压比对荷载-位移滞回关系骨架线的影响。从图中可以看出，轴压比对曲线形状的影响很大。随着轴压比的增大，构件在水平方向上的承载力减小，强化阶段的刚度也随之减小，但在弹性阶段轴压比对刚度的影响不大。总体

上来说，当轴压比较小时($n\leqslant 0.2$)，骨架曲线近似于理想弹塑性模型，强化段较为平滑，没有明显的下降段；而当轴压比较大时($n\geqslant 0.3$)，骨架曲线显示出塑性软化，在达到极限承载力后出现明显的下降段。

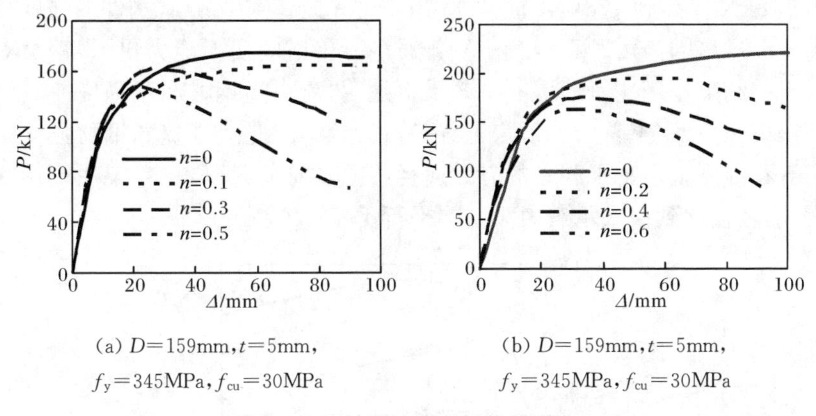

(a) $D=159\text{mm}, t=5\text{mm}, f_y=345\text{MPa}, f_{cu}=30\text{MPa}$

(b) $D=159\text{mm}, t=5\text{mm}, f_y=345\text{MPa}, f_{cu}=30\text{MPa}$

图 3.23 轴压比对骨架线的影响

对于不施加轴力，即轴压比为0的构件，曲线没有明显的下降段。当对构件施加轴力时，骨架曲线将出现明显的下降段，而且下降段的下降幅度随轴压比的增大而越来越明显，构件的延性则越来越差。

2) 含钢率

图3.24为含钢率对荷载-位移滞回关系骨架线的影响。由图可以看出，钢管煤矸石混凝土压弯构件在往复荷载的作用下，随着含钢率的提高，柱的截面抗弯刚度增大，水平承载力显著提高，骨架曲线下降段的下降幅度也随之减小，且延性有一定的提高。但从下降段的形态来看，含钢率的改变对曲线形状的影响很小，主要是对曲线的数值产生了较大的影响。构件的含钢率越大，钢管对核心煤矸石混凝土的约束作用就越强，同时对核心混凝土变形性能的改善越明显；而且钢管抗局部屈曲的能力增强，从而使柱的承载力和延性都得到了提高。

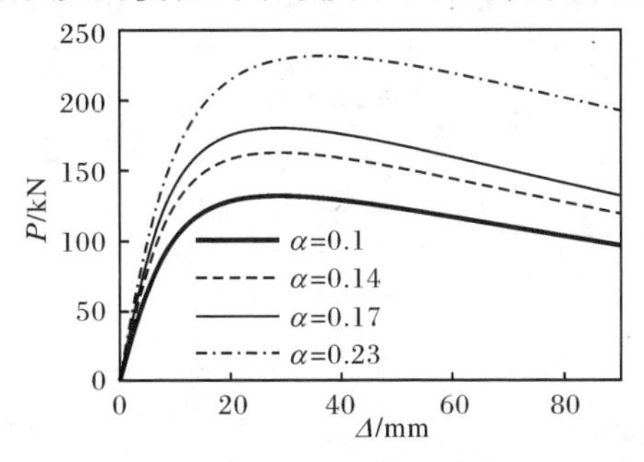

图 3.24 含钢率对荷载-位移滞回关系骨架线的影响

$D=159\text{mm}, f_y=345\text{MPa}, f_{cu}=30\text{MPa}, n=0.3$

3）钢材的屈服强度

图 3.25 为钢材的屈服强度对荷载-位移滞回关系骨架线的影响。由图中可以看出，当钢材的屈服强度 f_y 由 235MPa 提高到 400MPa 时，构件的水平极限承载力由 118kN 提高到 178kN，屈服位移由 9mm 提高到 14mm，构件的强度得到大幅的提升。这是因为煤矸石混凝土较普通混凝土横向变形能力更强，钢材对煤矸石混凝土的约束作用比普通混凝土效果更加明显，提高钢材屈服强度使其塑性性能发挥得更充分(宋玉普，2002；宋玉普等，1994)。因此适当提高钢材强度是提高钢管煤矸石混凝土水平承载力的有效途径。但其对荷载-位移骨架曲线形状的影响不大，两者在达到极限承载力后基本平行。

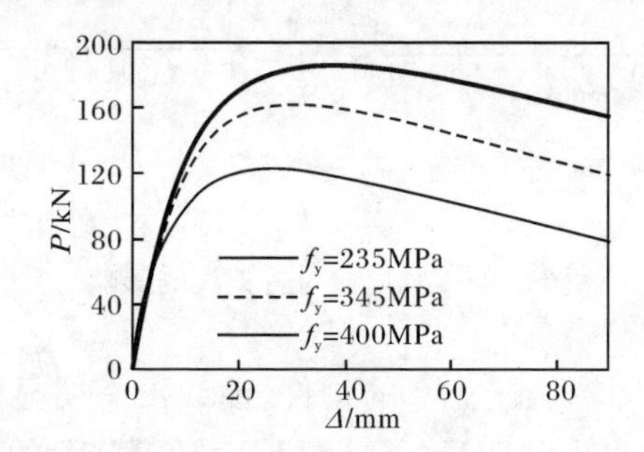

图 3.25　钢材屈服强度对荷载-位移滞回关系骨架线的影响

$D=159$mm，$t=5$mm，$f_{cu}=30$MPa，$n=0.3$

4）煤矸石混凝土抗压强度

图 3.26 为不同煤矸石混凝土抗压强度对荷载-位移滞回关系骨架线的影响。从图中可以看出，煤矸石混凝土抗压强度对构件在弹性阶段的刚度和水平承载力的影响都不大，反而随着 f_{cu} 的增加，构件的位移延性有微小的下降。这是因为随着煤矸石混凝土强度的提高，截面的抗弯刚度增加，核心煤矸石混凝土开裂弯矩增大；煤矸石混凝土随着强度的提高变形能力下降，脆性增大，延性下降。可见，单纯提高煤矸石混凝土的强度，并不能显著提高构件的抗震性能，这在实际工程中也是不经济的。

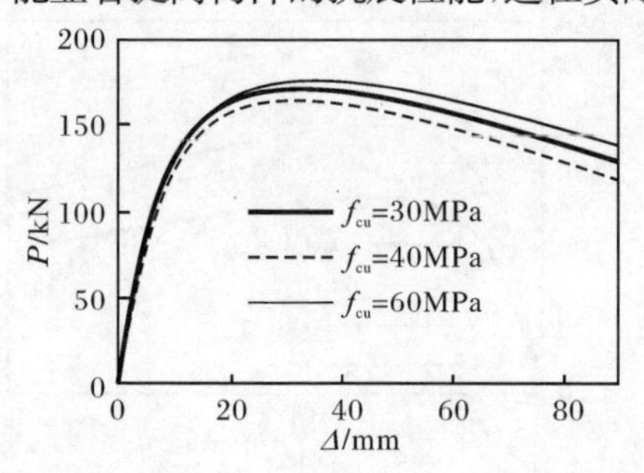

图 3.26　煤矸石混凝土抗压强度对荷载-位移滞回关系骨架线的影响

$D=159$mm，$t=5$mm，$f_y=345$MPa，$n=0.3$

3.9 基于ABAQUS的圆钢管煤矸石混凝土压弯构件理论分析

3.9.1 构件的破坏模式

构件的破坏形态如图3.27所示，当水平加载超过钢管煤矸石混凝土构件的屈服荷载后，在刚性夹具的两端开始出现微小的鼓曲。随着水平荷载的逐级增大，鼓曲逐渐向环向发展，影响的范围越来越大，钢管的局部隆起也越来越明显。继续加载至试件接近破坏时，这种鼓曲会急剧发展，构件的刚度随之加剧退化，但构件仍具有一定承载能力。图中显示了其具有良好的塑性和韧性。

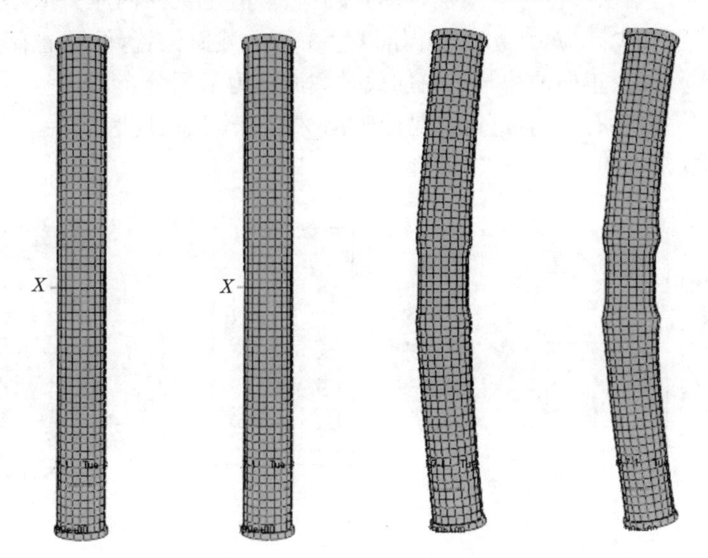

图3.27 钢管煤矸石混凝土压弯构件破坏形态

3.9.2 荷载-变形全过程分析

图3.28所示为通过ABAQUS计算得到的典型钢管煤矸石混凝土压弯构件的P-Δ滞回关系骨架线。本算例为构件长度$L=1500$mm，钢材屈服极限$f_y=345$MPa，煤矸石混凝土抗压强度标准值$f_{cu}=30$MPa，钢管外径$D=159$mm，钢管厚度$t=5$mm，轴压比$n=0.3$。图中，OA段为弹性阶段，A点为压弯构件的屈服点；AB段为弹塑性阶段，B点为承载力极限，BC段为下降段，C点此处取对应荷载下降到极限承载力85%时对应的点。点A'、B'、C'分别为负向加载时所对应的上述特征点。

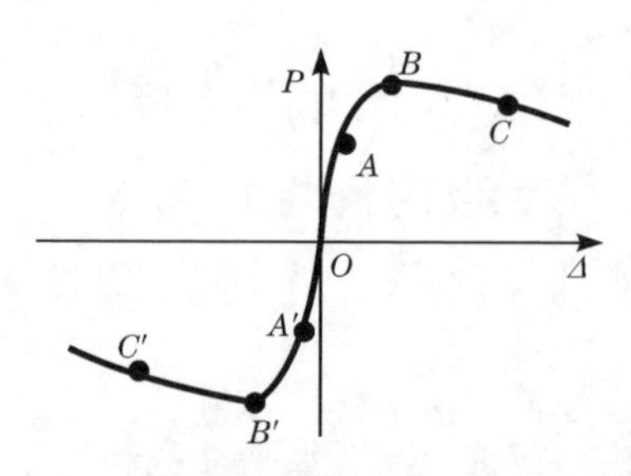

图 3.28　典型压弯构件的 P-Δ 滞回关系骨架线

典型压弯构件 P-Δ 滞回关系骨架线上的 A、B、C 点以及 A'、B'、C' 点对应的压弯构件中截面核心混凝土的 Mises 应力云图的分布如图 3.29 所示。从图中可以看出，随着跨中水平位移的增加，核心煤矸石混凝土截面内应力值不断增大，受压区面积不断减少。应力最大值开始发生在跨中截面位置，但随着荷载增加，会向构件两端发展。正向加载与负向加载时截面应力云图分布形式基本对称，但负向加载时应力值略有升高，这可能是由于钢材的包辛格效应和混凝土的塑性损伤带来的影响(宋玉普，2002；过镇海和王传志，1991)。

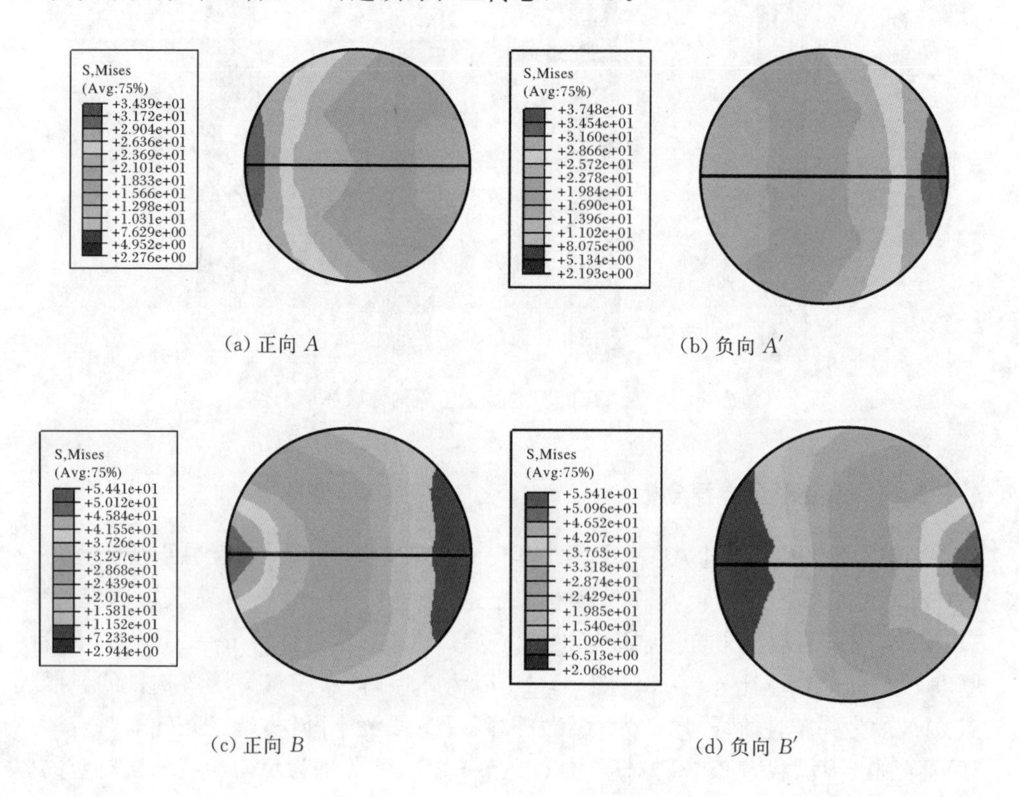

(a) 正向 A　　(b) 负向 A'

(c) 正向 B　　(d) 负向 B'

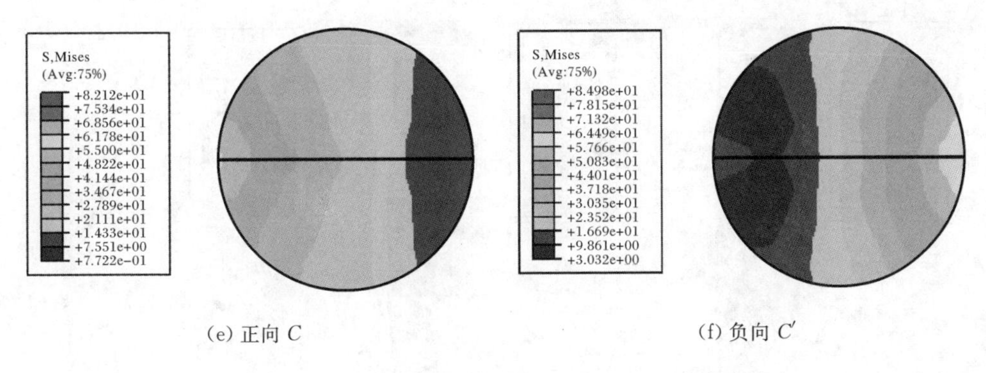

(e) 正向 C　　　　(f) 负向 C'

图 3.29　核心煤矸石混凝土中截面的 Mises 应力分布

图 3.30 所示为以上特征点对应的核心煤矸石混凝土纵向应力(应力云图中的 S33)沿试件长度方向的分布。从图中可以看出,随着加载位移的增大,纵向应力不断增大。最大纵向应力主要发生在混凝土受拉一侧,靠近刚性夹具的两侧;而跨中受压一侧的混凝土由于刚性夹具的约束纵向应力最小。压弯构件进入弹塑性阶段后,纵向应力由刚性夹具两侧沿构件长度方向发展,塑性区域越来越大,同时应力达到极限强度。继续加载构件进入强化阶段,构件的变形明显增大,应力值减小,且最大纵向应力处沿环向发展,刚性夹具两端煤矸石混凝土发生明显的局部鼓曲。另外,正向加载与负向加载时截面应力云图分布形式基本对称。

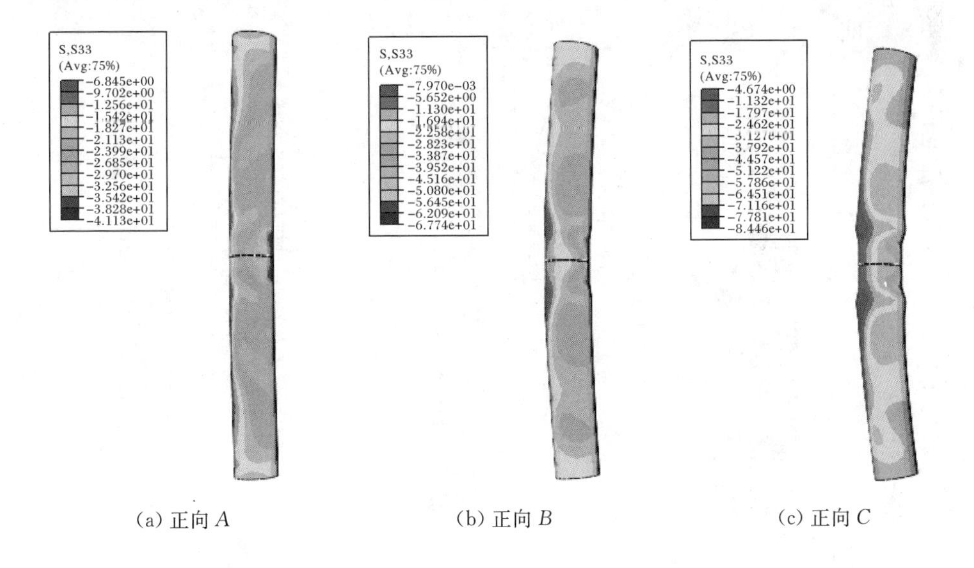

(a) 正向 A　　　　(b) 正向 B　　　　(c) 正向 C

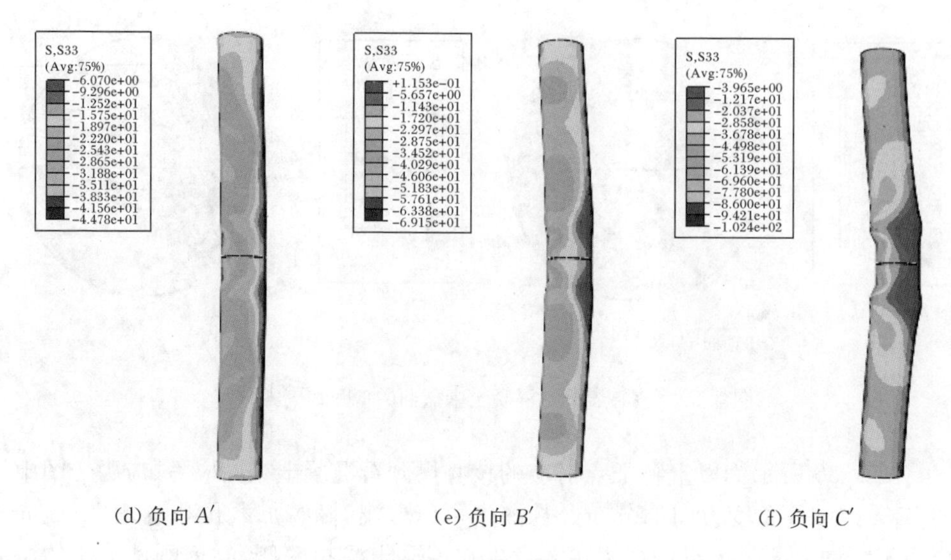

(d) 负向 A'　　(e) 负向 B'　　(f) 负向 C'

图 3.30　核心煤矸石混凝土变形及纵向应力分布

图 3.31 所示为以上特征点对应的核心煤矸石混凝土横向应力(应力云图中的 S11)的分布。通过观察可以发现，进入塑性以前，跨中核心煤矸石混凝土由于刚性夹具的作用，应力值相对较小，混凝土两个四分点处的应力很大。构件进入塑性阶段，横向应力沿构件长度方向的分层更为明显，应力由跨中向两端逐级增大。构件进入强化阶段，最大横向应力出现在构件端部，跨中的刚性夹具两侧出现明显鼓曲。

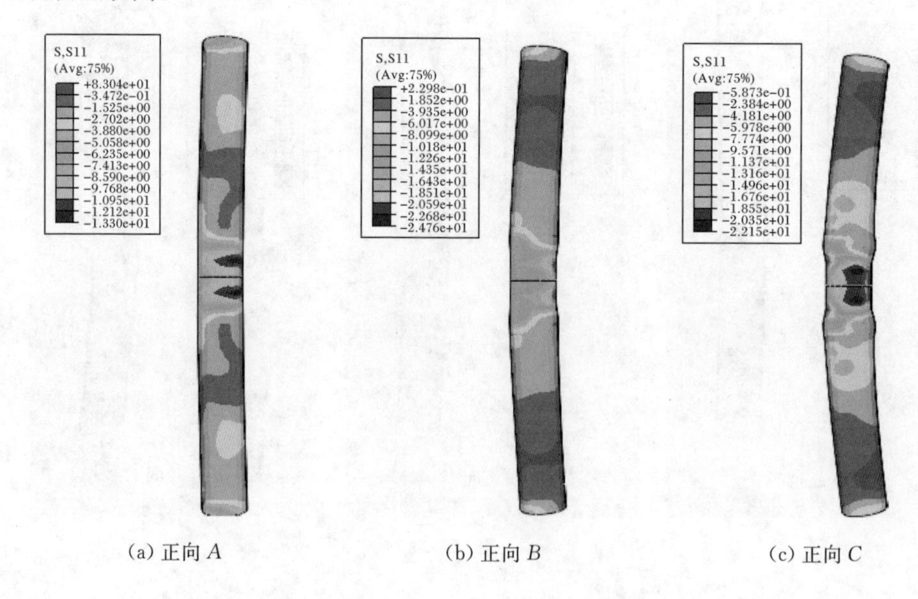

(a) 正向 A　　(b) 正向 B　　(c) 正向 C

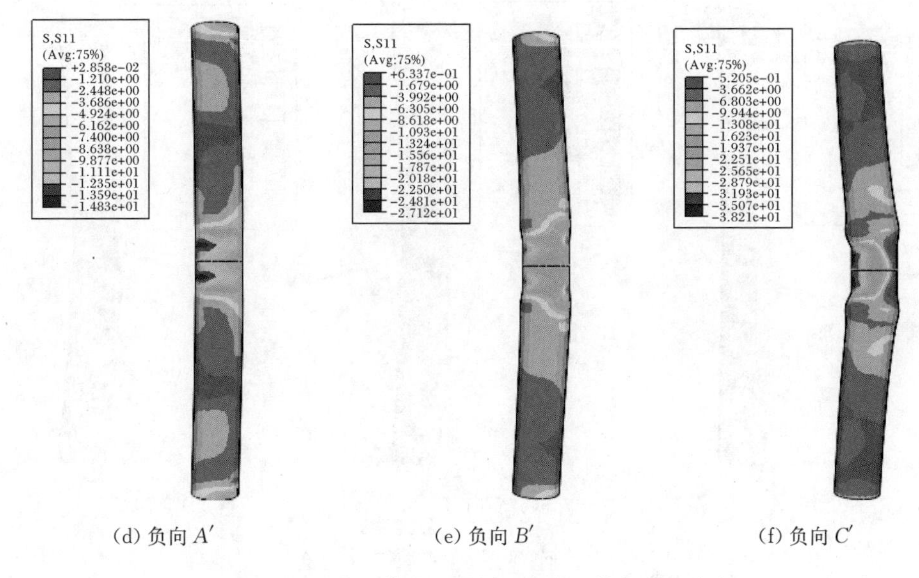

(d) 负向 A'　　(e) 负向 B'　　(f) 负向 C'

图 3.31　核心煤矸石混凝土变形及横向应力分布

图 3.32 所示为以上特征点对应的钢管 Mises 应力(应力云图中的 S. Mises)沿构件长度方向的分布。从图中可以看出,钢管煤矸石混凝土压弯构件达到其极限承载力时,受压区钢管已经进入屈服阶段,且屈服区域以刚性夹具两端为中心逐渐向构件两端发展,此时受拉区钢管也已经达到屈服极限,最大应力主要发生在钢管的跨中区域。构件进入强化阶段,应力向刚性夹具两端的环向集中,最终形成鼓曲导致破坏。钢管的负向加载应力云图与正向对称且基本一致。

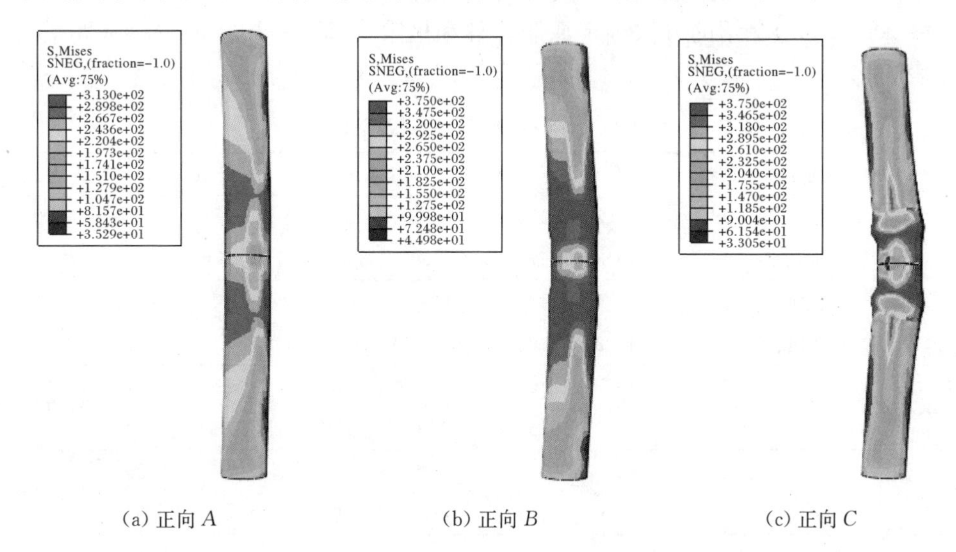

(a) 正向 A　　(b) 正向 B　　(c) 正向 C

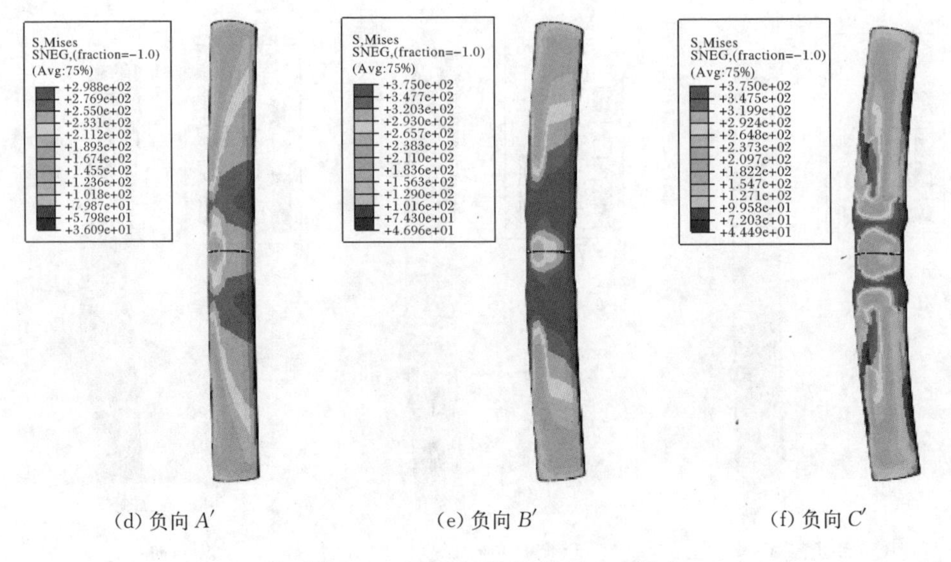

(d) 负向 A'　　(e) 负向 B'　　(f) 负向 C'

图 3.32　钢管变形及 Mises 应力分布

3.10　基于 ABAQUS 的圆钢管煤矸石混凝土压弯构件抗震性能分析

3.10.1　压弯构件的位移延性

由于钢管煤矸石混凝土压弯构件荷载-位移曲线没有明显的屈服点，因此采用韩林海(2007)介绍的方法确定屈服位移和极限位移。各构件的位移延性系数见表 3.9。

表 3.9　构件位移延性系数及总能耗

试件编号	加载方向	P_y/kN	Δ_y/mm	P_u/kN	Δ_p/mm	$0.85P_u$/kN	Δ_u/mm	μ	E_{TOTAL}
BC5-00	正向	74.9	16.7	174.7	56.3	—	—	—	138.04
	负向	73.5	16.3	172.3	56.0	—	—	—	
BC5-01	正向	67.8	15.1	165.1	89.2	—	—	—	98.45
	负向	66.9	15.2	162.0	89.6	—	—	—	
BC5-03	正向	63.3	14.7	161.4	30.7	137.2	68.2	4.64	88.42
	负向	62.9	14.3	163.4	29.8	138.9	68.4	4.78	
BC5-05	正向	51.1	12.7	147.0	23.0	124.9	44.9	3.53	75.02
	负向	50.2	12.9	145.1	22.8	123.3	45.2	3.50	

续表

试件编号	加载方向	P_y/kN	Δ_y/mm	P_u/kN	Δ_p/mm	0.85P_u/kN	Δ_u/mm	μ	E_{TOTAL}
BC6-00	正向	145.1	21.5	221.0	76.5	—	—	—	166.68
	负向	147.0	22.1	225.6	75.9	—	—	—	
BC6-02	正向	119.7	17.6	194.4	47.2	165.2	94.2	10.20	199.13
	负向	122.3	18.1	200.1	48.4	170.1	87.7	8.94	
BC6-04	正向	111.1	14.0	186.4	28.5	158.4	70.9	5.06	138.03
	负向	113.7	14.1	188.0	29.6	159.8	72.7	5.15	
BC6-06	正向	96.8	11.5	163.7	28.2	139.1	56.3	4.90	86.54
	负向	97.8	12.2	165.1	27.3	140.3	57.1	4.62	

由表 3.9 可以看出，钢管煤矸石混凝土压弯构件的位移延性系数 μ 均在 3.5 以上，表现出较好的延性，且位移延性系数随着轴压比的增大逐渐下降。对于不施加轴力，即轴压比为 0 的构件，曲线没有明显的下降段，甚至在加载后期还有小幅上升的趋势；当轴压比较小时($n \leqslant 0.2$)，位移延性系数 μ 相对很大，骨架曲线虽有小幅下降但趋势平缓；轴压比继续增加($n \geqslant 0.3$)，μ 急剧减小，构件延性遭受到较大的削弱。这是因为当 n 较小时，可以在一定程度上提高截面的屈服弯矩，而当轴压比增大到一定数值时，屈服弯矩就会随 n 的增加而减小。轴压比继续增加，位移延性系数也随之减小，但速度有所减缓。骨架曲线出现明显的下降段，而且下降幅度随着轴压比的增大而越来越明显，构件的位移延性也越来越差。

3.10.2　压弯构件的耗能

对于钢管煤矸石混凝土结构，主要依靠钢管和煤矸石混凝土的内摩擦、核心煤矸石混凝土微裂缝的发展以及钢管的塑性发展来消耗能量。耗散的能量越多，对结构造成的破坏越小，抗震性能也越好。本节采用能量耗散系数来反映压弯构件的耗能能力。

图 3.33(a)和(b)分别为 BC-5 和 BC-6 系列构件在不同轴压作用下各级加载循环的累积耗能 E 随位移的变化情况。由图可见，随着跨中位移的增加，各级加载循环下的累积耗能也逐渐增大，且基本呈线性增长，而且在经历相同次数的循环时，轴压比对钢管煤矸石混凝土构件累积耗能值的影响也较大。表3.9给出了各个构件的总耗能 E_{TOTAL}，可以看出轴压比越大，总耗能越小，这是因为随着轴压比的增大，构件的极限承载力与延性都降低，滞回环包围的面积会随之减小。

3.10.3　压弯构件的刚度退化

钢管煤矸石混凝土压弯构件在往复荷载的作用下，抗剪承载力会随着加载级

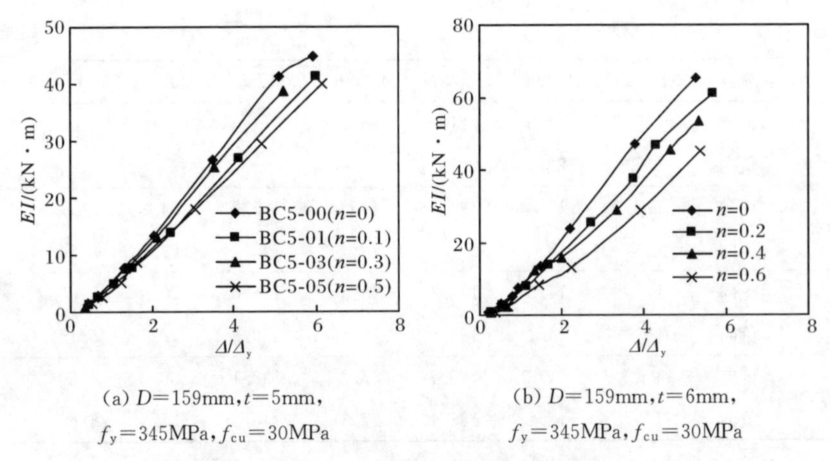

(a) $D=159\text{mm}, t=5\text{mm}$, $f_y=345\text{MPa}, f_{cu}=30\text{MPa}$

(b) $D=159\text{mm}, t=6\text{mm}$, $f_y=345\text{MPa}, f_{cu}=30\text{MPa}$

图 3.33 BC-5 和 BC-6 构件刚度退化曲线

数的增加而发生退化，而这种退化主要来源于构件的刚度退化。因此本节对构件的刚度退化曲线及其规律进行了研究。根据 Elremaily 和 Azizinamini(2002)对圆钢管混凝土基本性能与承载力的研究，跨中受集中荷载的压弯构件，在考虑由轴力引起的二阶效应的基础上，跨中荷载 P 与相应的变形 Δ、刚度 EI 满足式(3.1)和式(3.2)，经过公式反复迭代便可以计算出构件每次循环的刚度 EI。

图 3.34(a)和(b)分别给出了 BC-5 和 BC-6 系列构件在往复荷载作用下的刚度退化规律，主要对比不同轴压比下钢管煤矸石混凝土压弯构件的刚度退化情况。为了观察更加方便、直观，上述图形中的横坐标采用无量纲化的Δ/Δ_y，其中 Δ_y 为构件按照 ATC-24(1992)确定的屈服位移；纵坐标采用无量纲化的 $EI/(EI)_{first}$，$(EI)_{first}$ 为第一级加载时所对应的初始刚度。

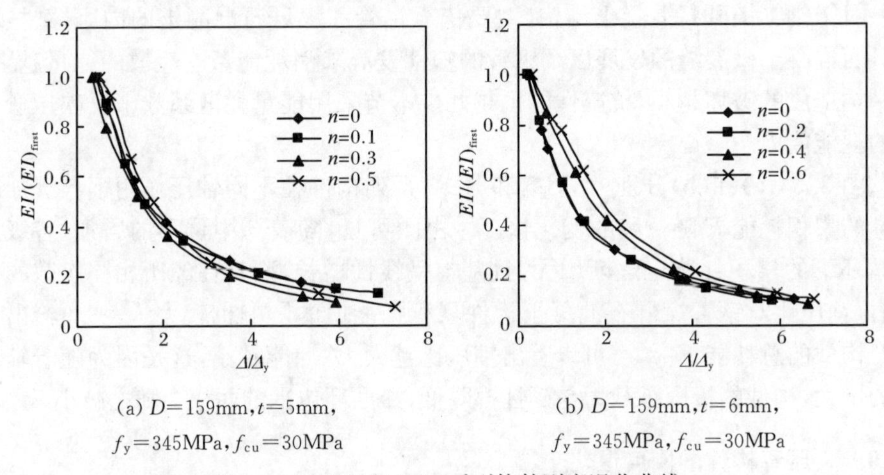

(a) $D=159\text{mm}, t=5\text{mm}$, $f_y=345\text{MPa}, f_{cu}=30\text{MPa}$

(b) $D=159\text{mm}, t=6\text{mm}$, $f_y=345\text{MPa}, f_{cu}=30\text{MPa}$

图 3.34 BC-5 和 BC-6 系列构件刚度退化曲线

从图中可见,当水平位移较小时($\Delta/\Delta_y<3$),钢管煤矸石混凝土压弯构件刚度退化现象十分明显,此后随着位移的增大,曲线出现拐点,刚度退化现象逐渐趋于平缓。另外,轴压比对钢管煤矸石混凝土的刚度退化有一定影响。随着轴压比的增大,刚度退化现象趋于平缓。这主要是因为截面受压区混凝土面积随着轴压比的增大而增大,使得截面绝对的拉压循环区面积逐渐减小。

3.11 本章小结

本章首先进行圆钢管煤矸石轻骨料混凝土压弯构件在往复荷载作用下的试验研究,分析其滞回性能及其影响因素,建立极限承载力计算公式及恢复力简化理论模型;然后在此基础上,利用ABAQUS有限元分析软件建立压弯构件的有限元模型,对其破坏模式、应力状态、滞回性能、抗震性能指标以及影响荷载-位移和弯矩-曲率滞回关系、骨架线的主要因素进行深入研究,得到如下主要结论:

(1) 圆钢管煤矸石混凝土压弯构件的P-Δ和M-ϕ滞回曲线呈纺锤形,无明显捏缩现象,表明试件的延性和耗能性能良好。

(2) 随着含钢率的增大,试件骨架曲线的承载力、耗能和位移延性系数均有提升,试件的跨中挠度增大。

(3) 随着轴压比的增大,试件的抗弯承载力、抗弯刚度、位移延性系数均有所下降,但整体刚度增强。

(4) 滞回曲线在轴压比为0时,曲线无下降段;随着轴压比的增大,曲线出现下降段。

(5) 当水平位移较小时($\Delta/\Delta_y<3$),钢管煤矸石混凝土压弯构件的刚度退化现象十分明显。随着位移的增大,刚度退化现象逐渐趋于平缓。

(6) 通过有限元计算得到的荷载-位移滞回曲线与试验曲线吻合良好,说明本章建立的有限元模型以及采用的材料本构模型可以较为准确地模拟往复荷载作用下钢管煤矸石混凝土压弯构件的力学性能。

参考文献

福建省住房和城乡建设厅. 2010. DBJ/T 13-51—2010　钢管混凝土结构技术规程. 福州.

过镇海,王传志. 1991. 多轴应力下混凝土的强度和破坏准则研究. 土木工程学报,24(3):1—14.

韩林海. 2004. 钢管混凝土结构——理论与实践. 北京:科学出版社.

韩林海. 2007. 钢管混凝土结构——理论与实践. 2版. 北京:科学出版社.

马福. 2003. 钢筋煤矸石混凝土结构的受力性能与应用前景. 山西建筑,29(1):27—28.

沈聚敏,王传志,江见鲸. 1993. 钢筋混凝土有限元与板壳极限分析. 北京:清华大学出版社.

宋玉普. 2002. 多种混凝土材料的本构关系和强度准则. 北京：中国水利水电出版社.

宋玉普，赵国藩，彭防，等. 1994. 轻集料混凝土在双轴轴压及拉压状态下的变形和强度特性. 建筑结构学报，4(2)：17－21.

中华人民共和国国家经济贸易委员会. 1999. DL/T 5085—1999　钢-混凝土组合结构设计规程. 北京：中国电力出版社.

中华人民共和国建设部. 2002. JGJ 51—2002　轻集料混凝土技术规程. 北京：中国建筑工业出版社.

钟善桐. 2003. 钢管混凝土结构. 3 版. 北京：清华大学出版社.

庄茁，张帆，岑松. 2005. ABAQUS 非线性有限元分析与实例. 北京：科学出版社.

AIJ. 2008. Recommendations for Design and Construction of Concrete Filled Steel Tubular Structures. Architectural Institute of Japan.

British Standards Institutions. 2005. BS5400. Steel, Concrete and Composite Bridges. Part 5: Code of Practice for Design of Composite Bridges, London.

Elremaily A, Azizinamini A. 2002. Behavior and strength of circular concrete-filled tube columns. Journal of Constructional Steel Research, 58(12): 1567－1591.

European Committee for Standardization. 2004. Eurocode 4(EC4): Design of Composite Steel and Concrete Structures Part1. 1: General Rules and Rules for Buildings. Brussels.

Hu H T, Huang C S, Wu M H, et al. 2003. Nonlinear analysis of axially loaded concrete-filled tube columns with confinement effect. Journal of Structural Engineering, 129(10): 1322－1329.

第4章 钢管煤矸石混凝土柱-钢梁加强环节点的滞回性能研究

4.1 引 言

随着经济的发展和建筑功能要求的提高,社会需求必将对结构工程学科提出新的挑战。人们在工程中大量应用钢管混凝土的同时,更加关注对于钢管混凝土梁柱节点的研究,钢管混凝土柱与梁的连接节点成为钢管混凝土结构研究和推广中的一个关键技术问题。它是连接梁与柱的关键部位,在框架结构中起传递内力、分配内力及保证结构整体性的作用,若节点设计不合理,将影响整个结构的性能及使用。因此钢管混凝土节点的研究对充分利用钢管混凝土这种新型组合材料的力学特性,推动钢管混凝土在工程中的广泛应用具有重要意义(薛玉丽和陈玉泉,2005)。

利用煤矸石代替普通砂石作骨料,形成煤矸石混凝土,这样既节约砂石不可再生资源,又治理了环境污染,使未来建筑垃圾的数量大量减少。在普通钢管混凝土的理论基础上,将煤矸石混凝土灌入钢管中,制成钢管煤矸石混凝土柱,再与钢梁相连接,形成钢管煤矸石混凝土柱-钢梁外加强环节点,由于煤矸石混凝土具有较低的容重和弹性模量,因此,在原有力学性能不变的情况下,其构件的重量将大大地减小,进而使整个结构的自重有所减轻,结构的抗震性能得到增强。

为了能更好地研究钢管煤矸石混凝土梁柱节点的力学性能,本章首先对钢管煤矸石混凝土柱-钢梁外加强环节点进行低周往复荷载作用下的受力性能研究,分析其滞回性能、骨架曲线特征、耗能能力和延性性能;在试验的基础上,探讨钢梁、钢管壁和加强环的应变分布规律,研究影响节点受力性能的主要因素。然后,利用有限元软件 ABAQUS,在合理选择材料本构关系和破坏准则的基础上,给出钢管和煤矸石混凝土之间的界面模型,建立 14 个梁柱节点有限元模型,对其进行抗震性能研究及多参数的有限元分析。

4.2 节点连接形式

4.2.1 钢管混凝土梁-柱节点连接性能要求

众所周知,框架节点是框架结构得以形成的关键部位,尤其当结构在强震作用下进入弹塑性反应后，节点对保证整个结构的整体性和稳定性起着关键作用。节点的连接构造应做到构造简单、整体性好、传力明确、安全可靠、节约材料和施工方便，具体地讲，在做节点设计时，应注意以下事项（蔡绍怀，2003）。

（1）节点构造应与结构分析所采用的计算简图相符合，必须满足在正常使用荷载下的变形连接条件和在极限设计荷载下的静力平衡条件。

（2）不可削弱钢管对核心混凝土的套箍作用，特别要防止连接部件（尤其是传递剪力的牛腿腹板）在塑性阶段对钢管壁产生局部撕裂力。

（3）梁（板）端的竖向剪力应以最短的途径传递到管内核心混凝土上。

（4）尽量保持钢管内部无穿心部件，以方便灌注混凝土。

（5）尽量避免或减少现场焊接。

一般来说，钢管混凝土节点按梁的形式可分为钢管混凝土柱-钢梁节点和钢管混凝土柱-钢筋混凝土梁节点两类。

4.2.2 钢管混凝土柱-钢梁节点

钢管混凝土柱-钢梁节点的剪力大多是由肋板或梁腹板来承担的，而弯矩的传递方式却存在一定的差异。根据弯矩传递方式的不同，可将钢管混凝土柱-钢梁连接分为以下四种形式：加强环式连接，钢筋锚入式连接，锚板、锚钉式连接，钢梁穿心式连接（孙修礼，2006）。

加强环式连接是在钢管混凝土柱的外表面焊上两块与梁上、下翼缘分别对接焊接的环板，梁端的弯矩则通过这两块环板传递给柱子；两环板间焊接一块与环板垂直的肋板，使其能与钢梁的腹板栓接或者焊接，从而传递梁端剪力，其具体构造如图4.1所示（孙修礼，2006）。根据加强环构造形式的不同，加强环节点可分为外加强环式和内加强环式。外加强环节点是目前国内研究最为成熟的一种节点形式（卢海林等，2004；李扬，2003；Schneider and Alostaz，1998；Alostaz and Schneider，1996）。它通过上、下钢板加强环传递弯矩，而两个加强环之间均匀排列着放射状的竖向加劲肋板，并与管壁及上、下环板焊接，用以传递剪力。由于加强环的存在，该节点不会像不带加强环的非穿心牛腿那样，因牛腿的转动而带动钢管壁剥离核心混凝土，造成鼓出破坏（蓝宗建，2002）。此类节点适合于小直径的钢管混凝土柱，其优点是：传力明确、节点区应力分布均匀、刚度大、塑性性能好、承载力高；缺点是：外加强环的尺寸较大，尤其在钢管混凝土住宅中，由于钢管混凝土柱截面较小，但外加强环节点环板的尺寸较大，常给建筑上的处理带来不便（韩林海，2004b）。

钢筋锚入式连接是先在管壁上与梁翼缘对应的部位焊接上、下两块加强板，在两板间焊上与钢梁腹板连接的肋板，然后在上、下环板的外侧焊接几根较粗的钢筋，钢筋的一侧与钢梁翼缘焊接，另一侧通过管壁上设置的小孔锚入钢管内或与另一侧梁上焊接的钢筋相连，当锚固长度不够时，钢筋可沿管壁方向上、下弯

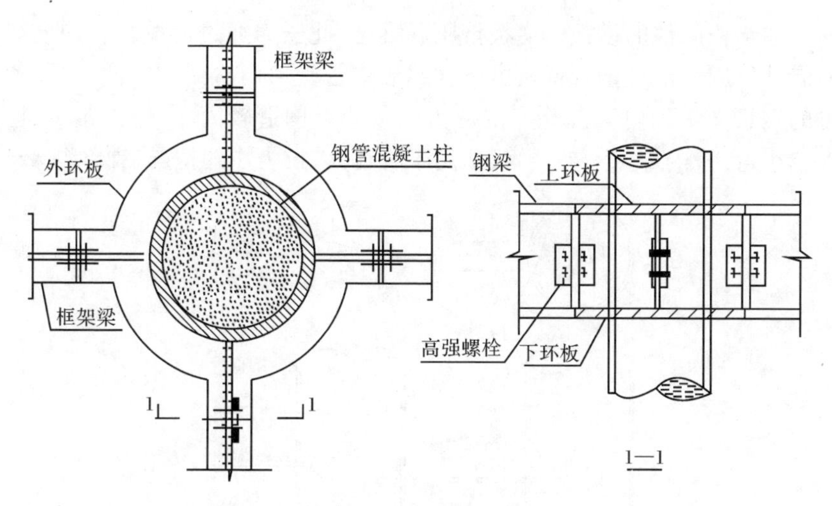

图 4.1　外加强环式连接

折。另外，加强板可做成与梁等宽或向管壁方向变宽度等形式，如图 4.2 所示（孙修礼，2006）。从承载能力和抗震性能来看，钢筋锚入式连接有较高的承载力和较好的滞回耗能能力，表现出良好的静力和动力工作性能（聂建国等，2004；Beutel et al.，2002）。由于钢筋的锚入，钢筋和管内混凝土之间产生摩擦力承担了较大的一部分梁端拉力，使管壁承受的局部拉力得到缓解，改善了弯矩的传递途径。

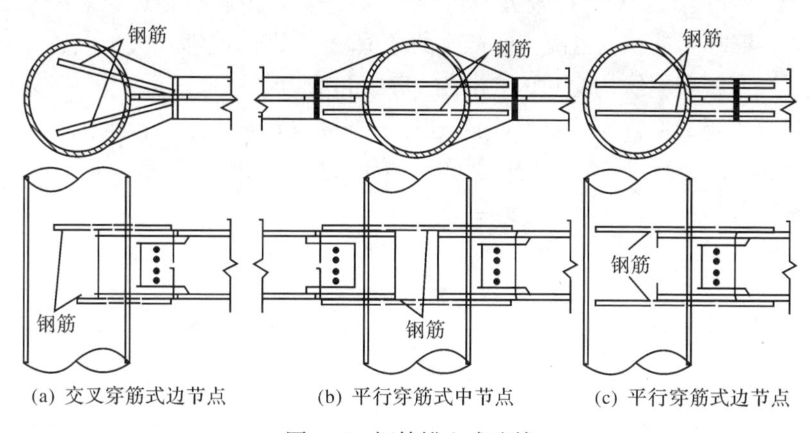

图 4.2　钢筋锚入式连接

锚板、锚钉式连接均是在钢管内部与梁翼缘对应的部位焊上相应的加强部件，不同的是锚板式连接焊接是上下各一个由两块钢板组成的 T 形锚板，锚钉式连接则是分别在相应位置焊上一定数量的锚钉，具体构造如图 4.3 所示（孙修礼，2006）。T 形锚板由垂直板和横板组成，它和梁的翼缘板垂直。梁翼缘的拉力经焊缝传递给钢管，又经管内同一位置的剖口焊缝传递给锚固件的竖直板，再经剖口焊缝传递给锚固件的横板。横板挤压混凝土，此压力通过混凝土自内向梁的翼缘方向向外作用于部分钢管壁。由于这部分钢管受力向着梁的方向变形，使锚固件后方的钢管又受到内部混凝土的压力。该节点构造较简单，用钢量少，但是整体刚度较小，且管内焊接不方便，仅适用于管径大、拉力小的情况(钟善桐，2003)。

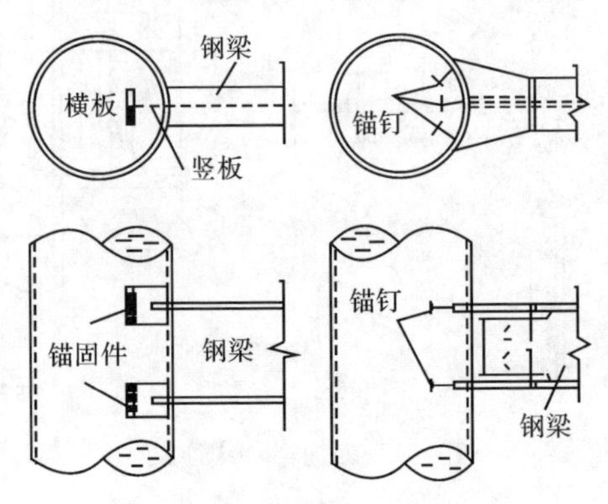

图 4.3　锚板、锚钉式连接

钢梁穿心式连接如图 4.4 所示，主要分腹板穿过式、翼缘穿过式和翼缘与腹板均穿过式(钢梁直接穿过式)三种形式(Elremaily and Azizinamini，2001a，2001b)。从传力途径上看，穿心部件能通过与管内混凝土的摩擦，将一部分的梁端拉力直接传给混凝土，从而缓解管壁承担较大拉力的不利形势，其中腹板穿过式效果不是很明显，而翼缘穿过时，翼缘与混凝土间产生的摩擦较大，因而能够较大地改善连接的受力性能。当腹板和翼缘均穿过时，梁端的弯矩和剪力都可通过梁直接传递，其初始刚度接近于理想的刚性连接要求，而且连接的强度也常常由梁的极限抗弯承载力所控制(孙修礼，2006)。该节点具有较强的适应能力和耗能能力。

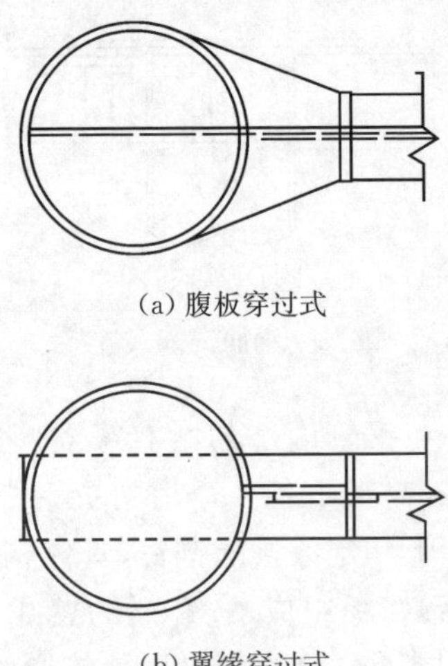

(a) 腹板穿过式

(b) 翼缘穿过式

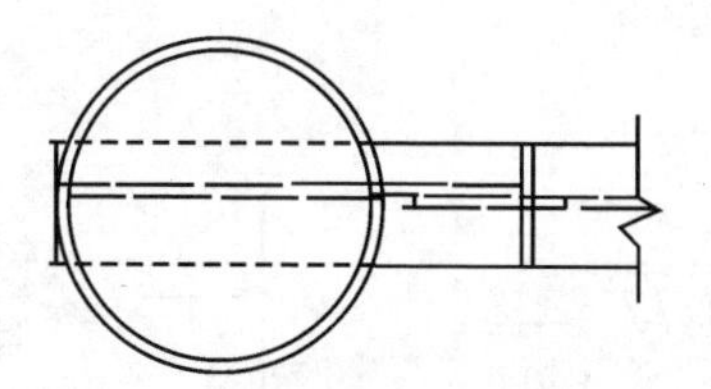

(c) 翼缘与腹板均穿过式

图 4.4　钢梁穿心式连接

4.2.3　钢管混凝土柱-钢筋混凝土梁节点

钢管混凝土柱-钢筋混凝土梁连接形式较多,从梁端剪力的传递来看,一般可通过焊接在管壁上的钢牛腿、肋板、钢筋环以及穿心的钢牛腿来实现。梁端弯矩大多由加强环、穿心牛腿、穿心钢筋、钢筋混凝土环梁来传递。有时为了避免穿心构件的设置,常采用牛腿和环梁的组合来承担梁端弯矩。按弯矩传递的不同形式,可将钢管混凝土柱与钢筋混凝土梁的连接划分为以下几种形式:加强环式连接、劲性环梁式连接、穿心牛腿式连接、钢筋穿过式连接、环梁式连接、钢筋环绕式连接、十字板式节点(孙修礼,2006)。

加强环式连接是将钢筋焊接在加强环上,通过加强环来有效地传递梁端弯矩,具体构造如图 4.5 所示。

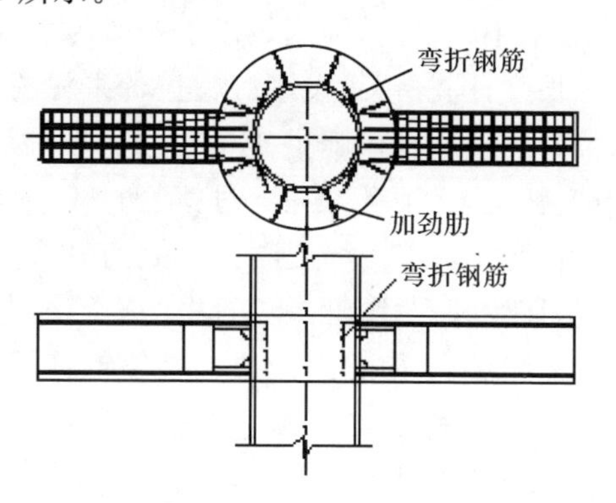

图 4.5　加强环式连接

劲性环梁式连接是将用于抗剪的牛腿加高、加长,形成抗弯能力较强的抗弯牛腿,其中牛腿可设计成半穿心或不穿心(蔡健等,2002)。为了对节点核心区进行补强,可围绕钢管柱设置内外两道钢筋环,浇筑混凝土后,连接区形成一个刚度很大的劲性混凝土环梁,从而形成一个刚性区,通过刚性区的整体工作来承担梁端的弯矩和剪力,具体构造如图 4.6 所示。这种连接形式还可根据具体的形式,分别采用单梁、双梁以及单双梁形式,并已在广州新达城广场大厦等工程中得到应用(程志辉和司徒锡乐,2001)。

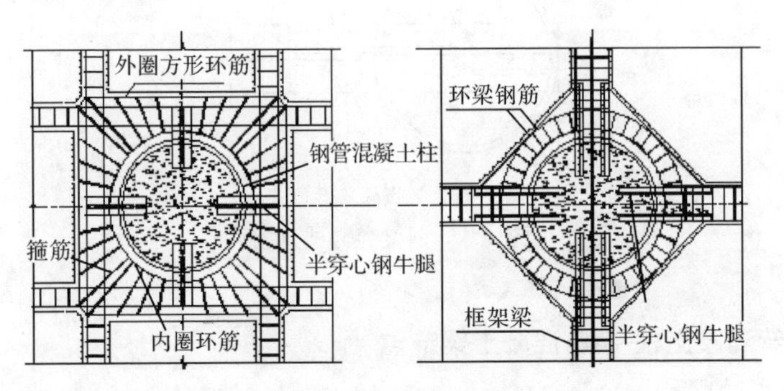

图 4.6 劲性环梁式连接

穿心牛腿式节点可分为穿心式和半穿心式两种。用型钢穿过钢管(工字钢或双槽钢,管内一段割去部分翼缘)并焊牢,形成由钢管伸出的牛腿,梁的钢筋焊于牛腿上。浇灌梁混凝土后,钢牛腿是暗藏的。这种节点将钢筋混凝土梁的内力全部传给钢牛腿,而钢牛腿又与钢管形成整体,受力明确且可靠,适应性强,外观与普通钢筋混凝土梁柱节点无异。缺点是制作相当麻烦(包括管内施焊),穿心的牛腿影响管内混凝土的浇灌,梁钢筋与牛腿现场焊接的工作量和难度大,工程中应用不多。

半穿心牛腿式节点也可做成单梁节点和双梁节点形式(季静等,2001)。单梁节点:沿梁轴线设半穿心钢牛腿,使其强度足以承担梁传来的内力,而长度则满足梁纵向受力钢筋的锚固长度,围绕钢管设刚好覆盖各牛腿的钢筋混凝土方块形成刚性节点,楼盖施工时,梁的钢筋与牛腿搭接,不必施焊。为了方便钢管内混凝土的浇筑,常常将工字形牛腿的上、下翼缘在穿过钢管时改窄,梁端的钢筋焊接在钢牛腿上,并围绕钢管和牛腿做一道钢筋混凝土环梁,其构造如图 4.7 所示。双梁节点:用 4 个半穿心抗剪短牛腿(牛腿插入钢管内的长度约为钢管直径的 1/4),另加 4 个不穿心辅助抗弯短牛腿,4 根梁所形成的围绕钢管的钢筋混凝土方块形成刚性节点承担和传递内力。这种节点比较好地解决了不穿心或全穿心牛腿的缺点。辅助抗弯短牛腿有减小梁跨从而减小梁内力和变形的效果,还推迟钢管与周围混凝土间裂缝的发展。

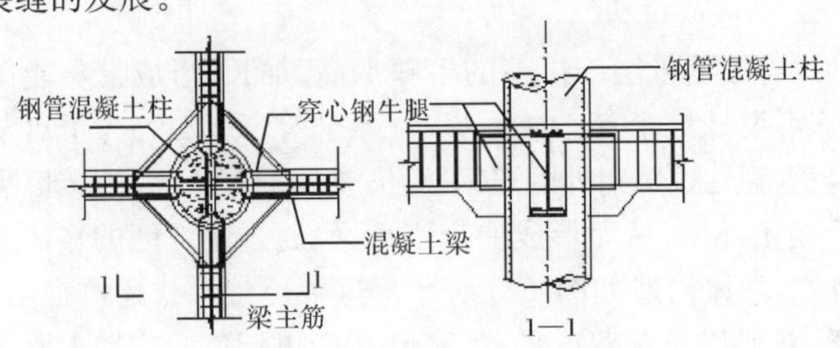

图 4.7 穿心牛腿式连接

钢筋穿过式连接是在钢管壁上开孔，混凝土梁纵筋贯穿钢管混凝土柱，弯矩由贯穿纵筋传递(蔡健等，2000)，如图 4.8 所示。钢管壁开孔处需加设加劲板以弥补孔洞对钢管承载力的削弱，保证管截面形状不变，对混凝土提供横向约束。在孔群中心和孔群外端的加强环上、下各设一对加劲肋，弥补开孔对钢管柱截面的削弱，改善削弱截面的内力传递。钢筋贯穿式施工较为复杂，而且穿到钢管内的双层钢筋也影响管内混凝土的浇筑(韩小雷等，2002)，此节点形式曾经在珠海巨人大厦、深圳市邮电局信息枢纽中心大厦和重庆世界贸易中心等实际工程中应用。

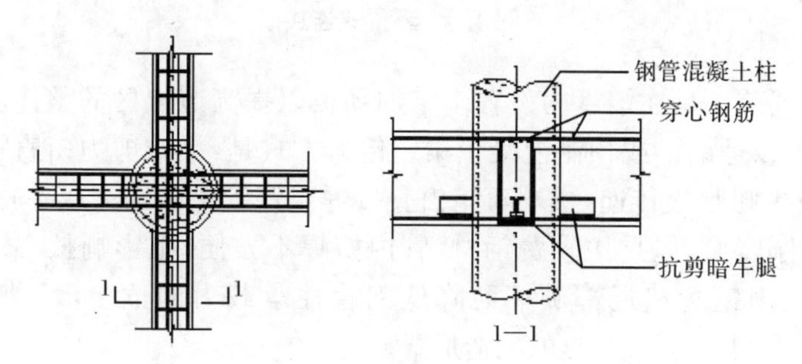

图 4.8　钢筋穿过式连接

环梁式连接主要是先在管壁外侧位于节点中、下部焊接一两根环形钢筋或钢环作为连接的主要抗剪部件，然后围绕钢管设一道钢筋混凝土环梁，并将梁内的钢筋全部锚入环梁内以传递梁端弯矩，如图 4.9 所示(孙修礼，2006)。其受力原理为：梁端剪力先由抗剪环、钢管与环梁混凝土间的黏结力及摩擦力共同承担，然后通过钢管传给核心混凝土；梁端弯矩则是通过梁纵筋传递给环梁，然后由环梁将其转化为对管壁的压力(方小丹等，2002)。其中剪力传递直接且均匀，但弯矩传递则比较复杂，要由环梁来承受，因而环梁的内力非常复杂。根据对这种节点模型进行的试验表明，只要环梁有足够的强度就能达到刚性节点的要求并传递各种内力，受力到一定程度后，虽有裂缝产生，但发展缓慢，而破坏裂缝则出现在环梁与被支承梁的交接处(方小丹等，1999)。这种节点构造十分简单，但存在的问题是：在楼盖体系中，被支承的梁均与环梁垂直相交，由于内力传递路线的转变，会突然造成环梁受力复杂，连接较薄弱(容柏生，2002)。

钢筋环绕式连接可根据具体情况，分别采用连续双梁或局部加宽的单梁形式，即通过纵向钢筋连续绕过钢管的构造来实现(刘志斌和钟善桐，2001；欧谨等，2001)，其工作机理是利用连续钢筋来传递弯矩，依靠明暗牛腿来传递剪力(蒋建飞等，2004)。钢筋环绕式节点构造简单、施工方便、节省钢材，对钢管柱本身的影响小，但节点的刚度较弱，梁向钢管柱传递弯矩的能力差，钢管柱参与弯矩分配的程度较小。钢筋环绕式只能作为铰接连接看待(孙修礼，2006)。

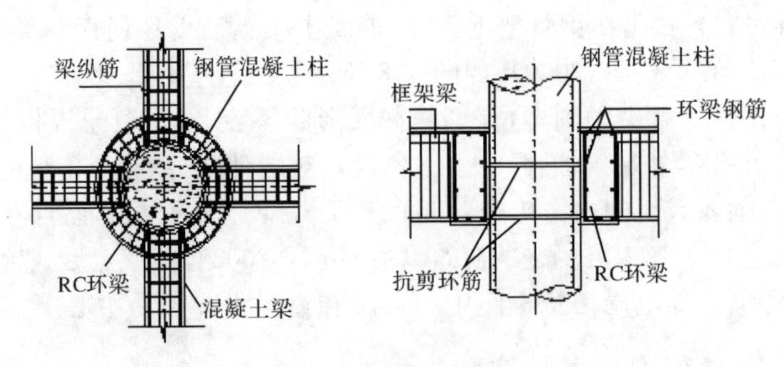

图 4.9　环梁式连接

十字板式节点是在钢管内设置十字加劲板以提高节点区的整体刚度和承载力,框架梁可以是钢梁或预制混凝土梁。传力方式是:梁端剪力由直接焊于钢管壁的钢梁或牛腿腹板传递,梁端弯矩由直接焊于钢管壁的钢梁或牛腿翼缘传递。节点的整体刚度大,但是比较费钢材,管内施焊不方便,也影响核心混凝土的浇筑,并且存在因钢管壁局部破坏而降低钢管柱承载力的危险,目前应用较少。图 4.10 所示为十字板式节点的构造形式。

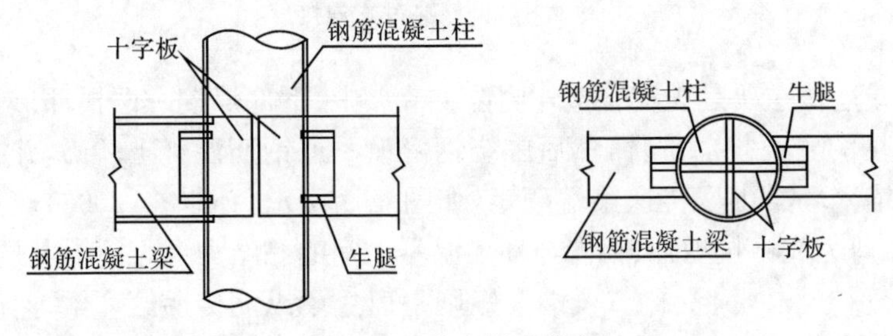

图 4.10　十字板式节点

4.3　钢管混凝土柱-梁节点的研究现状

近几年,在钢管混凝土结构的应用中,梁与钢管柱的连接部位在设计施工中出现很多问题,因此,学者开始集中于研究节点连接性能以及破坏机理。作为钢管混凝土结构中重要的组成部分,钢管混凝土柱与梁连接节点的设计与性能决定着钢管混凝土结构在实际工程中的应用和推广。所以,大量的国内外学者对钢管混凝土柱-梁节点进行试验和理论分析。

4.3.1　钢管混凝土柱-钢梁节点

Elremaily (2001)进行了 7 个钢管混凝土柱-工字钢梁的连接节点试验,同时分析了钢管混凝土柱-工字钢梁节点的抗剪机理，从而推导出计算钢管混凝土柱-工字钢梁节点受剪承载力的公式。

Varma等(2002)分别对16个3/4尺寸的高强材料方钢管混凝土柱-梁节点在单调荷载和往复荷载作用下进行试验研究，同时通过改变钢管屈服强度、轴压比等因素进一步分析决定性因素对节点性能的影响。试验结果表明，在单调荷载作用下，该类节点曲率延性系数随着轴压比和径厚比的增加而降低，但是钢管钢材的屈服强度对节点的曲率延性系数几乎没有影响；而节点的曲率延性系数在往复荷载作用下，随轴压比的增加逐渐降低，在保持高轴压比的基础上，钢材屈服强度和径厚比对节点曲率延性系数影响不大。

Azizinamini和Schneider(2004)通过试验和有限元分析研究六种不同类型大尺寸钢管混凝土柱-梁节点。试验结果表明，由于在受力过程中易在钢管壁产生屈曲变形，从而导致焊缝断裂，工程中不宜采用钢梁直接焊接在钢管壁上的节点。外加强环节点通过外加强环将力传递给钢管混凝土柱；而穿心钢管混凝土柱梁节点具有良好的抗震性能，穿心腹板节点可以用于支撑框架中，焊接贯通钢筋节点可以显著提高节点的耗能能力。穿心钢梁式节点能有效地将内力传递给核心混凝土，钢管发生应力集中的情况小，具有优越的抗震性能。

Choi等(2006)利用ANSYS软件对外环板式方钢管混凝土柱-梁节点进行有限元分析，深入研究了对M-θ曲线有显著影响的因素，最后通过最小均方的回归法得到M-θ函数方程。

张大旭和张素梅(2001a，2001b)通过试验对比分析两组钢管混凝土柱-梁节点构件的动力性能，一组构件符合“强柱弱梁，节点更强”的基本设计原则，另一组则削弱节点核心区使节点在受力作用下节点核心区发生破坏。结果表明，符合基本设计原则的节点荷载-位移曲线饱满，具有较强的耗能能力，而削弱核心区的节点荷载-位移曲线呈梭形，变形随荷载的增加而增加。

林于东等(2004)设计了外加强环式矩形钢管混凝土柱-梁节点和矩形钢管混凝土柱翼缘全螺栓连接节点，通过试验对比分析两种节点在往复荷载作用下的受力性能。结果表明，两类节点的荷载-位移曲线饱满，没有捏缩现象。与矩形钢管混凝土柱翼缘全螺栓连接节点相比，外加强环式节点具有较大的承载力和延性。轴压比对峰值荷载的影响较大，随着轴压比的增大，节点的峰值荷载也随之增大。在轴压比相同的情况下，两类节点的刚度退化具有相似的正态分布规律，且现象明显。

秦凯等(2005)通过拟静力试验研究5个外加强环式方钢管混凝土柱-钢梁节点的抗震性能。试验结果表明，该类节点具有饱满的滞回曲线，耗能性能良好。随着轴压比的增加和外加强环尺寸的减小，节点变形能力减小，延性降低，但是对节点承载力影响不大。

王文达等(2006)通过加载恒定轴力和水平往复荷载试验,研究并分析8个外加强环式方钢管混凝土柱-钢梁节点的滞回性能,同时考虑轴压比和加强环板宽度对节点的影响。试验结果表明,节点的承载力和滞回性能受到轴压比较大的影响,随着轴压比的逐渐增大,节点延性和耗能能力降低;而加强环板尺寸对节点性能的影响较小,不同加强环板尺寸的节点滞回曲线均饱满且无明显强度和刚度退化。

王静峰等(2007)对王文达等(2006)的试验构件进行有限元分析,通过确定材料的本构关系以及钢管与混凝土之间的接触模型,建立有限元分析模型,分析构件的滞回曲线和骨架曲线,提出合理的加强环板宽度,对比分析计算结果和试验结果。

秦庚(2009)利用有限元软件 ABAQUS,通过确定各种材料的本构关系、边界条件以及材料间的接触条件,分析钢管混凝土柱-钢梁节点,对比分析模拟计算结果和试验结果,同时全过程分析节点在单调荷载作用下的受力性能,进一步明确该类节点的破坏模式,分析不同环板宽度作用下节点破坏的特点。

曲慧(2007)分别对钢管混凝土柱-外环板式钢梁和钢筋环绕式钢筋混凝土梁连接节点进行有限元分析,对比分析模拟计算结果和试验结果。同时在验证模拟结果与试验结果吻合的基础上,分别对两类节点进行主要参数分析,明确主要参数对节点的弯矩-梁柱相对转角关系的影响,论证两类节点的弯矩-转角关系计算模型的实用性。

陈娟(2011)以模型试验、有限元模拟和理论分析相结合,深入分析圆钢管混凝土 T 型相贯节点的动力性能,并在此基础上,提出基于等效壁厚原理的圆钢管混凝土 T 型相贯节点应力集中系数的计算方法。分析结果表明,圆钢管混凝土 T 型相贯节点具有良好的抗震性能和较高的承载能力,同时参数分析中,管径比、主管径厚比、主支管壁厚比对节点的破坏模式和极限承载力的影响最为明显。

4.3.2 钢管混凝土柱-混凝土梁节点

Beutel 等(2002)对穿心钢筋钢管混凝土柱-复合型梁节点在单调荷载和往复荷载作用下进行试验研究,通过对比分析单调荷载和往复荷载作用下的破坏形式和受力情况,适当改变节点的锚固形式和钢筋尺寸,从而得到强度高、刚度大和韧性好的节点,该节点适用于多地震区下。

李至钧和阎善章(1994)对 5 个钢管混凝土边框架梁柱刚性抗震节点进行了试验研究。试验结果表明,钢管混凝土柱与钢筋混凝土梁节点的强度劣化现象不明显,与钢筋混凝土梁柱节点相比有了很大的改善。节点的位移延性系数均满足抗震对延性的要求,而且滞回曲线相当稳定,曲线形状饱满呈标准梭形,未出现任何捏缩或滑移现象,具有较高的耗能能力,抗震性能较好。从破坏特性来看,节点破坏均在梁端形成塑性铰,破坏形态比较理想。

顾伯禄等(1998)对环梁锚固式节点抗震性能进行了试验研究,轴压比为 0.2。结果表明,这种节点可以有效地实现强柱弱梁的要求,满足抗震设计的要求,环梁实现了梁端出现塑性铰,避免梁端钢筋锚固时对钢管局部的撕裂破坏,对节点核心区的钢管及混凝土实施保护作用。同时,环梁与牛腿可以协同工作,因此在重载的情况下能够可靠地传递弯矩和剪力,受力性能良好。对钢管混凝土外环梁进行有限元分析的结果表明,高应力区主要集中在框架梁主筋部分,并沿着锚固深度方向逐渐减少;环梁钢筋也承担一部分应力,但是比框架梁钢筋要低;环梁其他区域的应力非常小,可以忽略。

欧谨等(1999a,1999b)在双梁节点中选取中柱节点和角柱节点两种具有代表性的节点形式进行低周往复荷载试验。结果表明,该钢管混凝土节点在地震作用下的破坏形态为梁端塑性铰区的破坏,节点区的混凝土虽然有裂缝,但整体破坏较轻,因而节点区是安全可靠的。双梁节点可以满足抗震设计中“强柱弱梁,强节点”的原则,具有良好的抗震性能。

韩小雷等(1999)完成了 2 个取自实际工程的十字穿心暗牛腿式钢管混凝土柱节点的足尺静载试验。结果表明,试件的破坏始于钢筋混凝土梁的弯剪破坏,钢管混凝土柱和节点核心区未遭破坏,满足“强柱弱梁”的抗震设计要求;梁下部纵筋无论焊在牛腿的内侧还是外侧,均对节点的受力性能基本没有影响。节点区的环梁对节点的受力性能未起到实质性作用,因此可以考虑取消环梁。

陈洪涛等(1999)对局部开孔的钢筋贯通式钢管混凝土节点进行受压承载力的试验研究。从各试件的实测屈服点与计算值相比可以看出,没有开孔的试件,其组合屈服点实测值与计算值相同,而开孔的各组试件的实测值略小于计算值,并且开孔试件的管柱在该处的刚度有所降低,随着开孔数量的增加,刚度降低的就越明显,增加箍筋并浇筑混凝土能够提高其刚度;最后对此节点形式的开孔要求,设加强环和设加劲肋等三个方面提出一些建议。

蔡健等(2000)针对广州某超高层建筑中采用的“井”字形对穿暗牛腿式钢管混凝土柱节点构造形式进行试验研究。结果表明,“井”字形对穿暗牛腿式钢管混凝土柱节点具有良好的传力性能;抗弯梁牛腿节点在竖向荷载作用下,截面正应变的分布基本符合平截面假定;抗剪梁牛腿节点由于主要承受剪力,截面应变分布较复杂,不符合平截面假定;梁弯矩通过梁纵筋和节点牛腿板之间的连接能很好地传递给柱。

欧谨等(2001)选取工程中常见的三种典型钢管混凝土双梁节点,即中柱节点、边柱节点和角柱节点进行试验研究和现场测试。结果表明,中柱节点具有良好的受力性能,而边柱和角柱节点的小肢梁比较薄弱,需要加强;梁端剪力由钢销传递到钢管混凝土柱,梁端弯矩则是通过节点区对钢管侧向挤压传递给钢管混凝土柱，节点各部分的受力比较明确；无论是中柱还是角柱节点，受拉钢筋应力均较小，而且梁端受拉钢筋应力明显大于节点内钢筋应力，说明结构处于弹性工作状态，在该阶段主要由梁端受力，梁端开裂后，应力向节点内传递。

吴发红等(2001)介绍了4个钢加强环节点的试验，其中3个中柱节点采用的是外加强环节点，1个边柱节点采用的是内加强环节点。结果表明，试件的破坏始于混凝土梁的受弯破坏，钢管柱和节点核心区未受破坏，满足了抗震设计中的"强柱弱梁，强节点弱构件"的要求；梁内纵筋部分穿过钢管柱对节点受剪承载力影响不大，建议采用钢筋部分穿过钢管柱；为了加强混凝土梁与加强环之间的黏结强度，在施工允许的情况下，建议在钢加强环下设置适量的栓钉。

龚昌基(2001)介绍了由荣柏生院士等提出的半穿心式节点，其特点是采用半穿心抗剪牛腿和在角部增加四个抗弯牛腿，牛腿的腹板伸入钢管 $D/4$(D 为直径)，即可满足锚固要求；当柱与单梁连接时，梁端纵筋可锚入环梁内，类似环梁节点做法；当柱与双梁连接时，框架梁直接由柱侧穿过，则与承重销式节点类似。

管品武等(2001)对穿心暗牛腿＋环梁的节点形式进行试验研究。结果表明，此种节点形式梁端剪力传递合理可靠，概念清晰。但是梁端塑性铰的发展不充分，其转动能力十分有限，建议采取一定的改进措施，如适当降低纵筋的配筋率，增加配箍率，以提高试件的抗震性能。

方小丹等(2002,1999)提出并通过试验研究钢管混凝土柱-环梁节点的抗震性能，同时对比分析有限元计算结果和对抗剪环梁试验结果，分析表明，抗剪环梁节点受力合理可靠、施工便利、承载力足够，从而可应用于实际工程中。

黄襄云等(2001)对单梁节点、双梁节点以及单双梁节点进行试验研究和比较分析。研究结果表明，三种节点形式中，以单梁节点的受力最为明确，传力最为可靠，而双梁节点和单双梁节点的受力较为复杂。单梁节点和单双梁节点的转角位移较小，节点的抗弯模量较大，可看成刚性节点，具有一定的耗能能力。双梁节点的延性很好，但刚性性能较差。三种节点均可供设计时使用，其中单梁节点的综合性能最好。

韩小雷等(2002,1999)的基础上还增加了穿心暗牛腿式钢管混凝土柱节点的试验，进一步证明此节点形式的安全合理性，也为取消环梁提供了试验依据。

吕西林和李学平(2003)对方钢管混凝土的抗剪环梁节点进行了试验研究。试验结果表明，3个节点试件在低周往复荷载下均表现出较好的受力性能；试件的破坏均为梁端出现塑性铰，整个梁柱试件具有较好的承载力、延性和耗能能力；节点区的整体性与环梁的强度密切相关，因此节点的设计应遵循"强环梁、弱框梁"的原则。

尧国皇等(2011,2010)提出了一种新的钢管混凝土柱-钢筋混凝土梁的新型节点形式，通过试验研究和有限元数值模拟，分析节点在荷载作用下的破坏过程、破坏形态和耗能性能。研究结果表明,该节点的滞回曲线饱满,节点因梁端的破坏而失去工作能力,节点达到极限状态时,尚未完全破坏,满足“强柱弱梁,节点更强”的基本设计原则。

4.4　试验概况

4.4.1　试件设计与制作

本次试验加强环钢管混凝土梁柱节点,其构造如图 4.11 所示。试件数量为 2 个,其中中柱节点 1 个,边柱节点 1 个,截面尺寸见表 4.1。钢管柱选用螺纹焊接钢管,直径为 325mm,厚度为 6mm。梁为焊接工字梁,距梁端 200mm 处对称加设加劲肋。加强环环板厚度与梁翼缘厚度一致,上下环板间未设置加劲肋。节点详图如图 4.12 所示。

表 4.1　加强环钢管混凝土梁柱节点截面基本特征　(单位:mm)

工字梁翼缘宽度 b_f	工字梁翼缘厚度 t_f	工字梁腹板厚度 t_w	工字梁高度 h	钢管柱截面(直径×厚度)($D\times t$)	环板宽度 b_s	环板厚度 t_1	焊脚尺寸 h_f
150	10	8	350	$\phi325\times6$	80	10	6

(a) 边柱节点

(b) 中柱节点

图 4.11　加强环钢管混凝土梁柱节点试件

试验所用的钢管外加强环节点试件的制作分两步完成:第一步是钢构件的制作。钢管两端磨平后,在其中一端焊一 400mm×400mm×20mm 的钢板作为底板,焊接采用周边围焊。用 10mm 钢板制作加强环板,由单块钢板通过火焰切割而成,数量为 4 个,环板的内径与钢管的外径相等,将 2 个环板套在钢管上,其间距为钢梁腹板的高度,上下环板两侧均与钢管焊接,焊脚尺寸为 6mm;钢梁采用组合焊接工字型钢梁，在与钢管连接时，工字型钢梁的上下翼缘截断与加强环对接焊，腹板与管壁焊接，焊脚尺寸为 6mm，所有焊接均为手工引弧焊。试件总高度为1.5m，长度为 2m。节点钢构件在工厂焊接组装完成，经检验后运到结构实验室。第二步是进行煤矸石混凝土的灌注。混凝土是在结构实验室现场搅拌的 C30 煤矸石轻骨料混凝土。在混凝土搅拌之前，煤矸石已经筛选为粗骨料和细骨料，骨料粒径为 5～20mm，并用水冲洗去泥，晾晒。混凝土灌注过程中使用振捣棒进行振捣，保证混凝土的密实性。灌注完毕后，柱顶端用平板抹平，并且在上面盖一层湿砂，每天浇水，以保证混凝土的强度，养护一周后，将柱顶的混凝土表面磨平，在其上面同样焊一400mm×400mm×20mm 的盖板，继续养护至 28 天。

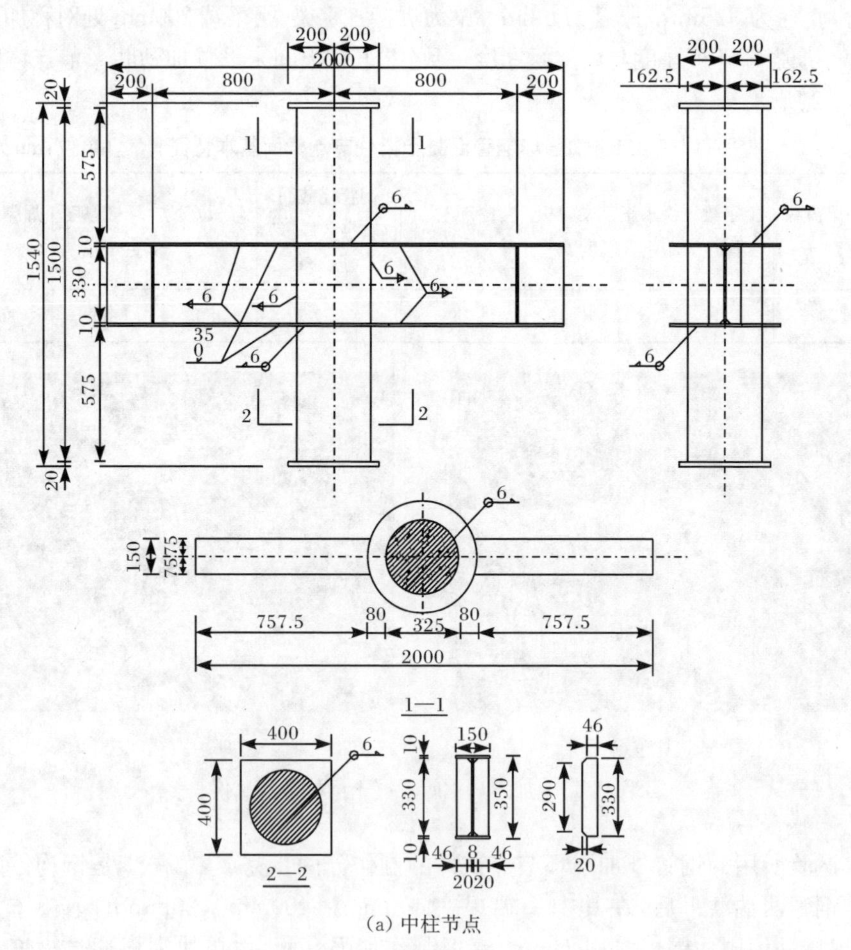

(a) 中柱节点

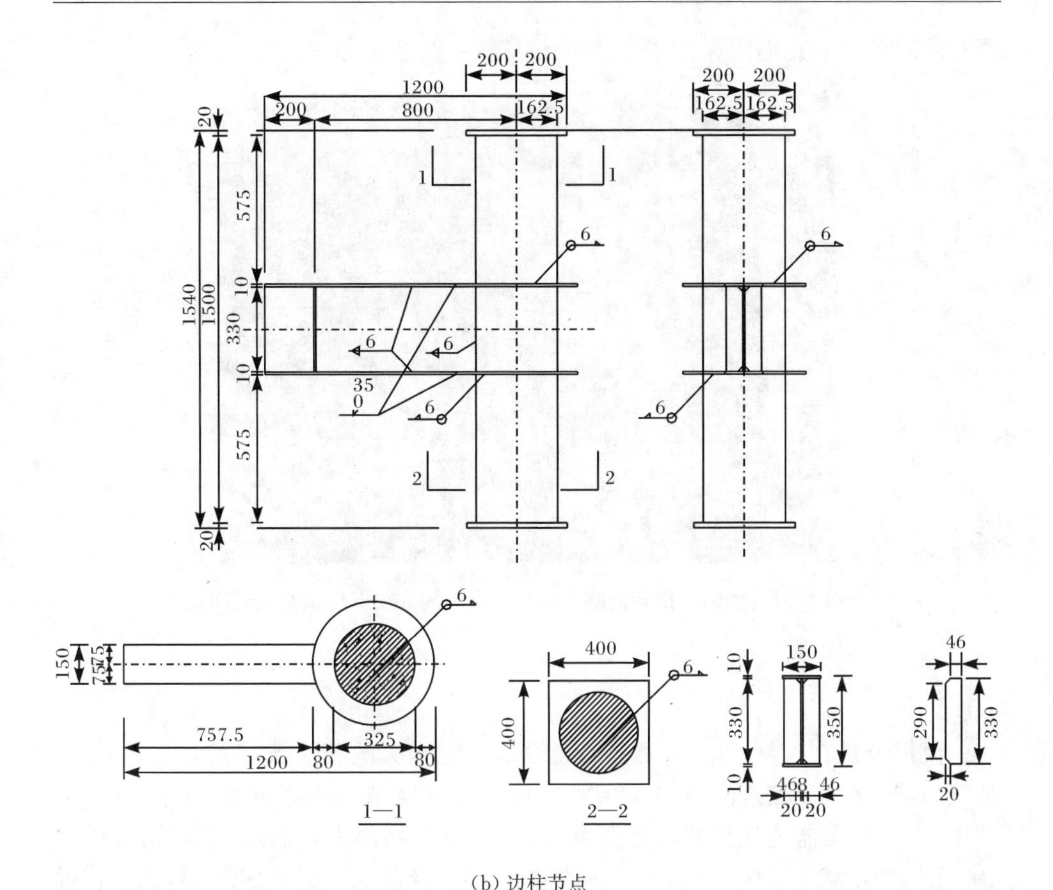

(b) 边柱节点

图 4.12　加强环钢管混凝土梁柱节点试件详图(单位:mm)

4.4.2　试验装置、加载制度及量测内容

1. 试验装置

试验装置由三个系统组成:第一部分是反力系统,由 5000kN 反力架和柱底球铰组成;第二部分是加载系统,由两套 500kN 竖向 MTS 电液伺服加载作动器和一套 5000kN 油压千斤顶组成;第三部分是数据采集系统,由 13 块 10 点采集板串联组成,数据由电脑自动采集完成。

在钢管混凝土柱底安装只允许单向左右转动的固定铰支座,柱顶放置 5000kN 千斤顶施加竖向荷载,其加载端可以转动,千斤顶的另一端与 5000kN 反力架相连,柱两端都布置铰支座是为了模拟框架柱的反弯点;左右梁端分别由特制的钢夹具与 500kN 竖向 MTS 电液伺服加载作动器相连接,MTS 作动器另一端与反力架相连,行程为±200mm,竖向 MTS 作动器施加低周往复荷载,使左右两梁端能同时产生大小相等、方向相反的位移。试验装置如图 4.13 所示。

图 4.13 加强环钢管混凝土梁柱节点低周反复加载试验装置图

2. 加载制度

模拟节点在实际工程应用中的内力是确定本次试验加载方案的主要依据。加载为首先在柱顶施加轴力 1800kN，在试验全过程保持不变，轴压比为 0.6。梁端由 MTS 作动器施加反复循环荷载，边柱节点开始由力控制加载，初始荷载为 10kN，每级荷载增量为 5kN，每级荷载循环 3 次，当荷载达到 160kN 时，试件临近屈服，改为位移控制加载，直至 280kN 试件破坏；中柱节点加载由 MTS 电液伺服加载操作系统自动控制，试验全程由位移控制，起始位移为 0.3mm，每级位移增量为 0.2mm，并循环 3 次；屈服后，每级位移增量为 0.3mm，循环 2 次，直至试件破坏。

3. 量测内容

试件在两端和节点域应变片布置如图 4.14 所示，加强环在沿环 90°和 45°方向以及钢梁与加强环交接处布置应变花；在钢梁翼缘沿翼缘宽度方向布置应变片；在钢梁腹板截面方向布置应变花；在钢管壁沿钢管与钢梁腹板交接处布置应变花和应变片，管壁中间布置应变片，用以测量和记录各点的应变；在左右两端分别设竖向布置位移计，以测量和记录梁端竖向位移，在梁端腹板处设横向布置位移计，以测量和记录梁端的侧向位移，位移计布置和节点区应变布置如图 4.15 和图 4.16 所示。

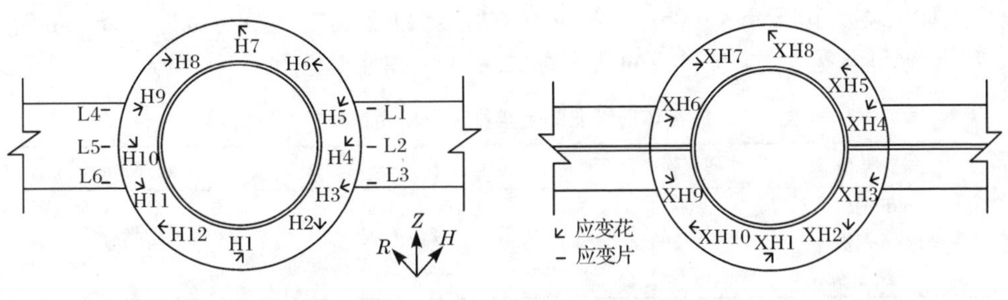

(a) 上加强环应变花和应变片布置　　(b) 下加强环应变花和应变片布置

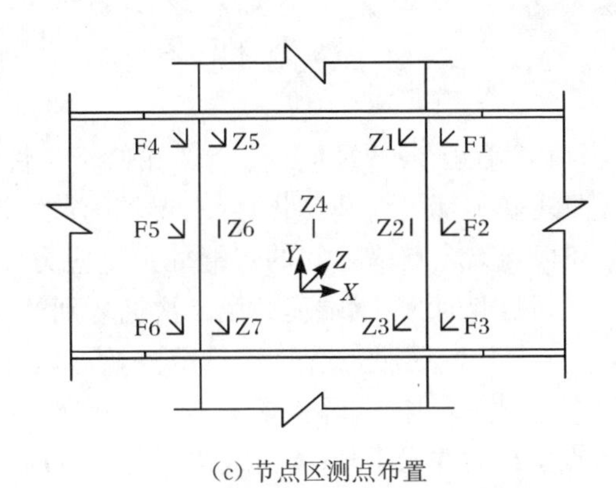

(c) 节点区测点布置

图 4.14　加强环钢管混凝土梁柱节点域应变片布置

图 4.15　位移计布置

图 4.16　节点区应变布置

4.4.3　材料的力学性能

钢材的材质为 Q235B,从母材上切割样坯,将钢板做成三个标准拉伸试样,然后进行拉伸试验,得到 6mm、8mm、10mm 厚钢板的屈服强度、极限强度和弹性模量,见表 4.2。在灌注混凝土的同时,制作一组共 3 个 150mm×150mm×150mm 的混凝土立方体试块及 100mm×100mm×300mm 的混凝土棱柱体试块，与试件同条件养护 28 天，测得混凝土立方体试块的强度为 21.4MPa，弹性模量为 31500MPa。

表 4.2　加强环钢管混凝土梁柱节点所用钢材的力学性能

材料类型	屈服强度/MPa	极限强度/MPa	弹性模量/MPa
6mm 钢板	324.8	459.9	1.97×10^5
8mm 钢板	306.4	417.5	2.02×10^5
10mm 钢板	347.1	578.2	2.04×10^5

4.5　试验现象

对于中柱节点，当荷载小于 160kN 时，整个试件处于弹性阶段，左右梁端荷载-位移曲线，即 P-Δ 曲线基本都呈线性变化；当右梁端荷载第二次循环到 160kN 时，出现轻微响声，上环板与梁上翼缘之间的焊缝处由于应力较为集中，首先出现开裂，上翼缘随之出现屈服，此时，左梁端荷载第二次循环到－160kN，其下环板与下翼缘处焊缝开裂，下翼缘开始屈服，此时，试件节点核心区进入屈服阶段；增加位移控制的增量后，随荷载进一步加大，环板根部与钢管柱交接处的铁锈开始脱落，并继续出现响声，但节点承载力并未下降；当荷载达到 250kN 时，左梁腹板出现轻微的凹凸变形，此时响声较为连续，P-Δ 曲线开始呈现下降，即节点区承载力开始下降，随左右梁端位移的增大，整个梁截面屈服。中柱节点试件破坏情况如图 4.17 所示。

(a) 钢梁右端与上加强环板连接处破坏

(b) 钢梁右端与下加强环板连接处破坏

图 4.17　中柱节点破坏情况

对于边柱节点，破坏现象与中柱节点基本一样。荷载在 160kN 以前，试件处于弹性阶段，梁端荷载-位移曲线呈线性变化；荷载大于 160kN 后加载方式改为位移控制加载，节点区开始屈服，直至荷载达到 280kN 时，完全破坏，试件开裂处也与中柱节点相同。边柱节点试件破坏如图 4.18 所示。

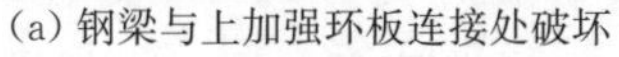
(a) 钢梁与上加强环板连接处破坏

(b) 钢梁与下加强环板连接处破坏

图 4.18　边柱节点破坏情况

4.6　试验结果与分析

4.6.1　荷载-应变关系曲线

1. 钢梁应变分析

1） 节点区钢梁翼缘的应变分析

图 4.19 为中柱节点和边柱节点右钢梁翼缘应变分布情况，图中各测点位置如图 4.14所示。从图 4.19 中可以看出，随着荷载绝对值的增大，应变值逐渐增大。荷载在±100kN 以前，三个位置的应变值基本相同，三条曲线基本重合，当荷载在±100～±160 时，三个位置应变值的变化出现较大差异，说明荷载在±160kN 前试件基本呈线性变化；当荷载在±160kN 以后，试件开始屈服，应变值明显增大，此时钢梁进入弹塑性阶段；荷载继续增大，试件的屈服程度加大，应变增量也随之增大，直到荷载达到±220kN 后，应变值开始稳定，此时试件完全屈服。从整体上来看，两个试件钢梁翼缘的纵向应变随梁端加载的增大而增大，且受力较为均匀；进入塑性阶段后，钢梁逐渐屈服，L1 和 L3 点屈服较快，原因是此处应力较为集中，节点首先在这里破坏。

2） 节点区钢梁腹板的应变分析

图 4.20 为中柱节点和边柱节点钢梁腹板应变分布情况，图中各测点位置如图 4.14 所示。从图 4.20 中可以看出，中柱节点左右钢梁腹板以及边柱节点钢梁腹板三组应变分布曲线形状相似，其应变最大值也接近，且与钢梁翼缘有相同的受力阶段。F1-X 和 F3-X 测点的应变值变化比较明显，而 F2-X 则比较小一些，原因是 F1-X 和 F3-X 测点处有上、下加强环，加强环板对截面的应力分布产生影响，且此处应力集中，而 F2-X 则距加强环较远。

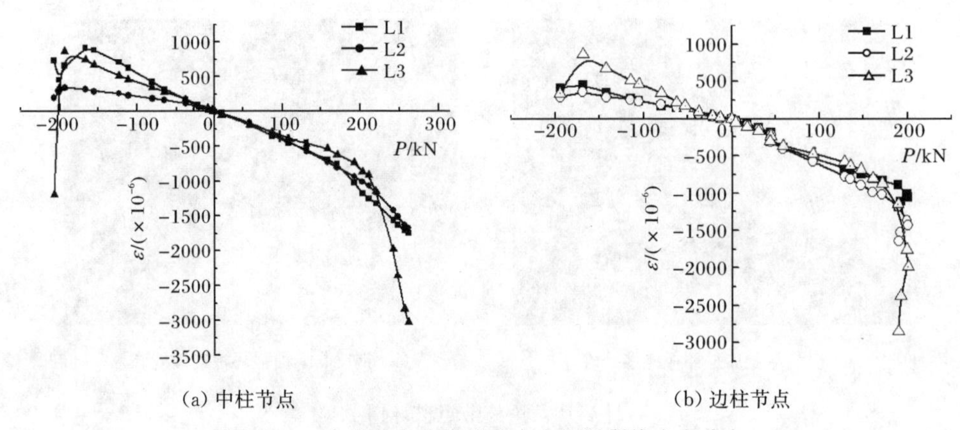

(a) 中柱节点　　(b) 边柱节点

图 4.19　中柱节点和边柱节点右钢梁翼缘应变分布

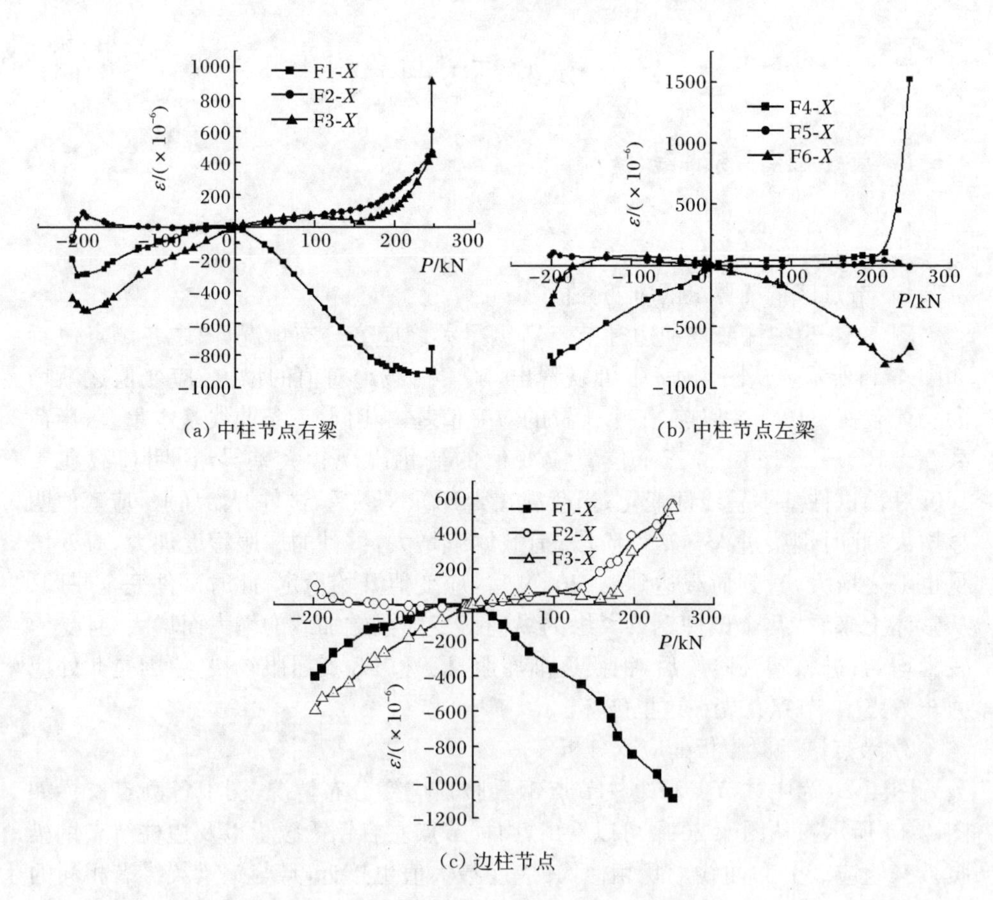

(a) 中柱节点右梁　　(b) 中柱节点左梁

(c) 边柱节点

图 4.20　中柱节点和边柱节点钢梁腹板应变分布

2. 钢管壁应变分析

1）钢管与钢梁交接处钢管壁应变分析

图 4.21 为中柱节点左右钢梁与钢管壁交接处应变分布情况。从图中可以看出，左右钢梁与钢管壁交接处的应变分布曲线形状相差较多，原因是焊缝对此处钢管壁应力的影响较大。另外，试件的几何中心线与柱顶压力的加载轴线不能严格重合，使得轴向力对两处测点的影响差异较大，应变最大值相差也较大。Z2 和 Z6 两测点随荷载的增加，其应变值与 Z1-Y、Z4-Y、Z5-Y、Z7-Y 四处测点相比变化不大，原因是这四处测点与上、下加强环和钢梁腹板较近，焊缝集中，也是节点薄弱处，因此当荷载达到 160kN 时，此处应变开始屈服。

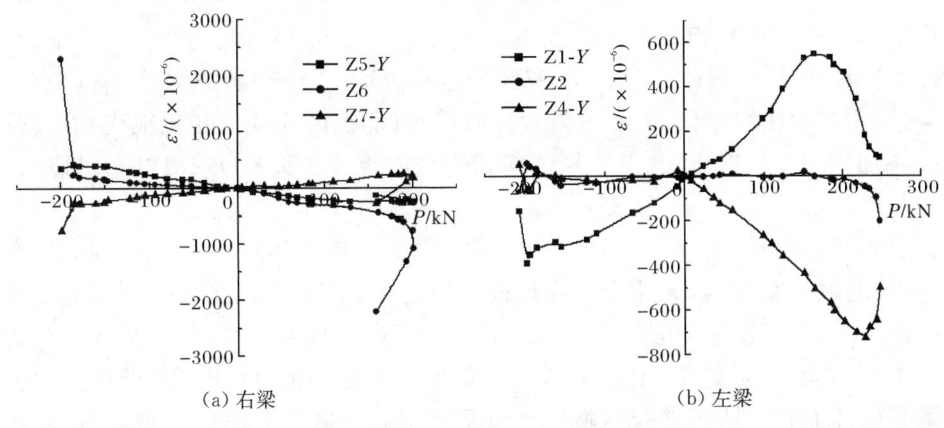

图 4.21　中柱节点左右钢梁与钢管壁交接处应变分布

2）沿钢管壁环向应变分析

图 4.22 为中柱节点沿钢管壁环向各测点应变分布情况。从图中可以看出，随荷载的增大，Z4 位置处应变值变化较小，没有明显的屈服阶段，只在荷载达到 250kN 后，出现较小的下降，说明梁端荷载对管壁中间应变的影响不是很大。影响管壁中间应变的主要因素是柱顶的轴向力，而钢管内的混凝土对钢管壁的稳定性起到很大的作用。而 Z6 位置处应变值变化较大，说明节点左侧环梁与钢管交接位置处由于焊缝质量不足而应力较为集中，因此其应变发展较快。

3. 加强环应变分析

加强环板测点布置的选择考虑到了环板的对称性，图 4.23 和图 4.24 为上、下加强环测点的应变分布情况。从图中可以看出，加强板的应变分布有很明显的规律性。在图 4.23 中，上加强环板左半环的测点 H9-Z、H10-Z 和 H11-Z 与右半环的测点 H3-H、H4-H 和 H5-H 处于上加强环板与钢梁上翼缘的连接位置。在

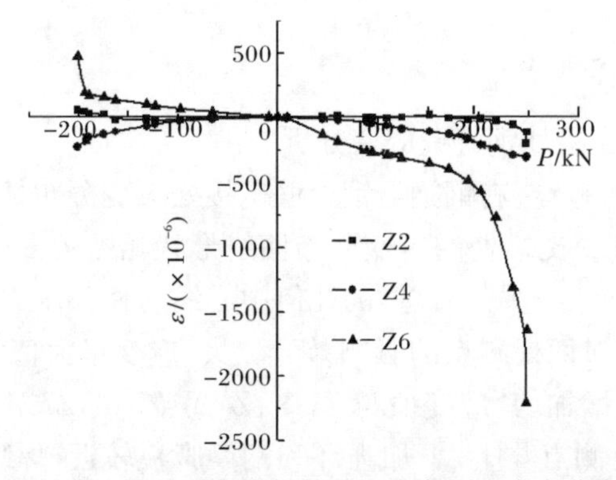

图 4.22　中柱节点沿钢管壁环向各测点应变分布

图 4.24中，下加强环板左半环的测点 XH8-*Z*、XH9-*Z* 与右半环的测点 XH3-*H*、XH4-*H* 处于下加强环板与钢梁下翼缘的连接位置。随着荷载的增大，各测点的应变值也有明显的变化，节点进入塑性阶段后，测点的应变值变化很快，尤其是上、下加强环板与钢梁上、下翼缘连接角部的测点 H9-*Z*、H11-*Z*、H3-*H*、H5-*H*、XH8-*Z*、XH9-*Z*、XH3-*H* 和 XH4-*H*，这些位置是整个节点区应力最为集中的地方，受焊缝的影响也很大，也是加载过程中试件最先屈服和破坏的地方，最大应变达到4.9×10^{-3}。图 4.23 中上加强环板的测点 H8-*Z*、H12-*Z*、H2-*H* 和 H6-*H* 及图 4.24 中下加强环板的测点 XH7-*Z*、XH10-*Z*、XH2-*H* 和 XH5-*H* 均处于环板的环向 45°方向，其应变值变化不如节点区应变值变化快，但也呈现出明显的受力阶段，说明环板的环向 45°方向区域也是环板的高应力区；图 4.23 中的测点 H1-*Z* 和 H7-*Z* 及图 4.24 中的测点 XH1-*Z* 和 XH6-*Z* 是环向 90°方向的测点，这些测点随荷载的增加其应变值的变化很小，基本都处于线性阶段，没有明显的受力过程，原因是测点远离节点区，受梁端传递来的剪力影响较小。

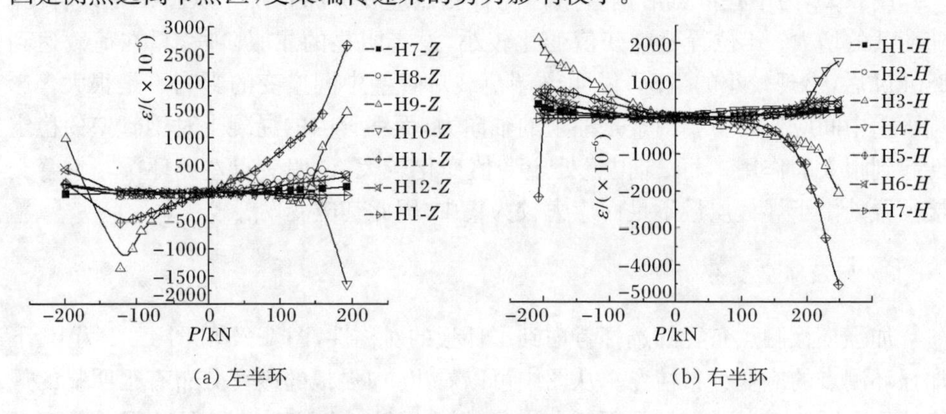

图 4.23　上加强环测点的应变分布

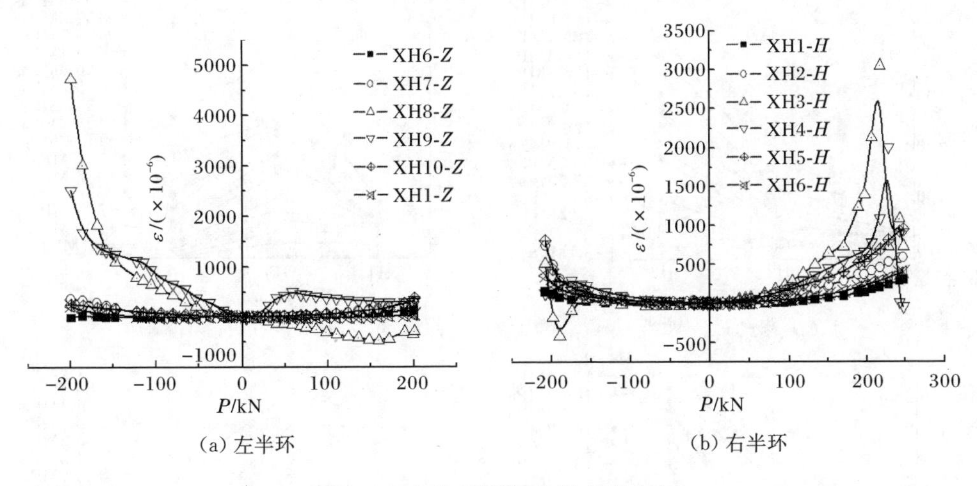

(a) 左半环　　(b) 右半环

图 4.24　下加强环测点的应变分布

4.6.2　钢梁、加强环应力分析

1. 节点加强环应力分析

图 4.25 和图 4.26 为节点加强环板各测点截面处的应力分布。由图可以看出，在加强环板与钢梁翼缘交接处测点截面以及沿加强环板 45°方向测点截面应力值的变化较大，而其他测点的应力值则变化较小，应力变化呈现明显的对称规律。显然，应力值变化大的地方承担梁端的主要荷载，也是高应力区。在此区域，各个测点截面的应力变化比较均匀，且范围相近，说明各个测点截面所承担的梁端荷载分配均匀，体现了加强环节点良好的工作性能和传力途径。应力最为集中处为加强环板与钢梁翼缘交接的转角处，其应力值为 207.5MPa，应力变化值为 204.4MPa，在试验过程中，试件也是首先在此处破坏。

2. 节点钢梁腹板应力分析

图 4.27 为节点钢梁腹板各个测点截面的应力分布。由图可见，节点钢梁腹板各个测点截面处应力分布呈现明显的规律。在钢梁腹板与上、下加强环板接近处，其应力的变化值较大，并且明显高于远离加强环板处的测点，尤其在屈服荷载之后，应力变化很大，说明此处应力集中，为高应力区。各个测点截面处的应力变化比较均匀，且对称测点截面处应力变化范围基本相等。

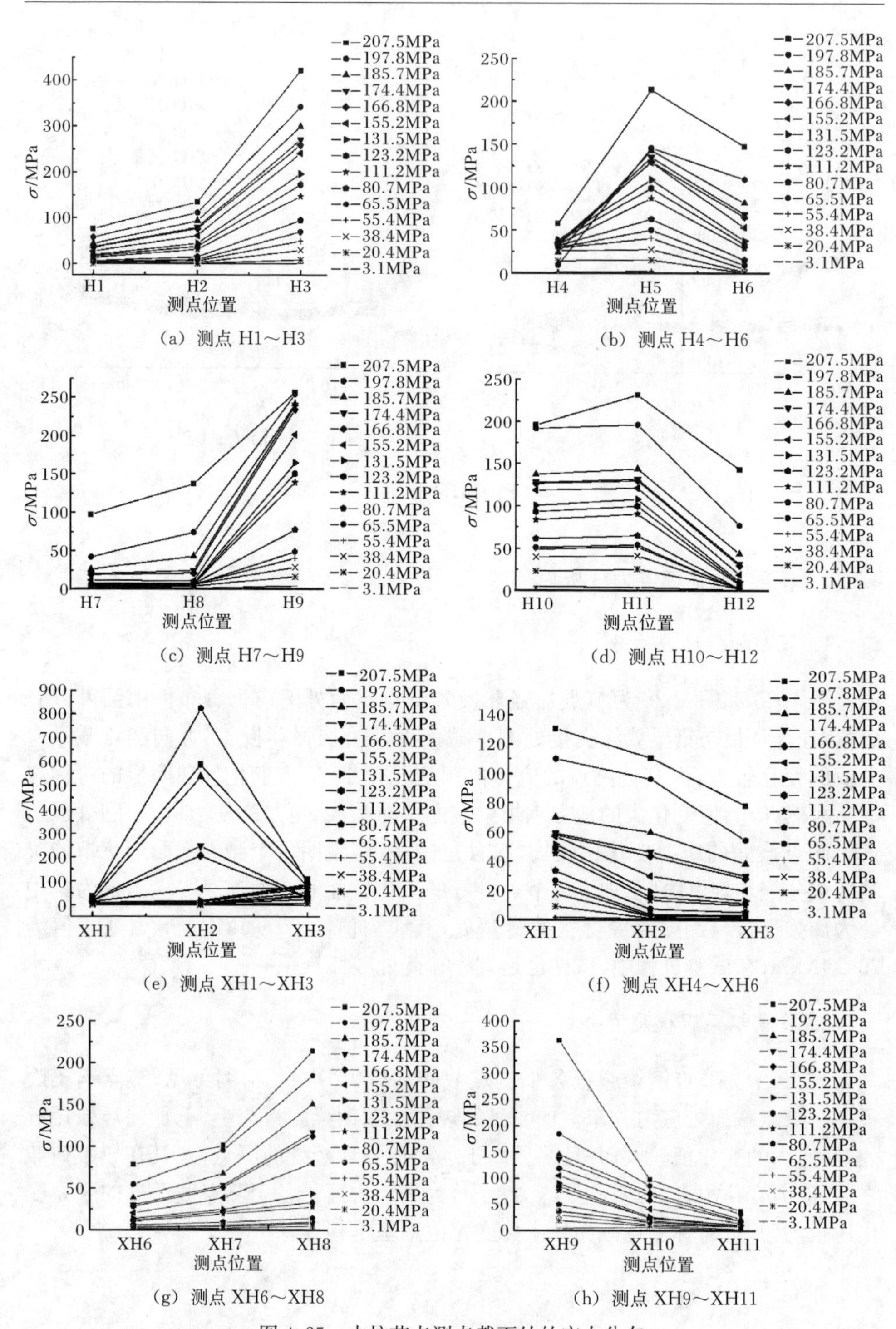

(a) 测点 H1～H3　　(b) 测点 H4～H6

(c) 测点 H7～H9　　(d) 测点 H10～H12

(e) 测点 XH1～XH3　　(f) 测点 XH4～XH6

(g) 测点 XH6～XH8　　(h) 测点 XH9～XH11

图 4.25　中柱节点测点截面处的应力分布

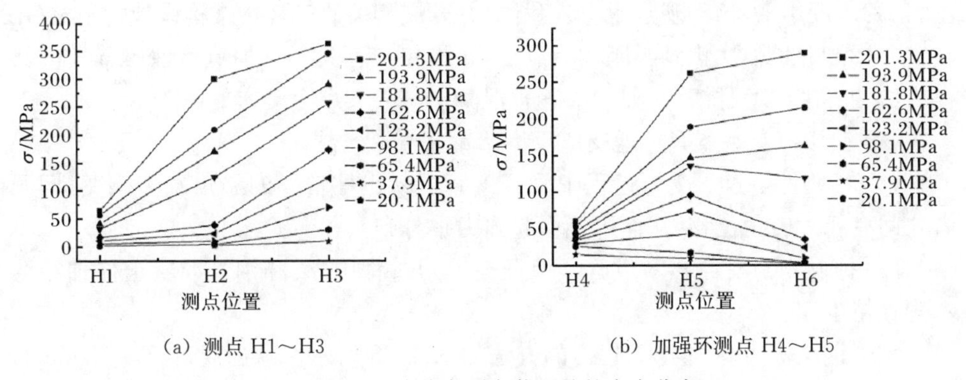

(a) 测点 H1～H3　　(b) 加强环测点 H4～H5

图 4.26　边柱节点测点截面处的应力分布

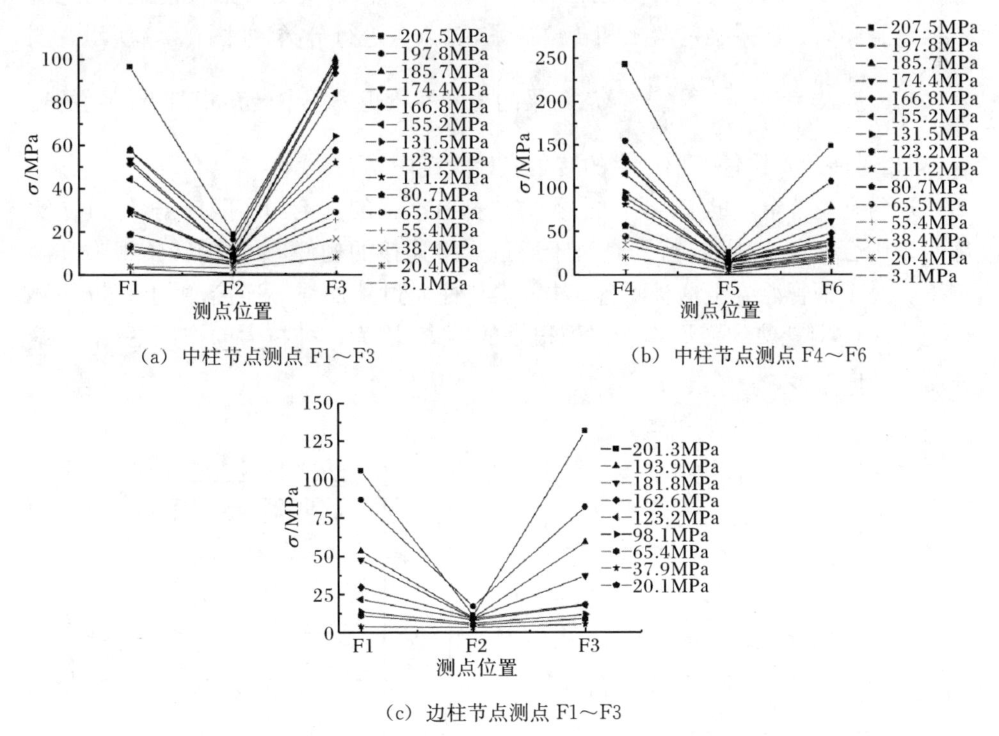

(a) 中柱节点测点 F1～F3　　(b) 中柱节点测点 F4～F6

(c) 边柱节点测点 F1～F3

图 4.27　节点钢梁腹板测点截面处的应力分布

4.6.3　加强环节点刚性分析

1. 节点刚性判断准则

关于节点的刚度,欧美国家一般使用刚性、半刚性和铰接三种分类方法(陈绍蕃,1998),近年来,这种观点也引入我国,并开展相关研究,《钢结构设计规范》(GB 50017—2003)也首次提到半刚性节点,但我国并没有关于三种节点性质分类的具体方法和标准。韩林海(2004b)对钢管混凝土三种节点定义如下:

(1) 铰接节点。梁只传递支座反力给钢管混凝土柱。

(2) 半刚性节点。受力过程中梁和钢管混凝土柱轴线的夹角发生改变,即两者之间有相对转角位移,从而可能引起内力重分布。

(3) 刚接节点。刚接节点必须保证在受力过程中,梁和钢管混凝土柱轴线的夹角保持不变。

美国钢结构协会(AISC)提出的方法如图 4.28 所示。欧洲规范(Eurocode 3,简称 EC3)根据节点形式对框架进行分类,而节点的承载能力分为全强度、部分强度、铰三种,节点的刚度则分为刚性、半刚性、铰三种,以此对节点性能进行分类。根据试验和研究成果确定弯矩和转角关系,对节点进行分类,如图 4.29 所示。图中,$\overline{M}=\dfrac{M}{M_{\mathrm{p}}}$,$\overline{\varphi}=\dfrac{\varphi}{(M_{\mathrm{p}}L_{\mathrm{b}}/EI_{\mathrm{b}})}$,$M_{\mathrm{p}}$ 为梁的全塑性弯矩。图中转角指节点产生的转角(即相对转角),构件变形产生的转角未计算在内。

这两种规范给出的节点刚性分类方法都有严格的理论和实践依据,但具体实施起来则会有很多困难,特别是对于通过焊接连接的构件,梁端的转角很难准确测得。对于钢管混凝土这种特殊结构,梁与柱通过外加强环连接,由于受拉外环板处对应的钢管壁的变形不能得到很好的约束,因而在外拉力的作用下,钢管壁会产生平面变形。

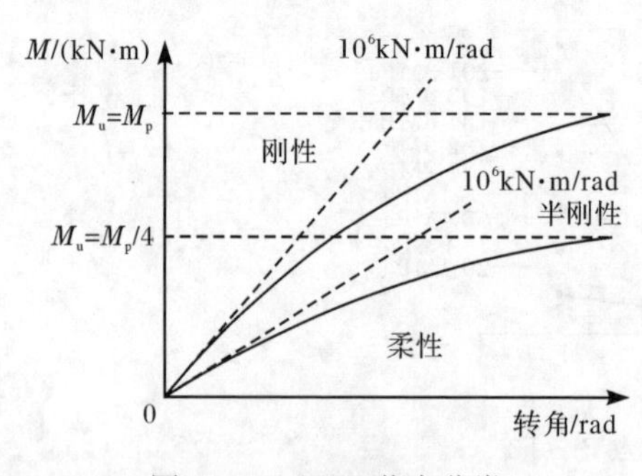

图 4.28　AISC 节点分类

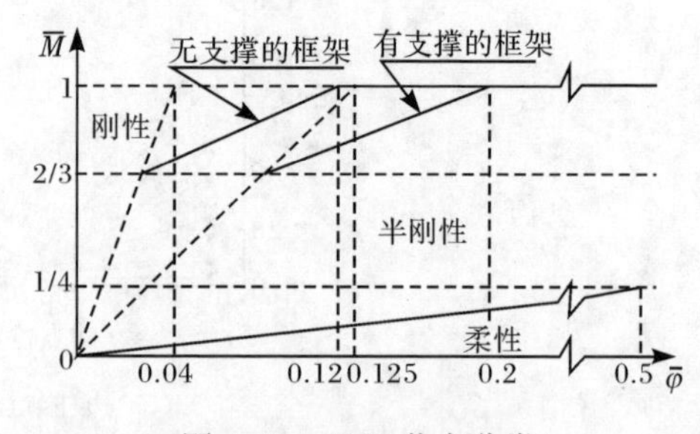

图 4.29　EC3 节点分类

尽管节点是通过焊接连接的,梁端仍然会产生不可忽视的转角,但是要得到梁端的转角,却不容易;另外,梁端塑性铰的位置也很难定义。考虑到这些不利因素,我国学者提出用梁的挠度来测试和评价节点刚性,其基本观点是:①通过节点两侧对称同步加载,抵消柱可能出现的转动和侧移,得到基本理想的悬臂梁试验模型。②梁的测试挠度包括两部分:一部分是梁的弹性弯曲变形(忽略剪切变形)；另一部分则是其他因素产生的变形，这里的因素主要包括节点柱壁平面变形、环板弹性变形以及节点域塑性变形(周明，2005；陈鹏等，2004)。

由于试验是在节点两侧梁端对称加载，因此梁的弹性弯曲变形可以利用材料力学悬臂梁挠度公式算得，试验测试得到梁的挠度值与计算值的差则认为是梁端的转动所致。因此，用测试梁挠度的方法来评价节点刚性是可行的，也是易于操作的。

2. 弯矩-转角曲线分析

中柱节点弯矩-转角曲线如图 4.30 所示。由图可以看出，节点的转角绝对值比较小，且受位移计布置位置的限制，以及一些测试元件性能不稳定等因素的影响，节点钢梁左右两端在相同荷载作用下，其转角存在一定的偏差，但总的转角随着弯矩的增加而变化的趋势还是很明显的。曲线揭示了加强环节点在受力状态下，其梁柱之间并非保持原有角度不变，而是有一个小的转角，如果在框架分析中不计入其影响，会造成结构分析的偏差。当达到屈服荷载时，转角为 0.0087rad；当梁端弯矩达到最大时，转角最大为 0.027rad。

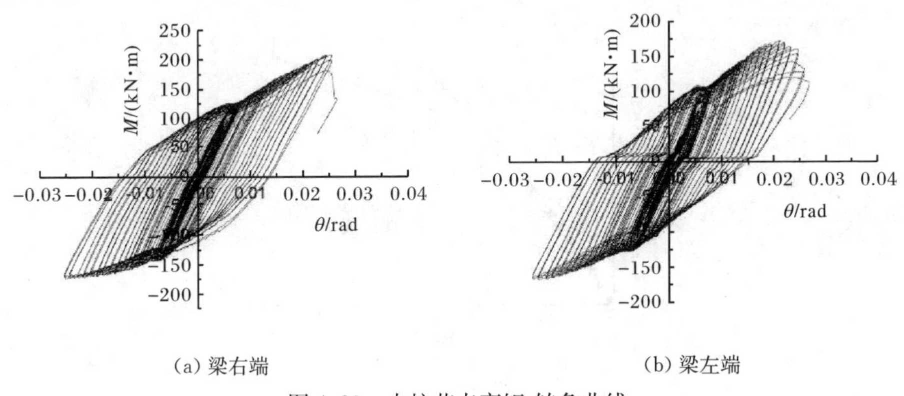

(a) 梁右端　　(b) 梁左端

图 4.30　中柱节点弯矩-转角曲线

3. 挠度测试的节点刚性分析

图 4.31 所示为试验测得的在不同荷载作用下梁荷载-挠度关系曲线，并与相应的理论计算值进行对比分析，得到关于加强环式节点刚性性能的结论如下。

(1) 尽管钢管混凝土柱内填混凝土对提高这种构件的承载能力有很大的帮助，但由于管内一般不设加强环，所以，在外拉力作用下，管壁会产生平面外变形，进而导致梁端发生转动。而钢管煤矸石混凝土加强环节点与普通混凝土加强环节点类似。

(2) 判断节点到底是不是刚性的，目前国内没有相应的规定和方法，现可参考的主要是 EC3 标准和 AISC 标准，但这两种标准也不统一，还存在较大的分歧。由于结构在正常使用状态时变形较小，节点的非线性特征不明显，因此在结构正常使用状态分析时，只考虑节点的初始刚度即可。借鉴陈惠发(2001)的观点，在节点正常使用状态下，如果测到的梁上某一特定点上的挠度值与理论计算得到的挠度值一致(甚至还要小)，那就可以断定该节点是刚性的。按照以上节点刚性判断方法，本次试验中的节点在低周反复加载时符合刚性假定，节点测量值与理论值相差较小，可作为刚性节点来使用。

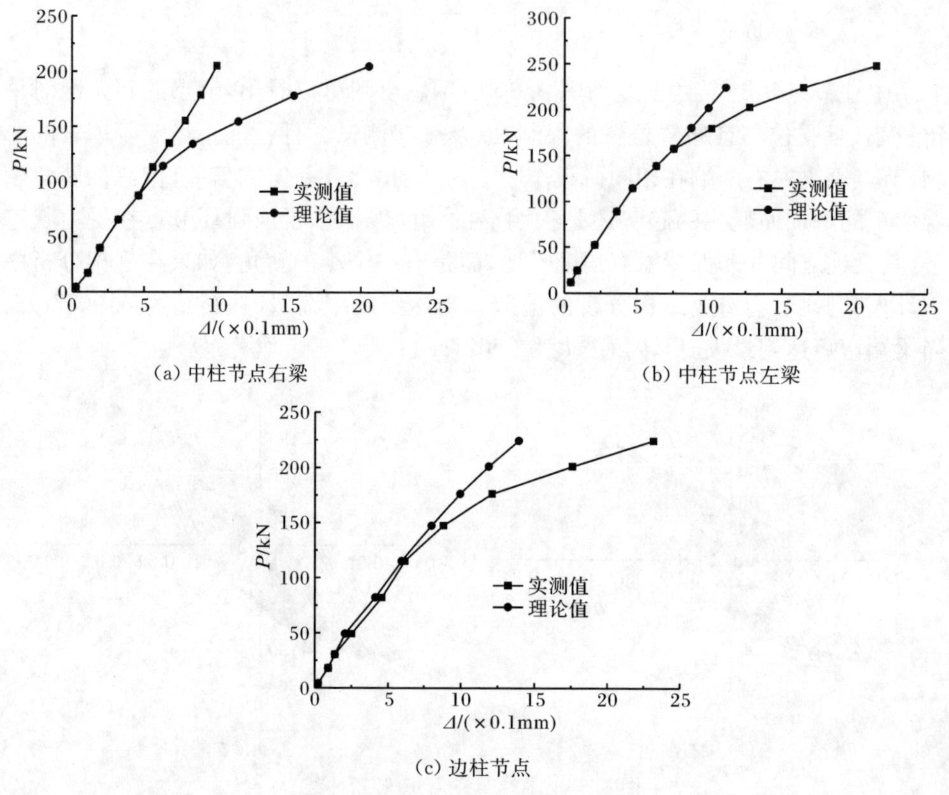

图 4.31　加强环节点梁端荷载-挠度曲线

4.6.4　节点滞回性能分析

1. P-Δ 滞回关系曲线

中柱和边柱节点梁端滞回曲线如图 4.32 所示。从图中可以看出，试件的左右梁端的荷载-位移滞回曲线在形状上都呈现饱满梭形，且都无捏拢现象，说明该节点的抗震性能良好。中柱左右梁端的滞回曲线形状相似，在屈服前各级荷载 2 个循环的曲线基本重合，强度退化也比较缓慢，表明工字型钢梁具有良好变形延性和承载力；随着荷载的逐级加大，滞回环更加丰满，加载时的刚度逐渐在退化，卸载刚度基本上保持弹性，与初始加载时的刚度大体相同；试件屈服以后，每级加载的位移增量由0.2mm变为0.3mm，改变增量后，随位移的增大，每级荷载的增量也大致相同，曲线间距大致相等，即位移增加0.3mm，荷载增加约6.5kN，这也说明节点具有良好的延性性能；当荷载达到极限荷载后，两条曲线都呈明显的下降，但左梁比右梁明显，这是左梁上加强环与上翼缘焊缝开裂较大所致，但曲线间距基本相等，说明每级刚度退化的较为均匀，约为8kN。边柱的滞回曲线形状与中柱节点相近，并呈现出与中柱节点相同的滞回特征。

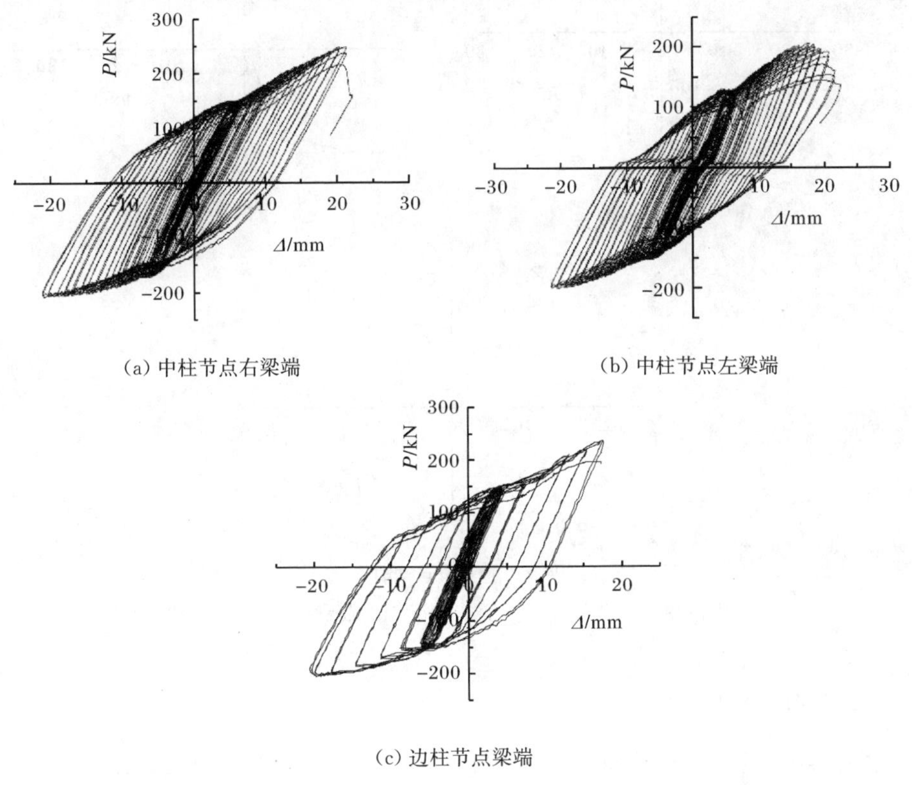

(a) 中柱节点右梁端　　(b) 中柱节点左梁端

(c) 边柱节点梁端

图4.32　节点梁端荷载-位移滞回曲线

2. 节点核心区骨架曲线

中柱节点左右梁端的荷载-位移骨架曲线如图4.33(a)、(b)所示。两条曲线具有非常相似的形状，且两条曲线都有明显的屈服点，骨架曲线基本可以划分为上升段、强化段和下降段。上升段为从加载开始到试件屈服，荷载变化范围为0～150kN，在此阶段，初始刚度没有显著变化，基本呈线性上升；强化段为试件屈服以后到极限荷载之前，荷载变化范围为150～250kN。在此阶段，节点的刚度开始变小，但能维持这一刚度基本不变；下降段为荷载开始下降的阶段，即 250kN 以后，此阶段节点刚度明显下降，且位移变大，直到停止加载。

边柱节点梁端的荷载-位移骨架曲线如图 4.33(c)所示，其形状与中柱节点梁端荷载-位移骨架曲线相近，特征也基本相同。

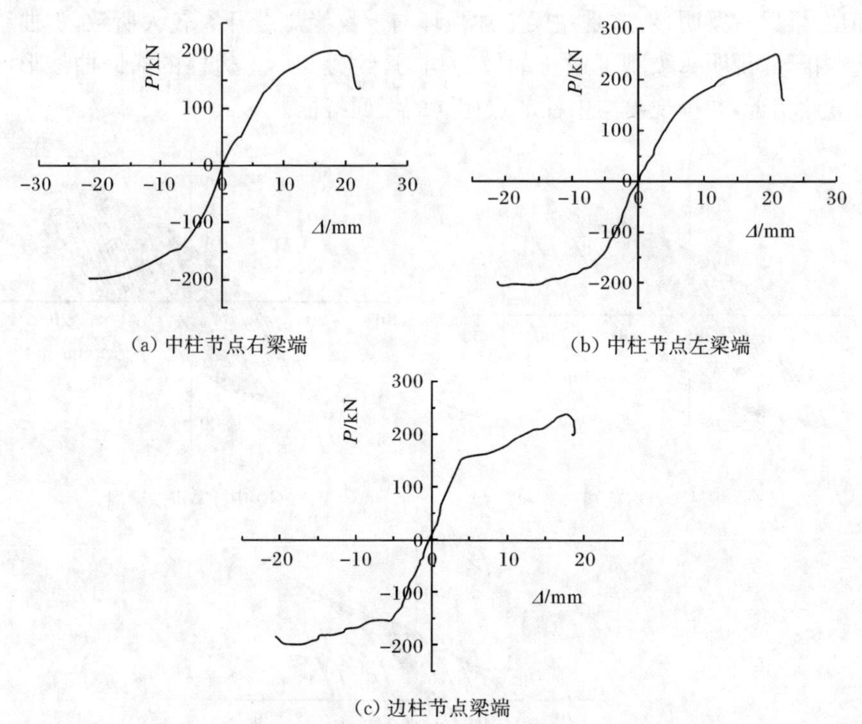

图 4.33　中柱节点和边柱节点梁端的荷载-位移骨架曲线

3. 节点延性与耗能

节点的位移延性系数和耗能比均列于表 4.3 中。从表中可以看出，试件的位移延性系数均大于 2，证明节点的延性较好。

表 4.3　中柱节点位移延性系数和耗能比

试件梁端	中柱右梁端	中柱左梁端	边柱梁端
位移延性系数 δ_Δ	4.602	4.476	4.119
耗能比 ψ	0.816	0.818	0.807

4. 刚度退化曲线

节点的刚度不仅影响整体结构计算模型的准确性，而且过大的节点变形会显著增加层间位移，而过大的层间位移会导致顶层结构位移过大或引起非结构破坏。在位移不变的情况下，随着循环次数的增加，节点刚度则有所降低。降低率越小，滞回曲线越稳定，耗能能力就越好。在试验中常用等幅力加载来研究结构构件的刚度退化率(周氏等，2001)。为反映结构构件在低周期往复荷载作用下的刚度退化的特性，取同一级荷载下环线刚度表示刚度退化，环线刚度可按式(4.1)计算(唐九如，1989)

$$K_i = \frac{\sum_{i=1}^{n} P_j^i}{\sum_{i=1}^{n} \Delta_j^i} \tag{4.1}$$

式中，K_i 为环线刚度；P_j^i 为位移延性系数为 j 时，第 i 次循环的荷载峰值点；Δ_j^i 为位移延性系数为 j 时，第 i 次循环的峰值点位移值。

周氏等(2001)从恢复力特性试验所得的 P-Δ 关系曲线指出刚度与位移及循环周数有关，刚度本身一直处于变化中，刚度退化定义为保持相同的峰值荷载时，峰值位移随循环次数的增加而增加。为地震反应分析的需要，常用割线刚度替代切线刚度(薛玉丽，2006)，本节借鉴该方法来定义刚度退化，根据加载过程的具体情况，刚度退化定义为结构承受相同的荷载时，滞回环的割线斜率，如图 4.34 所示。

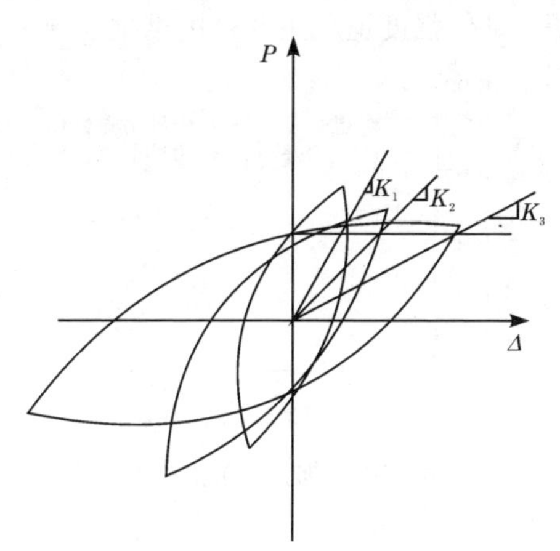

图 4.34　刚度退化示意图

根据上述的刚度定义，计算两个试件在试验中的刚度并绘出刚度退化曲线，如图 4.35 所示。从图中可以看出，两个试件的刚度是逐渐退化的。其中，边柱节点试件的刚度退化比中柱节点试件的刚度退化快，原因是中柱节点试件在试验中的稳定性要比边柱节点试件的稳定性好，在试件屈服后的每级荷载循环中，中柱节点试件梁端的位移要稍大些。另外，中柱节点试件加载采用的是全程位移控制,其刚度退化较均匀。

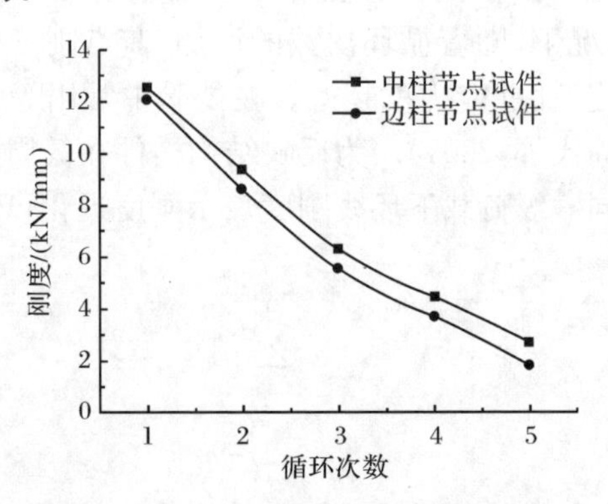

图 4.35 加强环节点试件刚度退化曲线

5. 强度退化曲线

加强环节点试件承载力降低系数与位移关系曲线,如图 4.36 所示。从图中可以看出,两个试件的梁端位移在 8mm 以前,承载力降低不明显,曲线平缓;当梁端位移大于 8mm 时,曲线呈现明显的下降,承载力降低系数变化很明显,说明此时试件的承载力开始减小,即节点的强度开始退化。边柱节点试件的强度退化比中柱节点试件的强度退化快。试件强度退化主要是由钢梁承载力的降低而引起的。

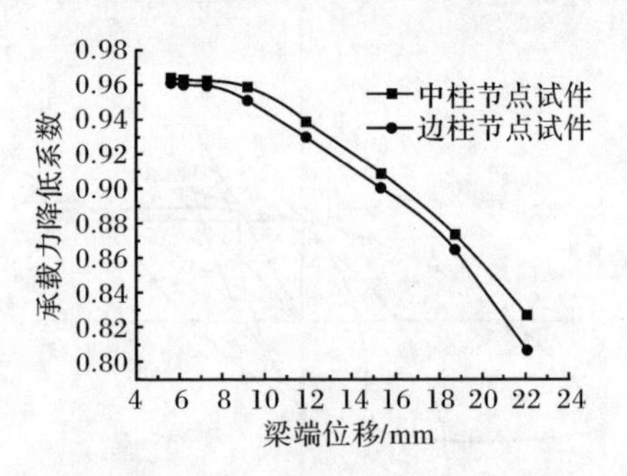

图 4.36 往复荷载作用下加强环节点试件的强度退化曲线

4.7 有限元分析

4.7.1 材料模型的选取

根据钢材在往复荷载作用下的特点,选取双线性模型,即把塑性阶段和强化阶段简化为一条斜直线,近似地模拟钢材的弹塑性阶段。考虑到钢材包辛格效应对构件加载卸载过程中的影响，则需选用 ABAQUS 中的随动强化模型(Kinemati Hardening)进行钢材本构关系模型的建立。

在往复循环荷载作用下，钢管混凝土结构中混凝土材料的应力-应变滞回关系骨架曲线可用单向加载应力-应变曲线来代替。受拉混凝土的本构关系采用混凝土断裂能 G_f 表达的形式。

4.7.2 模型的建立

钢材和核心煤矸石混凝土单元类型的选取同 3.8.1 节。节点的盖板尺寸为 400mm×400mm×20mm，为了达到必要的计算精度和模拟钢材真实的作用效应，采用 8 个节点六面体线性减缩积分单元(C3D8R)，由于盖板刚度相对于整个构件刚度要大得多，可将其简化为弹性模量为 1×10^{12} MPa，泊松比为 0.0001 的弹性体。钢管与煤矸石混凝土法线方向的接触采用硬接触，切线方向考虑钢管与煤矸石混凝土之间的黏结滑移。另外，在钢管煤矸石混凝土柱-钢梁节点有限元模型中，除了主要的钢管与煤矸石混凝土的接触外，还需要考虑柱端混凝土与加载板、钢管与加载板、工字钢梁的翼缘与腹板以及加强环板与钢管的接触。考虑焊缝至少等强，钢管与外加强环板、腹板均采用焊接，钢梁由腹板、翼缘分别建模组成，焊接的面均采用绑定约束(Tie)命令来模拟。以上各处接触均采用自由度耦合的方法处理，即认为这些连接处具有相同连续的自由度。柱端混凝土与加载板之间的接触可以只考虑其法向的硬接触，因加载板为实体单元(Solid)，钢管为壳单元(Shell)，所以，柱两端加载板与钢管的接触采用约束命令中的 Shell-to-Solid Coupling。

4.7.3 单元网格划分

考虑到有限元计算的收敛性，经多次试算网格划分如图 4.37 所示。网格细化部位在上、下加强环的节点核心区范围内，单元尺寸在 30mm 左右，其余部位的网格尺寸可以适当增大，为了计算结果收敛，钢管和核心煤矸石混凝土划分相同的网格密度。

4.7.4 边界条件及荷载施加方式

为了真实地反映试验时的边界条件及加载方式，模拟试件的边界条件可简化为：钢管柱底端和柱顶端均为铰接，因为钢管柱长径比接近 4，所以假设不考虑失稳效应，故需在钢管柱顶处施加 X、Y 两个方向自由度的约束。但为了保证钢管壁与混凝土的共同变形，对加载面 Z 方向自由度进行了耦合。同样，柱底端约束了 X、Y、Z 三个方向平动，但允许左右转动。

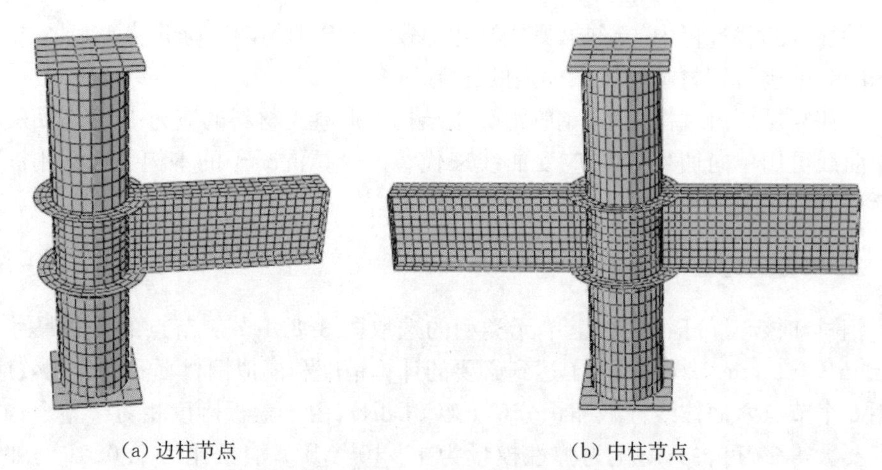

(a) 边柱节点　　(b) 中柱节点

图 4.37　加强环节点模型整体网格划分

在有限元分析的加载过程中，首先，根据轴压比的大小，在柱顶端施加轴向荷载，调整初始分析步的步长，将轴向荷载在较小的分析步内施加完成。其次，在保证轴压比不变的条件下，在梁端施加低周往复荷载(位移控制)，此时柱上端 X、Y 方向施加约束，释放 Z 方向自由度，由圣维南原理可知，这样模拟边界条件仅影响端部较小范围内的应力分布，而对本章需要研究的节点的应力分布无影响，节点具体约束情况和加载方式如图 4.38 和图 4.39 所示。

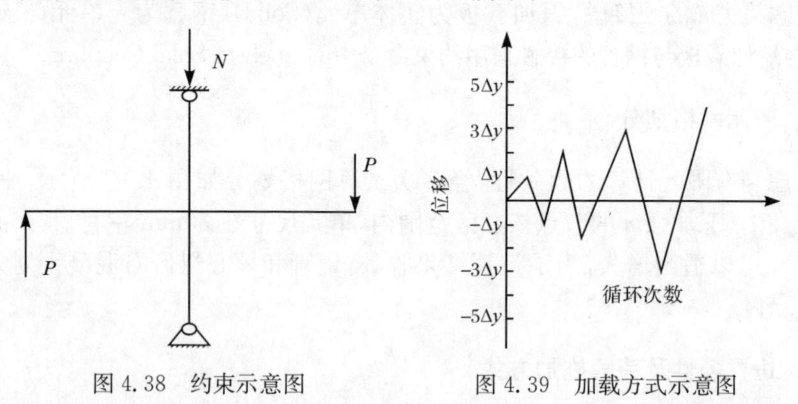

图 4.38　约束示意图　　图 4.39　加载方式示意图

4.7.5　模型结果与试验结果的对比验证

1. 节点破坏模式的验证

为了能更好地模拟试验节点的受力特性，选取一个边柱节点和一个中柱节点试件。钢管混凝土柱采用 $D\times t$=325mm×6mm，钢梁截面 H 350mm×150mm×8mm×10mm，含钢率 α=0.08($\alpha=A_s/A_{sc}$，其中 A_s 为钢管横截面面积；A_{sc} 为钢管煤矸石混凝土横截面面积）。煤矸石混凝土采用 C30，钢梁采用 Q235 钢材，柱高 $H=1500\text{mm}$；轴压比取 0.6，定义 $n=N_0/N_u$，其中 N_0 为施加在柱顶的轴向荷载，N_u 为柱极限承载力的标准值，采用实测的材料强度指标计算，梁柱线刚度比 $i=1.38[i=(E_bI_b)H/(E_{sc}I_{sc})L]$，其中 E_bI_b 和 $E_{sc}I_{sc}$ 分别为梁和柱的弹性抗弯刚度，H 为柱高，L 为梁跨度。钢管混凝土柱的抗弯刚度 $E_{sc}I_{sc}=E_sI_s+0.6E_cI_c$，其中 E_s、E_c 分别为钢管和混凝土的弹性模量；I_s、I_c 分别为钢管和混凝土的截面惯性矩。

图 4.40 分别为边柱节点与中柱节点的破坏形式，有限元模拟的破坏形式与试验结果基本吻合。由图可知，节点的破坏过程及特征基本相同，最终破坏均发生在加强环板处的梁端，属于钢梁破坏。钢梁的上、下翼缘及其腹板产生鼓曲变形，说明加强环板式节点由于加强环的存在，节点区域强度和刚度均较大，在节点处形成刚域，因此塑性铰出现在环板处的梁端，塑性铰出现后，构件的变形主要由塑性铰区的塑性转动提供。

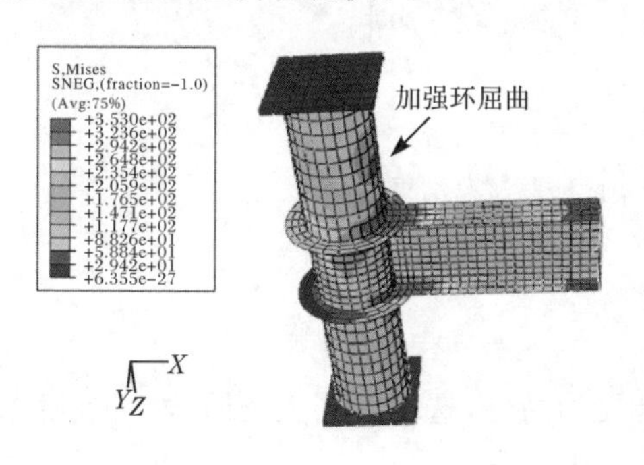

(a) 边柱节点

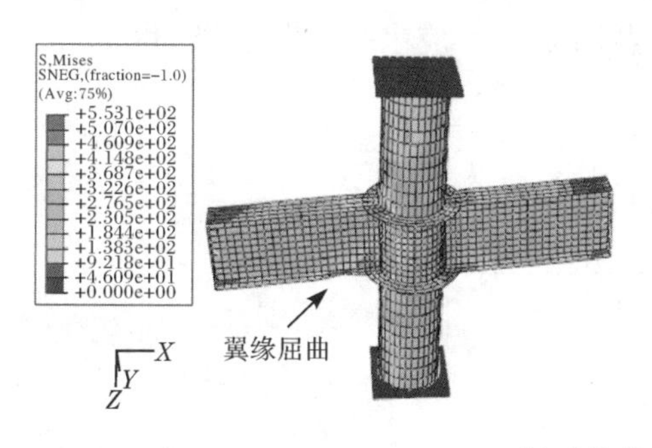

(b) 中柱节点

图 4.40　边柱节点和中柱节点破坏形式

2. 骨架曲线对比验证

试件模拟与试验对比的骨架曲线如图 4.41 所示，由图可知，边柱节点骨架曲线与试验吻合良好，中柱节点极限承载力模拟值大于实际值，并且骨架曲线呈上升趋势，说明试验时焊缝在循环荷载作用下有拉裂的情况，有限元对于焊接采用 Tie 绑定的接触定义，不能实际体现拉裂的情况。另外，由于模拟时未考虑钢管和混凝土之间的黏结滑移所致。

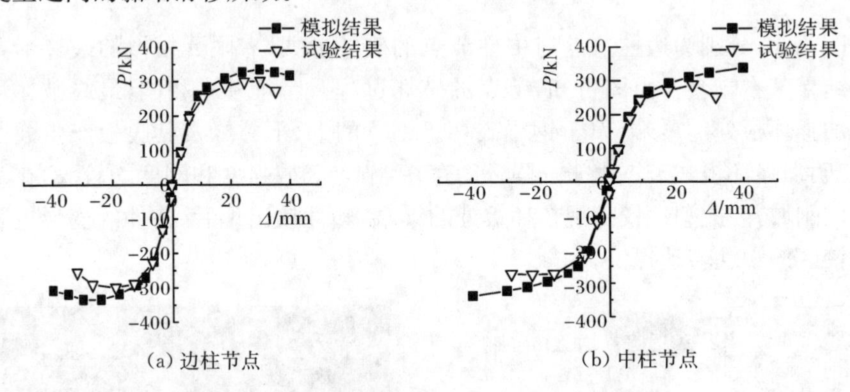

图 4.41　试件模拟骨架曲线与试验结果的对比

4.7.6　节点数值模拟结果分析

为了更好地分析节点的工作机理和受力特性，选取不同受力阶段不同位置的应力状态，如图 4.42 所示，对 P-Δ 关系曲线上取三个对应特征点进行比较分析，三个特征点分别取：1 点为节点进入屈服的点（梁翼缘开始屈服或柱钢管屈服）；2 点为节点水平极限荷载 P_{max} 对应的点，3 点为对应水平荷载下降到 85% 的极限荷载点，即破坏荷载 P_u 对应点。

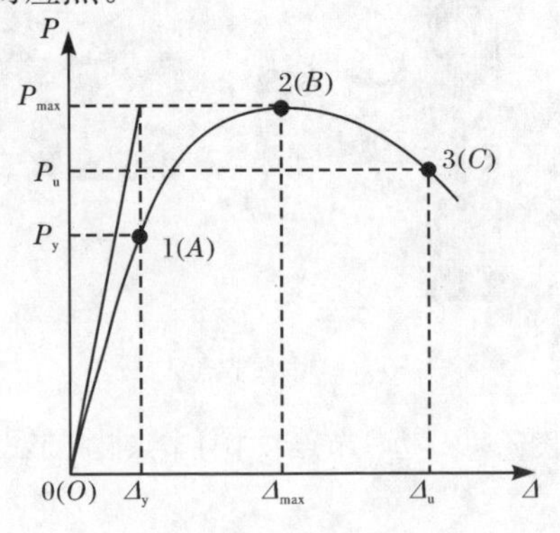

图 4.42　典型 P-Δ 关系曲线

1. 钢梁翼缘、腹板、钢管应力发展

图 4.43 和图 4.44 分别给出了边柱节点构件达到屈服时(1 点)、极限承载力时(2 点)和破坏时(3 点),环板、钢梁及钢管煤矸石混凝土柱的纵向应力分布,其纵向应力为荷载作用平面内的钢管应力,S 代表应力,S11 代表纵向主应力,应力单位均为 MPa。

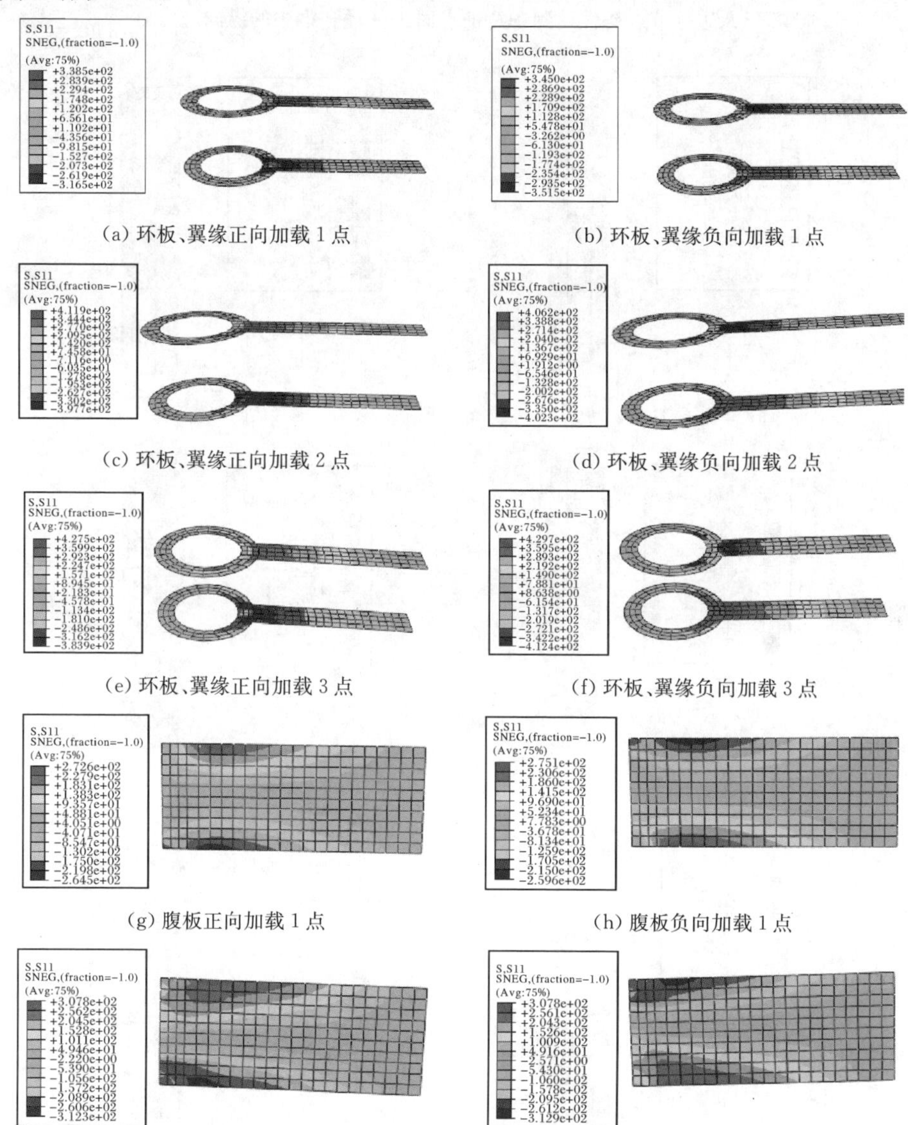

(a) 环板、翼缘正向加载 1 点　(b) 环板、翼缘负向加载 1 点

(c) 环板、翼缘正向加载 2 点　(d) 环板、翼缘负向加载 2 点

(e) 环板、翼缘正向加载 3 点　(f) 环板、翼缘负向加载 3 点

(g) 腹板正向加载 1 点　(h) 腹板负向加载 1 点

(i) 腹板正向加载 2 点　(j) 腹板负向加载 2 点

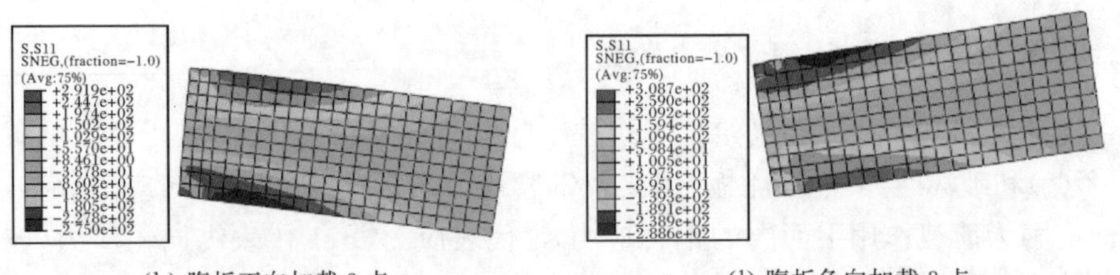

(k) 腹板正向加载 3 点　　　　(l) 腹板负向加载 3 点

图 4.43　边柱节点构件达到各特征点时加强环和钢梁的纵向应力分布

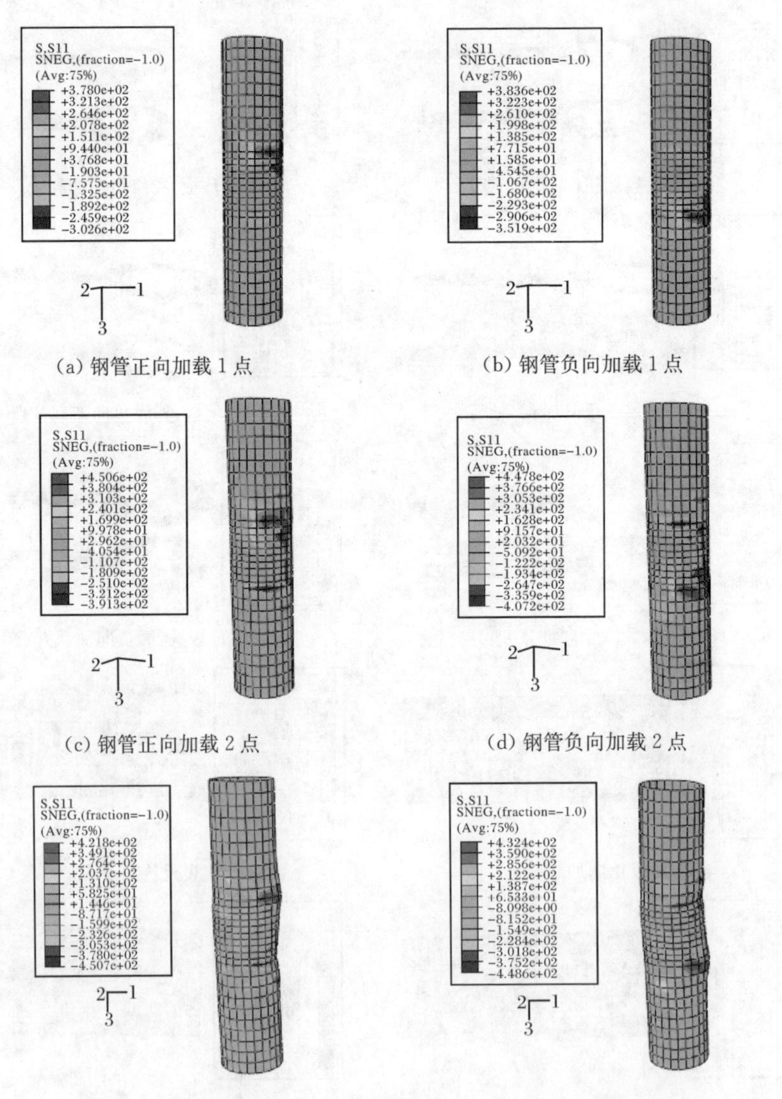

(a) 钢管正向加载 1 点　　　　(b) 钢管负向加载 1 点

(c) 钢管正向加载 2 点　　　　(d) 钢管负向加载 2 点

(e) 钢管正向加载 3 点　　　　(f) 钢管负向加载 3 点

图 4.44　边柱节点构件达到各特征点时钢管煤矸石混凝土柱的纵向应力分布

由图4.43和图4.44应力云图可以看出，节点在受力过程中，在钢梁翼缘与加强环板交界位置首先发生屈服，而此时钢管尚未达到屈服，环板与柱交界的位置有局部应力集中现象。随着梁端位移的增大，钢梁与加强环板上屈服范围逐渐扩大，至钢管与加强环板交界位置在拉力的作用下发生屈服时，节点达到屈服状态(2点)，随后，钢梁、加强环板、钢管屈服范围不断扩大，最终环板的中部及钢管处均达到屈服。

在整个受力过程中，钢管仅在截面角部位置出现局部应力集中，高应力区主要分布在加强环板与钢梁交界位置处，环板平面内应力分布比较均匀，节点破坏主要表现为钢梁与加强环板交界位置发生屈曲破坏。

2. 核心混凝土沿梁上翼缘应力分布

图4.45所示为节点试件达到屈服时(1点)、极限承载力时(2点)和破坏时(3点)钢管煤矸石混凝土柱的核心混凝土的纵向应力分布。截面选取钢梁与上加强环交接位置处的混凝土柱截面。

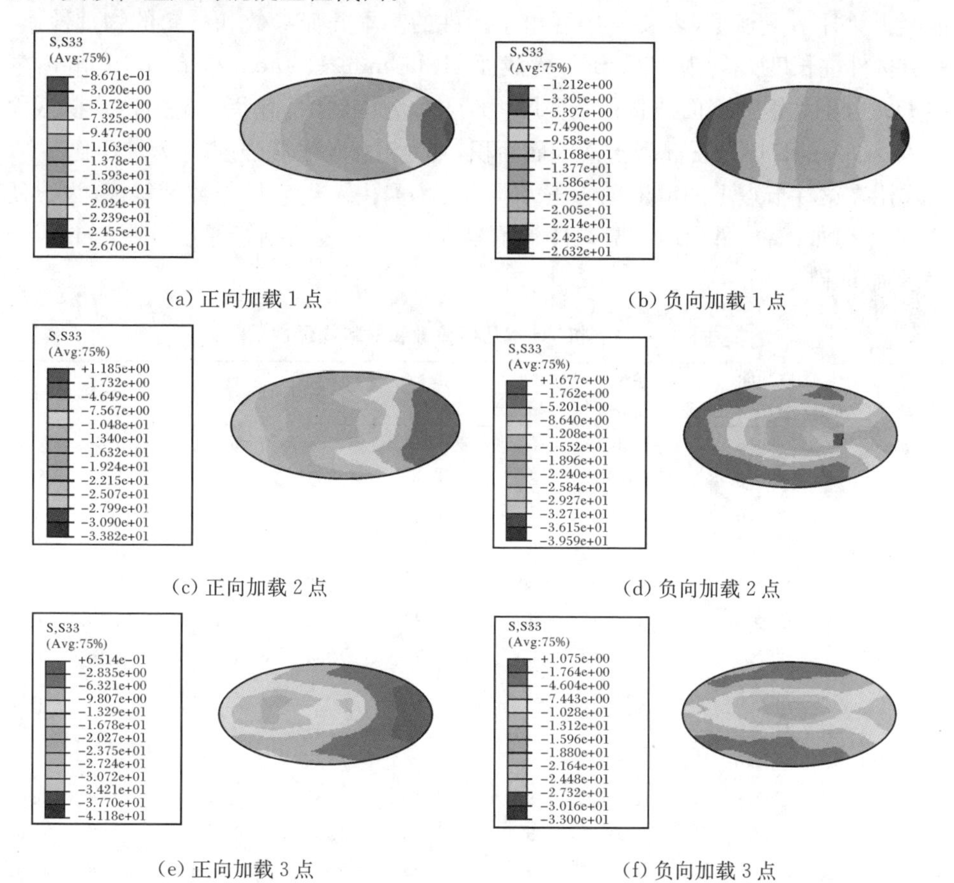

(a) 正向加载1点　(b) 负向加载1点

(c) 正向加载2点　(d) 负向加载2点

(e) 正向加载3点　(f) 负向加载3点

图4.45　核心煤矸石混凝土沿梁上翼缘截面纵向应力分布

从图中可见,在受力全过程中,混凝土由最初的接近全截面受压(1 点)逐渐过渡到部分截面受压、部分截面受拉(2 点和 3 点)。随着梁端位移的进一步加大,中和轴开始向受压区偏移。总体上,由于受压钢管鼓曲变形,使图中右侧钢管和混凝土之间的相互作用减小,从而出现很小范围内的拉应力。正向加载与负向加载时截面应力云图分布形式基本对称,但负向加载时应力值略有升高。这可能是由于钢材的包辛格效应和混凝土的塑性损伤带来的影响(宋玉普,2002;过镇海和王传志,1991)。

4.8 基于 ABAQUS 的钢管煤矸石混凝土加强环节点的理论分析

4.8.1 荷载-位移滞回曲线的特点

本节通过 ABAQUS 有限元软件建立了 14 根在往复荷载作用下钢管煤矸石混凝土梁柱节点模型,表 4.4 中列出了构件的基本几何参数和材料的物理性质。所有构件柱长度 L 均为 1500mm,梁截面 H 350mm×150mm×8mm×10mm,其中 D、t 分别为钢管截面外直径及壁厚。A_s/A_{sc} 为构件的含钢率,A_s 为钢管横截面面积,A_{sc} 为钢管煤矸石混凝土横截面面积,f_y 为钢材的屈服强度,n 为轴压比。N_0 为作用在梁柱节点上的恒定轴心压力。构件编号由一组字母与数字组成,为方便区分,举例如下:构件(JD6-06),JD 表示梁柱节点,6 表示钢管厚度(t=6mm),06 表示轴压比(n=0.6)。

表 4.4 构件的基本几何参数和材料物理性质

构件编号	柱截面 $D\times t$/(mm×mm)	梁长/mm	加强环/mm	梁柱线刚度比	f_y/MPa	A_s/A_{sc}	N_0/kN	n
JD6-06	325×6	1000	80	1.38	235	0.078	1800	0.6
JD6-04	325×6	1000	80	1.38	235	0.078	1200	0.4
JD6-02	325×6	1000	80	1.38	235	0.078	600	0.2
JD6-08	325×6	1000	80	1.38	235	0.078	2250	0.8
JD5-06	325×5	1000	80	1.38	235	0.065	1800	0.6
JD8-06	325×8	1000	80	1.38	235	0.106	1800	0.6
JD6-06-1	325×6	1000	60	1.38	235	0.078	1800	0.6
JD6-06-2	325×6	1000	100	1.38	235	0.078	1800	0.6
JD6-06-3	325×6	900	80	1.50	235	0.078	1800	0.6
JD6-06-4	325×6	1100	80	1.25	235	0.078	1800	0.6
JD6-06-5	325×6	1200	80	1.15	235	0.078	1800	0.6
JD6-06-6	325×6	1000	80	1.38	235	0.078	1800	0.6
JD6-06-7	325×6	1000	80	1.38	345	0.078	1800	0.6
JD6-06-8	325×6	1000	80	1.38	390	0.078	1800	0.6

如图4.46为本节通过ABAQUS有限元软件模拟的节点在往复荷载作用下的荷载-位移(P-Δ)滞回关系曲线。从图中可以看出,在本次计算的钢管煤矸石混凝土梁柱节点的参数变化范围内,滞回曲线形状基本相同。梁端荷载刚开始加载时,梁端荷载与变形几乎呈线性增长,构件总体变形很小,构件处于弹性阶段,加载曲线斜率变化小,卸载后的残余应变也极小,正反向加卸载一次形成的滞回环不明显。随着位移幅值的增大以及循环次数的增多,P-Δ 滞回曲线出现明显拐点,构件开始进入弹塑性阶段,此时,构件荷载增长较慢,但变形迅速增加,滞回环也更加饱满,荷载卸载为0后,构件均有残余变形,此时梁端塑性铰初步形成,加载到最大荷载之后,节点的变形迅速增加而荷载开始下降。综上所述,模拟滞回曲线有如下特点:

(1) 各节点的滞回曲线图形均非常饱满,呈纺锤形,基本上没有明显的刚度退化和捏缩现象,表现出良好的抗震能力。

(2) 煤矸石混凝土与钢管协同互补、共同工作,保证了材料性能的充分发挥,滞回曲线表现出良好的耗能性和稳定性。

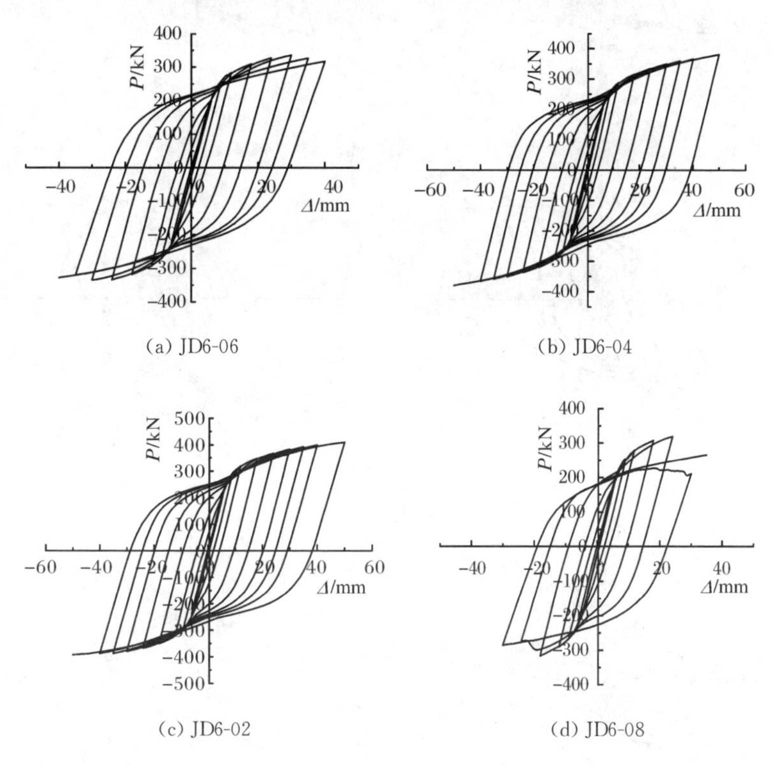

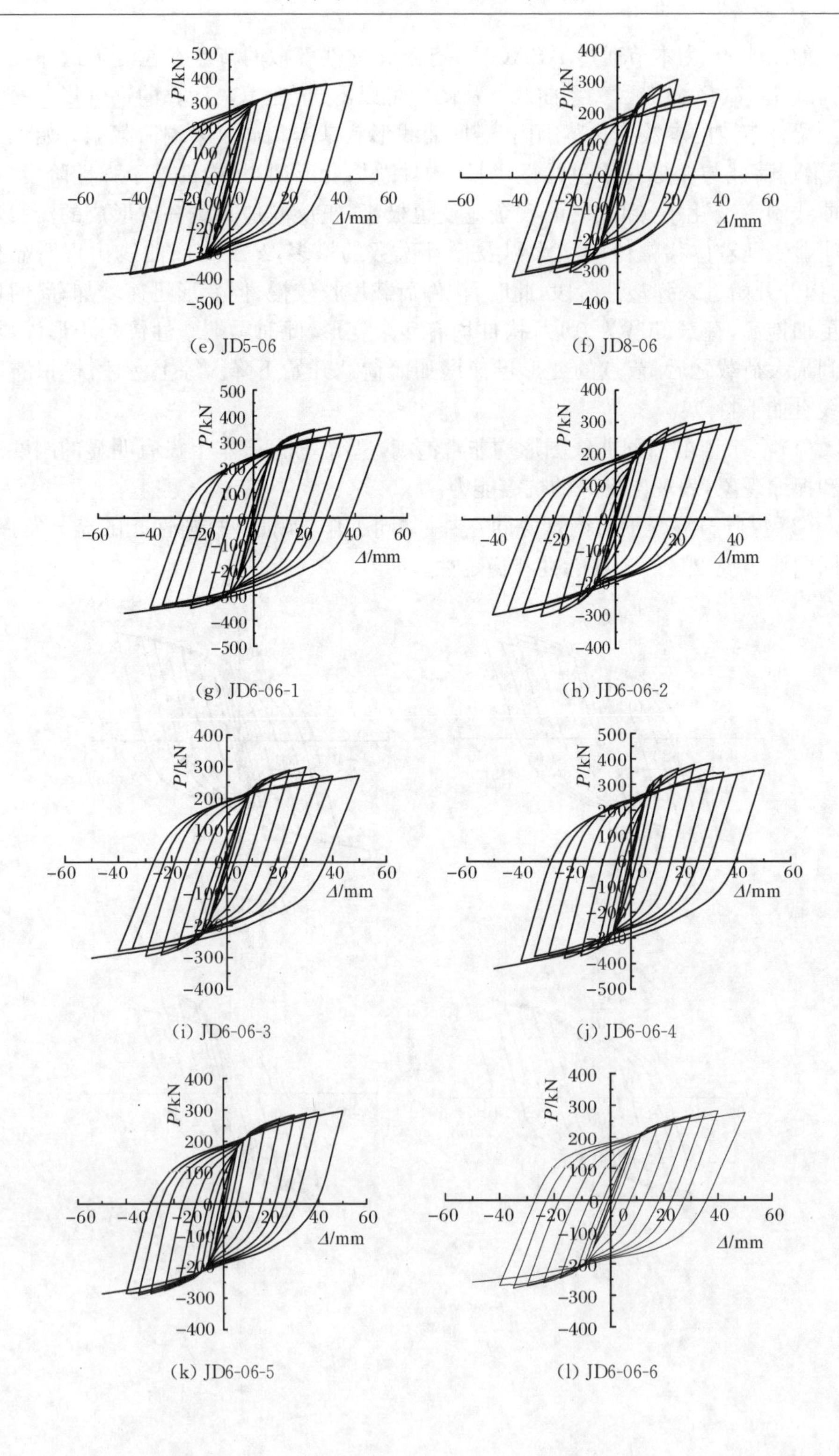

(e) JD5-06

(f) JD8-06

(g) JD6-06-1

(h) JD6-06-2

(i) JD6-06-3

(j) JD6-06-4

(k) JD6-06-5

(l) JD6-06-6

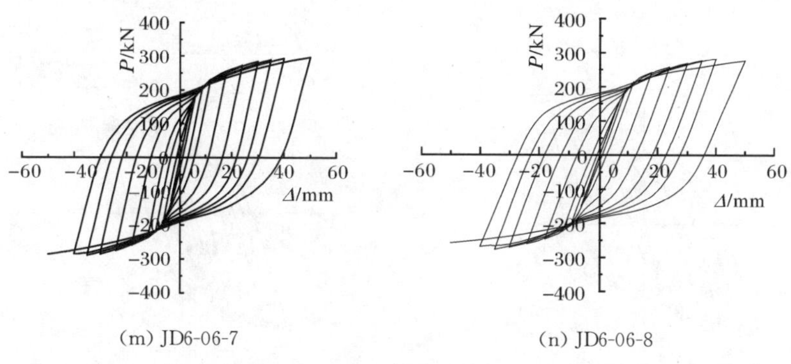

(m) JD6-06-7　　(n) JD6-06-8

图 4.46　钢管煤矸石混凝土梁柱节点的 P-Δ 滞回关系曲线

4.8.2　P-Δ 滞回曲线的骨架线全过程分析

典型的节点 P-Δ 骨架曲线如图 4.42 所示，该曲线大致可分为以下几个阶段。

(1) OA 段。节点受力的初始阶段，结构处于线弹性状态，节点的水平荷载 P-位移 Δ 滞回骨架线呈直线关系，结构没有塑性变形，此时卸载，滞回曲线沿骨架线返回。随着水平位移增加，节点的刚度会有所降低，但是变化不大，节点与外加强环板相接端附近的钢梁梁端截面处翼缘部分开始屈服，到达 A 点时，钢梁受拉区开始屈服，此时的荷载和位移为节点的屈服荷载和屈服位移，并且由于焊缝处的强度折减，焊缝处的塑性应变明显较大。

(2) AB 段。结构进入弹塑性范围，由于轴力二阶效应的作用增加，随着位移的增大，钢梁与加强环的屈服范围逐渐扩大，至钢管与加强环交界处在拉力作用下发生屈服时，节点到达极限状态 B 点，梁端塑性铰形成，节点达到水平荷载的峰值点，此时对应的荷载和位移为节点极限状态下的荷载和位移。在此阶段内，节点的刚度与 OA 段相比降低很多，并且随着位移持续的增加，刚度不断降低，卸载至水平荷载为 0 时，结构将出现一定的残余变形，但滞回曲线基本未偏离骨架线。

(3) BC 段。从 B 点开始卸载，P-Δ 关系曲线出现下降段，焊接截面处由于卸载而处于受压状态的部分转为受拉卸载状态。下降段近似呈直线关系，当轴压比较大时，其荷载-位移下降段刚度很小，出现明显的下降段，在此阶段卸载，卸载刚度与弹性段刚度接近。到达 C 点时，认为结构进入破坏状态，此时，对应的荷载和位移为节点的破坏荷载和破坏位移。

4.8.3　P-Δ 滞回关系骨架曲线的影响参数分析

图 4.47 为本节部分计算结果的 P-Δ 滞回关系曲线与单调加载曲线的对比

情况。

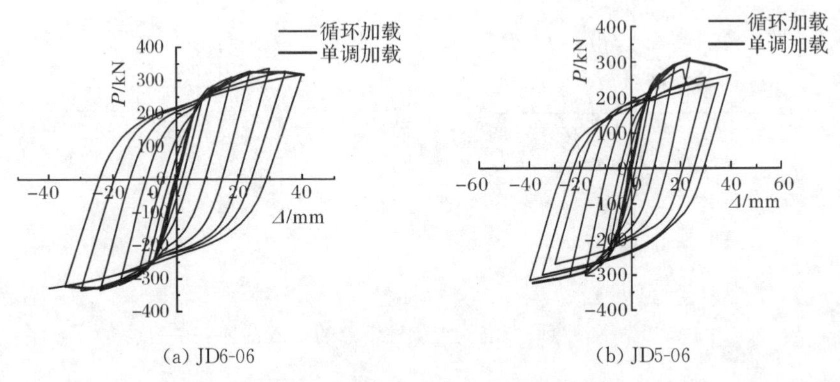

图 4.47　P-Δ 滞回关系曲线与单调加载曲线对比

由图可知，单调加载与往复加载曲线趋势基本相同，往复荷载作用下承载力的极限值略小于单调加载的极限承载力，这主要是由于往复荷载作用下考虑混凝土的塑性损伤，卸载时有一定刚度的退化。

研究表明，影响钢管混凝土荷载-位移滞回关系骨架曲线的主要因素有轴压比 n、钢材屈服强度 f_y、柱截面含钢率 α、梁柱线刚度比 i、加强环宽度 b、煤矸石混凝土抗压强度 f_{cu} 等。本节通过 ABAQUS 有限元软件对大量的节点进行了模拟计算，对不同参数的滞回关系骨架曲线进行分析，参数分析算例基本条件为：柱采用 $D\times t=325\text{mm}\times 6\text{mm}$，含钢率 $\alpha=0.078$，Q235 钢材，C30 煤矸石混凝土，柱高 $H=1500\text{mm}$，钢梁采用型钢 H 350mm×150mm×8mm×10mm，分析不同参数的影响时，只改变被分析的参数，其余基本计算参数保持不变。

1. 轴压比

轴压比对节点有比较大的影响，即随着轴压比的增大，构件的水平承载力和弹性阶段刚度逐渐减小，构件位移延性也越来越小。然而，轴压比对节点受力性能影响的研究还不够充分。由于在试验过程中，需保持轴压力(设计轴压比)不变，整个试验过程没有反映出轴压比对节点滞回性能的影响。因此，采用非线性有限元方法来研究不同轴压比对节点滞回性能的影响。

钢管混凝土构件的轴压比定义如下(韩林海，2007)：

$$n=\frac{N_0}{N_{u,cr}} \tag{4.2}$$

式中，N_0 为作用在钢管混凝土柱上的轴压荷载；$N_{u,cr}$ 为钢管混凝土构件轴心受压时的极限承载力，可按式(4.3)确定：

$$N_{u,cr}=\varphi A_{sc} f_{scy} \tag{4.3}$$

式中，φ 为稳定系数，与长细比有关；A_{sc} 为钢管混凝土构件的横截面面积；f_{scy} 为钢管混凝土轴心受压时强度指标。

图 4.48 为保持含钢率、钢材屈服强度、混凝土抗压强度及梁柱线刚度比等参数相同时，不同轴压比下节点的骨架曲线。由图可见，轴压比对骨架曲线的形状影响较大，节点的承载力随着轴压比的增大而减小，而轴压比的变化对骨架曲线弹性阶段的刚度几乎没有影响，对强化阶段的刚度有明显影响，轴压比越大，强化段刚度越小。当轴压比达到一定数值（$n \geqslant 0.6$）时，其骨架曲线将会出现下降段，而且下降段的下降幅度随轴压比的增大而增大，节点的位移延性则越来越小。

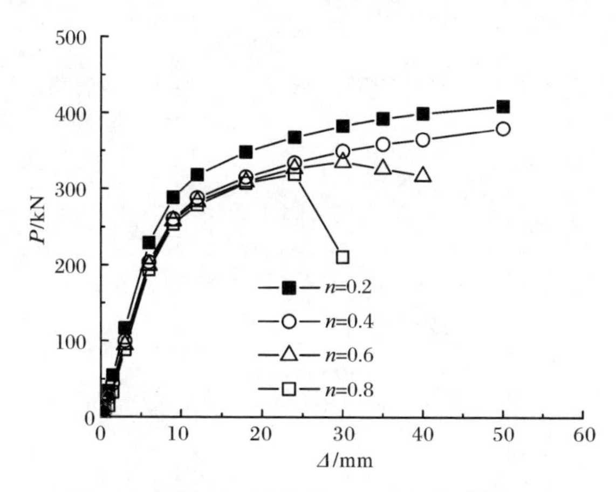

图 4.48　轴压比对节点 $P\text{-}\Delta$ 骨架曲线的影响

2. 钢材屈服强度

图 4.49 为梁钢材屈服强度对 $P\text{-}\Delta$ 骨架曲线的影响，由图可见，钢材屈服强度对 $P\text{-}\Delta$ 曲线的初始弹性阶段和下降段的曲线形状影响不大，但对弹性阶段后期接近进入弹塑性阶段的刚度有一定影响，但随着钢材屈服强度 f_y 的增大，节点的承载力有增大的趋势，而位移延性有减小的趋势。总体上 f_y 主要影响曲线的数值，但对曲线形状影响相对较小。

3. 柱截面含钢率

图 4.50 为柱截面含钢率对节点 $P\text{-}\Delta$ 骨架曲线的影响，由图可见，钢管煤矸石混凝土梁柱节点在往复荷载的作用下，随着含钢率的提高，节点承载力显著提高，骨架曲线下降段的下降幅度也随之减小，且延性有一定的提高。

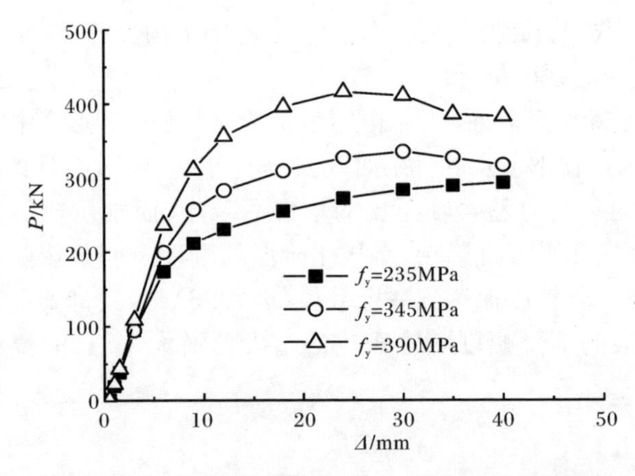

图 4.49　梁钢材屈服强度对 P-Δ 骨架曲线的影响

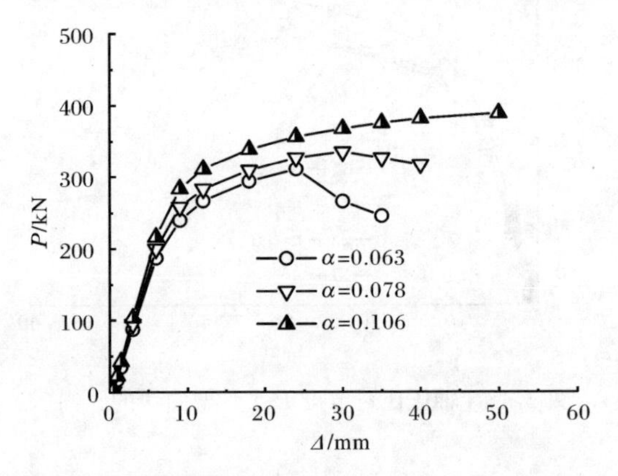

图 4.50　柱截面含钢率对节点 P-Δ 骨架曲线的影响

4. 加强环宽度

图 4.51 为保持其他参数不变，加强环宽度对节点 P-Δ 骨架曲线的影响，由图可以看出，随着加强环宽度的增加(60～100mm)，节点的承载力略有增加，但增加幅度不是很明显，当达到极限承载力后，随着加强环宽度的增加，节点的延性有下降的趋势。

5. 梁柱线刚度比

梁柱线刚度比反映了梁对柱的约束程度，梁对柱的约束作用越强，线刚度比越大。本节通过变化梁的跨度来改变梁柱线刚度比，所选典型构件柱的线刚度较大，分析了梁柱线刚度比从 1.15～1.50 的变化规律。图 4.52 所示为钢管煤矸石混凝土梁柱节点在不同梁柱线刚度比的情况下对节点 P-Δ 骨架曲线的影响情况。

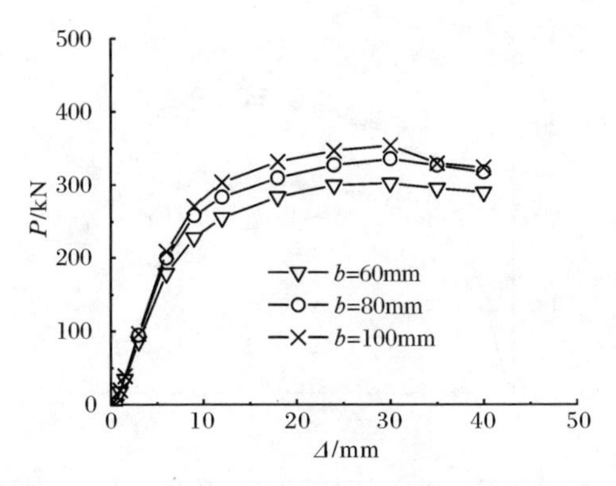

图 4.51　加强环宽度对节点 P-Δ 骨架曲线的影响

由图可以看出，节点弹性阶段刚度和极限承载能力随着梁柱线刚度比的增大有较大幅度提高。线刚度比为 1.50 时的极限承载力是线刚度比为 1.15 时的 1.2 倍。

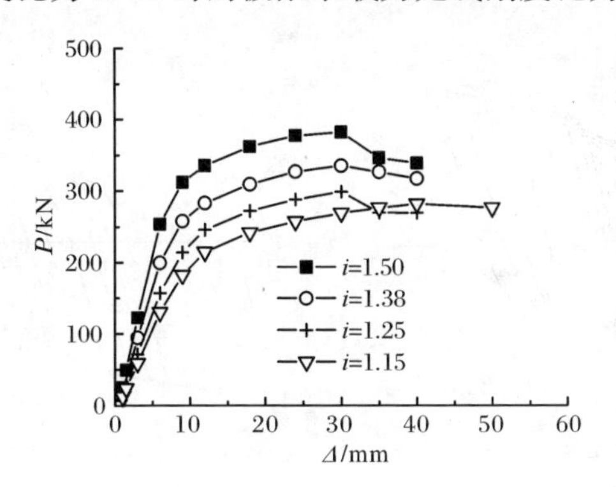

图 4.52　梁柱线刚度比对节点 P-Δ 骨架曲线的影响

6. 煤矸石混凝土强度

图 4.53 为煤矸石混凝土强度对钢管煤矸石混凝土 P-Δ 骨架曲线的影响。在弹性阶段，混凝土强度对节点无影响，在弹塑性阶段，对节点承载力有一定影响，且节点承载力随着混凝土强度等级的增大而增大，但提高的幅度较小，这主要是由于本章研究的是强柱弱梁节点，节点的承载力主要由钢梁起控制作用。

4.8.4　弯矩-转角滞回曲线

图 4.54 分别为通过 ABAQUS 有限元软件计算得到的钢管煤矸石混凝土梁柱节点 P-Δ 换算得到的弯矩-转角滞回关系曲线。在本次有限元计算的参数变化范围内，M-θ 滞回曲线呈饱满的纺锤形，显示出良好的稳定性，基本没有明显的刚度退化和捏缩现象，表现出良好的耗能能力，从弯矩-转角曲线可见，在试件屈服之

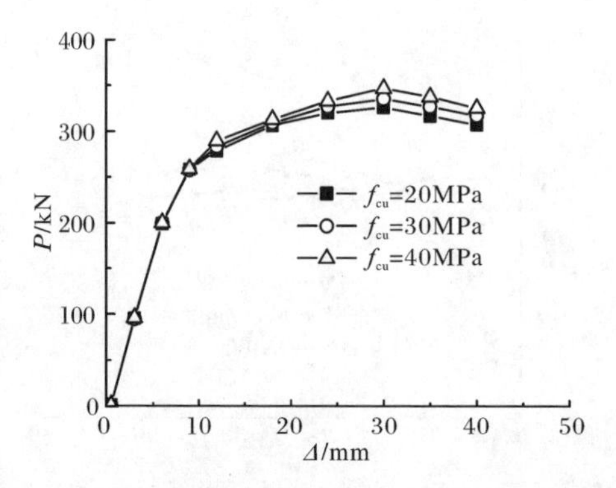

图 4.53　煤矸石混凝土强度对节点 P-Δ 骨架曲线的影响

前，M-θ 滞回曲线基本呈直线变化，而且转角延性好，试件屈服以后，相对转角 θ 随着梁端位移的逐步增大而迅速增加。

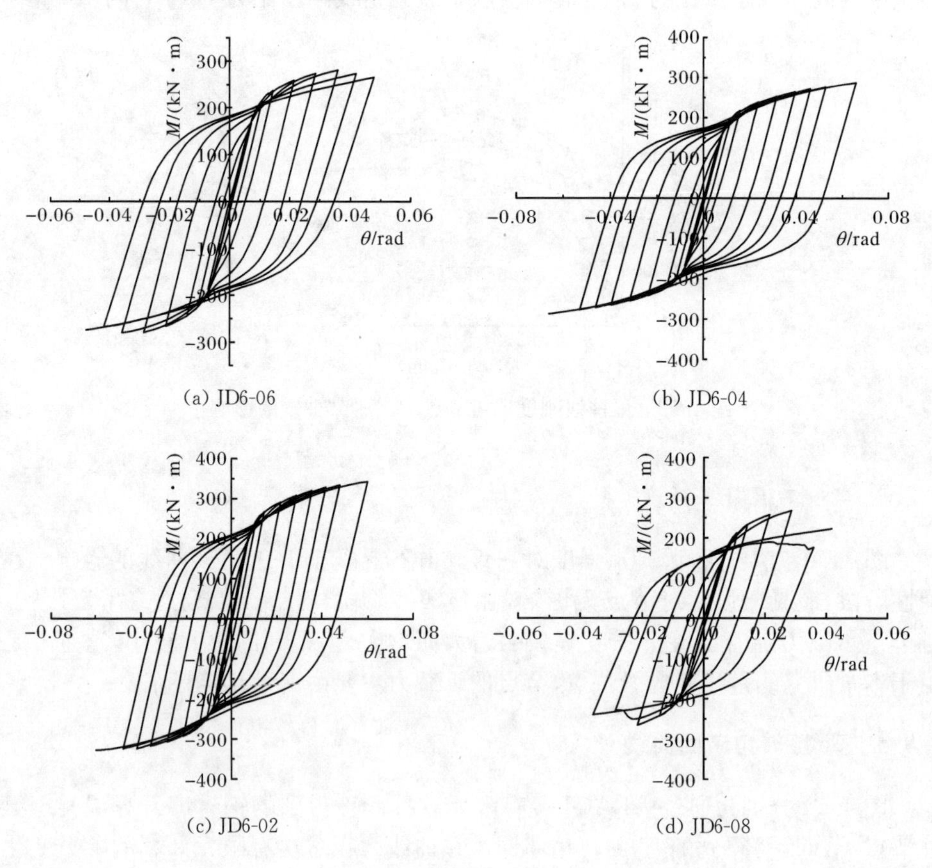

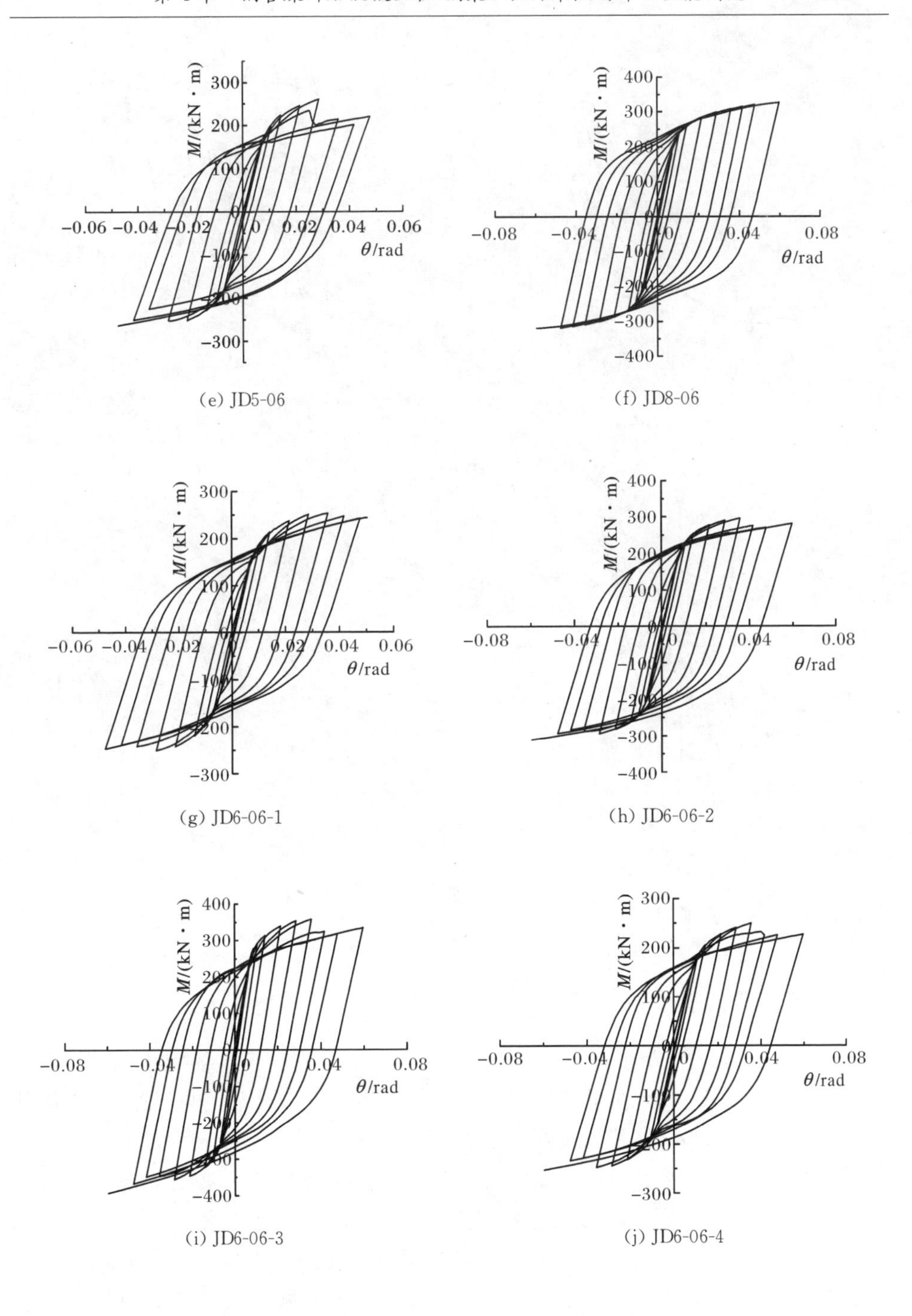

(e) JD5-06

(f) JD8-06

(g) JD6-06-1

(h) JD6-06-2

(i) JD6-06-3

(j) JD6-06-4

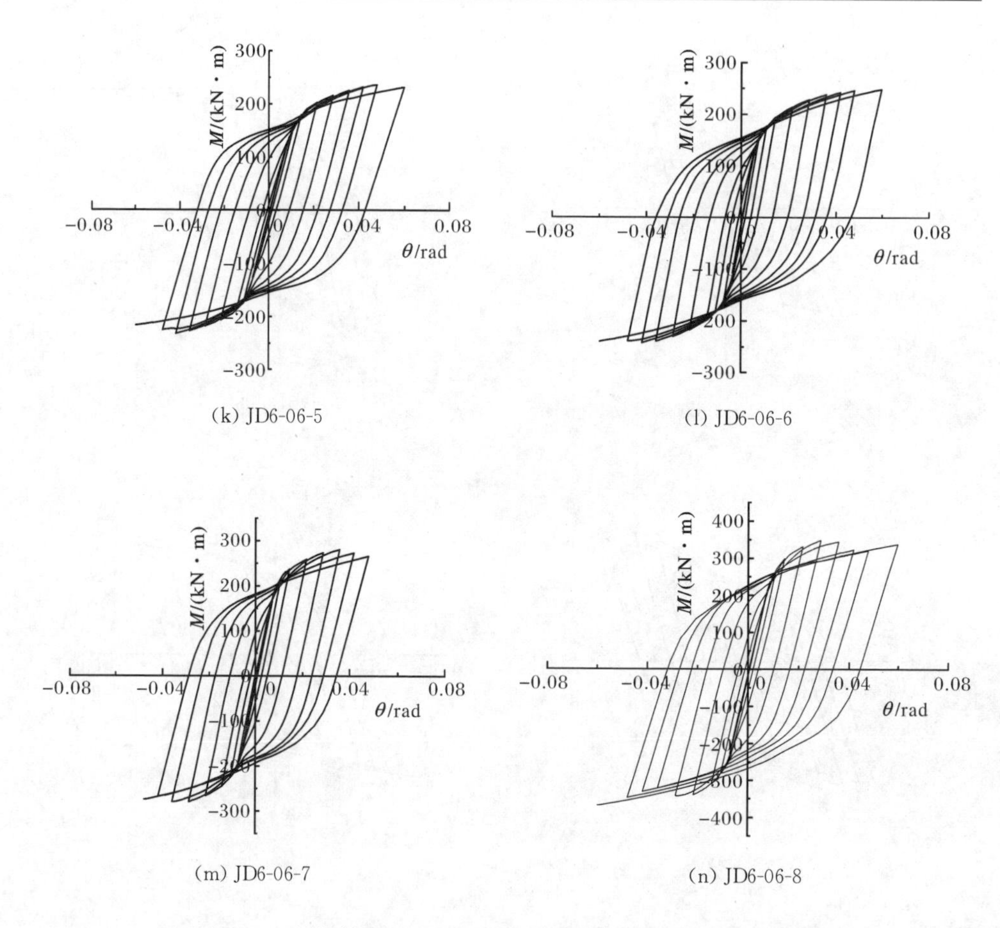

图 4.54　钢管煤矸石混凝土梁柱节点弯矩-转角滞回关系曲线

4.8.5　节点弯矩-转角关系参数分析

对于外加强环板节点，由于柱子转角相对较小，节点转角主要由梁端所受弯矩产生。节点域受弯变形，在梁与加强环交接处产生塑性铰，变形包括梁与柱交接处的梁上、下翼缘水平位移差以及柱腹板上、下水平位移差。节点转角应为梁转角和柱转角之差值得到，即 $\theta_j=\theta_b-\theta_c$；$\theta_j$ 为节点转角，θ_b 为梁转角，θ_c 为柱转角。在本节的参数分析中柱转角很小，节点转角 θ_j 可近似定义为梁上、下翼缘水平位移值差 δ 除以梁高 h，即 $\theta_j\approx\tan\theta_j=\delta/h$，图 4.55 为在梁端加载下典型的节点域局部屈曲示意图。

参数分析时节点的极限抗弯承载力取节点水平极限荷载 P_{max} 对应点的极限抗弯承载力，参考韩林海(2007)对钢管混凝土纯弯构件弯矩-曲率关系分析方法，初始刚度 K_i 暂取 $0.2M_{uj}$ 所对应的割线刚度为节点初始刚度，即

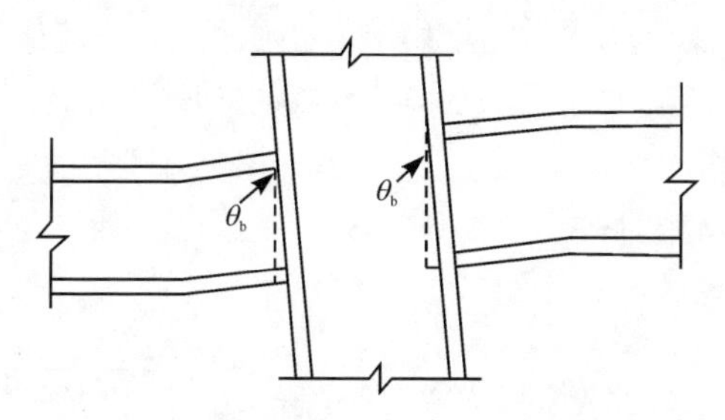

图 4.55　在梁端加载下典型的节点域局部屈曲示意图

$$K_i = \frac{0.2M_{uj}}{\theta_{0.2}} \tag{4.4}$$

式中，$\theta_{0.2}$为 0.2M_{uj}所对应的转角；M_{uj}为节点的极限抗弯承载力。

影响钢管煤矸石混凝土柱-钢梁环板节点弯矩-转角(M-θ)关系曲线的因素有轴压比 n、钢材屈服强度 f_y、柱截面含钢率 α、加强环宽度 b、梁柱线刚度比 i 及煤矸石混凝土强度f_{cu}等，以下采用典型试件来分析以上各参数对弯矩-转角关系曲线和对节点初始刚度的影响规律。

1. 轴压比

图 4.56 和图 4.57 所示为钢管煤矸石混凝土梁柱节点在不同轴压比下的弯矩-转角曲线及节点初始刚度的影响。在保持其他参数不变的基础上，轴压比 n 对节点初始刚度的影响比抗弯承载力影响大。随着轴压比的增加，节点抗弯承载力减小，初始刚度减小，而弹性阶段刚度几乎不变。这是因为，随着轴压比 n 增加，核心煤矸石混凝土受压面积不断增加，初始应力也增大，煤矸石混凝土模量有一定降低。

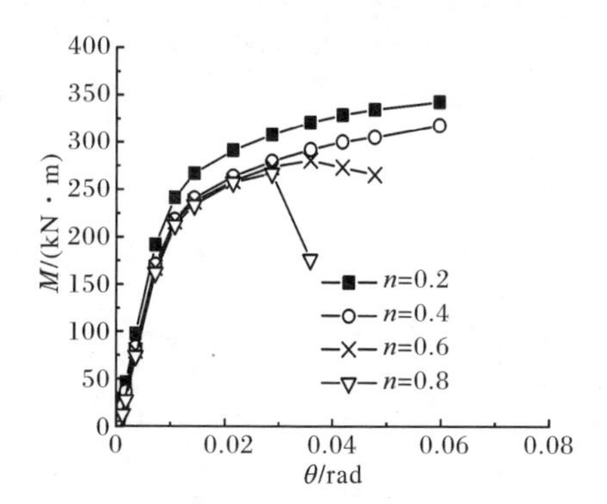

图 4.56　轴压比对节点抗弯承载力的影响

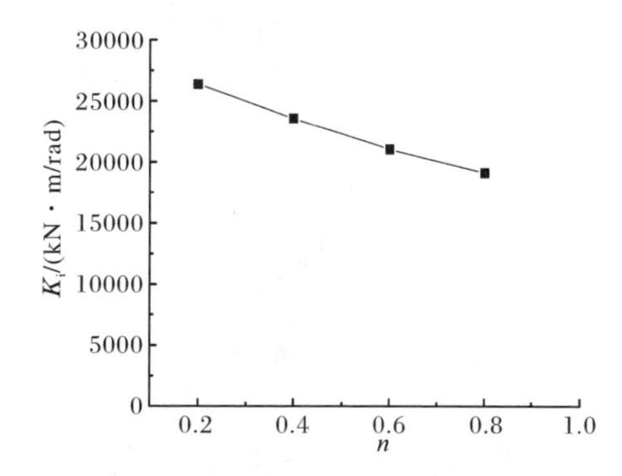

图 4.57　轴压比对节点初始刚度的影响

2. 钢材屈服强度

图 4.58 和图 4.59 分别给出了钢管煤矸石混凝土梁柱节点钢梁在不同屈服强

度下，弯矩-转角曲线及节点初始刚度影响。由图可知，在其他条件相同时，钢梁强度对曲线弹性阶段的刚度几乎没有影响，节点初始刚度不变。随着钢梁强度的增大，节点抗弯承载力增大 23.26%。总体上，钢梁屈服强度 f_y 主要影响曲线的数值，但对曲线形状影响相对较小。

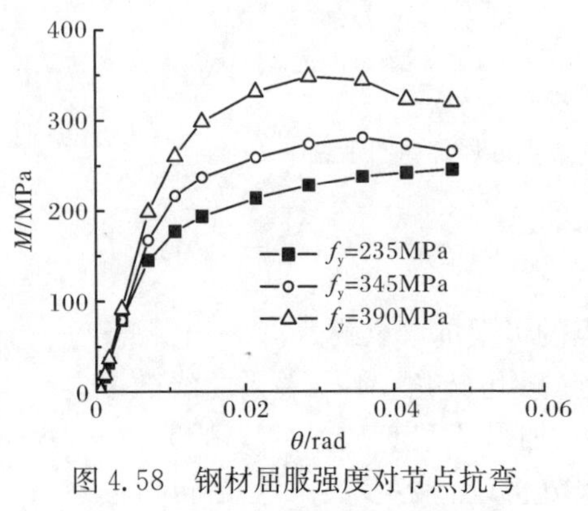

图 4.58　钢材屈服强度对节点抗弯承载力的影响

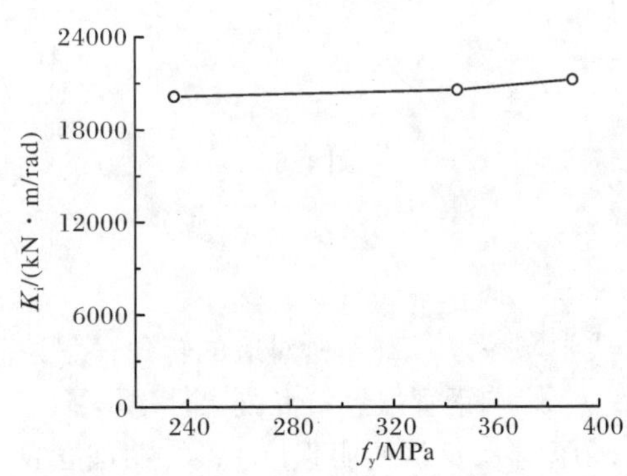

图 4.59　钢材屈服强度对节点初始刚度的影响

3. 柱截面含钢率

图 4.60 和图 4.61 分别给出钢管煤矸石混凝土梁柱节点在不同含钢率下的弯矩-转角曲线及节点初始刚度的影响。变化柱截面含钢率是通过改变钢管壁厚度来实现的，本节考察柱截面含钢率的范围为 0.065～0.106，由图可知，柱截面含钢率对节点的抗弯承载力和初始刚度的影响较大，节点抗弯承载力和初始刚度随着柱截面含钢率增加而增大，含钢率为 0.106 时的初始刚度比含钢率 0.065 时的初始刚度增加了 20%左右。

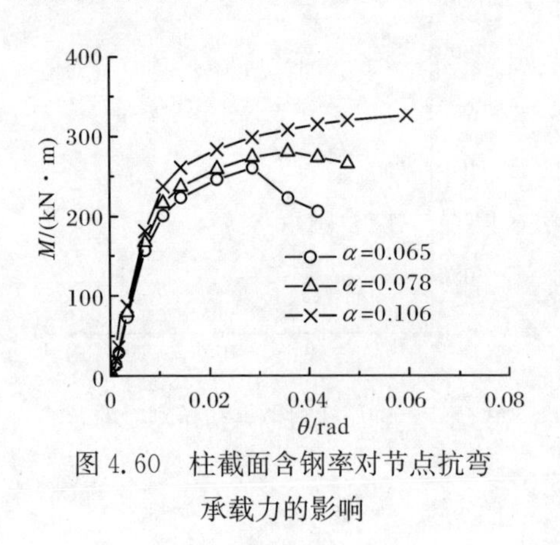

图 4.60　柱截面含钢率对节点抗弯承载力的影响

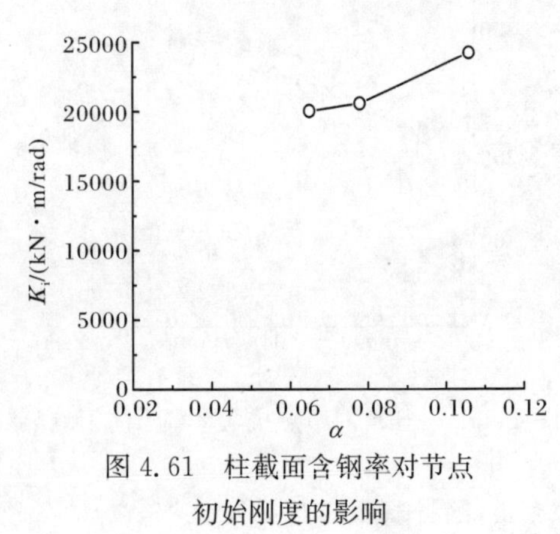

图 4.61　柱截面含钢率对节点初始刚度的影响

4. 加强环宽度

图 4.62 和图 4.63 分别给出钢管煤矸石混凝土梁柱节点在不同加强环宽度下的弯矩-转角曲线及节点初始刚度的影响。随着环板宽度增加，节点抗弯承载力和初始刚度相应增大，但增加的幅度不是很大。加强环宽度增加到 100mm 时，节点的初始刚度比加强环宽度为 60mm 时增加了 10.9%，而抗弯承载力增加16.3%，总体上初始刚度的变化趋势没有承载力变化明显。

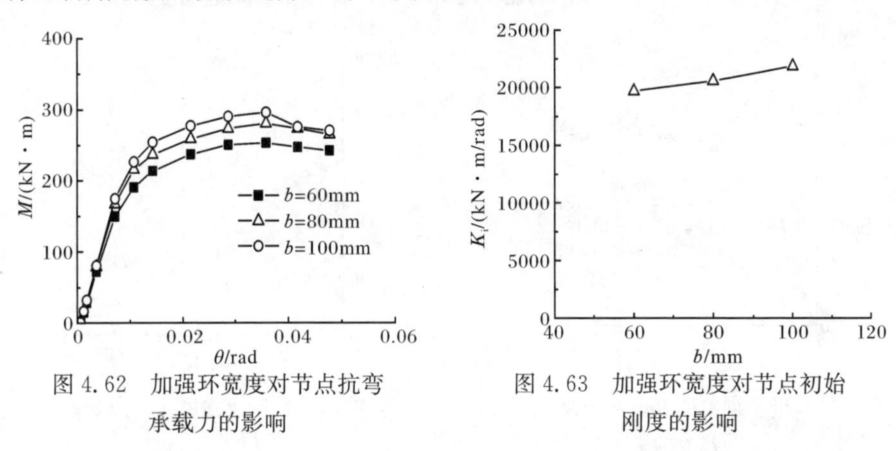

图 4.62　加强环宽度对节点抗弯承载力的影响

图 4.63　加强环宽度对节点初始刚度的影响

5. 梁柱线刚度比

图 4.64 和图 4.65 给出了钢管煤矸石混凝土梁柱节点在不同梁柱线刚度比的情况下对弯矩-转角曲线和节点初始刚度的影响。节点的弹性阶段刚度和极限承载能力随着梁柱线刚度比 i 的增大有所提高。增加梁的线刚度，意味着梁对柱的约束增强，梁的抗弯承载力得到提高。梁柱线刚度比提高 30%，则抗弯承载力和节点初期刚度分别提高 24.56%和 24.05%，因此节点具有较高的承载力和弹性阶段刚度。

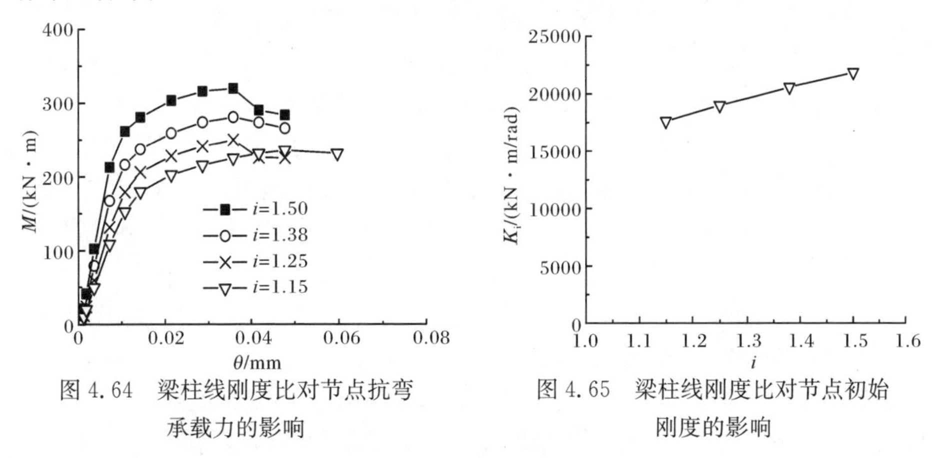

图 4.64　梁柱线刚度比对节点抗弯承载力的影响

图 4.65　梁柱线刚度比对节点初始刚度的影响

6. 煤矸石混凝土强度

图 4.66 和图 4.67 为煤矸石混凝土强度对钢管煤矸石混凝土梁柱节点的弯矩-转角曲线和节点初始刚度的影响。混凝土强度对节点弹性阶段刚度有一定影响，随着混凝土强度等级的增大，节点的初始刚度稍有增大，且增加幅度不到10%，这说明混凝土强度对节点弯矩-转角骨架曲线影响不明显，主要是由于本章分析的是“强柱弱梁”节点，节点的抗弯承载力主要是由钢梁起控制作用。

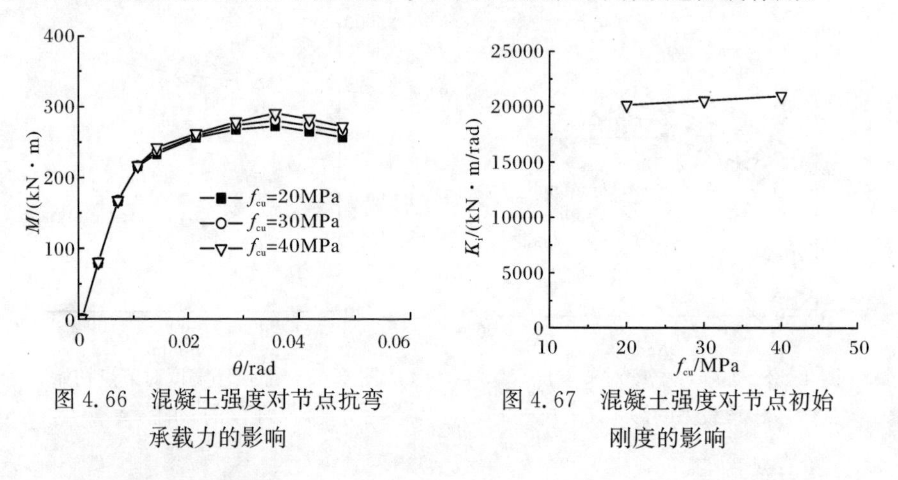

图 4.66　混凝土强度对节点抗弯承载力的影响

图 4.67　混凝土强度对节点初始刚度的影响

4.8.6　节点承载力的确定

钢管混凝土柱-钢梁节点作为一种组合结构，其受力特性与钢结构和钢筋混凝土结构都有所区别，目前还没有关于该类节点屈服和破坏的统一标准。对于确定屈服位移通常采用的方法有以下四种：①基于初始屈服；②基于弹性屈服；③基于耗能能力；④基于割线刚度。参考韩林海(2004b)中分别确定钢管混凝土柱和钢管混凝土柱-钢梁节点的屈服所采用的方法，本节采用第二种基于弹性屈服的方法来确定屈服荷载和屈服位移。对于无明显屈服点的荷载-位移曲线，以坐标原点 O 点作 P-Δ 关系曲线的切线与最高荷载点的水平线相交点的位移定义为节点的屈服位移Δ_y，并由该点作垂线与 P-Δ 关系曲线相交的点确定屈服荷载P_y。定义 P-Δ 关系曲线的最高点对应的荷载和位移为极限荷载 P_{max} 和极限位移 Δ_{max}；定义 $P_u=0.85P_{max}$为试件破坏荷载，相应的位移为节点的有效极限位移 Δ_u，按照上述方法，选取 7 个典型构件各阶段荷载及位移值，见表 4.5。

由表可以看出，随着轴压比的增加，节点的承载力有下降趋势，极限位移和破坏位移也相应减小，在相同轴压比的条件下，节点的承载力随着加强环宽度的增加而增大，屈服位移和极限位移也相应增大，而破坏位移变化不是很明显。由表还可以看出，随着梁柱线刚度比的加大，节点的承载力也相应增加。

表 4.5　构件各阶段的荷载及位移值

构件编号	加载方向	屈服状态		极限状态		破坏状态	
		P_y/kN	Δ_y/mm	P_{max}/kN	Δ_{max}/mm	P_u/kN	Δ_u/mm
JD6-06	正向	242.60	8.96	335.38	30.52	285.07	40.00
	负向	−243.20	−8.54	−334.10	−31.65	−283.90	−41.50
JD6-02	正向	266.10	9.09	379.80	50.00	—	—
	负向	−267.23	−9.13	−379.17	−49.50	—	—
JD6-08	正向	193.70	6.00	319.19	24.00	271.31	32.50
	负向	−210.10	−5.70	−299.01	−19.05	−254.15	−31.30
JD5-06	正向	187.69	6.00	319.19	23.56	242.60	33.60
	负向	−198.69	−5.70	−301.36	−23.11	−243.20	−32.50
JD6-06-1	正向	178.97	7.53	302.52	30.00	257.14	42.05
	负向	−181.24	−7.15	−299.34	−29.65	−254.44	−41.35
JD6-06-5	正向	173.10	8.64	281.82	40.00	—	—
	负向	−187.68	−8.58	−269.01	−40.00	—	—
JD6-06-8	正向	237.12	6.20	415.89	24.00	—	—
	负向	−255.68	−5.90	−409.33	−23.37	—	—

4.9　基于 ABAQUS 的钢管煤矸石混凝土加强环节点的抗震性能分析

4.9.1　节点的延性分析

本节采用位移延性系数和位移角延性系数来研究节点的延性特性。以节点有效极限柱顶水平极限位移 Δ_u 与屈服时的柱顶水平位移 Δ_y 的比值定义为层间位移延性系数；将构件破坏时的位移角与屈服位移角的比值定义为层间位移角延性系数，即

$$\mu_\theta = \frac{\theta_u}{\theta_y} \tag{4.5}$$

$$\theta_y = \arctan(\Delta_y / H) \tag{4.6}$$

$$\theta_u = \arctan(\Delta_u / H) \tag{4.7}$$

式中，H 为框架柱高度。

根据前面所述节点承载力指标的确定方法，得到试件的屈服位移 Δ_y 和破坏

位移Δ_u，且按上述方法可得到其屈服位移角θ_y和θ_u，则位移延性系数μ和位移角延性系数μ_θ计算值见表4.6。

表4.6　构件的延性指标

构件编号	加载方向	屈服位移 Δ_y/mm	极限位移 Δ_{max}/mm	破坏位移 Δ_u/mm	位移延性系数 μ	弹性层间位移角 θ_y	弹塑性层间位移角 θ_u	位移角延性系数 μ_θ
JD6-06	正向	8.96	30.52	40.00	4.46	0.0107	0.0478	4.46
	负向	−8.74	−31.65	−41.50	4.75	0.0104	0.0496	4.75
JD6-02	正向	9.09	50.00	—	—	—	—	—
	负向	−9.13	−49.50	—	—	—	—	—
JD6-08	正向	6.00	24.00	32.50	5.42	0.0072	0.0388	5.39
	负向	−5.70	−19.05	−31.30	5.49	0.0068	0.0374	5.50
JD5-06	正向	6.00	23.56	33.60	5.60	0.0072	0.0401	5.57
	负向	−5.80	−23.11	−32.50	5.60	0.0069	0.0388	5.62

从表中可知，本次模拟的梁柱节点的层间位移延性系数为4.46～5.62；而对于钢筋混凝土结构，一般要求层间位移延性系数≥2(唐九如，1989)。《建筑抗震设计规范》(GB 50011－2010)规定：对于高层钢结构，弹性层间位移角限值$[\theta_e]=1/300\approx0.0033$，弹塑性层间位移角限制$[\theta_p]=1/50=0.02$。表中数据说明，在设计允许的层间位移角范围内，钢管煤矸石混凝土梁柱节点具有良好的延性性能。从表中还能得到如下结论：轴压比n和加强环宽度b对节点延性均有影响，当n相同时，随着b的减小，构件的位移延性系数逐渐提高，主要原因是b较大时节点变形主要集中在钢梁截面上，节点承载力较高但钢梁的屈曲更为显著，P-Δ曲线没有明显下降段。当b相同时，较小轴压比(JD6-02)的试件节点曲线没有下降段，表明节点具有良好的延性。

4.9.2　节点的耗能性能

模拟计算得到构件达到极限状态时滞回环的等效黏滞阻尼系数ζ_{eq}和能量耗散系数E见表4.7。

表4.7　钢管煤矸石混凝土节点模型耗能计算值

构件编号	总耗能 /(kN·m)	等效黏滞阻尼系数 ζ_{eq}	能量耗散系数 E
JD6-06	32.35	0.39	2.47
JD6-02	38.43	0.37	2.35
JD6-08	20.54	0.38	2.36

续表

构件编号	总耗能 /(kN · m)	等效黏滞阻尼系数 ζ_{eq}	能量耗散系数 E
JD5-06	30.59	0.39	2.44
JD6-06-1	23.58	0.31	2.00
JD6-06-5	23.54	0.34	2.13
JD6-06-8	35.81	0.39	2.48

从表中可以看出,各构件的等效黏滞阻尼系数 $\zeta_{eq}=0.31\sim0.39$,而钢筋混凝土节点的等效黏滞阻尼系数一般为 0.1 左右,型钢混凝土节点的等效黏滞阻尼系数为 0.3 左右(周起敬,1991)。因此,本章所模拟的钢管混凝土梁柱节点的耗能能力明显优于钢筋混凝土节点,且不小于型钢混凝土节点,耗能指标可满足结构抗震设计要求。

4.9.3　节点的刚度退化分析

图 4.68(a)为轴压比 n 对节点试件环线刚度 K_j 的影响。由图可见,当 b 相同时,轴压比 n 较大的试件的 K_j 退化快于 n 较小的试件。图 4.68(b)为节点试件在相同轴压比 n 时的环线刚度 K_j 随环板宽度 b 变化的影响曲线。由图可见,当轴压比 n 相同时,环板宽度 b 的变化对节点环线刚度影响不明显。

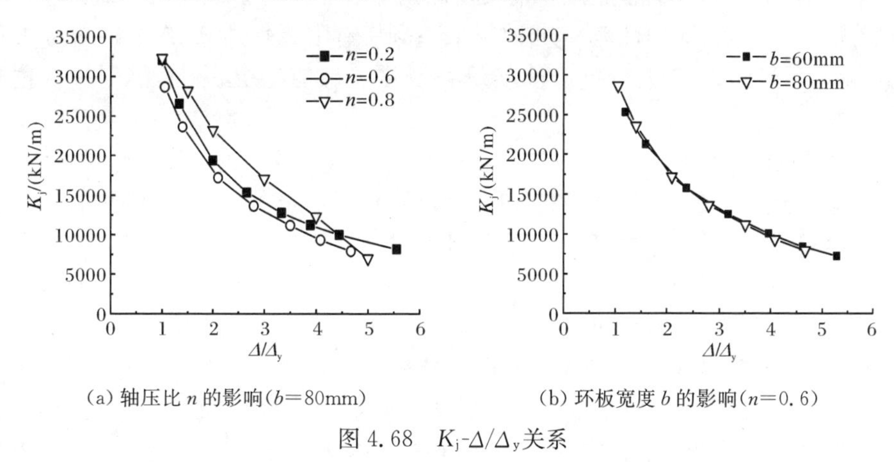

(a) 轴压比 n 的影响(b=80mm)　　(b) 环板宽度 b 的影响(n=0.6)

图 4.68　K_j-Δ/Δ_y关系

4.9.4　节点的强度退化分析

图 4.69 为节点的总体荷载退化系数 λ_j 随加载位移(Δ/Δ_y)的变化情况。由图可见,节点在屈服(位移达到 Δ_y)后都有较长的水平段,即使达到破坏荷载($0.85P_{max}$)仍能继续承受一定荷载。当加强环宽度一定时,轴压比较大(n=0.8)

时荷载退化明显。较小的轴压比强度退化不明显。保持相同轴压比条件下,随着加强环宽度增加,节点极限承载力有所增加,但总体荷载退化曲线均稍显平缓。

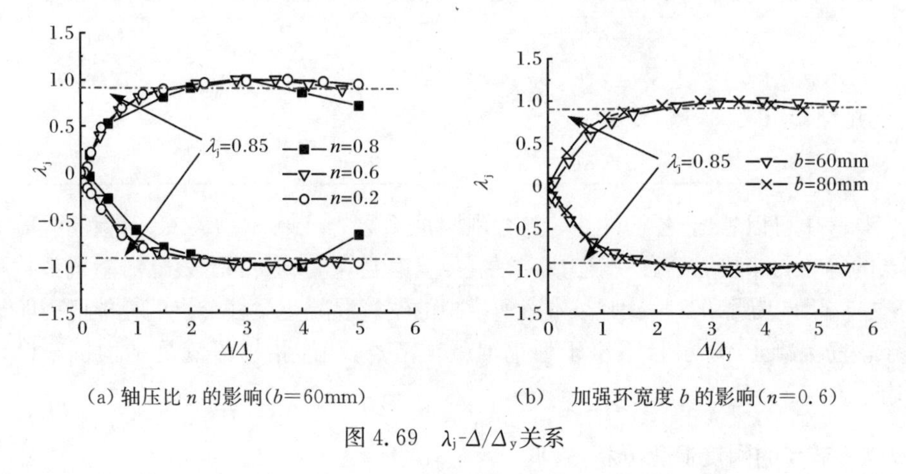

(a) 轴压比 n 的影响(b=60mm)　　(b) 加强环宽度 b 的影响(n=0.6)

图 4.69 λ_j-Δ/Δ_y关系

4.10 本章小结

本章对钢管煤矸石混凝土柱-钢梁外加强环节点进行了低周往复荷载作用下的试验研究,分析其滞回性能及其影响因素;利用有限元软件 ABAQUS 建立梁柱节点有限元模型,对其进行抗震性能研究及多参数有限元分析,得到如下主要结论:

(1) 试件的钢管柱及框架节点区域未发生破坏,主要以钢梁的受弯破坏为主,说明框架节点设计满足"强柱弱梁"以及"强节点弱构件"的抗震设计原则,试件节点是安全可靠的,设计方法可行,符合设计要求。

(2) 梁-环结合转角处的环板截面不仅是单向受力环板的危险截面,而且也是双向受力环板的危险截面,也是应变最大值出现的地方;环板环向的 45°方向则是另一个高应力区,但其应变值要小于梁-环转角处的应变值。

(3) 加强环节点在梁、环连接处存在较严重的应力集中现象,主要表现为应变值随荷载的增加变化比较快,试件的屈服和破坏首先出现在这些位置。该应力集中很难完全避免,制作时采取化角等措施来减小应力集中。

(4) 在梁端往复荷载作用下,试件的荷载-位移曲线没有明显下降段,表现出良好的延性和耗能性能。

(5) 在梁端低周往复荷载作用下,节点的滞回曲线饱满,没有明显的捏缩现象,无明显的下降段,位移延性系数为 4.46~5.78,等效黏滞阻尼系数明显优于钢筋混凝土节点,节点的耗能能力也不小于型钢混凝土,模拟结果表明,外加强环节点抗震性能良好。

(6) 随着含钢率的逐渐增大，节点的初始刚度和抗弯承载力相应增大。节点初始刚度和抗弯承载力随着钢梁强度的增大变化趋势不明显；随着梁柱线刚度比 i 的增大，节点的弹性阶段刚度和极限承载能力有所提高。

参考文献

蔡健，黄泰赟，苏恒强. 2002. 新型钢管混凝土中柱劲性环梁式节点的设计方法初探. 土木工程学报，35(1)：6－9.

蔡健，杨春，苏恒强. 2000. 穿心钢筋暗牛腿式钢管混凝土柱节点试验研究. 工业建筑，30(3)：61－64.

蔡健，杨春，苏恒强，等. 2000. 对穿暗牛腿式钢管混凝土柱节点试验研究. 华南理工大学学报：自然科学版，28(5)：105－109.

蔡绍怀. 2003. 现代钢管混凝土结构. 北京：人民交通出版社.

陈洪涛，吴时适，肖永福，等. 1999. 钢管混凝土框架钢筋贯通式刚性节点的试验研究. 哈尔滨建筑大学学报，32(2)：21－25.

陈惠发. 2001. 土木工程材料的本构方程. 余天庆，等译. 武汉：华中科技大学出版社.

陈娟. 2011. 圆钢管混凝土 T 型相贯节点动力性能试验和理论研究. 杭州：浙江大学博士学位论文.

陈鹏，王湛，袁继雄. 2004. 加强环式钢管混凝土柱钢梁节点的刚性研究. 建筑结构学报，25(4)：43－54.

陈绍蕃. 1998. 钢结构设计原理. 北京：科学出版社.

程志辉，司徒锡乐. 2001. 新达城广场钢管混凝土柱节点设计. 建筑结构，31(7)：23－26.

方小丹，李少云，陈爱军. 1999. 新型钢管混凝土柱节点的试验研究. 建筑结构学报，20(5)：2－15.

方小丹，李少云，钱稼茹，等. 2002. 钢管混凝土柱-环梁节点抗震性能的试验研究. 建筑结构学报，23(6)：10－18.

福建省住房和城乡建设厅. 2010. DBJ/T 13-51—2010　钢管混凝土结构技术规程. 福州.

龚昌基. 2001. 钢管混凝土柱节点形式的探讨. 建筑科学，17(1)：30－34.

顾伯禄，朱筱俊，吕清芳，等. 1998. 新型钢管砼框架节点实验研究及其应用. 东南大学学报，28(6)：106－110.

管品武，孟会英，刘立新，等. 2001. 钢管混凝土柱新型节点受力性能试验研究. 世界地震工程，17(4)：148－153.

过镇海，王传志. 1991. 多轴应力下混凝土的强度和破坏准则研究. 土木工程学报，24(3)：1－14.

韩林海. 2004a. 钢管混凝土结构——理论与实践. 北京：科学出版社.

韩林海. 2004b. 现代钢管混凝土结构技术. 北京：中国建筑工业出版社.

韩林海. 2007. 钢管混凝土结构——理论与实践. 2 版. 北京：科学出版社.

韩小雷，陈晖，季静，等. 1999. 穿心暗牛腿钢管混凝土柱节点的试验研究. 华南理工大学学报：自然科学版,27(10):96－101.
韩小雷,王永仪,季静,等.2002.穿心暗牛腿钢管混凝土柱节点的试验研究.工业建筑,32(7):68－70.
黄襄云,周福霖,罗学海,等.2001.钢管混凝土柱结构节点抗震性能研究.建筑结构,31(7):3－7.
季静,陈庆军,韩小雷.2001.穿心暗牛腿钢管混凝土柱节点的模型试验研究.华南理工大学学报,29(7):70－73.
蒋建飞,史耀华,崔莹,等.2004.论钢管混凝土柱节点的应用现状与存在问题.工程建设与设计,(5):26－27.
蓝宗建.2002.混凝土结构设计原理.南京:东南大学出版社.
李扬.2003.钢管混凝土柱的几种常用节点形式.建筑技术,34(8):600－602.
李至钧,阎善章.1994.钢管混凝土框架梁柱刚性抗震节点的试验研究.工业建筑,4(2):8－15.
林于东,林杰,宗周红.2004.低周往复荷载作用下矩形钢管混凝土柱与钢梁连接节点的受力性能.地震工程与工程振动,24(4):62－69.
刘志斌,钟善桐.2001.钢管混凝土柱钢筋混凝土双梁节点的刚性研究.哈尔滨建筑大学学报,34(4):26－29.
卢海林,吴军民,许成祥.2004.钢管混凝土框架节点选型与设计.武汉理工大学学报,26(2):44－49.
吕西林,李学平.2003.方钢管混凝土柱外置式环梁节点的试验及设计方法的研究.建筑结构学报,24(1):7－13.
聂建国,赵楠,陈志强,等.2004.钢管混凝土与钢梁斜交节点的试验研究.工业建筑,34(12):23－26.
欧谨,黄伟淳,韩晓健.1999a.新型钢管混凝土柱框架节点低周反复荷载试验研究.地震工程与工程振动,19(3):44－48.
欧谨,黄伟淳,杨放,等.1999b.新型钢管混凝土柱节点竖向承载力的试验研究.南京建筑工程学院学报,50(3):7－12.
欧谨,杨放,刘伟庆,等.2001.钢管混凝土双梁节点试验及现场测试.东南大学学报,31(1):74－77.
秦庚.2009.钢管混凝土柱-钢梁环板节点力学性能与设计方法研究.兰州:兰州理工大学硕士学位论文.
秦凯,聂建国,陈宇.2005.方钢管混凝土柱外加强环式节点的试验研究.哈尔滨工业大学学报,(增刊):350－353.
曲慧.2007.钢管混凝土结构梁-柱连接节点的力学性能和计算方法研究.福州:福州大学硕士学位论文.
容柏生.2002.高层建筑中的钢管混凝土柱及其节点.广东土木与建筑,1(1):3－8.
石亦平,周玉蓉.2006.ABAQUS有限元分析实例详解.北京:机械工业出版社.
宋玉普.2002.多种混凝土材料的本构关系和破坏准则.北京:中国水利水电出版社.
孙修礼.2006.高层钢管混凝土结构体系设计方法及试验研究.南京:东南大学博士学位论文.

唐九如. 1989. 钢筋混凝土框架节点抗震. 南京:东南大学出版社.

王静峰,韩林海,江莹. 2007. 方钢管混凝土柱-钢梁外加强环节点的非线性有限元分析. 沈阳建筑大学学报,23(2):177－181.

王文达,韩林海,游经团. 2006. 方钢管混凝土柱-钢梁外加强环节点滞回性能的试验研究. 土木工程学报,39(9):17－25.

吴发红,梁书亭,李麟,等. 2001. 钢加强环钢管混凝土梁柱节点试验研究. 盐城工学院学报,14(2):46－49.

薛玉丽. 2006. 新型钢管混凝土梁柱节点的理论分析与试验研究. 南京:河海大学硕士学位论文.

薛玉丽,陈玉泉. 2005. 钢管混凝土节点的研究现状与展望. 建筑技术开发,8(32):18－21.

尧国皇,陈宜言,黄用军. 2011. 新型钢管混凝土柱-钢筋混凝土梁节点抗震性能试验研究. 工业建筑,41(2):97－102.

尧国皇,陈宜言,林松. 2010. 新型钢管混凝土柱-钢筋混凝土梁节点的有限元分析. 特种结构,27(6):34－38.

张大旭,张素梅. 2001a. 钢管混凝土梁柱节点动力性能试验研究. 哈尔滨建筑大学学报,34(1):21－27.

张大旭,张素梅. 2001b. 钢管混凝土柱与梁节点荷载-位移滞回曲线理论分析. 哈尔滨建筑大学学报,34(4):1－6.

中国工程建设标准化协会. 2012. CECS 28:2012　钢管混凝土结构设计与施工规程. 北京:中国计划出版社.

钟善桐. 2003. 钢管混凝土结构. 3版. 北京:清华大学出版社.

周明. 2005. 钢管混凝土梁-柱节点试验与分析. 武汉:武汉大学硕士学位论文.

周起敬. 1991. 钢与混凝土组合结构设计施工手册. 北京:中国建筑工业出版社.

周氏,康清梁,童保全. 2001. 现代钢筋混凝土基本理论. 南京:河海大学出版社.

Alostaz Y M, Schneider S P. 1996. Analytical behavior of connections to concrete-filled steel tubes. Journal of Constructional Steel Research, 40(2):95－127.

Azizinamini A, Schneider S P. 2004. Moment connections to circular concrete-filled steel tube columns. Journal of Structural Engineering, 130(2):213－222.

Beutel J, Thambiratnam D, Perera N. 2002. Cyclic behaviour of concrete filled steel tubular column to steel beam connections. Engineering Structures, 24(1):29－38.

Choi S M, Hong S D, Kim Y S. 2006. Modeling analytical moment-rotation curves of semi-rigid connections for CFT square columns and steel beams. Advances in Structural Engineering, 9(5):697－706.

Elremaily A, Azizinamini A. 2001a. Experimental behavior of steel beam to CFT column connections. Journal of Constructional Steel Research, 57(10):1099－1119.

Elremaily A, Azizinamini A. 2001b. Design provisions for connections between steel beams and concrete filled tube columns. Journal of Constructional Steel Research, 57(9):971－995.

Elremaily A. 2001. Experimental behavior of steel beam to CFT column connections. Journal of Constructional Steel Research, 57(10):1099－1119.

Schneider S P, Alostaz Y M. 1998. Experimental behavior of connections to concrete-filled steel tubes. Journal of Constructional Steel Research, 45(3): 321—352.

Varma A H, Ricles J M, Sause R, et al. 2002. Seismic behavior and modeling of high-strength composite concrete-filled steel tube (CFT) beam-columns. Journal of Constructional Steel Research, 58(5): 725—758.

第5章 钢管煤矸石混凝土牛腿-钢梁外加强环节点的滞回性能研究

5.1 引 言

本章对钢管煤矸石轻骨料混凝土牛腿-钢梁外加强环节点进行低周往复荷载作用下的受力性能研究，分析其滞回性能、骨架曲线特征、耗能能力和延性性能；在试验的基础上，探讨钢梁、钢管壁和加强环的应变分布规律，研究影响节点受力性能的主要因素。

5.2 试验概况

5.2.1 试件设计与制作

本次试验对钢管煤矸石混凝土牛腿-外加强环节点进行研究，试件数量为2个，中柱节点1个，边柱节点1个，均采用一字形节点及牛腿外加强环连接形式。为了更好地模拟实际工程中的节点，将节点尺寸设计为柱高1.5m，两侧梁总长为2m。试验选用Q235钢材，柱采用外径325mm、厚6mm的钢管，外加强环宽度为60mm，采用10mm厚的钢板制成，内边与管壁采用坡口对接焊缝连接，上、下加强环与梁翼缘等高，梁采用工字形钢梁，梁翼缘厚10mm，腹板厚8mm，采用坡口对接焊缝焊接而成，其中梁翼缘与加强环、梁腹板与钢管均采用坡口对接焊缝连接；牛腿长175mm，宽度为60mm，采用8mm厚钢板与钢管壁及加强环用坡口对接焊缝焊接而成，上、下盖板为方形400mm×400mm，厚度为20mm，加工厂加工时只焊接下端盖板，上端盖板在混凝土浇筑完毕再另外焊接；混凝土为煤矸石混凝土，在实验室灌浇，使用辽宁阜新产煤矸石，粒径为5～20mm，煤矸石混凝土的设计强度为C30。节点试件具体尺寸如图5.1所示，试件实图如图5.2所示。

5.2.2 试验装置、加载制度及测试方法

1. 试验装置

试验对柱端、梁端分别加载，在柱两端布置球铰，柱端使用5000kN的千斤

顶施加恒定荷载，梁端使用500kN MTS液压伺服作动器施加往复荷载，节点试验装置如图5.3所示。在梁端加载点处纵向布置位移计测定梁端位移，横向布置位移计来测定梁端的扭转情况。试验数据通过数据采集仪由电脑自动采集完成。

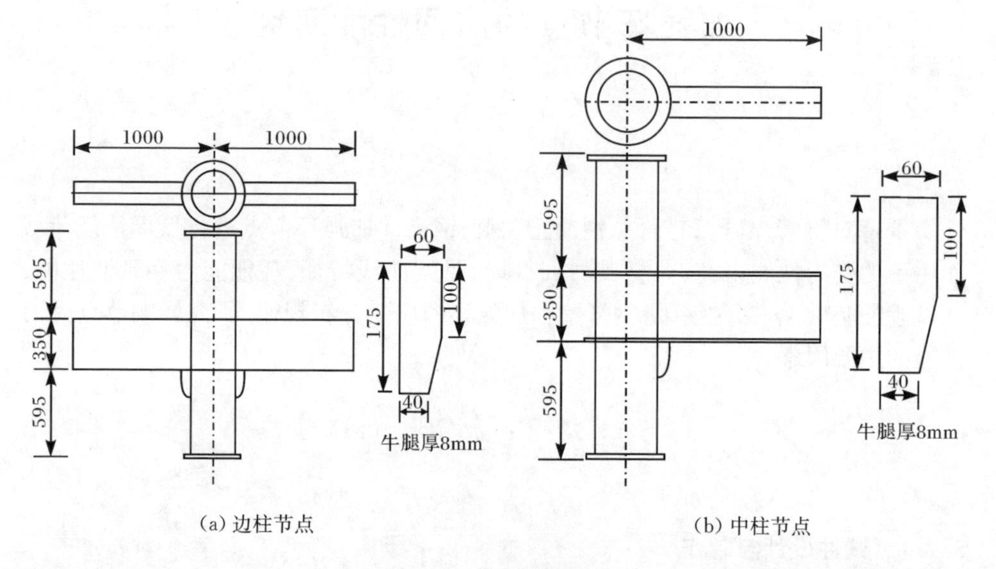

(a) 边柱节点　　(b) 中柱节点

图5.1　节点试件尺寸

(a) 中柱节点

(b) 边柱节点

图5.2　节点试件

2. 加载制度

试验控制轴压比为0.6，试验前经计算得出柱子承载力约为3000kN，所以试

(a) 中柱节点

(b) 边柱节点

图 5.3　试件节点加载装置

验中在柱端施加 1800kN 恒定荷载。为了试验的准确性,在开始施加梁端荷载之前对柱子施加预载一次,以观察柱子是否对中及试验设备是否调节妥当,观察完毕后卸载归零重新加载至 1800kN,然后对梁端进行加载,梁端采用两种不同的加载方式:第一种是对边柱节点试件,试件屈服前由荷载控制,屈服后由位移控制的方法进行加载,梁端荷载采用分级加载,在荷载控制阶段每级循环 3 次,达到屈服后改位移控制每级循环 2 次,试验前计算节点的屈服荷载为 150～165kN,按照每级荷载为屈服荷载的 1/15～1/10 的原则,所以在荷载控制阶段,首级加 20kN,然后以 10kN 递增,接近屈服时增量减小,直至达到屈服点,屈服位移为 Δ,由荷载-位移曲线较明显拐点确定,在位移控制阶段,取屈服位移 Δ 的倍数进行加载,直到节点破坏。第二种是对中柱节点试件,采用全程位移控制的方法进行加载,梁端荷载采用由位移控制分级加载的方式,在两梁端按反对称加载,取初始位移为 0.3mm,每级加载步长为 0.3mm,每级循环 3 次,加载至试件屈服,每级步长改为 2mm,每级循环 2 次,直到试件破坏。

3. 量测内容

应变测量采用三向应变花和单向电阻应变片进行测量,在试件加强环上沿环周等间距布置应变花,梁柱沿轴线方向布置应变片,并且端部加密,用来测量加强环、柱端和梁端的应变,测点布置如图 5.4 所示。节点位移由位移计及 MTS 液压伺服作动器配套的数据采集系统测量。

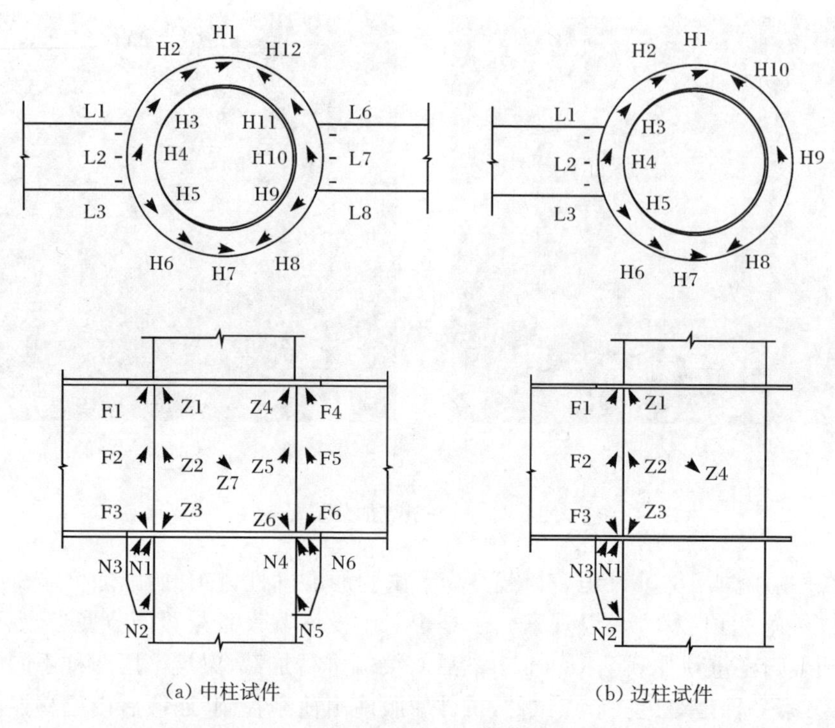

图 5.4 试件应变片、应变花测点布置

5.2.3 材料的力学性能

钢材的强度指标见表 4.2。在灌注煤矸石轻骨料混凝土的同时，制作一组共 3 个 150mm×150mm×150mm 的立方体试块及 100mm×100mm×300mm 的棱柱体试块，与试件同条件养护 28 天之后，测得煤矸石混凝土立方体试块的强度为 21.4MPa，弹性模量为31500MPa。

5.3 试验现象

边柱节点试验过程中，荷载达到 100kN 前，节点没有明显变形，节点处于弹性阶段，梁端荷载-位移曲线呈线性变化；在荷载达到 100～150kN 时，加强环与柱子连接处有铁锈脱落，并无明显变形，节点处于弹性阶段；达到屈服荷载时，梁与加强环连接拐角处出现细小裂缝；随着节点的变形增加，裂缝加大，最终梁发生整体失稳，梁与加强环连接处撕裂，节点发生破坏，其破坏形式如图 5.5 所示。

(a) 边柱节点的整体破坏

(b) 边柱节点梁与加强环的撕裂破坏

(c) 边柱节点的钢梁腹板屈曲情况 1

(d) 边柱节点的钢梁腹板屈曲情况 2

图 5.5　边柱节点破坏情况

在中柱节点试验过程中，荷载在达到 100kN 前，节点没有明显变形与撕裂；荷载在 100～150kN 时，加强环与柱子连接处有铁锈脱落，并无明显变形，梁端荷载-位移曲线呈线性变化，节点处于弹性阶段；荷载达到屈服时，梁与加强环连接拐角处出现细小裂缝，此处应力较为集中；随着荷载的增加，位移有明显的变化，梁与加强环连接拐角处的裂缝逐渐加大；随着节点的变形增加，裂缝进一步加宽、加深，但承载力却有一定提高，最终承载力不再增加，梁与加强环连接处撕裂，节点发生破坏。节点破坏形式如图 5.6 所示。

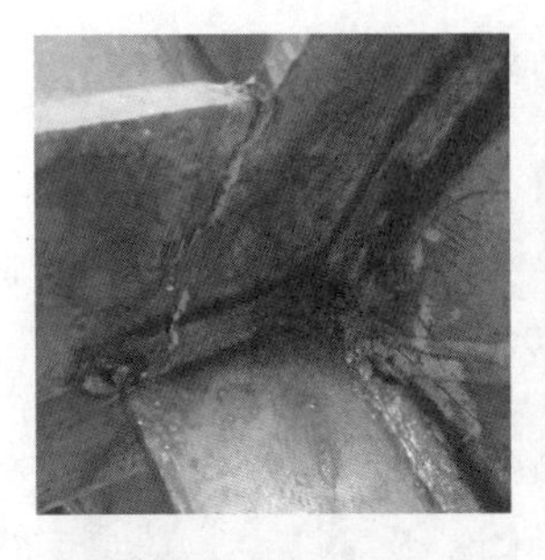

(a) 牛腿处破坏

(b) 下加强环破坏

(c) 上加强环破坏

(d) 左侧牛腿处破坏情况

(e) 右侧牛腿处破坏情况

图 5.6　中柱节点破坏情况

5.4　试验结果与分析

5.4.1　荷载-应变关系曲线

1. 中柱节点

图 5.7～图 5.9 为中柱节点各测点的荷载-应变曲线。各测点的布置情况参见图 5.4。图 5.7 为外加强环左、右两端沿环半径方向测点的荷载-应变曲线，在

试验开始阶段曲线斜率变化不大，加强环左端 H3、H5 点及加强环右端 H9、H11 点曲线的斜率变化率略大于 H4、H10 点曲线斜率的变化率，表明此时加强环两端无明显变形，处于弹性阶段；随着荷载的增加，加强环左端 H3、H5 点及环右端 H9、H11 点曲线的斜率变化明显加快，曲线出现明显倾斜，应变值达到 3000με；H4、H10 点曲线的斜率变化较小，应变值变化较小，约为 500με，加强环左端 H3、H5 点及环右端 H9、H11 点曲线的斜率变化率明显大于 H4、H10 点曲线的斜率变化率，表明此时加强环两端已发生较大变形，而加强环左端 H3、H5 点及加强环右端 H9、H11 点变形最为明显，此处应力集中，由此判断此处为加强环的危险点，而经过此点的加强环半径方向为加强环的危险截面。

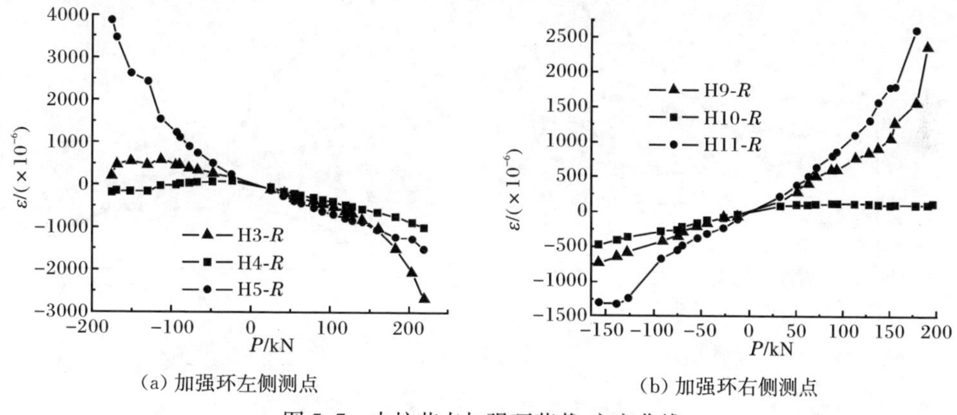

(a) 加强环左侧测点　　(b) 加强环右侧测点

图 5.7　中柱节点加强环荷载-应变曲线

图 5.8 为左、右两梁翼缘的荷载-应变曲线，由两曲线可以看出，梁翼缘应变较为均匀，无明显应力集中，各测点荷载-应变曲线的斜率无明显突变，翼缘测点 L1、L2 和 L3 靠近外加强环应力集中部分变形稍大，应变最大值约为 1000με，与试验中梁没有明显变形的现象相符。

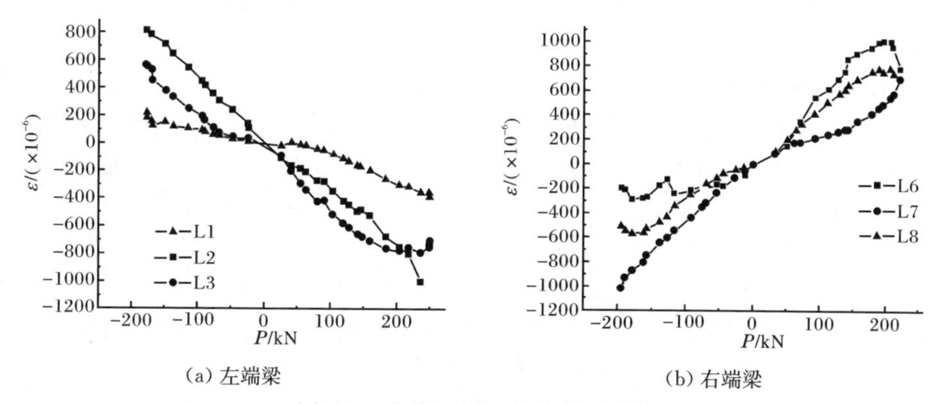

(a) 左端梁　　(b) 右端梁

图 5.8　中柱节点梁荷载-应变曲线

图 5.9 为左、右梁牛腿各测点的应变分布情况。由图可以看出，牛腿各测点的应变值变化相差较大，两牛腿靠近外加强环与柱相连处的 N1-*X* 及 N4-*X* 测点的应变值均较小，约为 200με，靠近外加强环边缘处的 N3-*X* 及 N6-*X* 测点应变值较大，最大值约为 1500με，牛腿下端 N2-*X* 及 N5-*X* 测点的应变值变化也较为明显，最大值达到 1000με，说明牛腿与外加强环边缘连接处应力最大，变形最为明显，牛腿下端与柱连接处的应力大于牛腿上端与柱连接的部分，应力值是从上至下逐渐增大的，牛腿与外加强环连接部分的应力是由内边缘到外边缘逐渐增大的，这也反映了应力在牛腿上的分布规律。

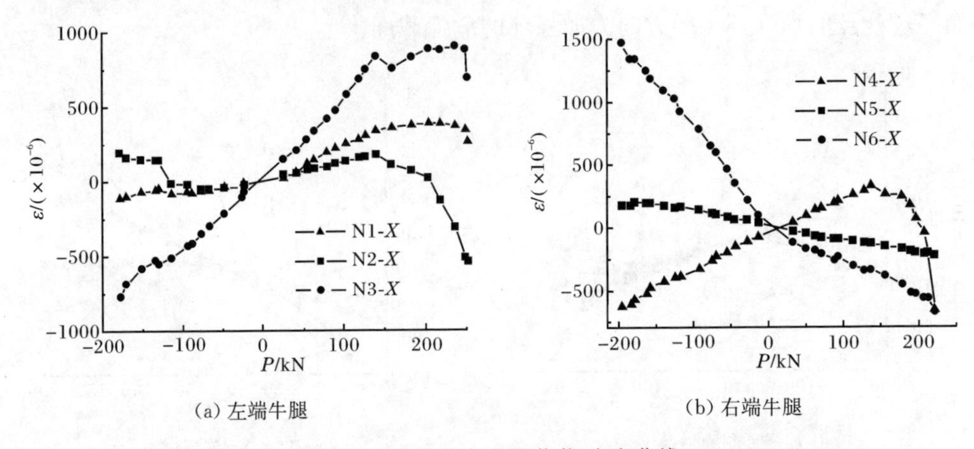

(a) 左端牛腿　　(b) 右端牛腿

图 5.9　中柱节点牛腿荷载-应变曲线

2. 边柱节点

图 5.10～图 5.12 所示为边柱节点加强环各测点的荷载-应变曲线。图 5.10 为外加强环测点沿半径方向及与半径成 45°方向的应变分布情况，在试验开始阶段曲线斜率变化不大，加强环 H3、H5 点曲线的斜率变化率略大于 H4 点曲线的斜率变化率，表明此时加强环无明显变形，处于弹性阶段；随着荷载的增加，加强环 H3、H5 点曲线的斜率变化明显加快，曲线出现明显倾斜，应变值达到 2800με，H4 点曲线的斜率变化较小，应变值约为 480με，H3、H5 点曲线的斜率变化率明显大于 H4 点曲线的斜率变化率，表明此时加强环已发生较大变形，而加强环 H3、H5 点变形最为明显，此处应力集中，由此判断此处为加强环的危险点，而经过此点的环半径方向为加强环的危险截面。

图 5.11 为牛腿的横向及纵向荷载-应变曲线。由图中可以看出，牛腿各测点的应变值变化相差较大，牛腿靠近外加强环与柱相连处的 N1-*X* 及 N1-*Y* 的应变值均较小，约为 180με，靠近外加强环边缘处的 N3-*X* 及 N3-*Y* 应变值较大，最大

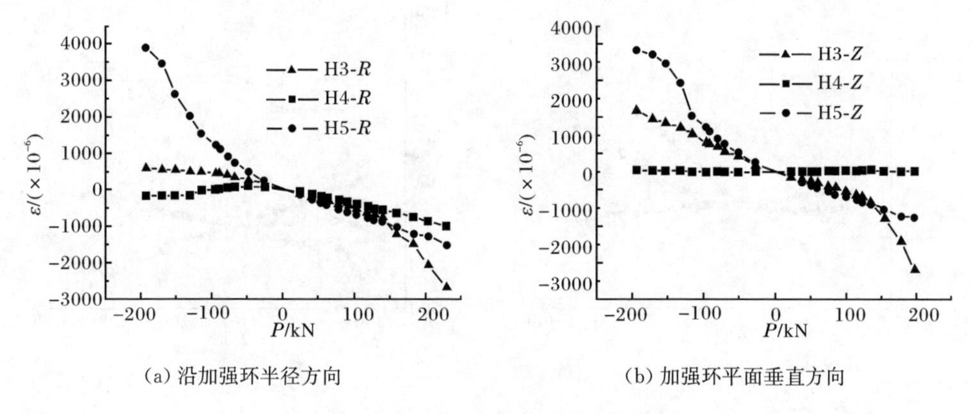

(a) 沿加强环半径方向　　(b) 加强环平面垂直方向

图 5.10　边柱节点加强环荷载-应变曲线

值约为 1400με，牛腿下端 N2-X 及 N2-Y 测点的应变值变化也较为明显，最大值达到900με，说明牛腿与外加强环边缘连接处应力最大，变形最为明显，牛腿下端与柱连接处的应力大于牛腿上端与柱连接的部分，牛腿部位的应力是从上至下逐渐增大的，牛腿与外加强环连接部分的应力是由内边缘到外边缘逐渐增大的，这也反映了应力在牛腿上的分布规律。

图 5.12 为梁腹板横向和纵向的荷载-应变曲线。由图中可以看出，梁腹板应变变化较为均匀，梁腹板无明显应力集中，测点各荷载-应变曲线的斜率无明显突变，腹板测点 F1、F3 靠近外加强环应力集中部分变形稍大，应变最大值约为 1000με，与试验中梁没有明显变形的现象相符。

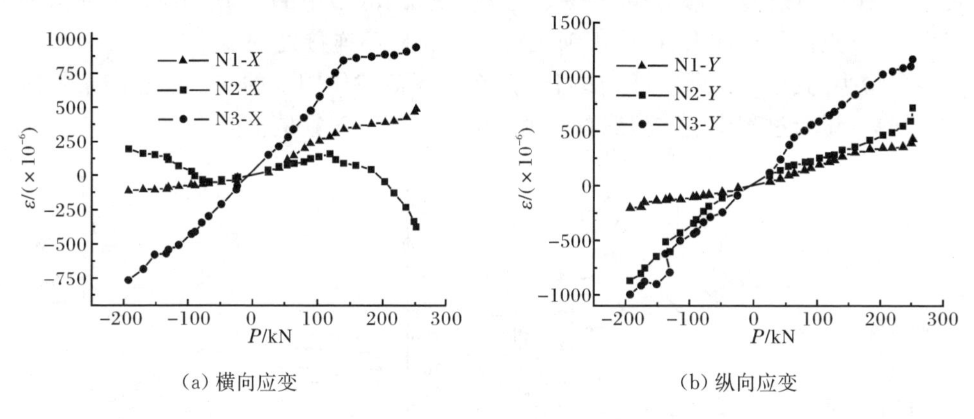

(a) 横向应变　　(b) 纵向应变

图 5.11　边柱节点牛腿荷载-应变曲线

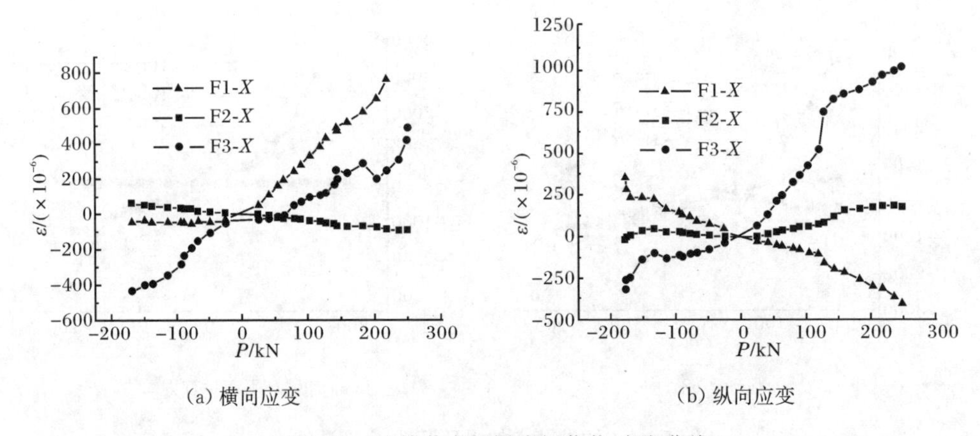

(a) 横向应变　　(b) 纵向应变

图 5.12　边柱节点钢梁腹板荷载-应变曲线

5.4.2　钢梁、加强环应力分析

1. 中柱节点应力分析

图 5.13 为中柱节点上加强环不同测量位置的应力分布曲线。由图 5.13(a)可以看出,H3 点的应力达到 900MPa,明显高于 H1、H2 点的应力值,是应力较大位置。当荷载达到 160kN 之前,H3 点应力的增加是比较缓慢的,当荷载超过 160kN 之后,H3 点所承受的应力加快,有明显的提高,直到应力值达到 900MPa。图 5.13(b)中 H4、H5 点的应力明显高于 H6 点,其中 H5 点的应力高于 H4 点。图 5.13(c)中 H9 点的应力高于 H7、H8 点,图 5.13(d)中 H11 点的应力明显高于 H10、H12 点。从整体来看,位于钢梁根部与加强环连接处的应力明显大于其他位置的应力,其中 H3、H5、H9 及 H11 点在相同荷载作用下的应力明显高于其他位置,这与试验过程中这些位置首先出现破坏的试验现象是相符的。

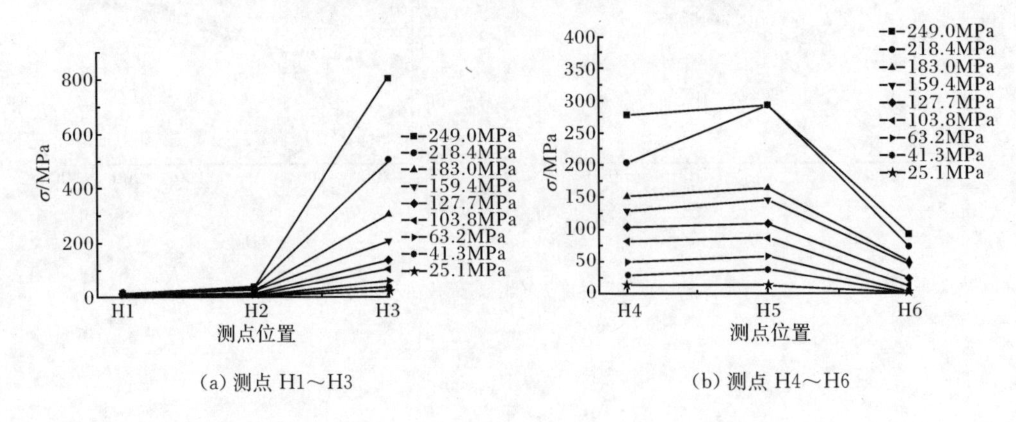

(a) 测点 H1～H3　　(b) 测点 H4～H6

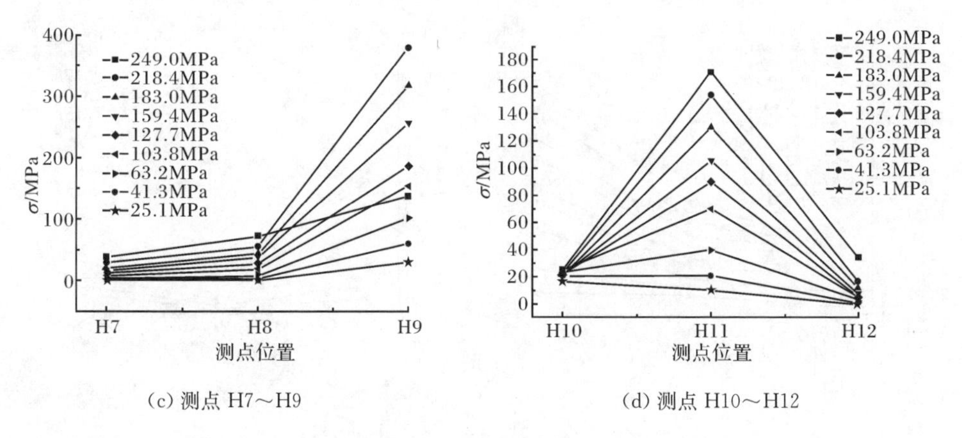

(c) 测点 H7～H9　　(d) 测点 H10～H12

图 5.13　中柱节点上加强环不同测量位置的应力分布曲线

图 5.14 为中柱节点下加强环 XH1～XH3 点和 XH8～XH10 点的应力曲线，其中 XH3 点、XH8 点及 XH9 点相对于其他点在相同荷载作用下承受了较高的应力，XH3 点具有与 H3 点相同的变化趋势，即在荷载较小时应力增加的趋势比较缓慢，随着荷载的增加，应力增加的速度加快，直到试件破坏。与上加强环相比，下加强环的应力相对较小。

图 5.15 为中柱两牛腿 N1～N3 点及 N4～N6 点的应力曲线，其中 N1、N2 及 N4、N5 为靠近钢管煤矸石混凝土柱一侧的测点，N3 及 N6 为外侧测点。从图中可以看出，N3 测点及 N6 测点所承受的应力高于靠近钢管柱的测点所承受的应力，约达到 250MPa，说明牛腿外侧位置在相同荷载作用下所承受的应力较高，且是危险点。

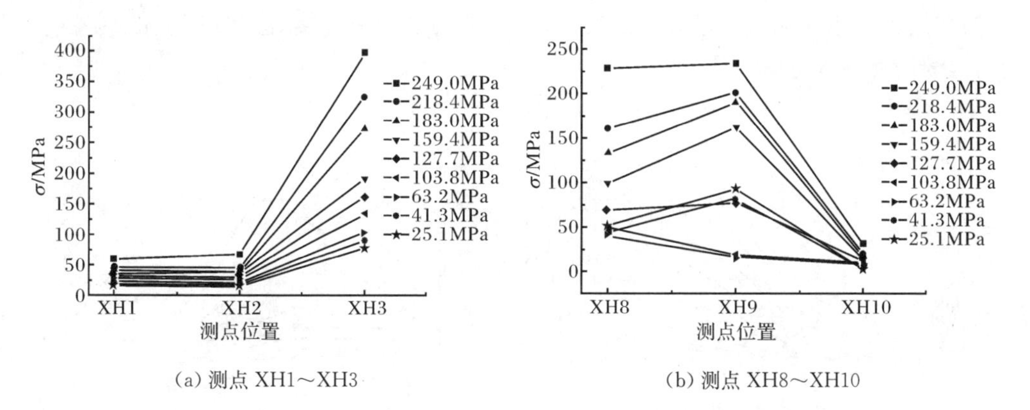

(a) 测点 XH1～XH3　　(b) 测点 XH8～XH10

图 5.14　中柱节点下加强环各测点应力曲线

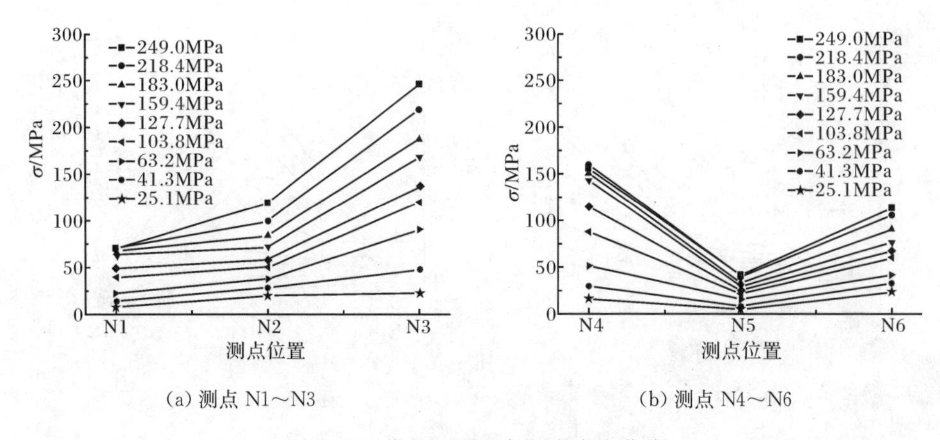

(a) 测点 N1～N3　　(b) 测点 N4～N6

图 5.15　中柱两牛腿各测点应力曲线

2. 边柱节点应力分析

图 5.16 为边柱节点上加强环的 H1～H3 点及 H4～H6 点的应力曲线，其中 H3、H5 点相对于其他点在相同荷载作用下承受较高的应力，H3、H5 点同样处于钢梁与加强环交接处，且具有与中柱节点 H3 点相同的变化趋势，即在荷载较小时应力增加的趋势比较缓慢，随着荷载的增加，应力增加的速度加快，直到试件破坏。

图 5.17 为边柱牛腿 N1～N3 点应力曲线，其中 N1、N2 为靠近钢管煤矸石混凝土柱一侧的测点，N3 为外侧测点。从图中可以看出，N3 测点所承受的应力高于靠近钢管柱的测点所承受的应力，约达到 230MPa，说明牛腿外侧位置在相同荷载作用下所承受的应力较高，这与试验中牛腿与加强环连接处出现裂缝的现象吻合，表明此处为危险点。

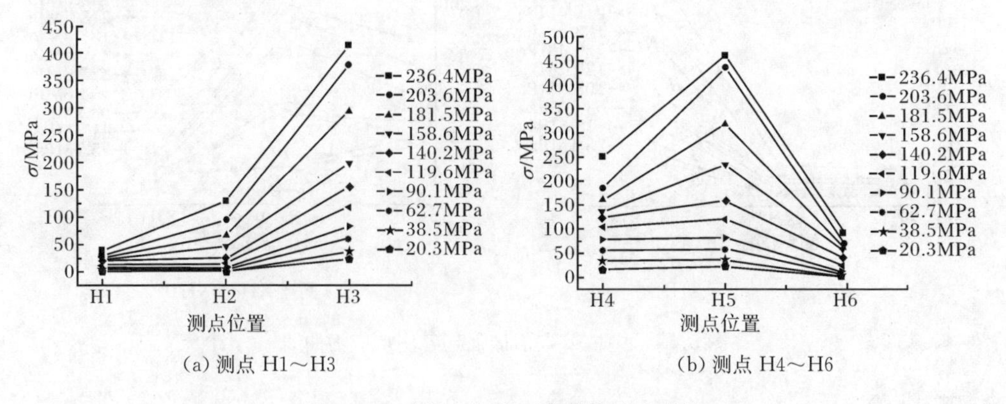

(a) 测点 H1～H3　　(b) 测点 H4～H6

图 5.16　边柱上加强环各测点应力曲线

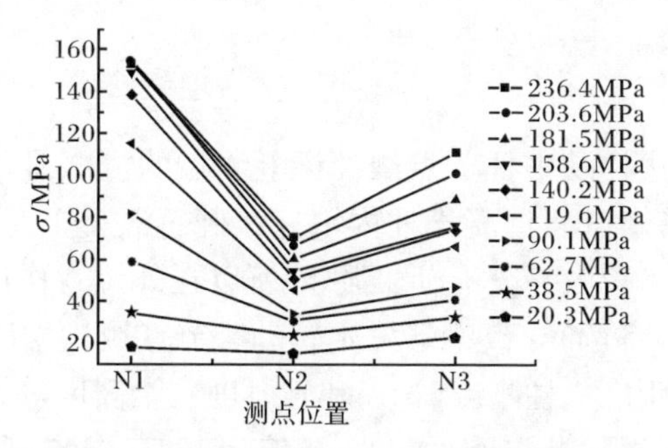

图5.17　边柱牛腿N1～N3点应力曲线

3. 钢梁应力分析

图5.18和图5.19分别为边柱节点及中柱节点钢梁腹板的应力-应变曲线。由图5.18可以看出，腹板角部承受的应力明显高于腹板中间部分，说明靠近加强环的部分所承受的应力较大，其中F3点的应力值达到210MPa，而F2点仅有约50MPa，F3点的应力约为F2点的4倍。图5.19中测点的应力曲线具有与边柱测点同样的趋势，其中腹板角部所承受的应力为中间部分应力的4倍多，角部承受较大的应力。

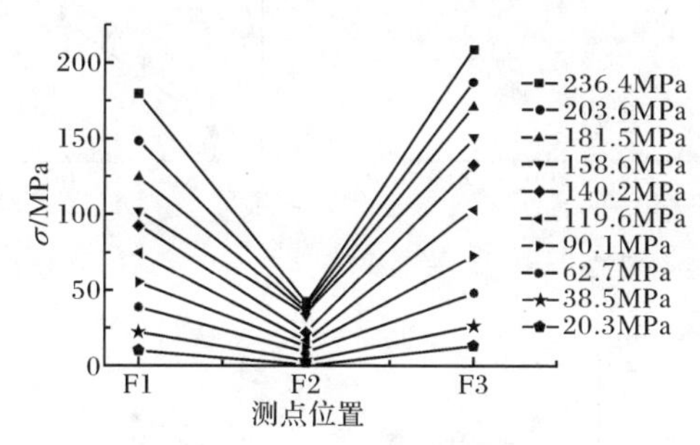

图5.18　边柱节点钢梁腹板应力曲线

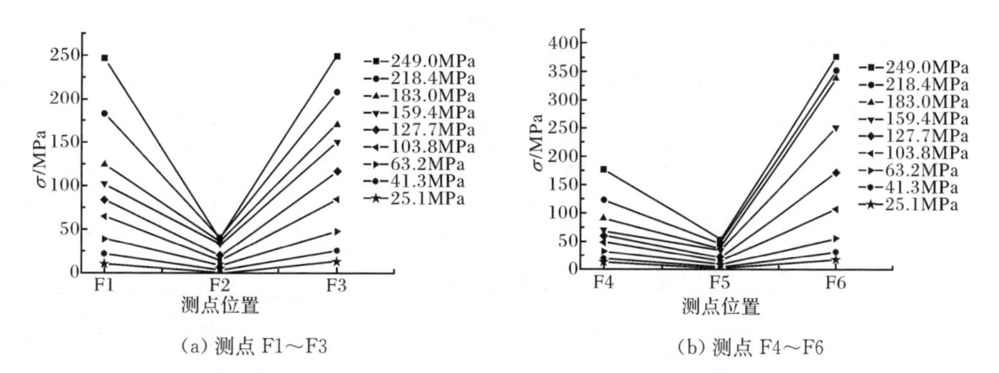

图5.19　中柱节点钢梁腹板各测点应力曲线

5.4.3 节点刚性分析

图 5.20 所示为边柱及中柱节点试件梁上测点的挠度值,同时给出相应的理论计算值。尽管钢管煤矸石混凝土柱内填充煤矸石混凝土对提高构件承载能力有很大的帮助,但由于管内一般不设加强环,所以在外拉力作用下,管壁会产生不可忽视的平面外变形,进而导致梁端发生转动。节点域构件刚度影响因素包括:环板宽度(或者环板刚度)、柱刚度(管径和管厚度)、梁高度等。环板宽度越宽,节点刚性越好;柱刚度越强,节点刚性越强;梁高度越高,节点刚性越差。同样借鉴陈惠发(2001)的观点,在节点正常使用状态下,如果测到的梁上某一特定点的挠度值与理论计算得到的挠度值一致(甚至还要小),那就可以断定该节点是刚性的。按照此节点刚性判断方法,本次试验中中柱节点及边柱节点符合刚性假定,因此钢管煤矸石混凝土牛腿-外加强环形式节点可看成刚性节点来使用。

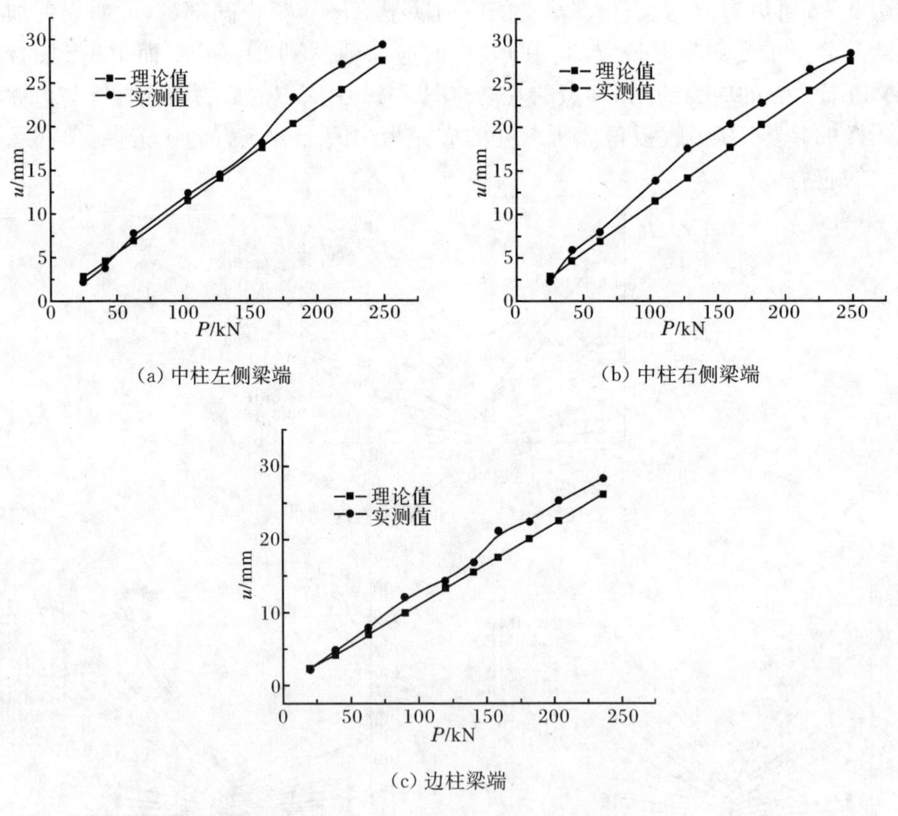

(a) 中柱左侧梁端

(b) 中柱右侧梁端

(c) 边柱梁端

图 5.20 节点梁端荷载-挠度曲线

5.4.4 剪力在节点中的传递

节点中的牛腿起到传递剪力的作用，当梁与管柱的侧面相连时，梁端剪力都是通过牛腿（或一段短梁段）的腹板焊缝或焊在管柱上的垂直钢板的焊缝传给柱子（韩林海和杨有福，2004；钟善桐，2003）。图5.21为剪力沿管壁向管柱内传递示意图，可以看出横梁与管柱、连接处，剪力 V 经垂直焊缝作用于管壁外表面，通过钢管与混凝土之间的黏结作用，逐渐传给核心混凝土，假设黏结力沿45°的 a-a 线以下为均匀分布，到焊缝下端传入混凝土的总剪力为（韩林海和杨有福，2004；钟善桐，2003）

$$V_c = f_{ce}(L - r_0)2\pi r_{co} \tag{5.1}$$

式中，r_{co} 为钢管内半径；L 为垂直焊缝长度；f_{ce} 为黏结强度设计值，一般为1～2MPa。

焊缝长度 L 常取决于以下条件：横梁为工字钢梁时，L 是钢梁腹板的高度；用焊于管壁的牛腿传递剪力时，是牛腿肋板的高度。

设实际剪力为 V，则应由核心混凝土承担的剪力部分为

$$V' = \frac{1}{1+na}V \tag{5.2}$$

式中，$n=\dfrac{E_s}{E_c}$，$a=\dfrac{A_s}{A_c}$，A_s 和 A_c 分别为钢管和混凝土的面积，E_s 和 E_c 分别为钢材和混凝土的弹性模量。

当 $V'<V_c$ 时，剪力在 L 长度内传入混凝土；当 $V'>V_c$ 时，到焊缝下端 B-B 截面处，剪力仍有一部分未传入混凝土，致使 B-B 截面的钢管超载。需向下再经过一段距离，截面应力才趋于均匀分布。因此，B-B 截面处钢管应力大，属于危险截面。但考虑到钢管发展塑性后，截面不会发生破坏。为了安全，应在 B-B 截面处设置加强环。

可通过式(5.3)验算焊缝处管壁的抗剪强度：

$$\tau = \frac{0.6V_{max}}{h_1 t}\lg\frac{2r_{co}}{t_1+1.4h_f} \leqslant f_v \tag{5.3}$$

式中，V_{max} 为梁端的最大剪力；h_1、t_1 为梁端腹板或牛腿肋板的高度和厚度；t 为钢管壁厚；h_f 为角焊缝的焊角尺寸；r_{co} 为混凝土的外半径，即钢管的内半径。

这里 $0.6V_{max}$ 是考虑剪力沿焊缝长度向下经黏结力逐步传入混凝土；$\lg\dfrac{2r_{co}}{t_1+1.4h_f}$ 是考虑剪力分布不均匀系数；f_v 为钢材的抗剪强度设计值。

本试验以中柱节点钢管煤矸石混凝土柱左侧测点为例，分析节点中焊缝的传力情况，图5.22为中柱左侧靠近焊缝处的应力分布，图中Z1为靠近上加强环的柱管上测点的应力曲线，Z3为靠近下加强环处的柱管上测点的应力曲线。

由图可以看出，当荷载加到最大时，Z1 测点的应力值超过 50MPa，Z3 测点的应力值在荷载同样达到最大时超过 65MPa，Z3 测点的应力值超过 Z1 测点应力值的 30%，这说明牛腿在整个节点中承担部分剪力，其所承担的剪力主要是由焊缝传递的，且是由上到下逐渐增大的。因此，设置牛腿对提高节点强度有较大作用。

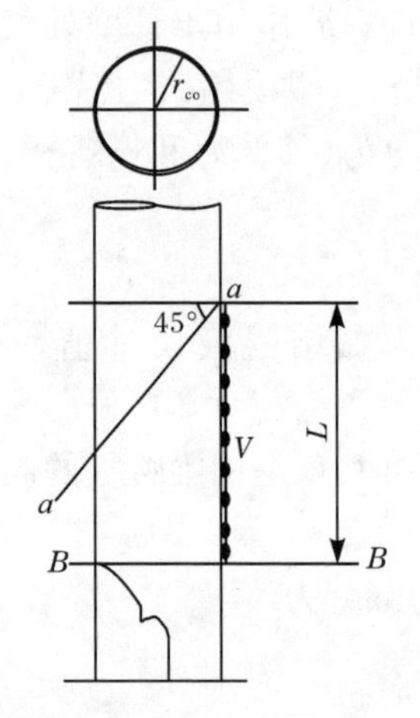

图 5.21　垂直剪力的传递

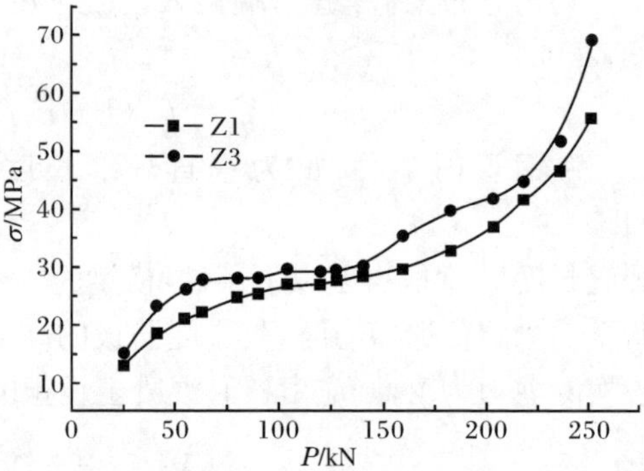

图 5.22　柱管应力分布

5.4.5　节点滞回性能分析

1. P-Δ 滞回关系曲线

图 5.23 为中柱节点和边柱节点的梁端荷载-位移滞回关系曲线。从图中可以看出，在屈服之前，节点的总体变形很小，随着每级荷载的增加，位移的增量很小，加载一次形成的滞回环不明显；在节点屈服之后，随着荷载的增加，位移有明显变化，所形成的滞回环逐渐增大且饱满，承载力有一定提高，试件此时的荷载-位移滞回曲线呈饱满的菱形，无捏拢现象，吸能性较好，表现出优越的耗能性能。在节点的荷载-位移滞回曲线中，屈服后各级荷载 2 个循环的滞回环基本重合，强度退化比较缓慢，表明试件具有良好的延性和较高的承载力，进一步证明节点具有优越的抗震性能；随后承载力下降，节点破坏。

2. 节点核心区骨架曲线

各节点的骨架曲线如图 5.24 所示。从图中可以看出，骨架曲线分为三个阶段：第一阶段为上升阶段，曲线呈线性特征，此阶段随着荷载的增加，位移相应增加，每级位移的最大增量约为 0.2mm；第二阶段为屈服阶段，曲线呈二次曲线分布，节点刚度下降，随着荷载的增加，位移变化率增加；第三阶段为下降阶段，承载力降低直至节点破坏。试件节点达到屈服后,曲线屈服阶段及下降阶段的变化缓慢,说明节点具有很好的延性。

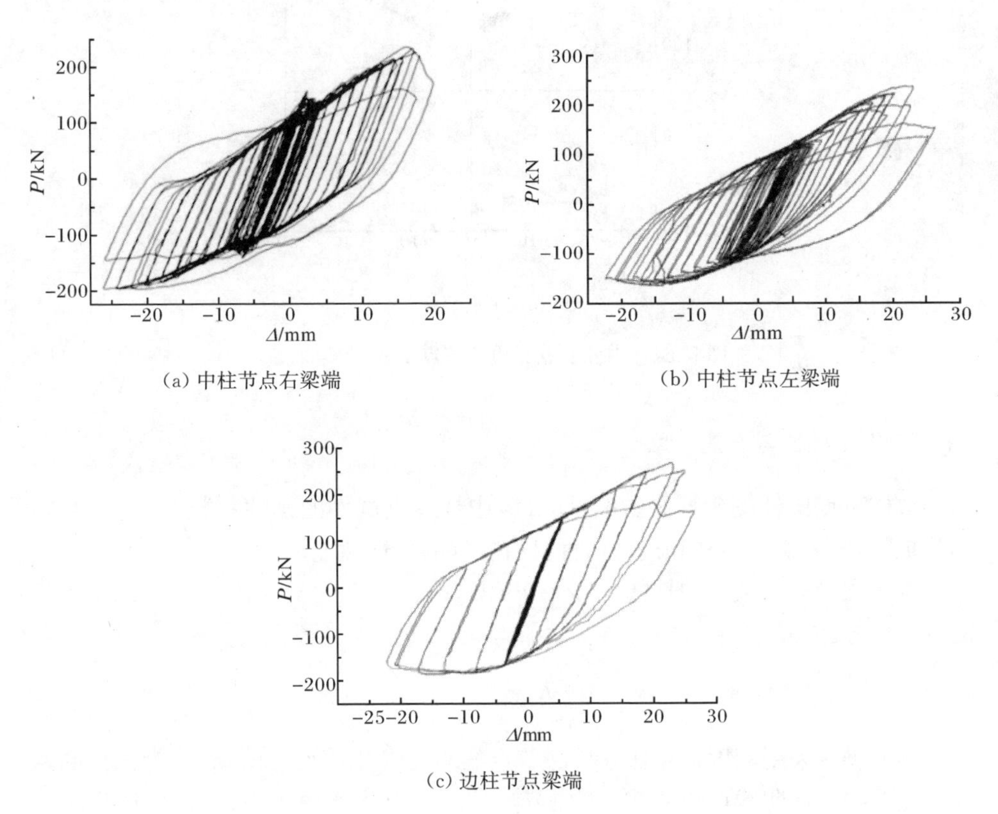

(a) 中柱节点右梁端　　(b) 中柱节点左梁端

(c) 边柱节点梁端

图 5.23　中柱节点和边柱节点梁端荷载-位移滞回关系曲线

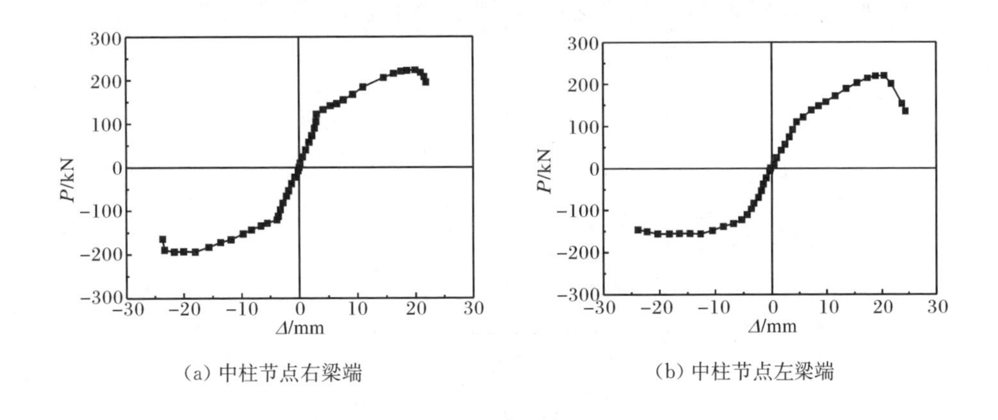

(a) 中柱节点右梁端　　(b) 中柱节点左梁端

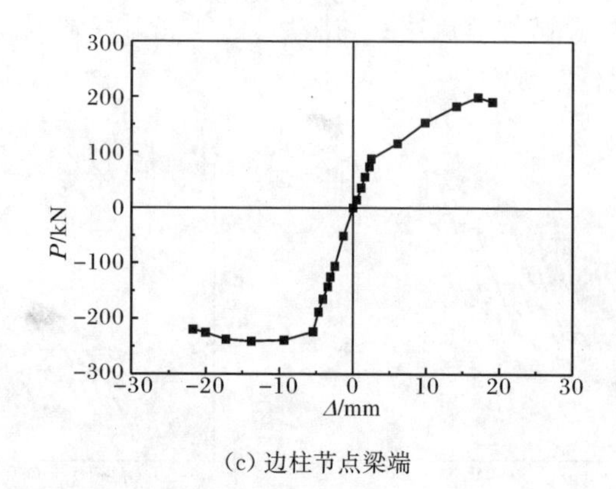

(c) 边柱节点梁端

图 5.24　中柱节点和边柱节点 P-Δ 骨架曲线

3. 节点延性与耗能

边柱节点试件的延性系数$\delta_{\Delta}=5.28$,中柱节点试件的延性系数 $\delta_{\Delta}=5.34$,均满足抗震要求,说明中柱和边柱试件具有较好的延性性能。

本次试验边柱试件的耗能比 $\Psi=0.891$,中柱试件的耗能比 $\Psi=0.893$,其耗能性能较好。

4. 刚度退化曲线

本节仍然采用刚度退化比来反映节点的刚度退化情况。图 5.25 为试件的刚度退化曲线。从曲线可以看出,边柱节点的刚度退化要快于中柱节点,产生原因主要是在施加反对称的往复荷载过程中,中柱节点的整体性要好于边柱节点。另外,试件刚度退化较为均匀,说明这种节点形式具有较好的抗震性能。

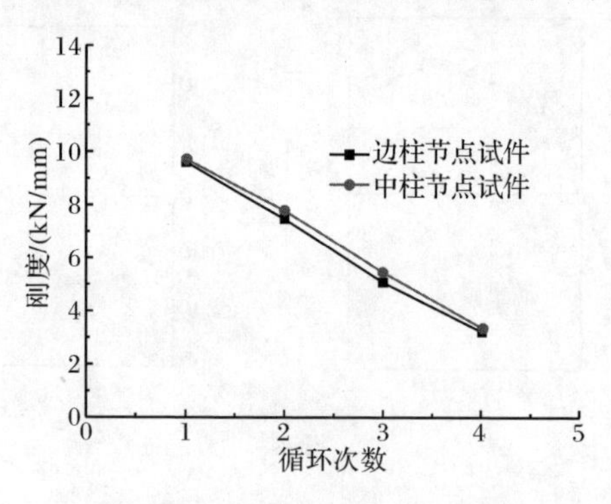

图 5.25　试件的刚度退化曲线

5. 强度退化曲线

图5.26表示节点承载力降低系数的变化情况。从图中可以看出，在梁端位移10mm以前，中柱及边柱节点试件的承载力降低系数变化不明显；但当梁端位移超过10mm以后，强度降低系数变化显著。中柱节点试件的强度退化要略大于边柱节点试件，最后钢管煤矸石混凝土柱基本上没有发生破坏，试验以节点区牛腿与钢梁交接处发生破坏而结束。

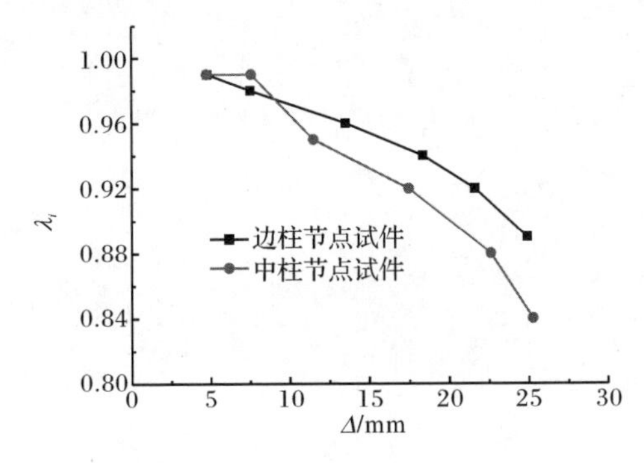

图5.26　承载力降低系数曲线

5.5　本章小结

本章对钢管煤矸石轻骨料混凝土牛腿-钢梁外加强环节点进行了低周反复荷载作用下的试验研究，得到以下主要结论：

(1) 外加强环与梁连接部分在节点核心区出现应力集中现象，这与试验中节点的危险点出现的位置是相符的。因此，提高核心区的强度对提高节点的整体强度有较大意义。

(2) 节点梁端的实测挠度与理论计算得出的挠度值相差很小，符合刚性假设，此种节点形式属于刚性节点。

(3) 牛腿的应力分布较有规律，由外加强环与柱连接内侧向外逐渐增大分布，牛腿上的应变以外边缘的应变最大，牛腿所承受的剪力是由上到下逐渐增大的，设置牛腿对提高节点强度作用明显。

(4) 节点梁端荷载-位移滞回曲线均呈饱满的菱形，无明显捏拢现象，屈服后每级荷载的两个循环曲线基本重合；节点的延性系数、耗能比均较大，表明节点具有良好的延性性能和耗能能力，其抗震性能优越。

参 考 文 献

陈惠发. 2001. 土木工程材料的本构方程. 余天庆,等译. 武汉:华中科技大学出版社.
钟善桐. 2003. 钢管混凝土结构. 3 版. 北京:清华大学出版社.
韩林海,杨有福. 2004. 现代钢管混凝土结构技术. 北京:中国建筑工业出版社.

第6章 钢管煤矸石混凝土柱-钢筋煤矸石混凝土环梁节点的滞回性能研究

6.1 引 言

在钢管混凝土柱与钢筋混凝土梁的连接节点中,《钢管混凝土结构设计与施工规程》(CECS28:2012)推荐了单梁节点和双梁节点两种形式,然而这两种节点形式刚度较小,传递弯矩的能力较差,对梁系布置的影响较大,因此不能作为刚接节点使用。

目前对于钢管混凝土节点的研究较多,但是由于节点试验的复杂性,其研究存在以下不足:①对于钢管混凝土柱-钢梁节点研究较多,而对钢管混凝土柱-钢筋混凝土梁的研究则相对较少;②在节点抗震性能的试验研究中,目前所见文献多数都是通过梁端加载方式来进行的,此试验方式无法全面考虑轴力的二阶效应的影响,无法考察轴压比对节点抗震性能的影响规律;③影响钢管混凝土节点抗震性能的主要因素一般有轴压比、梁柱线刚度比、含钢率、材料强度等,其中轴压比对节点的抗震性能起重要作用,而目前的试验研究由于试验条件的限制,轴压比一般都小于0.5,这与工程中轴压比一般在0.5以上的实际情况相差较大,因此有必要对钢管混凝土节点在大轴压比情况下的抗震性能进行进一步的试验研究。

钢管煤矸石混凝土柱-钢筋煤矸石混凝土环梁节点由于其传力比较明确,施工也较为方便,其应用前景广泛,有必要对其进行深入的研究。

本章设计了钢管煤矸石混凝土柱-钢筋煤矸石混凝土环梁节点,进行了低周反复荷载作用下的受力性能研究,分析其滞回性能、骨架曲线特征、耗能能力和延性性能;在试验的基础上,探讨试验参数对低周反复荷载作用下钢管煤矸石混凝土柱-钢筋煤矸石混凝土环梁节点滞回性能的影响规律。然后,利用ABAQUS软件,通过选择合理的材料本构关系和破坏准则,采用合适的接触模型、边界条件及加载方式,建立钢管煤矸石混凝土柱-钢筋煤矸石混凝土环梁连接节点模型,对其进行抗震性能研究及多参数有限元分析。

6.2　试验概况

6.2.1　试件设计与制作

1. 试件设计

试验共设计了两个钢管煤矸石混凝土柱-钢筋煤矸石混凝土环梁节点，分别为中柱节点和边柱节点。考虑到试验加载能力等试验条件的限制，采用 1∶3 缩尺尺寸的模型试验。试件中钢管煤矸石混凝土柱的承载力和钢管煤矸石混凝土节点的设计根据福建省工程建设地方标准《钢管混凝土结构技术规程》(DBJ/T 13-51—2003)中的相关条文，钢筋煤矸石混凝土梁和环梁节点区部分的配筋计算则参考现行国家规范《混凝土结构设计规范》(GB 50010—2002)，计算中所有材料指标均取实测值进行。试件 A1 和 A2 轴压比分别为 0.5 和 0.6，截面尺寸和配筋情况见表 6.1。

表 6.1　试件几何尺寸及配筋

编号	环梁截面 $b\times h$/(mm×mm)	环梁主筋 A_{sh1}/A_{Sh2}	环梁箍筋	钢管直径	框架梁截面 $b\times h$/(mm×mm)	框架梁主筋 A_{sk1}/A_{sk2}	抗剪环 Φ/h_f
A1	120×250	2⌀12/2⌀12	ϕ6@100	ϕ325	180×250	2⌀20/2⌀20	12/4
A2	120×250	2⌀12/2⌀12	ϕ6@100	ϕ325	180×250	2⌀20/2⌀20	12/4

注：b、h 分别为框架梁及环梁的截面宽和高；A_{sh1} 和 A_{sh2} 分别为环梁的面筋和底筋；A_{sk1} 和 A_{sk2} 分别为框架梁的面筋和底筋；Φ 为抗剪环钢筋直径；h_f 为抗剪环角焊缝高度。

为了保证试件满足抗震要求，所有试件的设计按照现行国家规范《建筑抗震设计规范》(GB 50011—2001)中关于“强柱弱梁、强剪弱弯、节点更强”的要求，以满足试件在梁端破坏的破坏模式。图 6.1 所示为试件的配筋图。

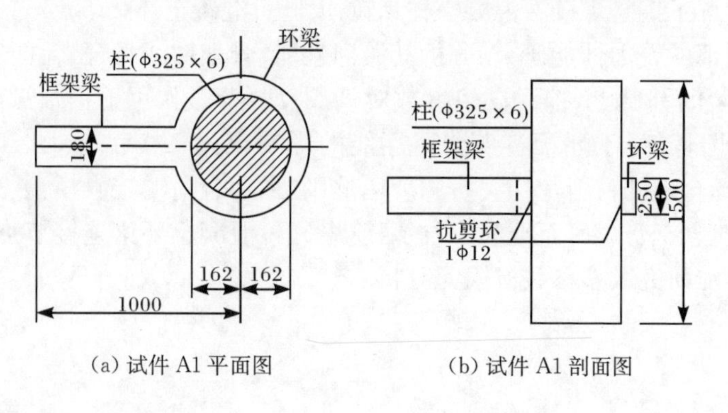

(a) 试件 A1 平面图　　(b) 试件 A1 剖面图

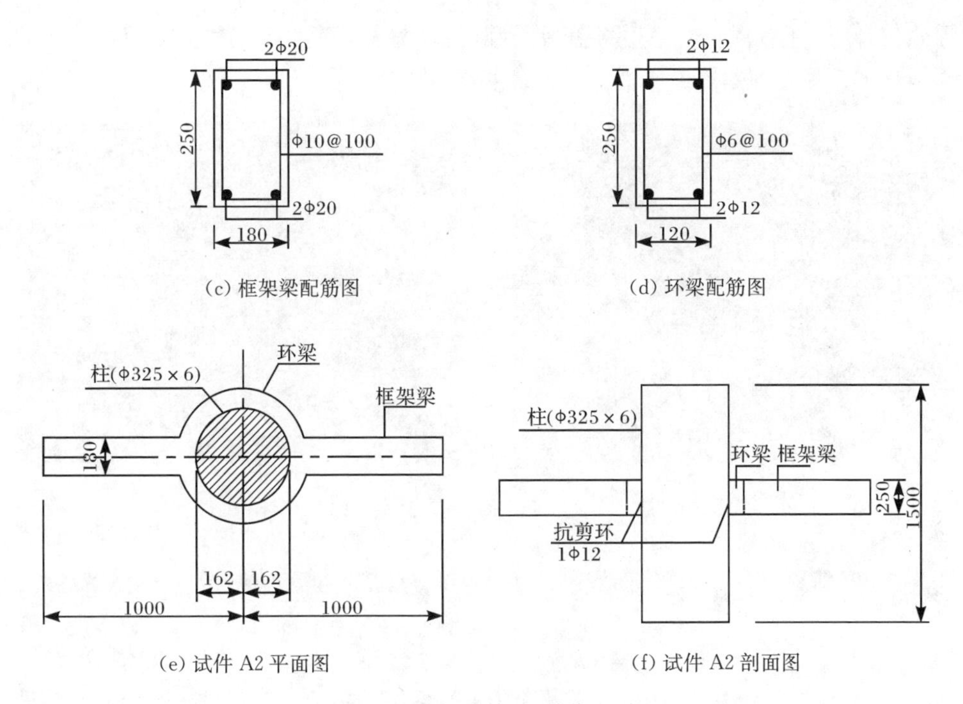

(c) 框架梁配筋图　(d) 环梁配筋图

(e) 试件 A2 平面图　(f) 试件 A2 剖面图

图 6.1　试件配筋图(单位:mm)

2. 试件制作

该节点试件是由钢管煤矸石混凝土柱、框架梁、钢筋煤矸石混凝土环梁和抗剪环构成。抗剪环是一圈焊接在钢管柱壁上的圆钢筋,其包裹在环梁之内,位置一般靠近梁底,需要时在环梁中部及其他位置可加焊若干圈(钟善桐,1999),抗剪环示意图如图 6.2 所示。环梁内钢筋布置方法与普通钢筋混凝土梁相似,包括与钢管壁平行的环形纵筋和与钢管壁垂直的矩形箍筋。框架梁的纵筋则直伸入环梁内锚固,末端一般需弯折(卢海林等,2004)。

柱钢管由钢结构加工厂制作,钢管混凝土柱的设计总长度为 1500mm,直径为 325mm。柱子顶面和底面设有盖板,尺寸为 400mm×400mm。框架梁和环梁钢筋均在结构实验室加工制作。绑扎钢筋笼时先将环梁的钢筋笼绑扎好,框架梁纵筋与环梁连接部分有弯起,将框架梁纵筋伸入环梁钢筋笼内绑扎固定,然后绑扎框架梁钢筋笼,并和环梁钢筋笼固定,图 6.3 为试件的骨架绑扎图。

钢管混凝土节点柱和梁的混凝土同批浇筑完成。柱中混凝土由顶面浇灌直至柱顶,梁中混凝土直接浇入模板,浇筑同时用振捣棒轻轻振击钢管壁和梁模板,使节点处的混凝土能够达到密实。图 6.4 为试件的支模图。混凝土浇捣完毕后在常温下浇水养护 7 天,10 天后拆掉模板。图 6.5 为拆模后的试件。将柱顶端的浮浆打掉，用环氧树脂找平后将盖板盖好，待环氧凝固后焊接盖板，并用打磨机将盖板顶面打磨水平。

图 6.2　钢管壁外贴焊抗剪环

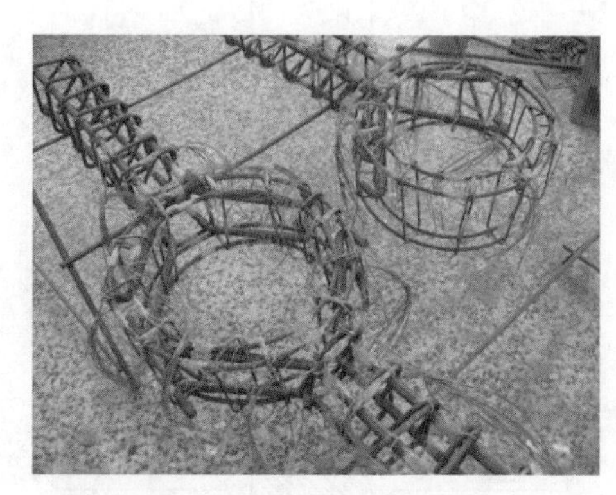

图 6.3　环梁骨架绑扎

图 6.4　试件支模

图 6.5　试件拆模后

6.2.2　试验装置、加载制度及量测内容

1. 试验装置

试验研究的对象为中间层中柱节点和边柱节点，柱子长度取为相邻两层中反弯点的距离，柱底为球铰支座连接，柱顶同样为铰接条件。框架梁两端铰接，且由夹具连接于 MTS 作动器铰支座上，两个 MTS 作动器在竖直方向上分别施加推、拉往复荷载作用于框架梁端。具体的试验装置如图 6.6 所示，试验过程中现场装置如图 6.7 所示。

节点柱子上端和下端均为铰接，柱顶施加保持恒定不变的轴力。为了严格实现节点的边界条件，具体做法如下：首先对柱子进行几何对中，使千斤顶轴线与柱

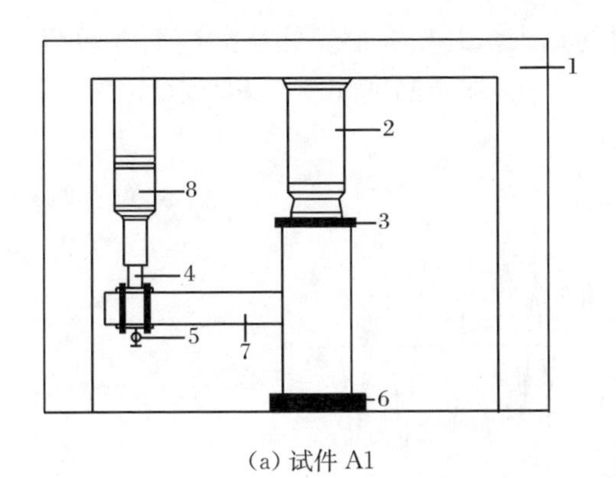

(a) 试件 A1

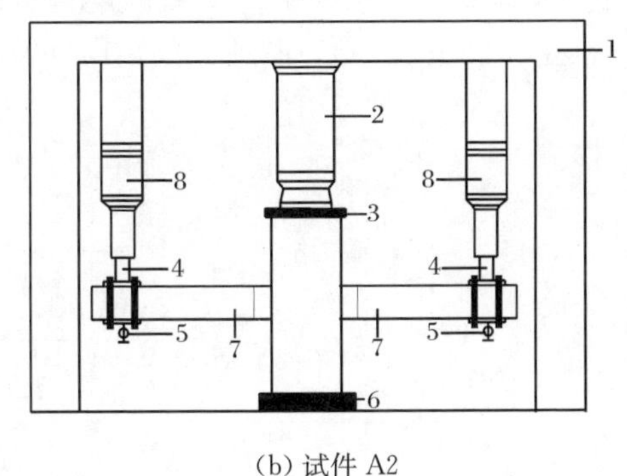

(b) 试件 A2

图 6.6　试验加载装置

1. 门式钢反力架；2. 液压千斤顶；3. 顶板；4. 压力传感器；
5. 位移计；6. 铰支座；7. 试件；8. MTS 作动器

图 6.7　节点试验加载装置

截面轴线位于同一竖直线，之后进行力学对中，先在柱顶加轴力 0.1～0.2N，测出柱上各测点的应变值，调整加载点位置，直至使柱基本处于轴压状态。柱顶端采用 500t 的液压千斤顶施加竖向荷载，数据通过 UCAM 数据采集系统进行自动采集并输出，可以在加载过程中进行实时监控，采用双控原则，即人工控制和计算机控制相结合的原则，其荷载数值在整个试验过程中保持不变。用铅锤测出梁端垂直轴线，使作动器处于梁端垂直轴线上且对中。

2. 加载制度

试验的加载采用荷载-位移混合控制方法。试件屈服前，采用荷载控制，每级荷载约为预计屈服荷载的 25%，每级荷载反复两次；试件屈服后，由位移控制，采用 Δ_y、$1.5\Delta_y$、$2.0\Delta_y$、$3.0\Delta_y$、$4.0\Delta_y$、$5.0\Delta_y$（Δ_y为屈服荷载对应的位移）进行加载（傅剑平等,1996a,1996b)。P-Δ 曲线上出现拐点表示开始屈服。屈服后前面 3 级荷载(Δ_y、$1.5\Delta_y$、$2.0\Delta_y$)循环 3 次,其余的循环 2 次,加载制度如图 6.8 所示。

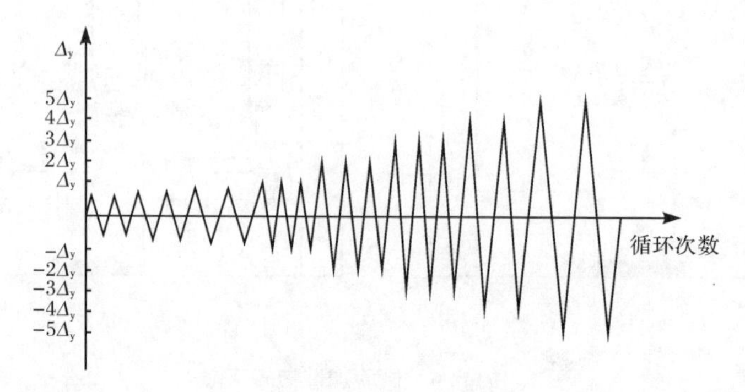

图 6.8　循环加载制度

按照预先设定的轴压比,在柱顶端施加一定的轴力。持荷 2～3min,然后利用 MTS 伺服作动器采用上述加载制度进行竖向低周反复加载。当加载到节点临近破坏时,荷载增量很小甚至下降,而位移增量却很大,当荷载降低到峰值荷载的 85%以下,停止加载(钱稼茹等,2003;张大旭和张素梅,2001)。

3. 量测内容

试验中的主要量测内容有:钢管煤矸石混凝土柱的位移,梁端位移,与环梁交接处框架梁上、下纵筋和箍筋的应变,环梁主筋的应变,环梁箍筋的应变,梁端与环梁交接处煤矸石混凝土的应变等。图 6.9 为节点试件测点布置情况。为便于比较,两个试件的混凝土和钢筋应变片布置方案相同。试件混凝土应变片的测点布置如图 6.10 所示,钢筋应变片测点布置如图 6.11 所示。

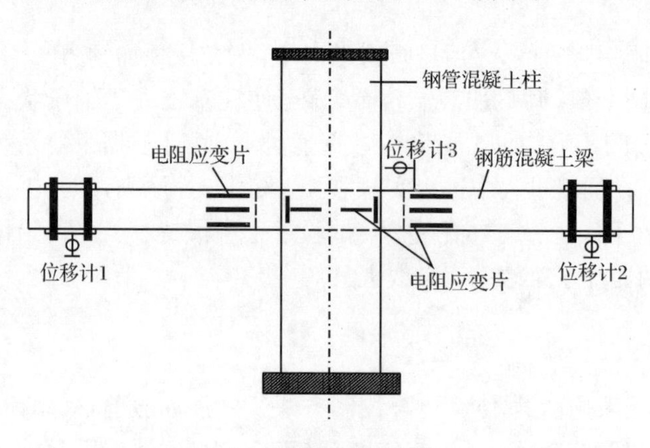

(a) 节点外部测点布置

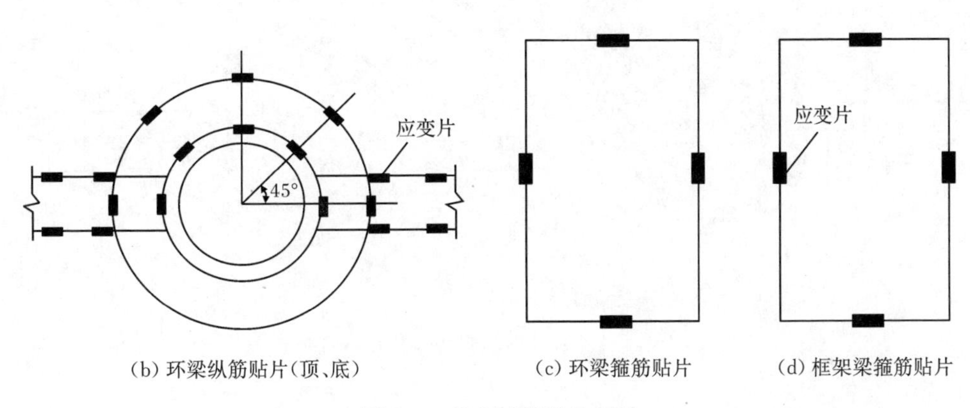

(b) 环梁纵筋贴片(顶、底)　(c) 环梁箍筋贴片　(d) 框架梁箍筋贴片

图 6.9　节点试件测点布置

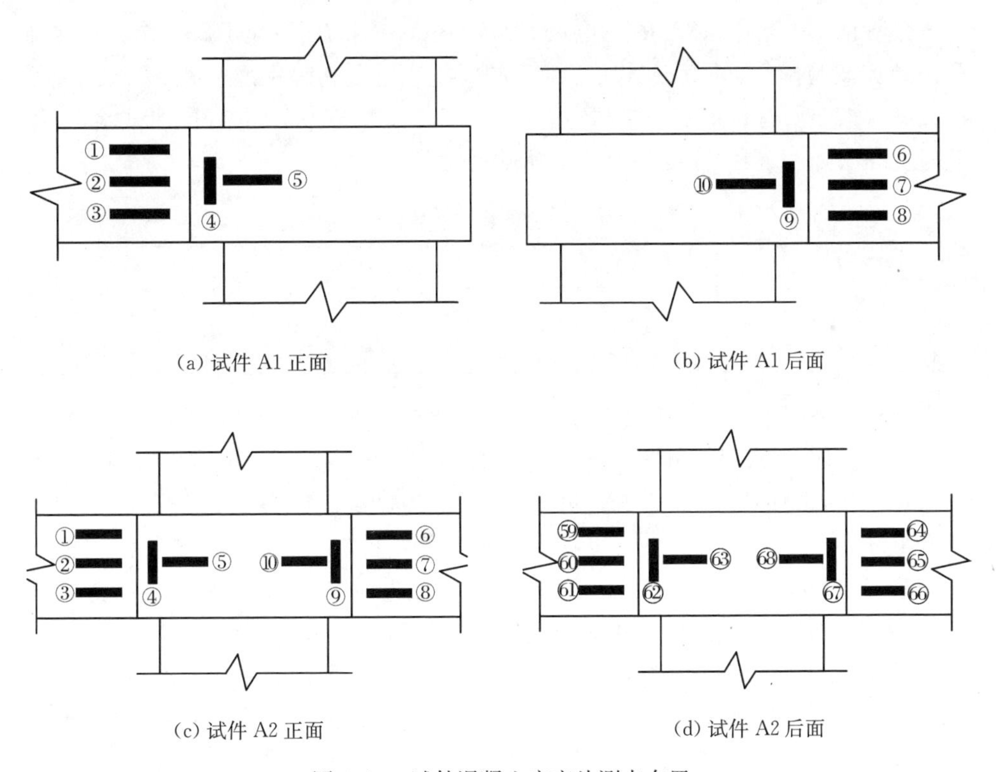

(a) 试件 A1 正面　(b) 试件 A1 后面

(c) 试件 A2 正面　(d) 试件 A2 后面

图 6.10　试件混凝土应变片测点布置

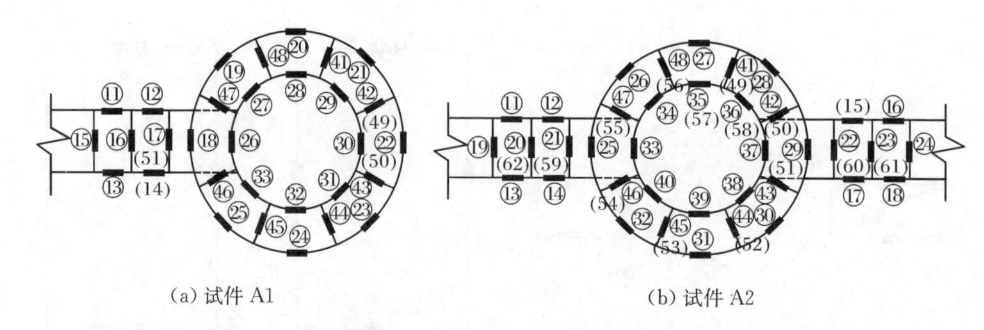

(a) 试件 A1　　(b) 试件 A2

图 6.11　试件钢筋应变片测点布置

6.2.3　材料的力学性能

钢管柱统一采用 Q235 钢材卷制、焊接而成，由钢结构专业工厂制作。钢材强度由拉伸试验确定，并直接从加工钢管的同批钢材上切出标准试件，标准试件每组 3 个，按《金属材料室温拉伸试验方法》(GB/T 228—2002)进行拉伸试验，测得其平均屈服强度、极限强度等力学指标见表 6.2。

表 6.2　钢材力学指标

钢筋直径/mm	Φ20	Φ12	φ10	φ6	钢材
屈服强度 f_y/MPa	493.2	385.2	324.8	342.1	265
极限强度 f_u/MPa	652.7	552.1	426.8	397.5	278.5

混凝土采用 C30 煤矸石混凝土。混凝土水灰比为 0.6，配合比按质量(kg)，每立方米用料如下：水泥∶粗骨料∶河砂∶煤矸石∶水＝420∶608∶412.5∶412.5∶250。采用的原材料为：32.5 普通硅酸盐水泥；河砂细度模数 2.6；煤矸石采用阜新产煤矸石，石子粒径一般为 5～10mm；水为普通自来水。试验中现场测得混凝土坍落度为 26.5mm，塌落直径长边为 62mm，短边为 59mm。混凝土在常温下养护，试验实测混凝土立方体试块的强度为 21.4MPa，弹性模量为 31500MPa。

梁纵筋采用二级钢材，箍筋采用一级钢材，并取同批钢筋制作标准试件，根据《金属材料室温拉伸试验方法》(GB/T 228—2002)测试其力学指标，测试结果见表 6.2。

6.3　试验现象

在试验过程中，不同的节点破坏形式上有所区别，图 6.12 和图 6.13 给出了试件 A1 和 A2 的破坏形态。

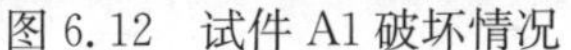

图 6.12 试件 A1 破坏情况

图 6.13 试件 A2 破坏情况

对于 A1 试件，当梁端荷载低于 10kN 时，节点处于弹性工作阶段，无裂缝出现；当加载至 11kN 时，在框架梁与环梁交界处出现第一条垂直于框架梁的受弯裂缝，裂缝宽度为 0.05mm，加载至 16kN 时，框架梁裂缝向梁底发展且为斜向裂缝，裂缝宽度为 0.1mm，环梁与钢管之间出现缝隙，但并不大；随着荷载的增大，框架梁弯曲裂缝增多、梁底开裂，环梁侧面出现斜裂缝；当加载至 21kN 时，与环梁交界处框梁底混凝土压碎，环梁主筋压屈并局部外露，与此对应的位移为试验屈服位移 Δ_y，随后加载改为按位移控制，随着位移的增加，原有裂缝不断延伸，裂缝宽度不断增加；当加载至 $2\Delta_y$ 时，节点达到极限承载力，梁端逐步形成塑性铰；当加载至 $5\Delta_y$ 时，梁端塑性铰区混凝土剥落，钢筋外露，承载力降至极限承载力 85%以下，停止试验。

对于 A2 试件，当梁端荷载达 13kN 时，在环梁左侧框架梁与环梁交界处出现第一条裂缝，裂缝与框架梁大体垂直。裂缝宽度为 0.05mm，梁底开裂先于梁面开裂；当荷载增大至 19kN 时，环梁底面上出现裂缝，裂缝宽度为 0.1mm，裂缝走向比较复杂，大多数沿环梁径向，少数沿环向，裂缝分布在与框架梁中心线成 45°的范围内；荷载继续增大，环梁侧面出现竖向裂缝和斜裂缝。竖向裂缝位于框梁的两侧，斜裂缝从框架梁与环梁底面交界处开始，通过环梁侧面发展。当加载至 24kN 时，在与框架梁中心线大约成 45°范围内的环梁底面和侧面，环梁混凝土保护层破碎、剥落，框架梁底面与环梁交界处的混凝土被压溃，环梁底面与框架梁交界处混凝土破坏，试件达到屈服。按位移控制当加载至 $2\Delta_y$ 时，节点达极限承载力；随着加载次数的增加，梁端不断出现新的裂缝；当加载至 $5\Delta_y$ 时，梁端混凝土严重剥落，节点区侧面混凝土严重开裂，节点箍筋外露，节点承载力降至极限承载力的 85%以下，停止试验。

从以上对节点破坏形态的分析可以看出，轴压比对钢管煤矸石混凝土节点的破坏有一定的影响，轴压比越大，节点的核心区破坏的越不明显；轴压比为 0.5 的

A1 试件,其节点核心区出现的裂缝较多,宽度比较宽;轴压比为 0.6 的 A2 试件,节点的斜向裂缝就比较少。由此看出,在一定范围内,轴向力对核心区的抗剪性能具有一定的有利作用。

6.4　试验结果与分析

6.4.1　荷载-应变关系曲线

1. 梁荷载-纵筋应变关系曲线

图 6.14 是试件 A1、A2 框架梁典型荷载-纵筋应变关系曲线。其中,纵坐标为梁端荷载,横坐标为框架梁内纵筋应变。钢筋应变片测点的具体位置如图 6.11 所示。

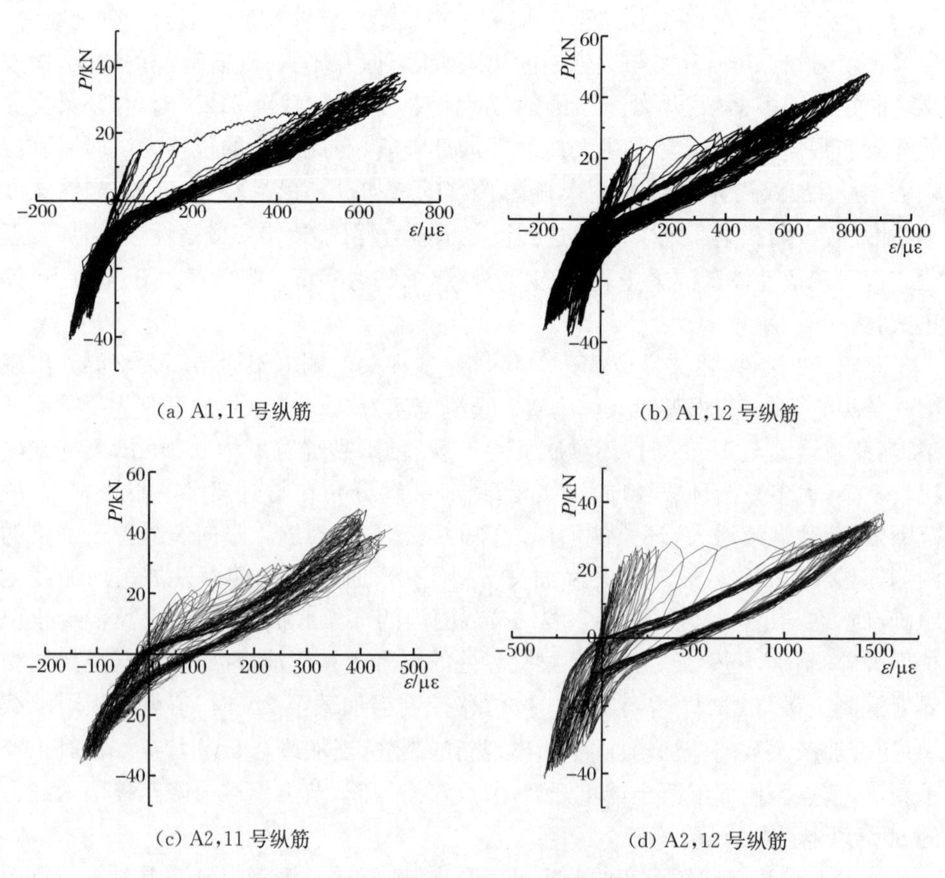

图 6.14　框架梁典型荷载-纵筋应变关系曲线

试件纵筋荷载-应变曲线反映了框架梁端部纵筋屈服前及达到屈服时的滞回曲线。由试件纵筋荷载-应变曲线可以明显看出，由于梁受压混凝土的贡献，钢筋受压应变(负应变)明显小于受拉应变(正应变)。

由框架梁与环梁节点交界处的纵筋应变(测点 12)和环梁节点远端纵筋应变(测点 11)的对比可以看出，前者应变普遍大于后者，这是因为加载时框架梁端弯矩和剪力是通过环梁间接传递的，在框架梁与环梁的连接处，存在应力集中现象，靠近环梁的框架梁纵筋受到的力要大于环梁远端框架梁纵筋，具体表现在越远离环梁，框架梁纵筋的应变值越小。

2. 梁荷载-箍筋应变关系曲线

框架梁箍筋的主要作用首先是承受剪力，改善试件的抗剪性能；其次是与框架梁纵筋形成钢筋骨架，可以有效防止纵筋的侧向屈曲。图 6.15 是试件 A1、A2 环梁节点框架梁荷载-箍筋的应变关系曲线。其中，纵坐标表示梁端力，横坐标表示相应的框架梁箍筋应变。从图中可以看出，往复荷载作用下试件 A1 加载初期弯剪斜裂缝延伸至箍筋位置之前，箍筋作用不明显，应变值较低。但随着循环次数的增加，由于突然形成数条较大的斜裂缝，箍筋应变则迅速增大。试验中试件 A2 的箍筋受力性能与此类似，箍筋应变在加载初期应变值很小，箍筋只有在斜裂缝形成后才起抗剪作用。在往复荷载作用下，箍筋对框架梁混凝土的约束作用也十分重要。因此为保证试件的延性，在试件的受弯破坏之前应保证箍筋不屈服。

另外，试件靠近环梁的框架梁箍筋应变比环梁远端框架梁箍筋的应变大。这是因为，加载时由于框架梁端弯矩和剪力是通过环梁间接传递的，在框架梁与环梁的连接处，存在应力集中现象，因此靠近环梁的框架梁箍筋受到的力要大于环梁远端框架梁箍筋，具体表现在越远离环梁，框架梁箍筋的应变值越小。

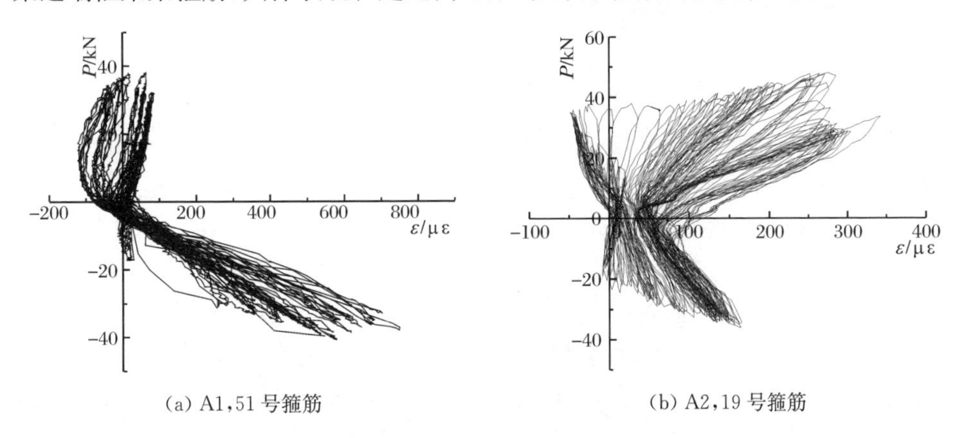

(a) A1，51 号箍筋　　(b) A2，19 号箍筋

图 6.15　框架梁力-箍筋应变关系曲线

3. 梁荷载-环梁纵筋应变关系曲线

图 6.16 为荷载-环梁纵筋应变关系滞回曲线。在梁端开始施加荷载至破坏的过程中，试件 A1、A2 环梁纵筋的应变变化规律与一般受弯构件的试验结果一致。当梁端加载至开裂荷载时，环梁根部开始出现横向裂缝，继续加载，环梁纵筋应变迅速增大，直到纵筋完全屈服。试件破坏部位在框架梁与环梁交界的位置处。

从图 6.16(a)可知，由于梁受压混凝土的贡献，钢筋受压应变(负应变)明显小于受拉应变(正应变)。

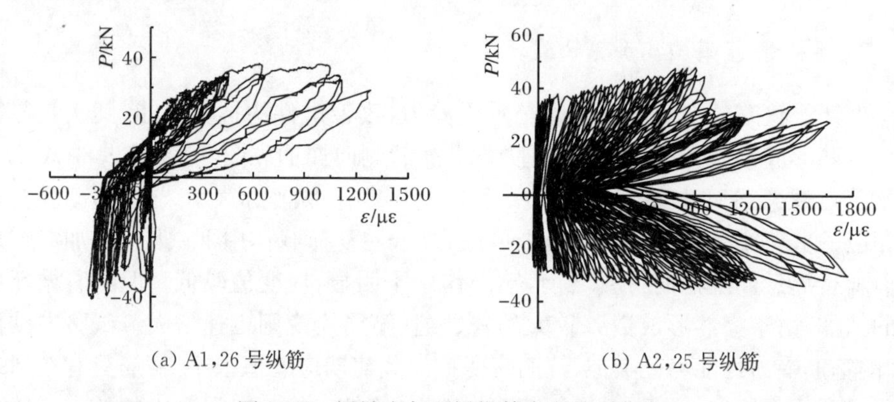

图 6.16　梁端力与环梁纵筋应变关系曲线

由与框架梁交界处的纵筋应变(试件 A1 测点 26 号应变片，试件 A2 测点 25 号应变片)和环梁内纵筋应变的对比可以看出，前者应变大于后者。这是因为，加载时由于框架梁端弯矩和剪力是通过环梁间接传递的，在框架梁与环梁的连接处，存在应力集中现象。因此，靠近连接处的环梁纵筋受到的力的作用要强于环梁远端纵筋，具体表现在越远离连接处，环梁纵筋应变值越小。

4. 梁荷载-环梁箍筋应变关系曲线

图 6.17 和图 6.18 为试件 A1 和 A2 梁端荷载-环梁箍筋应变关系曲线。在柱轴向压力的作用下，环梁箍筋有一个受拉应变初始值(受拉应变为正，初始值为正)。在力控制阶段，由于荷载增幅较大，箍筋应变的增幅较大；在位移控制阶段，荷载增幅小，相应箍筋应变增幅也相对较小。在梁端往复荷载作用下，框架梁与环梁节点交界处的箍筋应变(试件 A1 测点 47 号应变片，试件 A2 测点 47 号应变片)在试验后期变化幅度较大；交界位置以外的箍筋应变在试验后期变化幅度较小。这说明梁端往复荷载的变化对交界外箍筋影响较小，但对框架梁与环梁节点交界处的箍筋影响较大。

试件 A1、A2 的测点 47 号钢筋应变片的荷载-应变曲线如图 6.17(a)和

图 6.18(a)所示。由图可见,两个试件的应变发展过程都比较相似。在加载初期,试件 A1 的应变发展比试件 A2 快,在 30kN 时 A2 的应变发展加快,当达到最大荷载 49kN 时对应应变为 500με,最大应变为 1600με;试件 A1 的应变发展在 25kN 时突然剧增,从 600με 增加到最大荷载 39kN 的 1500με,最大应变达到 2300με。

试件 A1、A2 测点 48 号钢筋应变片的荷载-应变曲线如图 6.17(b)和图 6.18(b)所示。由图可见,两个试件的应变发展过程都比较相似。在加载初期,A1 的应变发展比 A2 快,在 25kN 时 A2 的应变发展加快,当达到最大荷载 49kN 时对应应变为 300με,最大应变为 500με;A1 的应变发展在 22kN 时突然剧增,从 200με 增加到最大荷载 39kN 的 1000με,最大应变达到 2400με。总之,由图 6.17 和图 6.18可见,试件 A2 环梁箍筋荷载-应变曲线与试件 A1 相同位置的应变值差距不明显,说明轴力的增大对环梁箍筋应变影响不大。

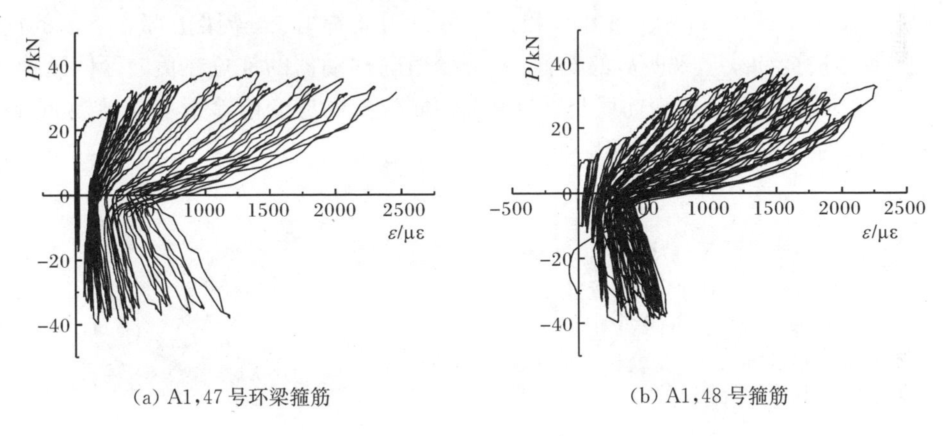

(a) A1,47 号环梁箍筋　　(b) A1,48 号箍筋

图 6.17　试件 A1 典型测点箍筋荷载-应变曲线

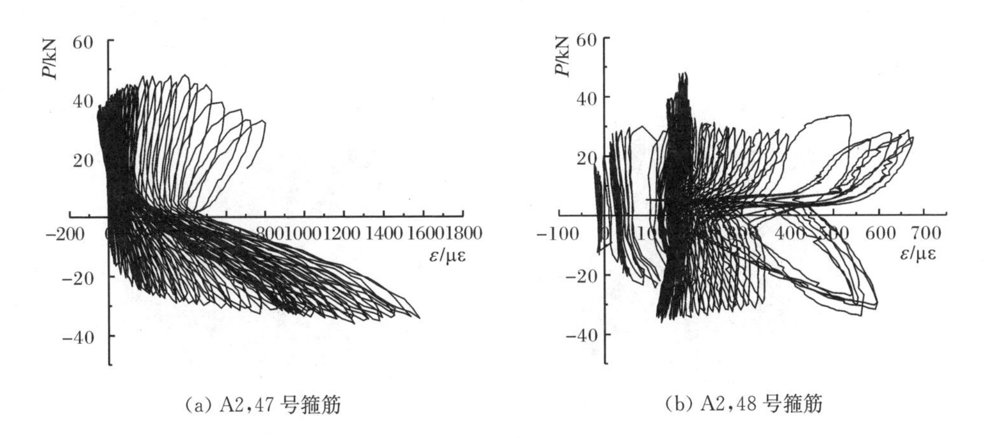

(a) A2,47 号箍筋　　(b) A2,48 号箍筋

图 6.18　试件 A2 典型测点箍筋荷载-应变曲线

5. 梁荷载-混凝土应变关系曲线

图 6.19 为试件 A1、A2 梁荷载-混凝土应变关系曲线。由图可见，在开始的负循环中，混凝土梁已有受拉裂缝产生，表现在图中为存在残余变形；随后在正循环作用下，受拉应变减少，表现在试验现象上是裂缝的闭合。混凝土环梁在开始仅有柱端轴力作用时，应变为正值；在随后的往复荷载作用下，力控制阶段荷载增幅大，因此表现在图中应变增幅大；位移控制阶段荷载增幅小，应变增幅也小。

另外，环梁在往复荷载作用下产生压应变，因此梁端弯矩对节点环梁为有利作用，减少了环梁初始环向受拉的正应变值。试验结束时，环梁上的环向应变值均较小[图 6.19(a)、(c)]，这说明环梁尚有很高的强度储备。梁端往复荷载对框架梁与环梁节点交界处的混凝土应变影响较大。由试件 A2 测点 3 号和 66 号的混凝土荷载-应变曲线[图 6.19(b)和(d)]可以明显看出，框架梁上部和下部的混凝土荷载-应变曲线呈现明显的对称性，应变值随作动器的推拉在负向区间转换。试件 A2 混凝土荷载-应变曲线与试件 A1 相同位置的应变值差距不明显，说明轴力的增大对混凝土应变值影响不大。

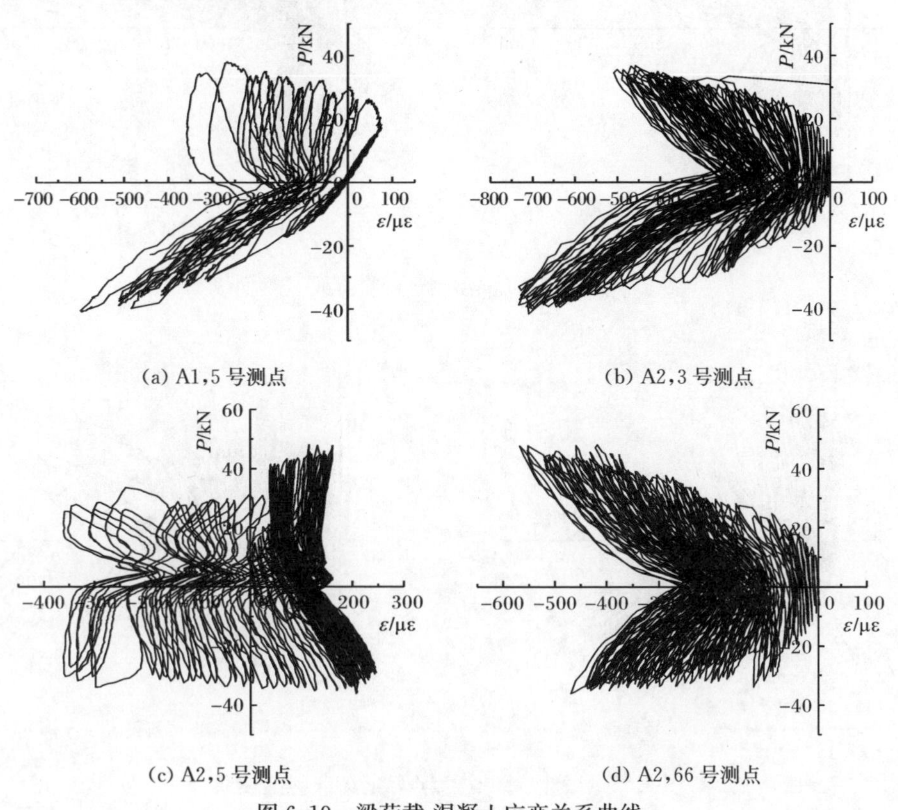

图 6.19　梁荷载-混凝土应变关系曲线

6.4.2 节点抗震性能分析

1. P-Δ 滞回关系曲线

图 6.20 为节点梁端竖向荷载 P-竖向位移 Δ 滞回关系曲线，用以考察该类节点的抗震耗能能力。由图可以看出，P-Δ 滞回曲线有一定的捏缩；位移控制阶段节点的滞回环较为丰满，有利于结构抗震。试验得到的 P-Δ 滞回关系曲线具有以下特点。

(1) 试件处于弹性状态的阶段较短，在第三个循环中已经观察到梁端有裂缝产生，曲线有残余变形，但残余变形不大，荷载-位移曲线基本为直线，卸载后路径基本平行于原加载路径。随着梁端往复荷载的增大，加载路径曲线斜率减缓，卸载路径仍基本按照弹性卸载，但残余变形增大，曲线微凸。在位移控制阶段，随着梁端位移的增大，加载路径斜率越来越小，卸载路径斜率基本不变，曲线的包络面积增大，试件耗能能力增大。随着往复荷载次数的不断增加，试件所能到达的峰值荷载保持稳定，并且略有下降。

(2) 随着竖向荷载位移的加大，加载时的刚度逐渐地退化。卸载刚度基本保持弹性，与初始加载时的刚度大体相同；随着梁端位移的不断加大，试件 A1、A2 滞回曲线越来越饱满，说明在一定轴压力的作用下，该类节点具有较好的抗震性能。

(3) 随着轴压比的增大，钢管煤矸石混凝土节点的滞回曲线变得更为饱满。轴压比越大，试件到达峰值点后的荷载下降越快，这与钢筋混凝土节点的性质有一些类似，即轴力在一定范围内对节点的抗震性能是有利的。

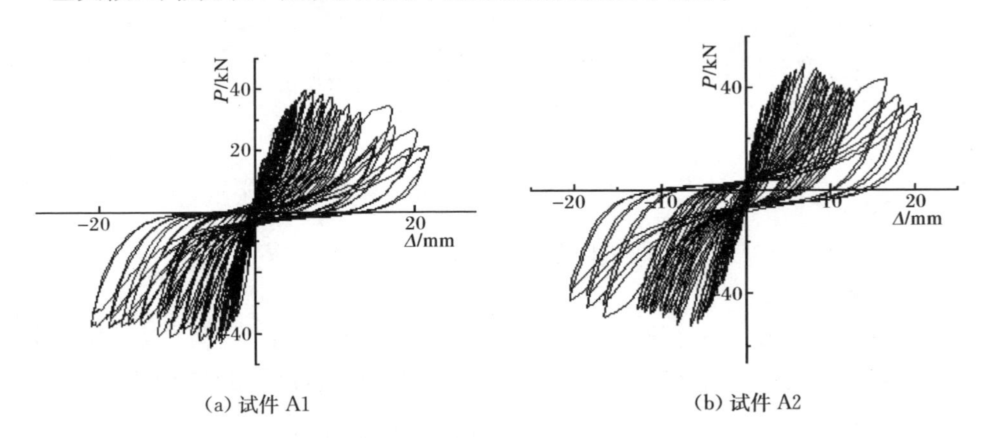

(a) 试件 A1　(b) 试件 A2

图 6.20　试件 A1 和试件 A2 的钢管煤矸石混凝土柱-环梁节点滞回曲线

2. 节点弯矩-转角关系曲线

通常所说的节点刚性是针对弹性段而言，实际上，在弹塑性阶段节点刚性是不断变化的。为了考察本试验节点的刚性变化情况，测量节点区柱端和钢筋煤矸石混凝土梁端部的转角，并由此得到节点梁柱相对转角，从而得到节点弯矩 M-梁柱相对转角 θ 关系。节点梁柱转角主要是由节点弯矩引起的，节点弯矩按照式(6.1)确定：

$$M_j = P\left(H - L + \frac{D}{2}\right) \tag{6.1}$$

式中，P 为梁端竖向荷载；L 为梁端与夹具中心线之间的距离；H 为梁的长度；D 为环梁的直径。

图 6.21 给出了试件 A1、A2 的节点弯矩 M-梁柱相对转角 θ 的滞回曲线。从图中可以看出，在试件屈服之前，M-θ 滞回曲线基本呈直线变化，而且转角较小，发展比较缓慢；试件屈服以后，随着梁端位移的逐步增大，相对转角 θ 迅速增大。本试验两个节点的转角都大于 0.04rad，因此可认为两个钢管煤矸石混凝土柱-环梁节点属于半刚性节点。

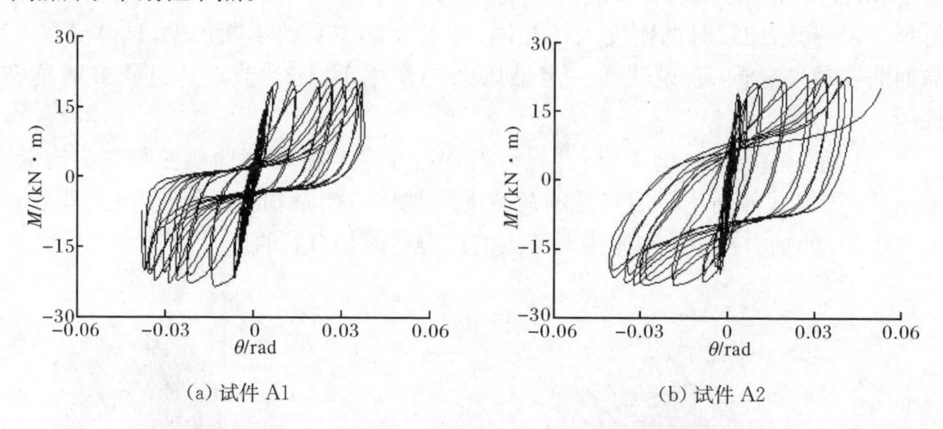

(a) 试件 A1　　(b) 试件 A2

图 6.21　试件 A1 和试件 A2 的节点弯矩-梁柱相对转角滞回曲线

试验参数对节点弯矩-梁柱相对转角曲线的影响规律如下。

(1) 节点形式。

试件达到极限状态时，钢管煤矸石混凝土柱-环梁节点的梁柱相对转角比方小丹等(2002)中钢管混凝土柱-环梁节点要大，这说明钢管煤矸石混凝土柱-环梁节点的变形能力更大。

(2) 轴压比。

随着轴压比的增加，钢管煤矸石混凝土柱-环梁节点的弯矩-梁柱相对转角滞回曲线变得越来越饱满，说明在一定范围内随着轴压比的增大，试件的变形能力逐渐增加;对于两个不同轴压比情况下,试件的节点弯矩都没有出现明显的下降。

3. 节点核心区骨架曲线

各节点的骨架曲线如图 6.22 所示。从图中可以看出,试验参数对钢管煤矸石混凝土柱-环梁节点规律如下。

(1) 节点形式。

与钟善桐和白国良(2006)中钢管混凝土柱-环梁节点的骨架曲线比较可以看到,两种节点的承载力与对应的位移相当,弹性段的刚度也变化不大,但是钢管煤矸石混凝土柱-环梁节点达到峰值点之后的刚度比较大,曲线下降得比较快,这是由于节点核心区的破坏产生的。

(2) 轴压比。

从试件 A1、A2 不同轴压比下的骨架曲线对比可以看出,随着轴压比的增加,骨架线的初始刚度有一定程度的提高,到达峰值点后的曲线随着轴压比的增大而变缓,承载力的下降比较慢,试件的变形能力增加。从试验结果来看,轴压比增加,承载力并没有降低,反而还有所增大。这可能存在以下原因:一是在一定的条件下轴力对钢管煤矸石混凝土柱-环梁节点具有有利影响,这与钢筋混凝土节点比较接近。傅建平等(2000)对这种现象给出了比较详细的解释,认为在一定的轴压比的条件下,轴力推迟了梁筋的黏结退化,从而避免了核心混凝土发生斜压破坏或者在较大位移延性系数时发生斜压破坏,因此承载力可能随着轴力的增加有一定的提高。二是轴力的增大,增加了柱头球铰以及柱底铰支座的摩擦,使 MTS 作动器的竖向作用力高于实际作用于梁端的作用力。

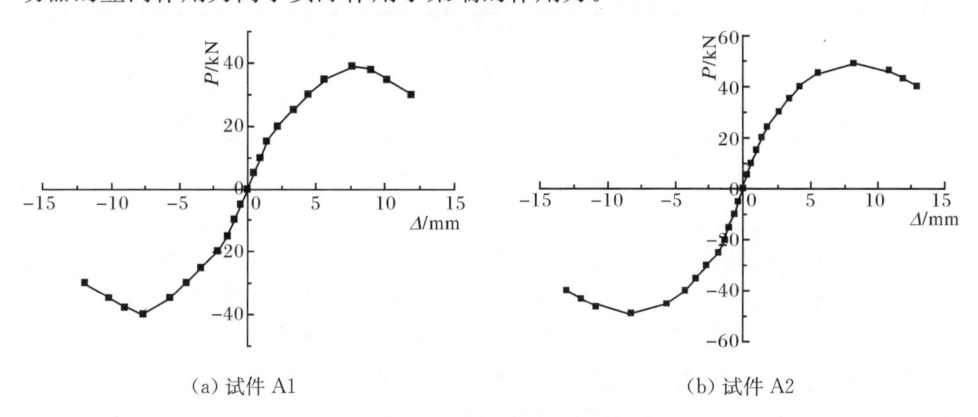

(a) 试件 A1　　(b) 试件 A2

图 6.22　试件 A1 和试件 A2 的荷载-位移骨架曲线

4. 节点延性性能

表 6.3 为各试件的屈服位移 Δ_y、极限位移 Δ_u 以及位移延性系数 μ。

表 6.3　节点延性系数

节点试件	屈服位移 Δ_y/mm	极限位移 Δ_u/mm	位移延性系数 μ
A1	1.9	11.4	6.0
A2	2.1	12.7	6.1

从表 6.3 可知，本次试验两个节点的位移延性系数 μ 分别为 6.0 和 6.1；而对于钢管混凝土结构，一般要求位移延性系数≥3(方小丹等，2002)。因此可认为，本次试验的两个节点的位移延性指标均满足抗震要求。分析和比较表中各个参数，可见主要试验参数对节点延性性能的影响如下。

(1) 节点形式。

与钢管混凝土柱-环梁节点相比，钢管煤矸石混凝土柱-环梁节点的 Δ_y 和 Δ_u 的值比较大，对应的 μ 也要高，这说明钢管煤矸石混凝土柱-环梁节点的延性要好于普通钢管混凝土柱-环梁节点。

(2) 轴压比。

对于钢管煤矸石混凝土柱-环梁节点，随着轴压比的增大，Δ_y 和 Δ_u 增大，对应的 μ 也随之增大，但增大的较为缓慢，且延性稍有增强。

5. 节点耗能能力

采用等效黏滞阻尼系数 ζ_{eq} 和能力耗散系数 E 来反映节点的耗能能力，具体数值见表 6.4。

表 6.4　节点耗能系数

节点试件	等效黏滞阻尼系数 ζ_{eq}	能量耗散系数 E
A1	0.196	1.231
A2	0.250	1.570

由表 6.4 可以看到，节点试件的 ζ_{eq} 和 E 都随着轴压比的增大有一定的增加，这说明钢管煤矸石混凝土柱-环梁节点的耗能能力随着轴压比的增大而有所提高，这也进一步说明轴压比在一定范围内对抗震性能是有利的。另外，两个试件的等效黏滞阻尼系数 ζ_{eq} 分别为 0.196 和 0.250，而钢筋混凝土节点的等效黏滞阻尼系数 ζ_{eq} 一般为 0.1 左右，型钢混凝土节点的等效黏滞阻尼系数为 0.3 左右(苏恒强，1997)，本次试验节点的耗能能力为钢筋混凝土节点的 1.5 倍多，但小于型钢混凝土节点的耗能能力。本次试验两个试件的滞回曲线均较为饱满，按滞回曲线分析得出的耗能等指标均满足结构抗震设计的要求。

6. 刚度退化曲线

图 6.23 为试件的刚度退化曲线，其中纵轴为 K_i/K_0，K_0 为试件屈服点对应

的环线刚度,从图中刚度退化曲线的对比情况可以看到,轴压比对环线刚度曲线具有一定的影响。随着轴压比的增大,刚度的退化曲线变缓,刚度下降速度减慢,这说明轴压比的增大延缓了刚度的退化。

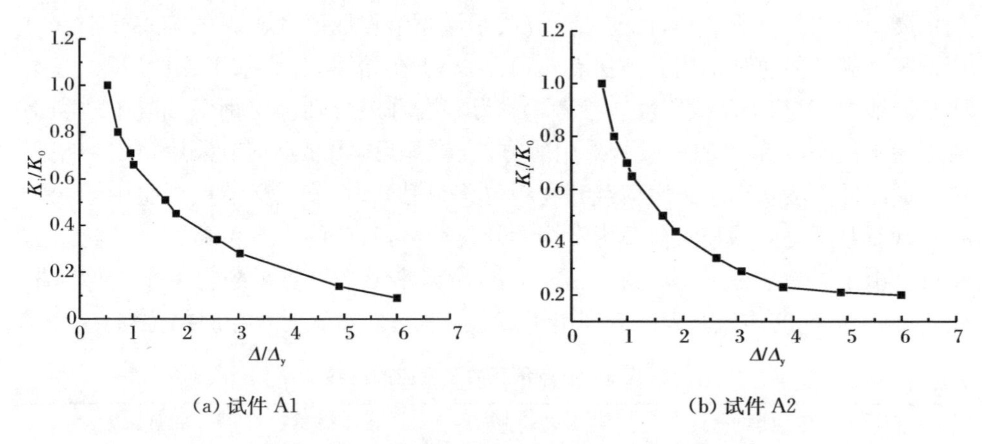

图 6.23　试件 A1 和试件 A2 的刚度退化曲线

7. 强度退化曲线

图 6.24 表示节点承载力降低系数的变化情况。从图中可以看出,在梁端位移 7.0mm 以前,试件 A1、A2 的承载力降低系数变化不明显;但当梁端位移超过 7.0mm以后,承载力降低系数变化很明显。试件 A2 的强度退化要略大于试件 A1,而环梁节点都没有发生脆性破坏。可见,强度退化受钢管煤矸石混凝土柱轴压比的影响不很明显,试件最后的破坏以节点区破坏为主,钢管煤矸石混凝土柱基本上没有发生破坏。

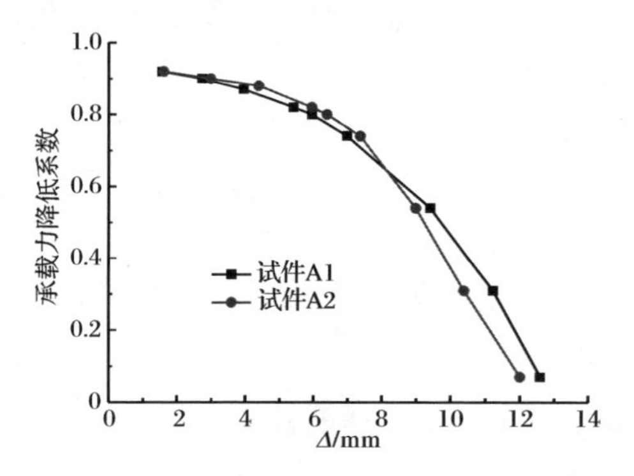

图 6.24　试件 A1 和试件 A2 的承载力降低系数曲线

6.4.3　节点承载力的确定

钢管煤矸石混凝土柱-环梁节点作为一种组合结构，其受力特性与钢结构和钢筋混凝土结构都有所区别，目前还没有关于该类节点屈服和破坏的统一标准。对于确定屈服位移通常采用的方法有四种：①基于初始屈服；②基于弹性屈服；③基于耗能能力；④基于割线刚度。参考韩林海和霍静思分别确定钢管混凝土柱和钢管混凝土柱-钢梁节点的屈服所采用的方法（霍静思，2005），本节采用第二种基于弹性屈服的方法来确定屈服荷载和屈服位移。另外，本节定义节点试验中梁端受拉区开裂时所对应的竖向荷载为结构的开裂荷载，对应的水平位移为开裂状态的位移。由于试验结果正、反方向并不对称，所以本节在计算承载力各个指标时取正、反两个方向的均值。表 6.5 列出了节点各状态的承载力及相应的位移。

表 6.5　节点承载力及相应的位移

节点试件	开裂状态		屈服状态		极限状态		破坏状态	
	P_{cr}/kN	Δ_{cr}/mm	P_y/kN	Δ_y/mm	P_{max}/kN	Δ_{max}/mm	P_u/kN	Δ_u/mm
A1	11	0.3	21	1.9	39	7.6	32.7	11.4
A2	13	0.5	24	2.1	49	8.2	42.6	12.7

6.5　有限元模型的验证

6.5.1　构件破坏形态的对比

图 6.25 为钢管煤矸石混凝土柱-环梁节点在最终破坏时的变形和主应力 S11（即混凝土轴向应力）的分布。图 6.26 为钢管煤矸石混凝土柱-环梁连接节点在往复荷载作用下有限元模拟的破坏形式与试验破坏形式对比图。对比分析结果表明，节点的破坏形式基本吻合，节点最终的破坏是煤矸石混凝土梁端弯曲屈服后的剪切破坏，而节点整体工作性能保持良好，破坏时钢管煤矸石混凝土保持正常工作。这说明节点核心区域具有较大的刚度和强度，能保持正常的工作，由于塑性铰在煤矸石混凝土梁端出现，节点最终在梁端出现了剪切破坏。

6.5.2　环梁式节点荷载-位移滞回曲线的对比

为了验证 ABAQUS 建立模型的适用性和模拟结果的正确性，对往复荷载作用下钢管煤矸石混凝土柱-环梁连接节点的计算结果和试验结果进行了对比。图 6.27 给出了节点荷载 P-位移 Δ 滞回曲线的对比情况。

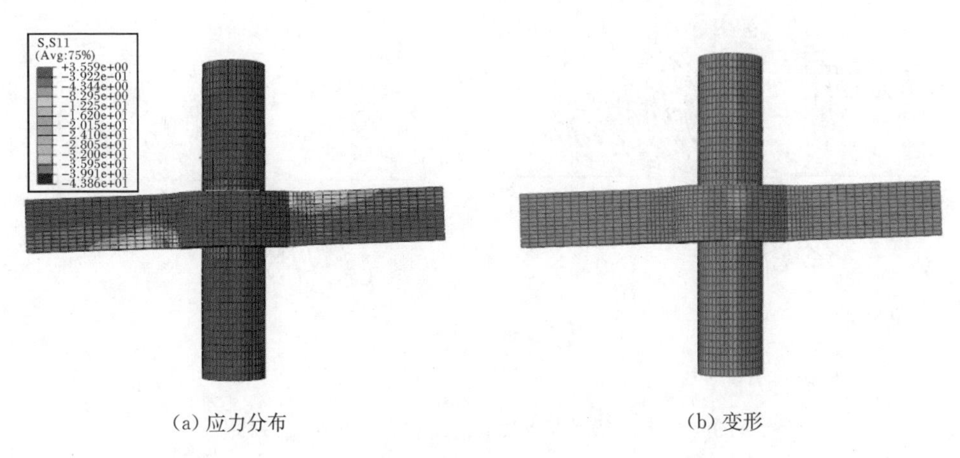

(a) 应力分布　(b) 变形

图 6.25　环梁式节点破坏时的变形和应力分布

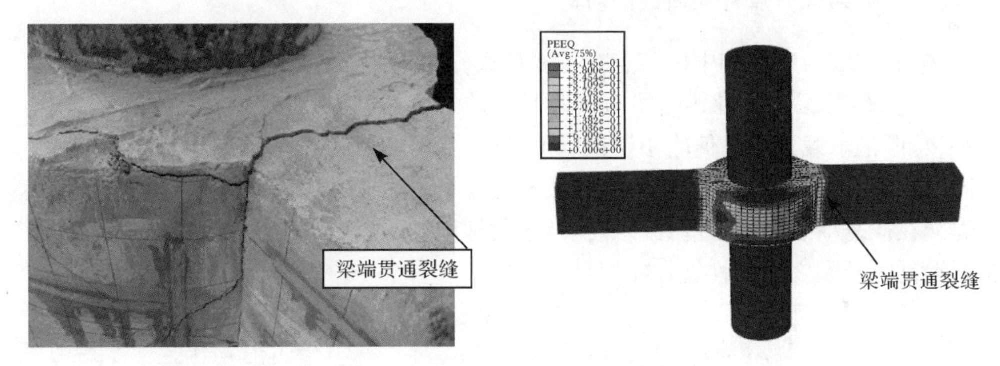

图 6.26　环梁式节点的破坏形式

由图 6.27 可以看出，试验曲线中有明显的捏缩现象，而计算曲线中捏缩现象并不明显，导致了计算曲线形状与试验曲线有一定的差异，不过有限元计算曲线的总体变化趋势是正确合理的，且与试验基本一致。造成此种现象的原因包括：①主要与数值模拟中采用的煤矸石混凝土本构关系模型有关。目前，对煤矸石混凝土本构关系的研究和分析较少，且大多集中于煤矸石混凝土单轴受压状态下的本构关系，而对煤矸石混凝土在往复荷载作用下本构关系的研究现在仍然处于空白，这点难以完全符合试验现象。②若模拟钢筋与煤矸石混凝土之间的黏结滑移，可以采用在两者之间建立弹簧模型，但是 ABAQUS 提供的弹簧单元只能较好地反映单调荷载作用下的黏结滑移现象，同时建立弹簧单元大大增加了模型计算的收敛难度，因此在往复荷载作用下利用有限元分析建立钢筋与煤矸石混凝土之间的黏结滑移关系有待进一步的研究。

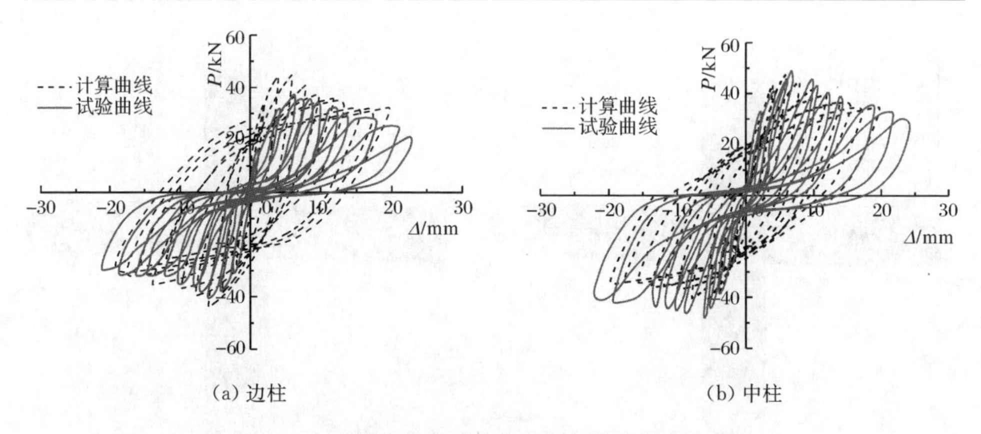

图 6.27　环梁式节点试验曲线和有限元曲线的对比

6.5.3　环梁式节点骨架曲线的对比

图 6.28 为边柱和中柱节点在往复荷载作用下骨架曲线的对比情况。由图可以看出,有限元计算骨架曲线与试验骨架曲线吻合较好,曲线整体变化趋势基本一致,但是承载力计算值略小于试验值,这与煤矸石混凝土的本构关系模型有关,同时也与有限元模拟中焊接采用 Tie 模型进行模拟有关,Tie 模型在反映试验中焊缝在往复荷载作用下的性能存在一定的缺陷,也说明了有限元计算对模拟煤矸石混凝土开裂之后的性能存在不足。

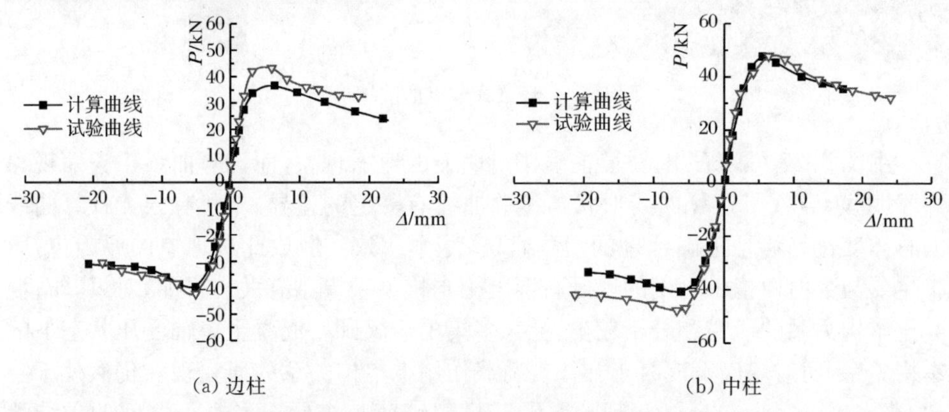

图 6.28　环梁式节点试验骨架曲线和有限元骨架曲线的对比

表 6.6 对比了节点承载力的有限元计算结果和试验结果。结果表明,ABAQUS 建立的有限元模型的承载力与试验中节点的承载力误差均小于 10%,结合图 6.27 和图 6.28 可以看出,在曲线弹性段,计算结果与试验结果基本一致,但是计算结果略小于试验结果,且误差较小,曲线变化合理,因此运用 ABAQUS

建立的钢管煤矸石混凝土柱-环梁连接节点模型分析和研究该节点的力学性能是可靠的。

表 6.6　环梁式节点承载力计算结果和试验结果对比

节点类型		开裂荷载/kN	屈服位移/mm	屈服荷载/kN	极限位移/mm	极限荷载/kN	破坏荷载/kN
边柱节点	试验值	11.00	1.90	21.00	6.23	39.00	32.70
	计算值	12.10	1.83	19.02	5.93	44.15	37.52
中柱节点	试验值	13.00	2.10	24.00	6.37	49.00	42.60
	计算值	12.45	2.02	23.38	5.95	47.72	40.56

6.6　基于 ABAQUS 的钢管煤矸石混凝土环梁式节点理论分析

6.6.1　单调荷载作用下环梁式节点的力学性能研究

1. 梁端荷载-位移曲线

图 6.29 为钢管煤矸石混凝土柱-环梁连接节点通过 ABAQUS 计算获得的典型梁端荷载-位移的全过程关系曲线(P-Δ)，受力过程可以分为三个阶段：弹性段(OA)、弹塑性段(AB)以及破坏阶段(BC)。

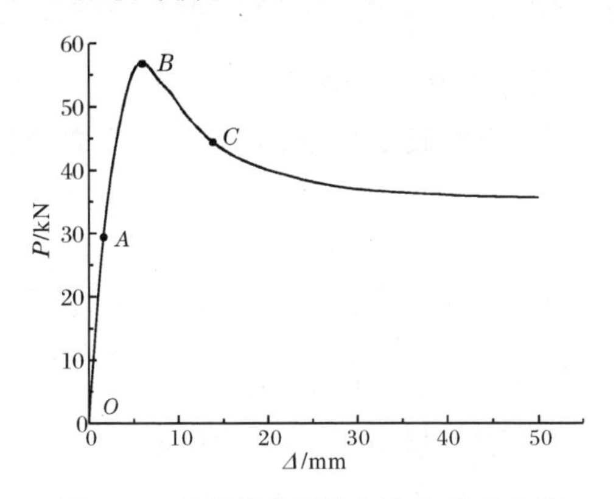

图 6.29　单调荷载下节点荷载-位移曲线

以下结合上述的节点应力-应变曲线关键点的应力云纹图对钢管煤矸石混凝土柱-环梁节点受力全过程进行分析。

(1) OA 为节点的弹性阶段,节点荷载-位移曲线呈线性关系。在加载初期,钢管的泊松比大于混凝土的泊松比,使得钢管对核心混凝土的约束作用并不明显,钢管、核心煤矸石混凝土、煤矸石混凝土梁应力均为线性增加。随着梁端位移的增大,到达 A 点时,环梁与梁连接部分的箍筋发生屈服,节点进入弹塑性阶段,钢管开始对核心混凝土产生逐渐增大的约束作用。

(2) AB 为节点的弹塑性阶段,随着梁端位移的增加,柱中核心煤矸石混凝土竖向应力增大,横向变形增大,钢管对核心煤矸石混凝土的约束作用增大,钢管和核心煤矸石混凝土之间产生非均匀的相互作用力,节点进入弹塑性工作阶段。煤矸石混凝土梁的受拉区随着梁端位移的增大,沿着梁长方向扩展,且最大拉压应力集中于煤矸石混凝土梁和环梁连接处,开始出现裂缝,梁内受力筋的应力逐渐增大,节点的应变增长加快,荷载-位移曲线不再呈直线。

(3) BC 为节点的破坏阶段,达到峰值应力 B 后,节点达到最大承载力,荷载不再增大,过了 B 点承载力开始下降,且变形加速。在 B 点时,核心煤矸石混凝土处于三向受压状态,压应力达到最大值。此过程中,由梁端荷载产生的弯矩可分解为分别作用于环梁上部的拉力和环梁下部的压力;该拉力则由环梁的环向纵筋和箍筋承担,而压力则由环梁下部的煤矸石混凝土承担,同时通过环梁传递给钢管煤矸石混凝土柱承担。在轴向压力和梁端荷载的共同作用下,随着梁端荷载的不断增大,煤矸石混凝土梁的受力不断增加,裂缝不断扩展,直至 C 点。C 点以后,节点承载力继续下降,且较为平稳,变形加速,最终由于煤矸石混凝土梁与环梁连接处出现过大的贯通裂缝,使得节点失去承载力而退出工作。

2. 应力分布和发展

1) 钢管煤矸石混凝土柱的应力分析

图 6.30 为核心区煤矸石混凝土在各个特征点的应力分布情况。由图可知,在荷载达到节点的极限承载力之前,随着梁端位移的增加,煤矸石混凝土的受压区逐渐增大,煤矸石混凝土的最大压应力也在逐渐增加。同时由于钢管对煤矸石混凝土的约束作用,使煤矸石混凝土处于三向受力状态,煤矸石混凝土的最大压应力为 36.53MPa,约为 1.71f'_c,其中 f'_c 为煤矸石混凝土圆柱体抗压强度。图 6.31 为核心区煤矸石混凝土的应力值变化图,由图可知,在极限荷载 B 以后,随着荷载的增大,梁柱节点核心区范围内柱中的核心煤矸石混凝土的压应力由 36.53MPa 逐渐减小到 31.042MPa。在此过程中可以看出,梁端荷载产生的弯矩,由环梁转换成环梁下部对钢管煤矸石混凝土柱的压力,钢管煤矸石混凝土柱承担外荷载作用。

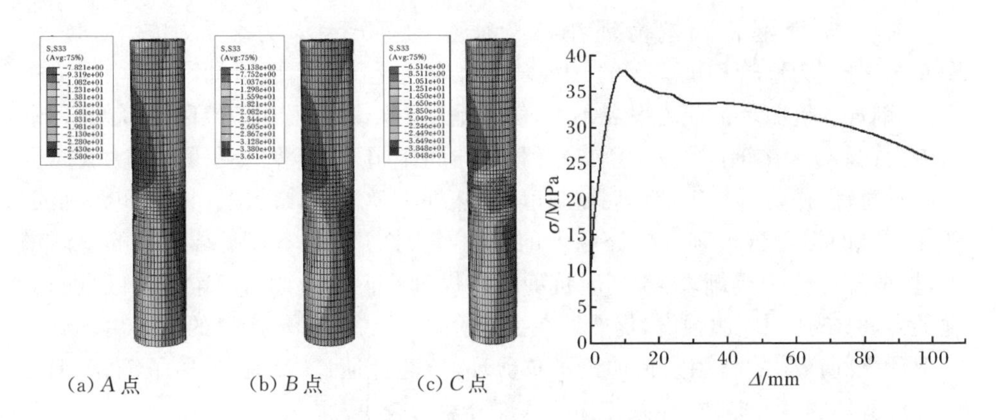

(a) A 点　(b) B 点　(c) C 点

图 6.30　核心区煤矸石混凝土应力　　图 6.31　核心煤矸石混凝土的压应力

图 6.32 为节点区域的核心煤矸石混凝土横断面在各特征点的应力分布。沿柱高方向的横截面图中明显地看到，在核心煤矸石混凝土节点区域应力呈斜压杆型分布，这说明钢管核心煤矸石柱承受由梁弯矩引起的剪力。加载初期，随着梁端位移的增大，斜压杆区域不断增大，压杆的应力值由 0 增大到极限应力值 36.53MPa。在极限荷载 B 点时，核心煤矸石混凝土处于三向受压状态，且煤矸石混凝土的压应力达到最大。煤矸石混凝土柱的截面中和轴随着梁端位移的增大，逐渐向受压区偏移。在极限荷载 B 后，随着梁端位移的增大，斜压杆区的区域逐渐增大，但是由于煤矸石混凝土的压碎，压应力值由 36.53MPa 逐渐减小到 31.042MPa。在此过程中，可以看出，梁端荷载产生的弯矩，引起了环梁对钢管煤矸石混凝土柱的挤压，从而在环梁和柱之间产生摩擦力，将梁端弯矩产生的剪力传递给了钢管混凝土柱承担。

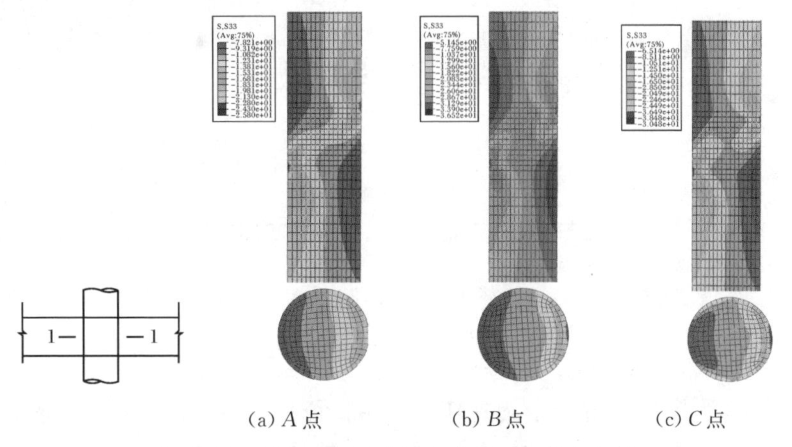

(a) A 点　(b) B 点　(c) C 点

图 6.32　核心煤矸石混凝土横断面的应力分布

图 6.33 为钢管和抗剪环在各特征点的 Mises 应力分布。图 6.34 和图 6.35 分别为钢管和抗剪环的 Mises 应力值变化图。由图可知，在整个受力过程中，钢管和抗剪环的应力发展不大，仅仅是在力作用平面内，与环梁接触的钢管壁应力比较大，在轴向压力和梁端荷载的共同作用下，钢管的受压区应力大于受拉区应力，但是两者均未达到屈服强度，仍然处于弹性工作阶段。图 6.36 为抗剪环在 C 点时沿着抗剪环环状路径上的应力。由图可知，随着梁端荷载的逐渐增大，抗剪环的应力逐渐增大，同时抗剪环在煤矸石混凝土梁与环梁连接区域的应力最大，但未达到屈服强度，仍然处在弹性阶段，这说明梁端产生的剪力由环梁与抗剪环之间产生的作用力传递给了抗剪环，抗剪环通过焊缝传递给了钢管，但是由于抗剪环的直径较小，导致传递的该部分剪力较小。

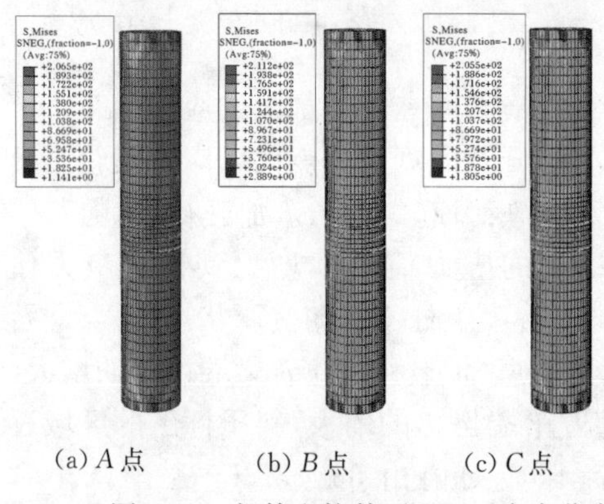

(a) A 点　(b) B 点　(c) C 点

图 6.33　钢管和抗剪环 Mises 应力分布

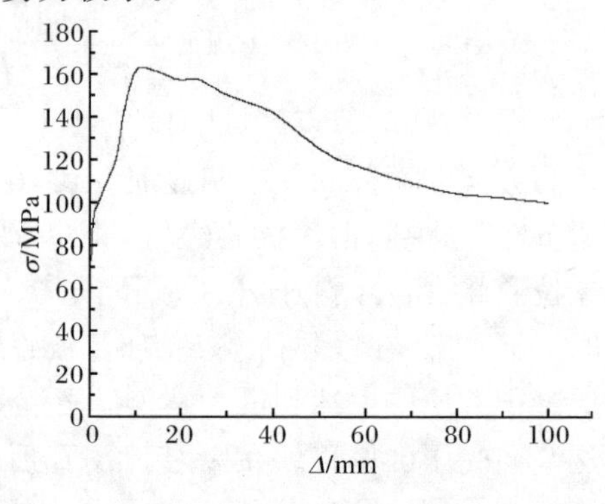

图 6.34　钢管 Mises 应力值变化

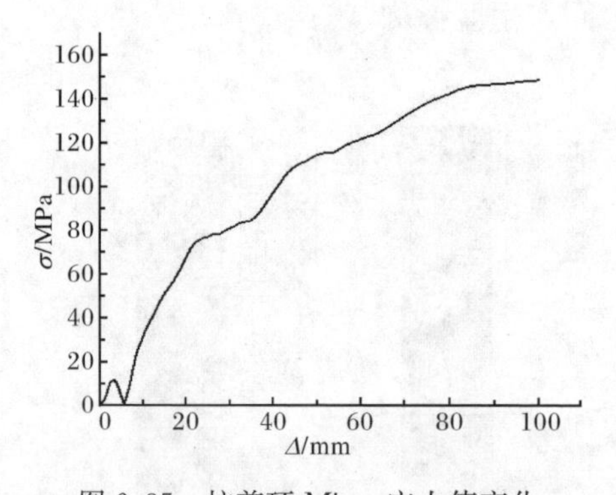

图 6.35　抗剪环 Mises 应力值变化

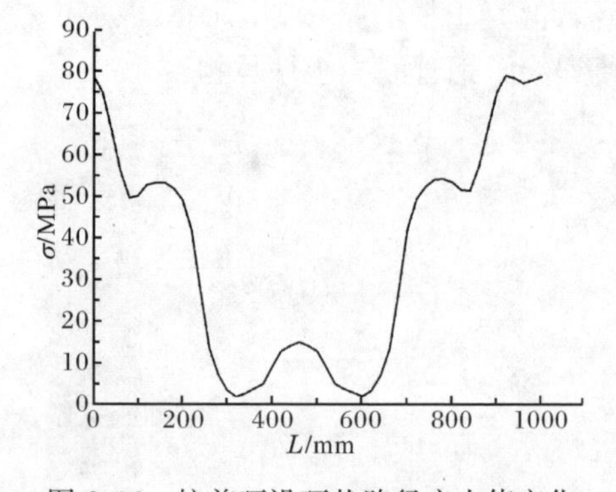

图 6.36　抗剪环沿环状路径应力值变化

2) 煤矸石混凝土梁的应力分析

图 6.37 为煤矸石混凝土梁和环梁在各特征点的纵向应力(S11)分布。在加载的初始阶段，在梁端位移的作用下，钢管附近的煤矸石混凝土梁的顶部和下部分别承受压力、拉力。随着梁端位移的增加，梁顶部的受压区沿着梁长度方向逐

渐扩大,受拉区则逐渐由梁底部扩展到梁中部。由纵向应力图可以看出,煤矸石混凝土梁应力最大处主要集中在煤矸石混凝土梁和环梁连接处的附近,而煤矸石混凝土梁其他部分的应力较小,这说明煤矸石混凝土梁在该区域被拉坏,符合“强柱弱梁,强节点弱构件”的基本设计原则。

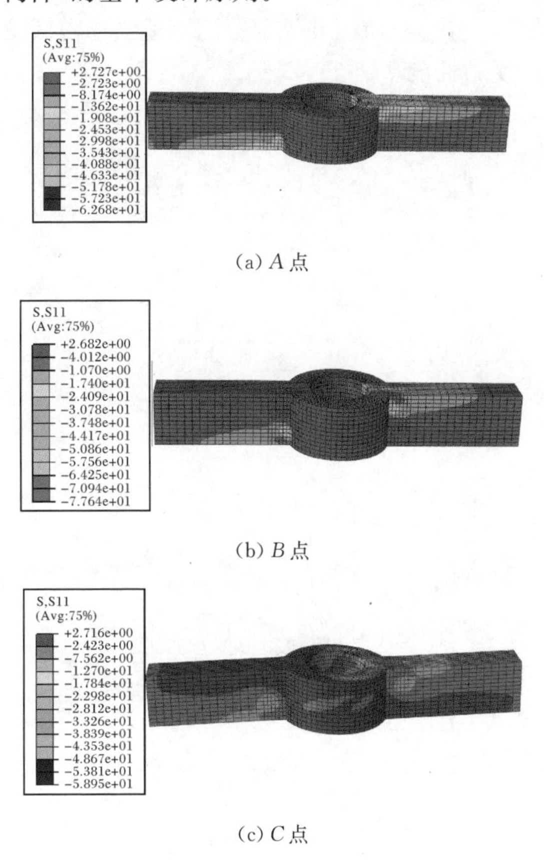

(a) A 点

(b) B 点

(c) C 点

图 6.37　梁的纵向应力(S11)分布

图 6.38 为煤矸石混凝土梁和环梁中钢筋在各特征值点的应力分布。由图可以看出,在节点屈服点 A 之前,所有钢筋处在弹性阶段,且在环梁和煤矸石混凝土梁连接区域内环梁的环状纵筋和箍筋应力值最大,随着梁端位移的增加,钢筋的受拉区逐渐沿着梁长方向扩展,且应力值逐渐增大。图 6.39 和图 6.40 分别为环梁中受拉区箍筋和环向纵筋的应力值变化,到达 A 点时,环梁的箍筋应力达到 342.4MPa 屈服,节点进入屈服阶段,但是其他部分的钢筋仍然处于弹性工作阶段;随着梁端荷载的增加,受拉区的钢筋应力继续增大,到达极限状态 B 点以后,节点的承载力逐渐减小,但是钢筋的应力继续增大,当应力增加到 391.8MPa 时,在环梁与煤矸石混凝土梁区域内的环梁环状纵筋发生屈服;达到 C 点时,应力为

425.58MPa，并未达到环状纵筋的极限强度，钢筋未被拉坏，这说明钢筋承担了梁端荷载产生的弯矩，同时箍筋承担了部分剪力，并良好地加入节点的工作中。在此过程中，图 6.41 为环梁内环状纵筋在 C 点时沿着环状路径的 S11 应力，图中点 a 为环状箍筋上应力最大值点。由图可以看出，应力最大的部分处于煤矸石混凝土梁和环梁区域的 45°范围内，所以在该部分应该适当加密箍筋，从而提高节点的承载力，改善节点的受力性能。

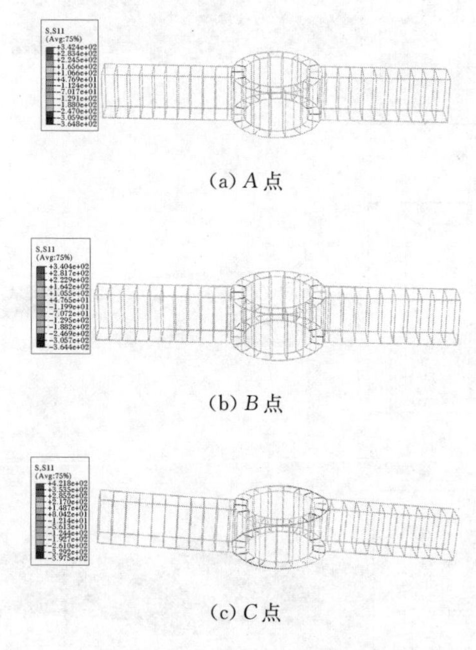

(a) A 点

(b) B 点

(c) C 点

图 6.38　钢筋 S11 应力分布

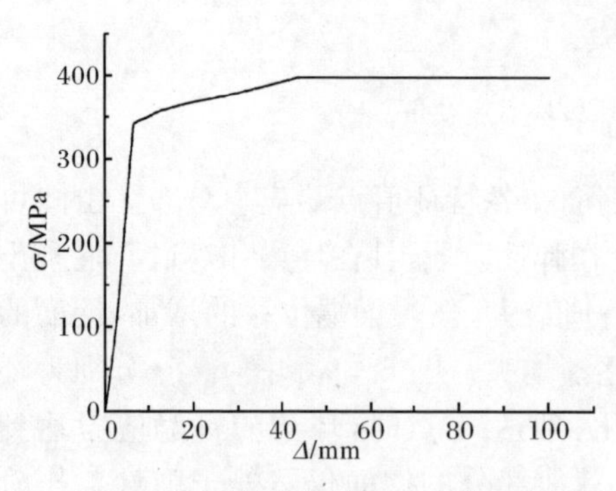

图 6.39　环梁内箍筋的应力值变化

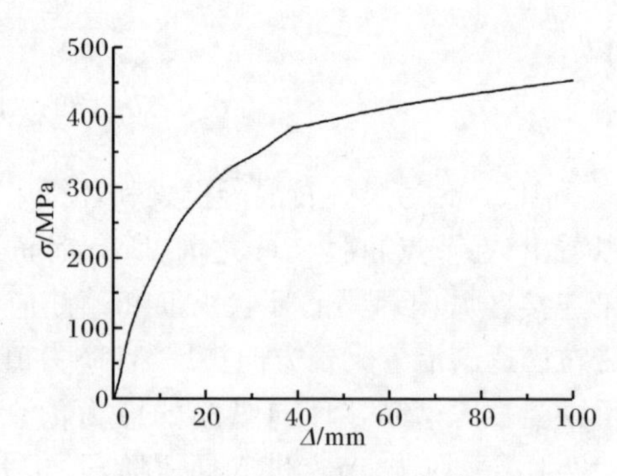

图 6.40　环向纵筋的应力值变化

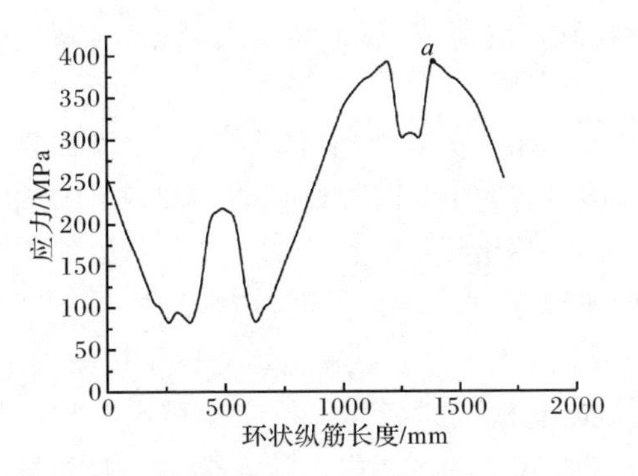

图6.41　环梁内环状纵筋在C点时沿着环状路径的应力

6.6.2　往复荷载作用下环梁式节点的力学性能研究

1. 节点滞回曲线分析

为了比较不同时刻节点各构件的应力状态，从而更好地研究环梁式节点在往复荷载作用下的工作机理，在节点滞回曲线上取四个特征点进行分析，同时将节点荷载 P-位移 Δ 关系曲线划分为四个阶段，如图6.42所示，用于标定节点煤矸石混凝土裂缝开展情况，分别为初裂（OA）、通裂（AB）、极限状态（BC）和破坏状态（CD），其中，A 点为节点区域中钢筋煤矸石混凝土梁出现第一道弯曲直裂缝的点；B 点为节点进入屈服状态；C 点为节点达到极限承载力 P_{max} 的对应点（或 Δ_{max} 对应的位置）；D 点为破坏荷载 P_u 的对应点。

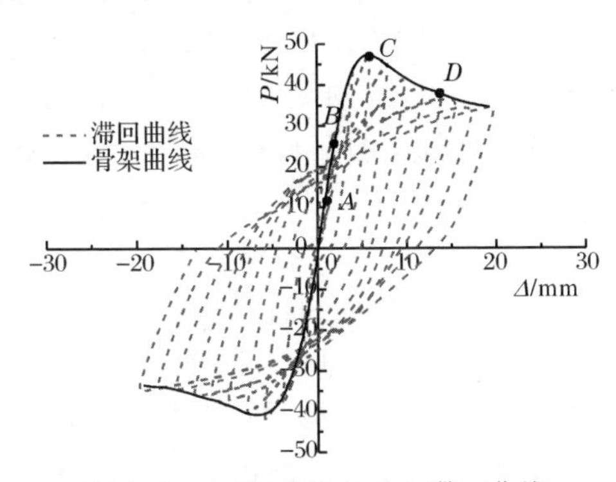

图6.42　环梁式节点 P-Δ 滞回曲线

（1）初裂阶段（OA）。在此阶段，因荷载较小，节点处于弹性变形状态。此阶段，钢管对核心煤矸石混凝土的约束效应还未表现出来，钢管和核心煤矸石混凝土的应力均呈线性增长。当荷载增加到 A 点时，在煤矸石混凝土梁的应力云图中出现应力变化，则表明在煤矸石混凝土框架梁和环梁的交界处出现第一道裂缝。

该阶段中，柱内核心煤矸石混凝土、梁端位移、钢管壁及梁内钢筋应变较小，节点处于弹性工作状态。

(2) 通裂阶段(AB)。节点处在弹性阶段，随着梁端往复荷载的逐级增加，钢管内核心混凝土的纵向变形增加，钢管对核心煤矸石混凝土的约束作用随之增加。随着梁端往复荷载的逐级增大，在煤矸石混凝土梁的应力云图上，梁表面的拉应变沿着梁长方向不断扩展，环梁上的拉应变相应的不断扩展，则核心区的裂缝不断沿着梁长方向扩展，环梁上的裂缝主要分布于框架梁中心线45°的范围内，到达B点时，煤矸石混凝土框架梁表面的拉应变呈水平扩展状态，裂缝主要出现在环梁和框架梁上拉应变较大的区域内。随着梁端往复荷载的增加，梁中的受拉钢筋承受的荷载逐渐增大，节点核心区的剪应力也逐渐增大，梁中箍筋承担的剪力也逐渐增大。到达B点时，环梁中的箍筋达到屈服强度，节点进入屈服点，此时，节点核心区剪压应力范围增大，核心区的斜压区域的范围不断扩大。

(3) 极限状态阶段(BC)。节点进入弹塑性阶段，随着梁端荷载的逐级增加，钢管对核心煤矸石混凝土的约束作用增大，煤矸石混凝土的横向变形逐渐增大，由于核心煤矸石混凝土处于三向受力状态，煤矸石混凝土柱的承载力增大。随着梁端荷载的增加，煤矸石混凝土梁从环梁和框架梁交界处开始正反两个方向的裂缝沿着梁长方向发展显著，裂缝区域不断沿着梁长方向扩展；环梁上的斜裂缝从框架梁与环梁交界处向环梁的侧面发展。随着梁端荷载的逐级增大，梁中的箍筋承受的剪力不断增大，受力纵筋的拉应力继续增加，在环梁和框架梁交界区域的环向纵筋先屈服。当荷载增加到C点时，节点的承载力达到极限值，此时，核心区的斜压区域范围继续扩大，同时剪压应力在核心区中部出现明显的集中现象。此过程中可以看出，在往复荷载作用下，梁端荷载产生的弯矩可以分解为一对作用于环梁上的拉力和压力，其中，环梁的环状纵筋和框架梁的纵向钢筋共同承担了拉力，而压力则由环梁的煤矸石混凝土承担，同时传递给了钢管煤矸石混凝土柱。

(4) 破坏状态阶段(CD)。过了极限承载力P_{max}以后，节点承载能力逐渐下降，节点的破坏程度不断加剧，已产生的裂缝宽度不断增大，在框架梁与环梁的交界区域形成了一个贯通梁上下表面的受压应变区域，在此区域中形成一条贯通的宽而长的裂缝；在环梁侧面也形成一个贯通的应变区域，在此区域也形成一条贯通环梁的斜裂缝。在环梁和框架梁交界区域的环状纵筋已经屈服，但其他部分的钢筋均处在弹性阶段，说明节点受力过程中，环状纵筋承担梁端产生的拉力。位于框架梁中心线45°内的环梁内的箍筋全部屈服，而在环梁和框架梁交界处的框架梁箍筋屈服，说明梁端荷载产生的部分剪力由箍筋承担。到达破坏状态D点时，钢管混凝土柱的核心区剪切应力中部出现明显集中现象，说明剪力由钢管混凝土柱承担。随着梁端往复位移的逐级增大，最终在煤矸石混凝土梁与加强环连接区域出现大裂缝而失去承载力，节点破坏。

2. 应力分布和发展

1) 钢管煤矸石混凝土柱的应力分析

图 6.43 为钢管内核心煤矸石混凝土在各特征点的应力分布(S33)。在梁端荷载达到极限荷载值之前，随着梁端荷载的逐级增加，核心煤矸石混凝土受压区的范围沿着柱长方向逐渐扩展，承受的压应力呈现逐级增大的趋势。随着梁端荷载的逐级增大，核心煤矸石混凝土的横向变形逐渐增大，从而钢管对核心煤矸石混凝土的约束作用逐渐增大，当节点达到极限承载能力 C 点时，核心煤矸石混凝土的压应力达到 24.09MPa，大约为 $1.18f_c'$，其中 f_c' 为煤矸石混凝土圆柱体抗压强度，说明钢管对核心煤矸石混凝土产生明显的约束作用，从而提高了核心煤矸石混凝土的承载能力。当过了节点极限承载力点 C 后，核心煤矸石混凝土的压应力逐级减小，达到节点的破坏状态点 D。

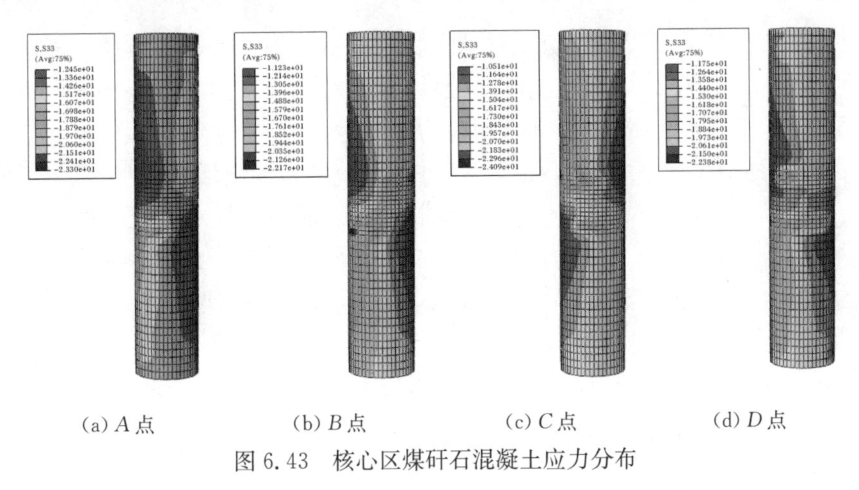

(a) A 点　　(b) B 点　　(c) C 点　　(d) D 点

图 6.43　核心区煤矸石混凝土应力分布

图 6.44 为核心煤矸石混凝土的横断面在各特征值点的应力分布(S33)。从沿柱宽方向的横断面应力分布图中可以明显看出，在梁端往复荷载作用下，核心煤矸石混凝土的受压区和受拉区在中和轴的左右两边不断变化，总体趋势为煤矸石混凝土由最初的接近全截面受压状态，逐渐转变为部分界面受拉、部分界面受压的状态。随着往复荷载的逐级增大，中和轴逐渐偏移到煤矸石混凝土的受压区。由沿柱高方向的横断面应力图可见，节点核心区形成了明显的斜压杆式应力分布区域，这说明核心煤矸石混凝土承担了由梁端荷载引起的剪应力。在往复荷载作用下，应力分布区域的方向不断变化，总体上来说，在达到节点极限承载力以前，随着往复荷载的逐级增大，受压区域不断发展。由于核心煤矸石混凝土在钢管的约束作用下处于三向受力状态，在节点极限承载力 C 点时，核心煤矸石混凝

土的压应力达到最大值。过了 C 点以后，斜压杆区域随着荷载的逐级增大而继续发展，但是煤矸石混凝土的压应力逐渐减小。

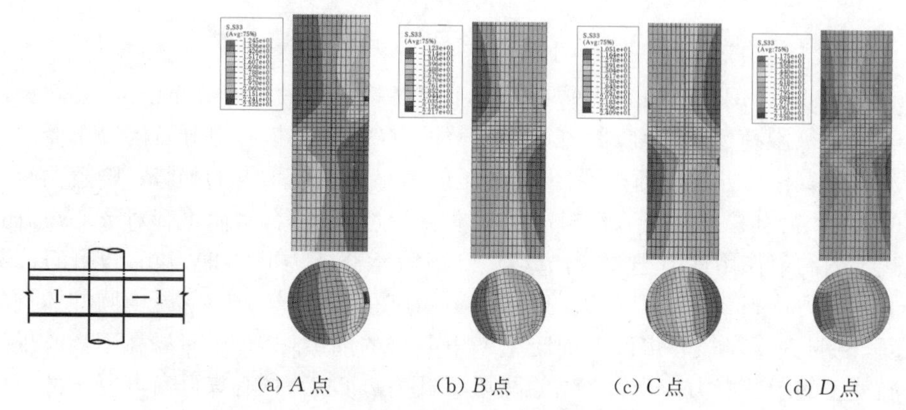

(a) A 点　(b) B 点　(c) C 点　(d) D 点

图 6.44　核心区煤矸石混凝土横断面应力分布

图 6.45 为环梁式钢管混凝土柱节点核心区剪应力在各特征点的分布(S12)。从图中可以看出，在加载初期，节点核心区沿着对角线方向出现斜压杆式的剪应力区域，随着梁端荷载的逐级增大，剪应力增大逐渐加快，达到 B 点时沿对角线方向形成较大的斜压区；随着荷载进一步的增大，剪应力继续增大，斜压区域继续扩展，宽度不断增大，最终在节点核心区域形成明显的斜压杆式短柱。所以根据节点区域中煤矸石混凝土梁与钢管煤矸石混凝土柱之间的应力分布，环梁式节点的传递机制可以表示为：当往复荷载加载到煤矸石混凝土梁端，形成梁端弯矩，作用在环梁的上下两端，环梁挤压钢管煤矸石混凝土柱，在节点核心区域形成一个呈45°的斜压剪应力区域，在节点受力过程，该斜压杆传递梁端产生的剪应力。

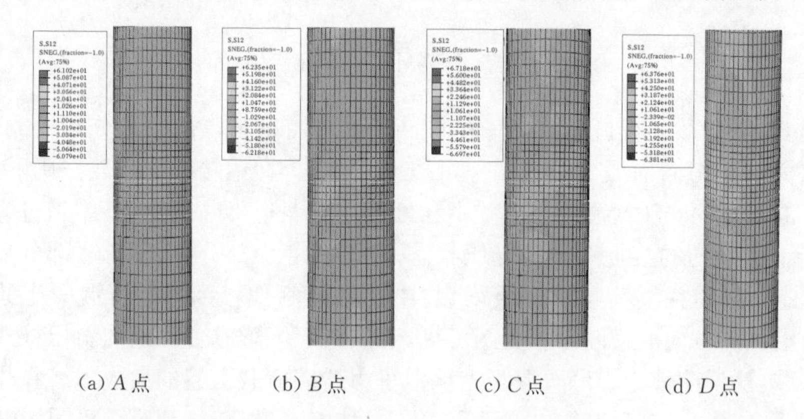

(a) A 点　(b) B 点　(c) C 点　(d) D 点

图 6.45　节点核心区剪应力的分布(S12)

图 6.46 为钢管和抗剪环在各特征点的 Mises 应力分布。由图可见，在受力过

程中，钢管的应力发展比较小，受力较大的部分主要集中于梁柱连接区域，由于承受轴向压力和梁端弯矩，钢管受压区的应力大于受拉区的应力。

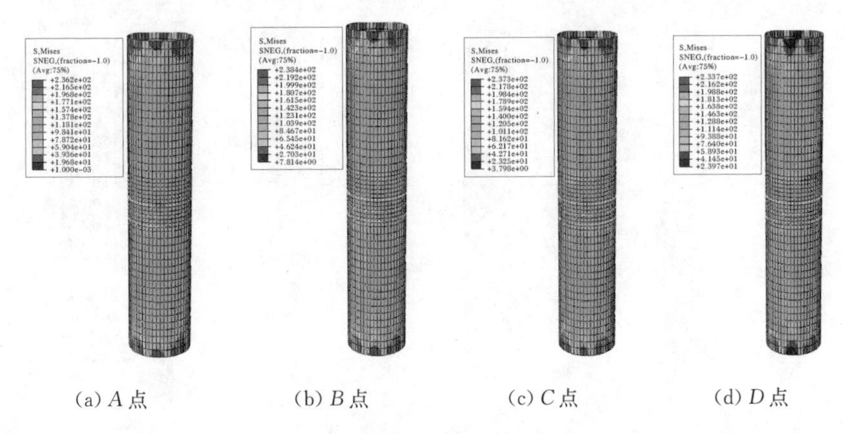

(a) A 点　(b) B 点　(c) C 点　(d) D 点

图 6.46　钢管和抗剪环的 Mises 应力分布

图 6.47 为钢管在各特征点的纵向应力分布(S22)。从图中可以看出，在往复荷载作用下，钢管的受压区域和受拉区域随着荷载方向的改变而交替产生，但是在整个受力过程中，梁柱连接区域的钢管受压区域和受拉区域的应力均没有达到屈服强度，说明有限元分析得到的钢管应力与试验结果符合。

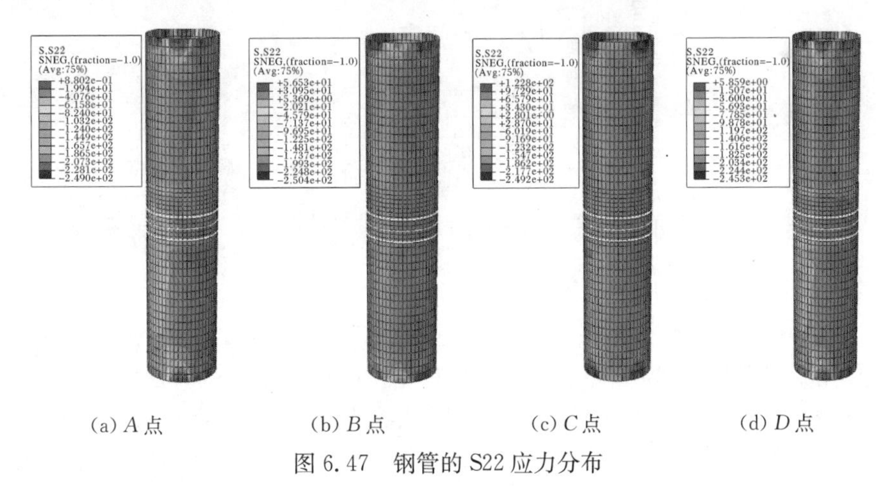

(a) A 点　(b) B 点　(c) C 点　(d) D 点

图 6.47　钢管的 S22 应力分布

图 6.48 为钢管在各特征点的剪应力分布(S12)，图 6.49 为抗剪环在 C 点时沿着环状路径的应力。由图可知，在轴向压力和梁端弯矩的共同作用下，到达 B 点时，由于环梁中的箍筋屈服，部分剪力由环梁传递给抗剪环，但是在受力过程中，抗剪环的应力均未超过屈服强度，仍然处于弹性工作阶段，同时，抗剪环附近钢管的剪应力明显大于其他部分的剪应力，由此可见，抗剪环主要起到将剪力传

递给焊缝的作用，而焊缝将剪力传递给钢管，部分剪力由钢管壁承担，大部分剪力由梁端弯矩使环梁挤压钢管煤矸石混凝土柱而形成的静摩擦力承担。

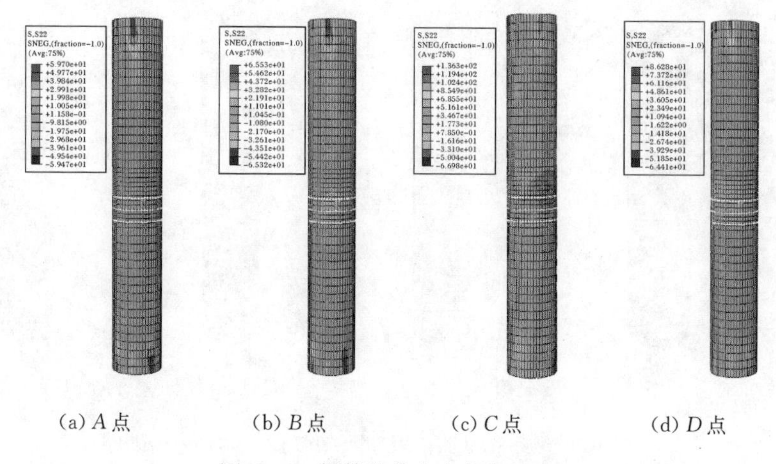

(a) A 点　　(b) B 点　　(c) C 点　　(d) D 点

图 6.48　钢管的剪应力分布(S12)

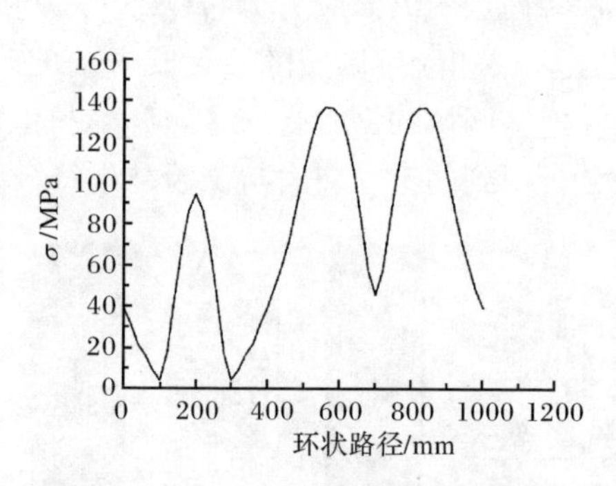

图 6.49　抗剪环沿着环状路径的应力

2) 煤矸石混凝土梁的应力分析

图 6.50 为煤矸石混凝土梁在特征值点的应力分布(S22)。由图可知，在往复荷载作用下，煤矸石混凝土梁的受压区域和受拉区域随着荷载方向的改变而在梁的上下表面不断变化。在加载初期，煤矸石混凝土梁的受拉区域较小，随着往复荷载的逐级增大，受压区域沿着梁长方向逐渐扩展，受拉区则由梁的表面逐渐扩大到梁的中部。煤矸石混凝土梁最大应力集中于环梁与框架梁连接的区域，最终在此处破坏，符合“强节点弱构件，强柱弱梁”的抗震设计原理。同时，这说明梁端荷载产生的弯矩转化而成的对环梁的压力由环梁的受压区煤矸石混凝土承担，并通过环梁传递给钢管煤矸石混凝土柱。

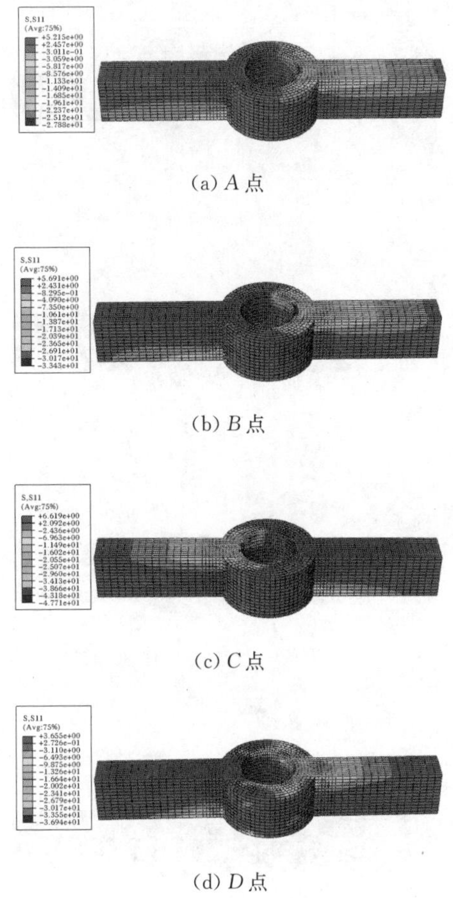

(a) A点

(b) B点

(c) C点

(d) D点

图6.50　煤矸石混凝土梁的应力分布(S11)

图6.51为环梁式节点煤矸石混凝土梁在各特征点的等效塑性应变的发展过程。由图可知,初始裂缝出现在环梁和框架梁的交界处,与试验现象符合。随着梁端荷载的逐级增大,裂缝沿着梁长方向发展,宽度逐渐增大,到达屈服点B时,在煤矸石混凝土框架梁与环梁连接区域的裂缝最为明显,且宽度最大;当荷载达到极限状态C时,煤矸石混凝土框架梁和环梁的交界处形成贯通裂缝,梁发生通裂现象,裂缝由该区域沿着环梁侧面方向扩散,同时,在环梁侧面出现了沿着对角线方向、宽度较大的"灯笼形"裂缝。过了C点以后,由于煤矸石混凝土被压碎,节点承载力下降,节点的破坏程度不断加剧,已产生的裂缝宽度不断增大,当到达破坏状态D点时,在煤矸石混凝土框架梁与环梁的交界处形成一条贯通的宽而长的裂缝,煤矸石混凝土梁破坏,同时,环梁侧面的"灯笼形"裂缝扩大。整个裂缝发展过程与试验现象基本吻合。

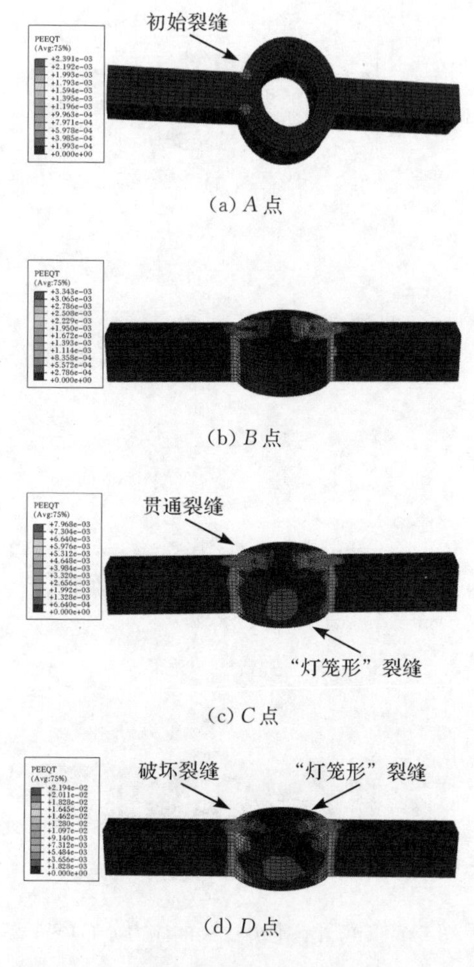

(a) A 点

(b) B 点

(c) C 点

(d) D 点

图 6.51　煤矸石混凝土梁的等效塑性应变

图 6.52 为煤矸石混凝土梁中钢筋在各特征点的 S11 应力分布。从图中可以明显地看出，钢筋的应力从环梁与框架梁交界处的部分到梁两端逐渐减小。在节点受力初期，钢筋的应力较小，随着往复荷载的逐级增加，纵向钢筋的应力逐渐增大，箍筋上承担的剪应力也逐渐增大。在轴向压力和梁端弯矩的共同作用下，当荷载加载到屈服点 B 时，环梁内环状纵筋和箍筋发生屈服，节点进入弹塑性工作阶段。随着梁端荷载继续增大到极限状态 C 时，大部分剪应力由环梁传递给钢管煤矸石混凝土柱承担，纵向钢筋的应力继续增大，但未超过极限强度，说明纵向钢筋承担着梁端荷载引起的弯矩，并良好地加入节点工作。同时，位于框架梁中心线 45°内的环梁范围内的箍筋全部屈服，而在环梁和框架梁交界处的框架梁箍筋屈服，说明梁端荷载产生的部分剪力由箍筋承担。

图6.53为环梁中环向纵筋沿环状路径方向在屈服点 B 时的应力变化曲线。由图可知，钢筋的最大应力值集中在环梁与框架梁交界处的部分，最大值超过了钢筋的屈服强度 f_y，而其他区域的钢筋仍然处于弹性阶段，表明纵向钢筋在受力过程中承担了大部分的弯矩，在保证节点的正常工作中起到重要作用。这也说明，梁端荷载产生的弯矩转化而成的拉力，直接由环梁受拉区域内的环向纵筋承担，即环向纵筋对环梁节点的正常工作起到了重要作用，同时，应力最大的部分处于框架梁和环梁区域的45°范围内，所以在该部分应该适当加密箍筋，从而提高节点的承载力，改善节点的受力性能。

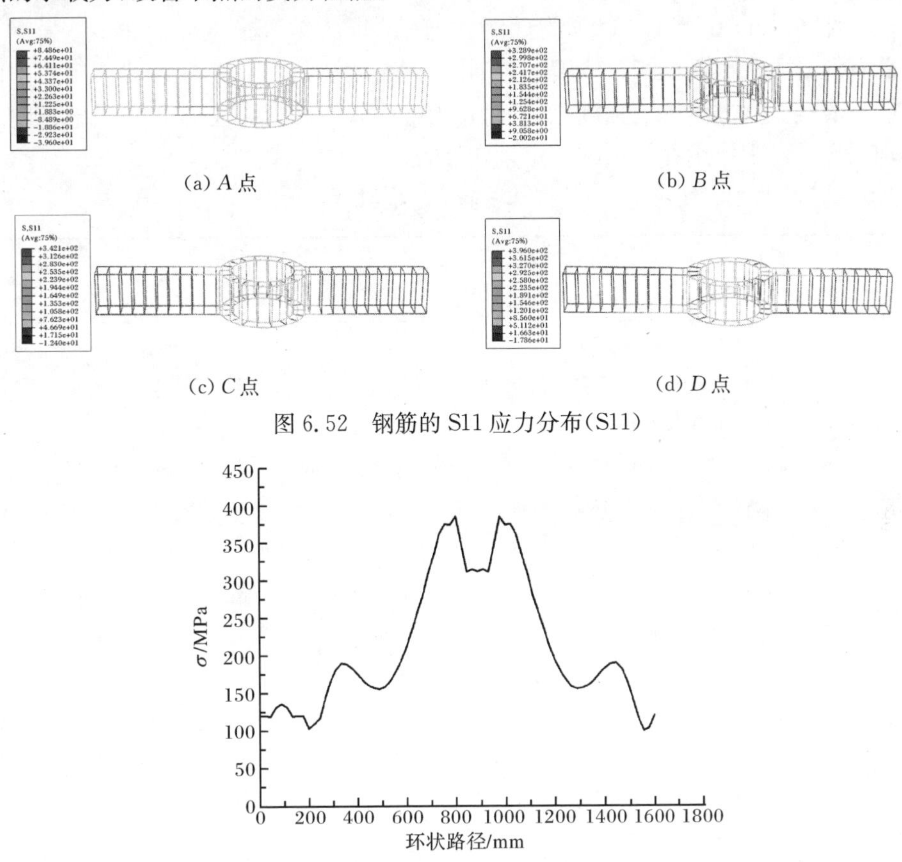

(a) A 点　　(b) B 点

(c) C 点　　(d) D 点

图6.52　钢筋的S11应力分布(S11)

图6.53　环梁内环向纵筋沿着环状路径的应力

6.6.3　环梁式节点的参数分析

基于对环梁式节点在往复荷载作用下的应力进行分析，同时验证了有限元分析的结果与试验结果吻合较好，为了进一步研究环梁式节点的性能，弥补试验分析的缺陷，通过改变各个主要影响参数，建立不同的有限元分析模型，进一步分析轴压比、钢管中煤矸石混凝土的抗压强度、含钢率、环梁宽度等重要参数对环梁式节点滞回性能的影响。

1. 不同参数的荷载-位移滞回曲线

本节建立了 15 个钢管煤矸石混凝土柱-环梁连接节点的模型，具体的材料参数和几何参数见表 6.7。其中，框架梁截面尺寸 $b\times h=180\text{mm}\times250\text{mm}$，环梁的高度 $h'=250\text{mm}$，钢材的屈服强度均为 235MPa。

表 6.7 中，b_0 为环梁的宽度；D、t 分别为钢管截面外直径及壁厚；l 为梁的长度；L 为柱的长度；$\alpha=A_s/A_{sc}$ 为构件的含钢率，A_s 为钢管横截面面积，A_{sc} 为钢管煤矸石混凝土横截面面积；k 为梁柱线刚度比；λ 为柱的长细比；$f_{cu,c}$ 代表钢管中的煤矸石混凝土立方体抗压强度；$f_{cu,b}$ 代表梁中的煤矸石混凝土立方体抗压强度；n 为轴压比；N_0 为作用在柱顶的恒定轴向压力。

表 6.7 节点模型尺寸

节点编号	$D\times t$ /(mm×mm)	l /mm	L /mm	b_0 /mm	α	k	λ	$f_{cu,c}$ /MPa	$f_{cu,b}$ /MPa	N_0 /kN	n
JH6	325×6	1000	1500	120	0.078	0.853	36	30	30	1800	0.6
JH6-n-0.2	325×6	1000	1500	120	0.078	0.853	36	30	30	600	0.2
JH6-n-0.8	325×6	1000	1500	120	0.078	0.853	36	30	30	2250	0.8
JH5-α-0.056	325×5	1000	1500	120	0.056	0.853	36	30	30	1800	0.6
JH8-α-0.106	325×8	1000	1500	120	0.106	0.853	36	30	30	1800	0.6
JH6-b_0-100	325×6	1000	1500	100	0.078	0.853	36	30	30	1800	0.6
JH6-b_0-140	325×6	1000	1500	140	0.078	0.853	36	30	30	1800	0.6
JH6-$f_{cu,c}$-20	325×6	1000	1500	120	0.078	0.853	36	20	30	1800	0.6
JH6-$f_{cu,c}$-40	325×6	1000	1500	120	0.078	0.853	36	40	30	1800	0.6
JH6-$f_{cu,b}$-20	325×6	1000	1500	120	0.078	0.853	36	30	20	1800	0.6
JH6-$f_{cu,b}$-40	325×6	1000	1500	120	0.078	0.853	36	30	40	1800	0.6
JH6-λ-25	325×6	1000	1000	120	0.078	0.853	25	30	30	1800	0.6
JH6-λ-49	325×6	1000	2000	120	0.078	0.853	49	30	30	1800	0.6
JH6-k-1.066	325×6	800	1500	120	0.078	1.066	36	30	30	1800	0.6
JH6-k-0.711	325×6	1200	1500	120	0.078	0.711	36	30	30	1800	0.6

图 6.54 为本节通过 ABAQUS 计算的改变参数后所得到的 15 个连接节点模型的梁端荷载-位移曲线。从图中可以明显地看出，计算的 15 个节点在不同参数下的梁端荷载-位移滞回曲线的形状和变化趋势基本相同，说明利用 ABAQUS 建立的模型的正确性和合理性。在加载初期，节点处于弹性工作阶段，梁端荷载和

变形呈线性增大，此时煤矸石混凝土未产生裂缝，节点存在比较小的整体变形。随着梁端荷载的逐级增大，梁端纵向钢筋屈服，且煤矸石混凝土梁上出现裂缝，此时曲线出现明显的拐点，节点进入弹塑性阶段，此后，节点的变形逐渐增大，而荷载的增长逐渐变缓。随着梁端荷载的继续增大以及循环次数的增加，煤矸石混凝土梁的裂缝继续扩展和增大。此后，曲线的斜率随着梁端荷载的逐级增大而逐渐减小，且减小的程度增大，在过了极限状态以后，减小的程度更为明显，说明往复荷载作用下，节点刚度不断退化。同时，过了极限荷载状态以后，节点变形增长迅速，节点承载力逐渐下降，刚度退化越来越严重。因此，本节模拟的滞回曲线具有以下基本特点。

(1) 加载初期，滞回曲线呈直线状态增长，节点处于弹性阶段；随着梁端荷载的逐级增大，节点进入弹塑性状态以后，滞回曲线的斜率逐渐减小，节点的刚度出现退化；在过了极限状态以后，节点变形增大，且承载力也逐渐减小。

(2) 随着梁端荷载的逐级增大，加载时刚度出现逐渐退化的现象。卸载刚度则基本保持弹性，与初始加载时的刚度基本相同；随着梁端荷载的逐级增大，各个节点的滞回曲线呈越来越饱满的趋势，说明节点具有较好的抗震性能。

(3) 节点由极限状态进入破坏阶段时，由于剪切变形的不断增大，节点刚度减小明显，但滞回曲线饱满，不同材料充分发挥各自的性能，节点具有良好的耗能能力。

2. 弯矩-梁柱相对转角滞回曲线

由于节点弯矩-梁柱相对转角滞回曲线，直观地反映节点的初始刚度、抗弯承载力和转动能力，便于分析和研究梁柱节点的基本力学性能，本节采用弯矩-梁柱相对转角滞回曲线研究不同参数对节点的影响。

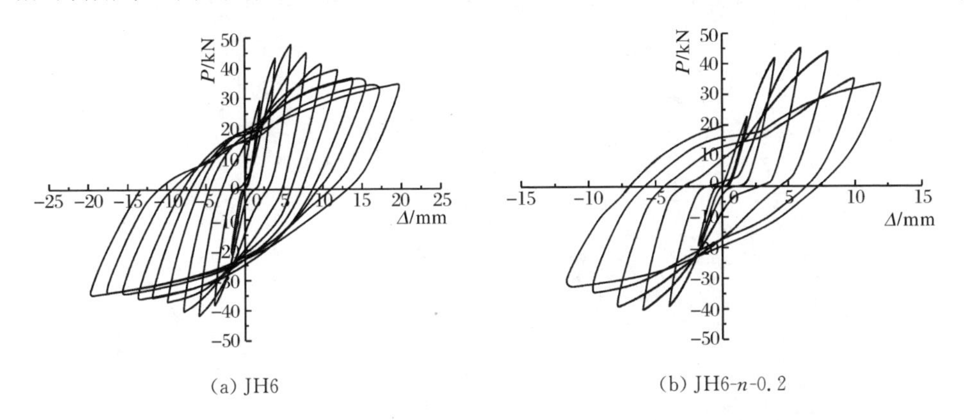

(a) JH6　(b) JH6-n-0.2

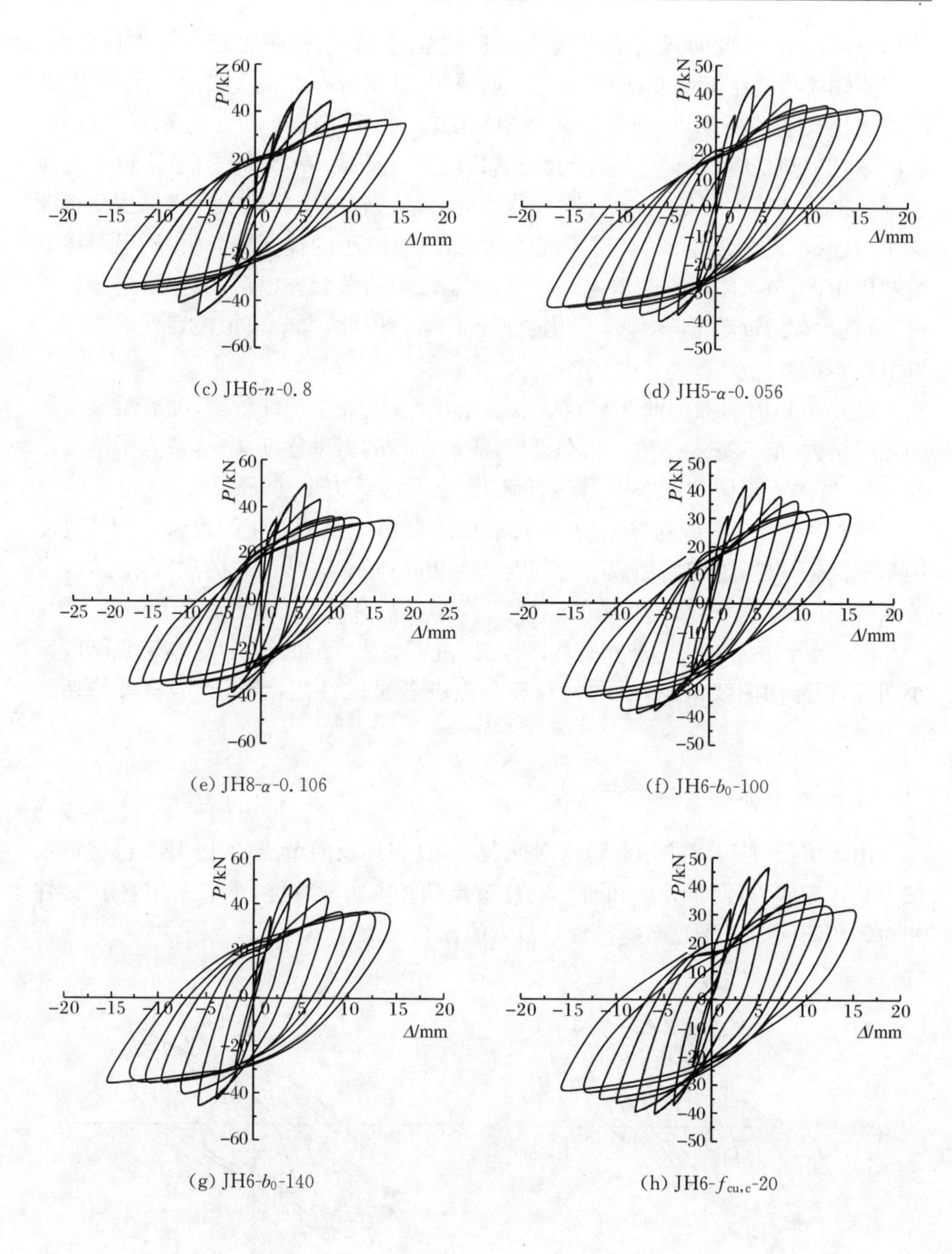

(c) JH6-n-0.8

(d) JH5-α-0.056

(e) JH8-α-0.106

(f) JH6-b_0-100

(g) JH6-b_0-140

(h) JH6-$f_{cu,c}$-20

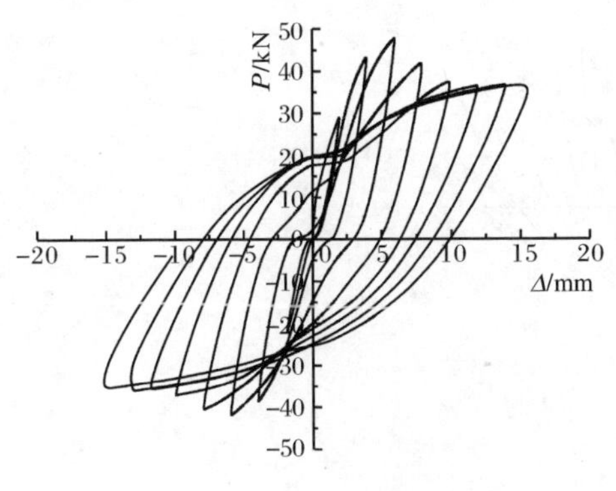

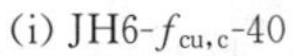
(i) JH6-$f_{cu,c}$-40

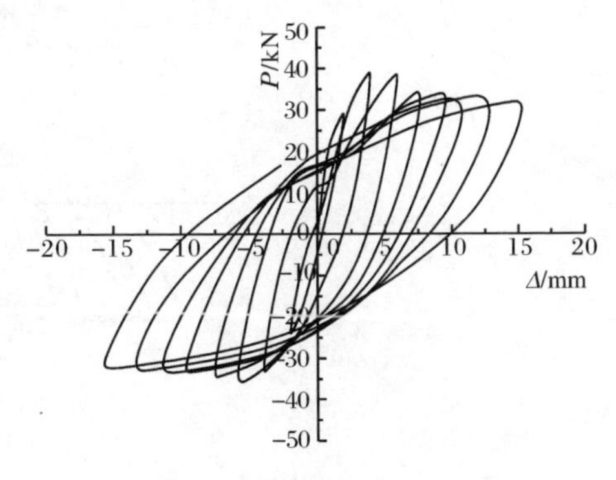

(j) JH6-$f_{cu,b}$-20

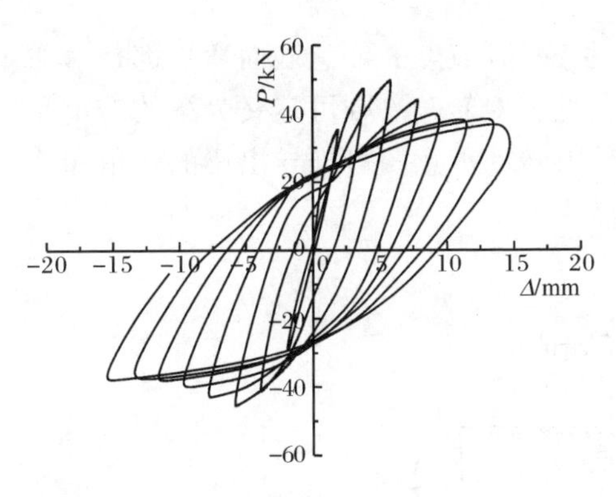

(k) JH6-$f_{cu,b}$-40

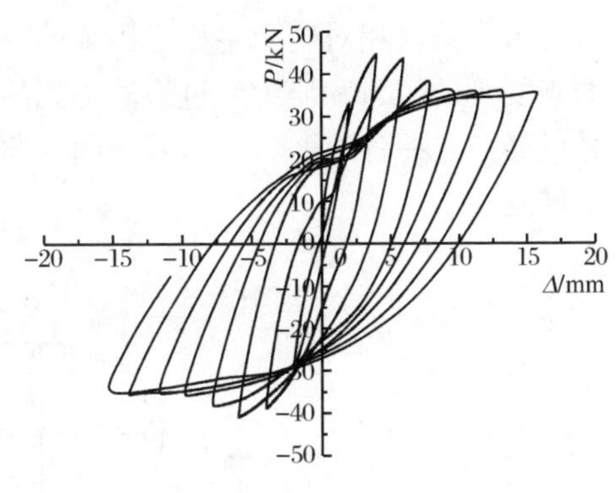

(l) JH6-λ-25

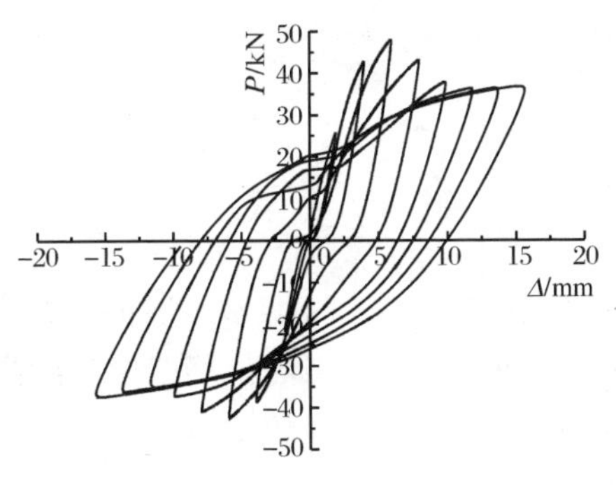

(m) JH6-λ-49

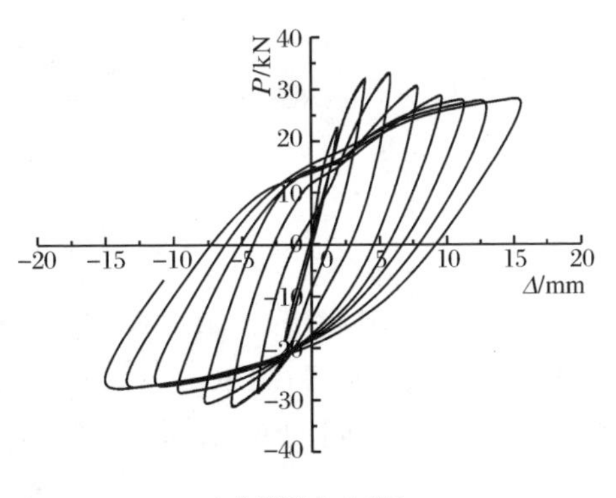

(n) JH6-k-0.711

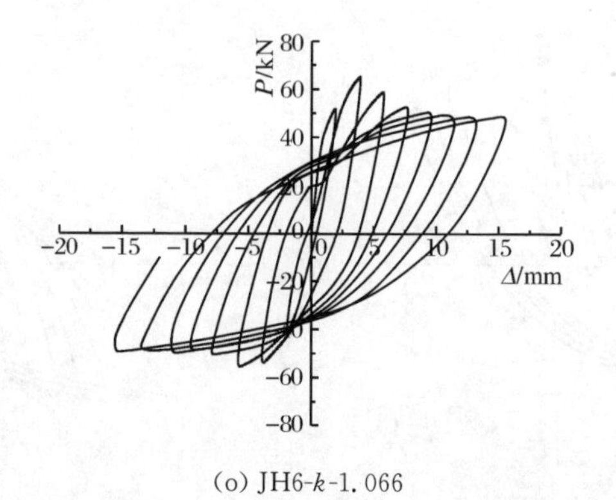

(o) JH6-k-1.066

图 6.54　环梁式节点的梁端荷载-位移滞回曲线

节点梁柱相对转角主要是由梁端弯矩引起的,节点的任意截面弯矩都是由加载点受到的拉力和压力经过换算得到的,梁柱相对转角 θ 则可定义为梁的转角和柱的转角之差(曲慧,2007),基于图 6.55 节点转动示意图可推导出梁的转角和柱的转角。

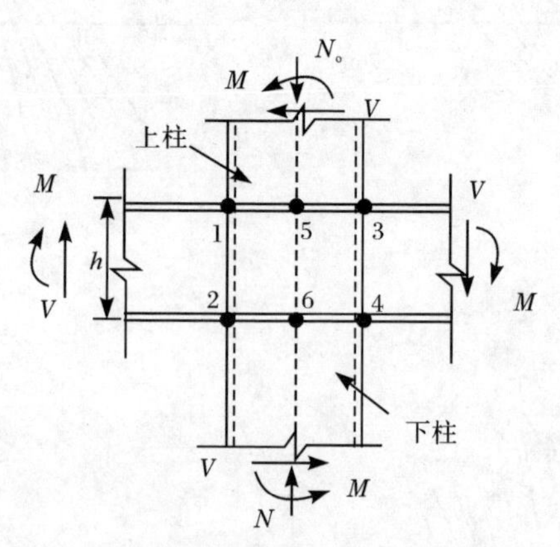

图 6.55　节点核心区的受力图

在图 6.55 中,梁的转角定义为节点核心区左梁的上表面 1 点和下表面 2 点的位移差值与梁高 h 之比,或者右梁的上表面 3 点和下表面 4 点的位移差值与梁高之比,取两个值之间的最大值作为梁的转角,即

$$\theta_b = \max[\theta_f, \theta_r] \tag{6.2}$$

其中

$$\theta_f = (\Delta_1 - \Delta_2)/h \tag{6.3}$$

$$\theta_r = (\Delta_3 - \Delta_4)/h \tag{6.4}$$

柱的转角定义为节点核心区位于柱轴线上的 5 点和 6 点的位移差值与梁高 h

之比，即

$$\theta_c = (\Delta_5 - \Delta_6)/h \tag{6.5}$$

所以，钢管混凝土柱-梁节点的相对转角为

$$\theta = \theta_b - \theta_c \tag{6.6}$$

图 6.56 为利用 ABAQUS 计算所得的 15 个连接节点的弯矩 M-梁柱相对转角 θ 的滞回曲线。由图可以看出，本节通过改变不同的参数计算得到的 M-θ 关系滞回曲线形状饱满，表明节点具有优越的稳定性，同时，曲线中刚度退化合理且捏缩现象较小，表明节点具有良好的耗能性能。在曲线的弹性阶段，M-θ 关系滞回曲线呈线性变化，进入屈服阶段以后，随着梁端荷载的逐级增大，梁柱相对转角逐渐增大，过了极限状态以后，抗弯承载力逐渐下降，但是曲线表现出良好的延性。

3. 弯矩-梁柱相对转角关系参数分析

基于节点的受力特点，从轴压比、含钢率、环梁宽度、煤矸石混凝土强度、柱的长细比、梁柱刚度比等方面对影响钢管煤矸石混凝土柱-环梁连接节点的弯矩 M-梁柱相对转角 θ 进行分析，同时研究并总结主要参数对节点的影响规律。

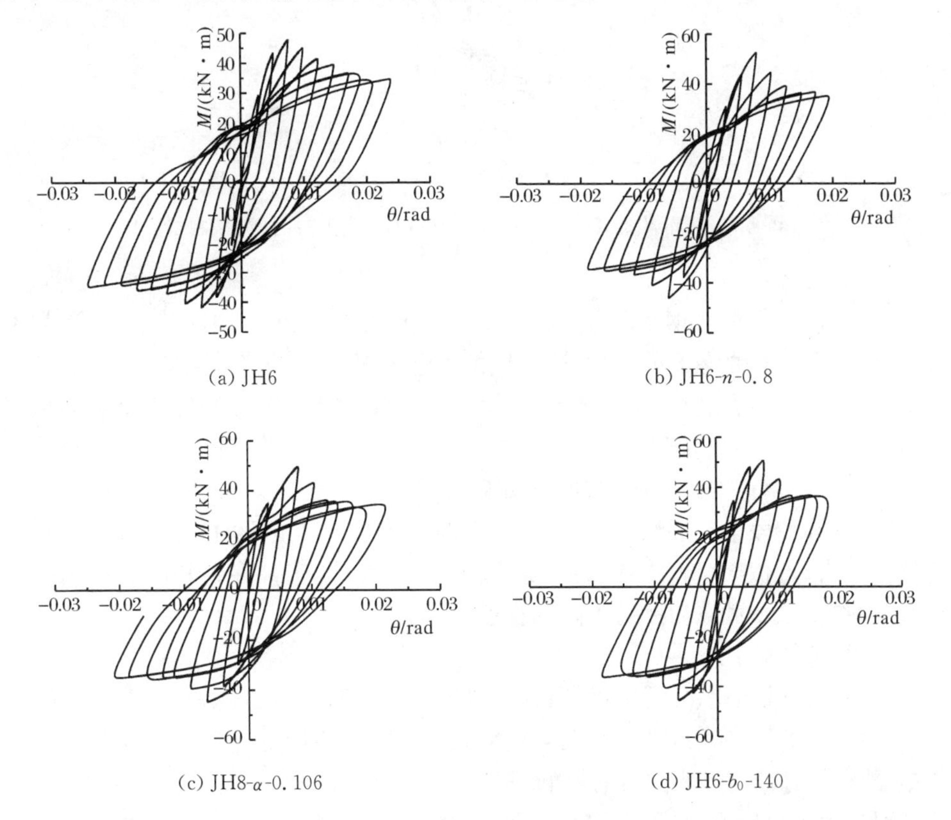

(a) JH6　(b) JH6-n-0.8

(c) JH8-α-0.106　(d) JH6-b_0-140

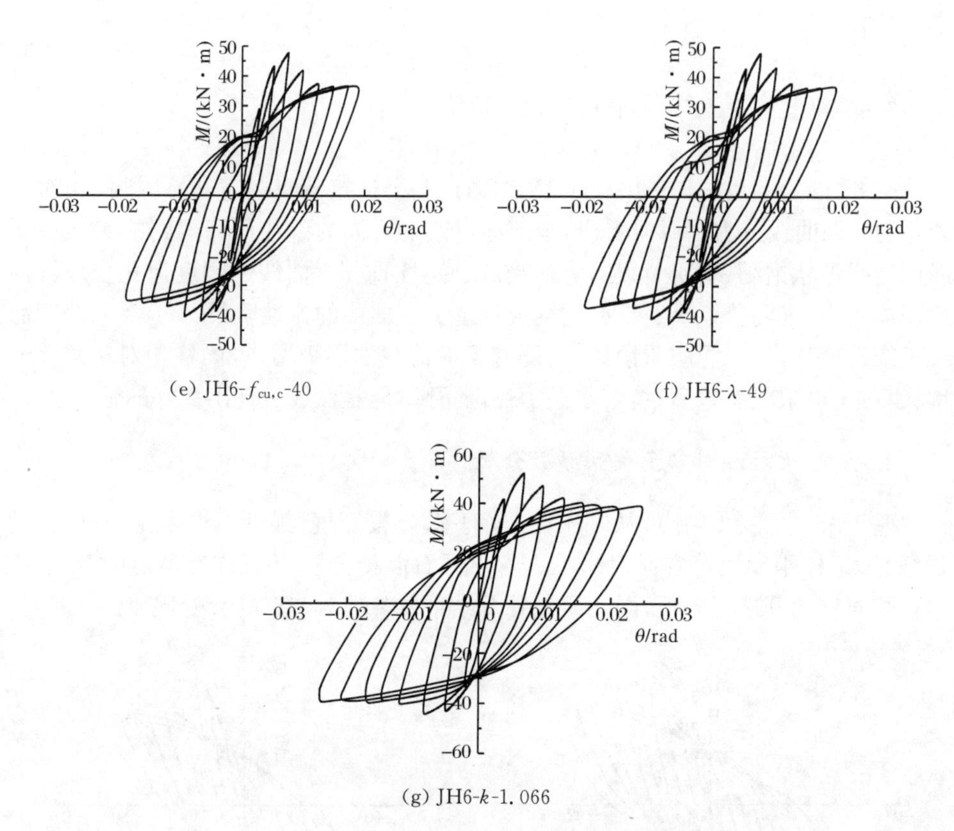

图 6.56　环梁式节点的弯矩 M-梁柱相对转角 θ 滞回关系曲线

1）轴压比 n

图 6.57 为保证含钢率、环梁宽度、梁柱线刚度比、柱的长细比等基本参数不变的情况下，不同的轴压比对环梁式节点弯矩-转角骨架曲线的影响。图 6.58 为不同的轴压比对初始刚度 K_i 影响情况。由图可以看出：①轴压比对节点的抗弯承载力影响比较明显，随着轴压比的增大，曲线整体上移，节点的极限抗弯承载力基本上呈线性增加的趋势；②在加载初期，骨架曲线呈线性增加，随着轴压比的增大，曲线的弹性段增长逐渐增长，但对骨架曲线形状的影响不明显，节点的初始刚度逐渐增大，近似于呈直线增长；③随着轴压比的增大，节点在强化阶段的刚度逐渐增大，在极限承载以后刚度下降的程度加剧。

2）含钢率 α

在节点的轴压比、环梁宽度、梁柱线刚度比、柱的长细比等基本参数不变的情况下，改变钢管壁厚来改变节点的含钢率，图 6.59 为不同的含钢率对环梁式节点弯矩-梁柱相对转角骨架曲线的影响，图 6.60 为节点的含钢率对初始刚度 K_i 的影响情况。由图可以看出：①在加载初期，节点处于弹性阶段，曲线的变化并不明显，

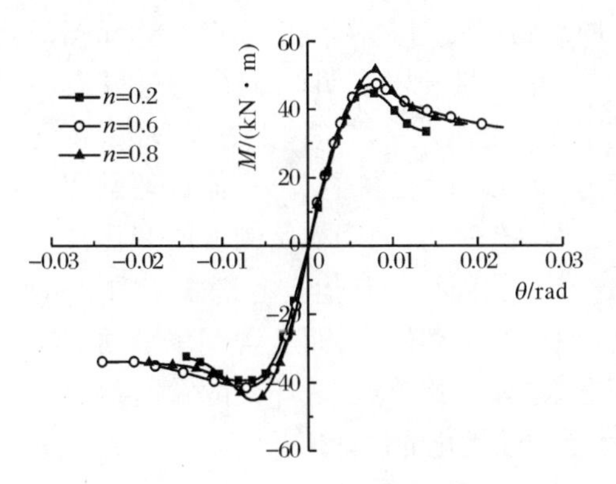

图 6.57　轴压比对 M-θ 骨架曲线的影响

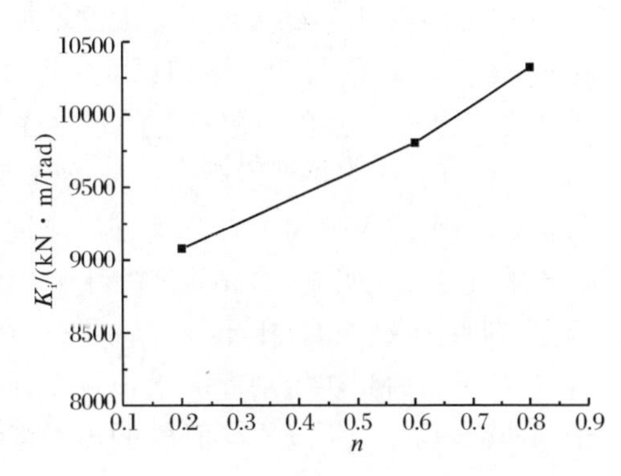

图 6.58　轴压比对初始刚度的影响

但是含钢率大的节点，直线段较长，即弹性段较长，含钢率为 0.106 节点的初始刚度比含钢率为 0.056 节点的初始刚度提高了 21%，比含钢率为 0.078 的节点提高了 1.4%，即含钢率对曲线的弹性段有明显的影响，随着含钢率的增大，构件的抗弯承载力逐渐增大，曲线整体向上移动；②过了极限状态以后，随着含钢率的增加，节点抗弯承载力下降的幅度逐渐增加。整体来说，含钢率对曲线的形状和变化趋势影响不大，但是对节点的承载能力有明显的影响；③由曲线可以看出，节点 JH6 的承载能力储备和延性较好，说明 JH6 节点比同组的其他模型延性更好，同时在屈服后具有更为理想的承载能力，而当含钢率继续增加时，抗弯承载力和初始刚度的增长较小，因此节点 JH6 的含钢率是比较优化的设计值。

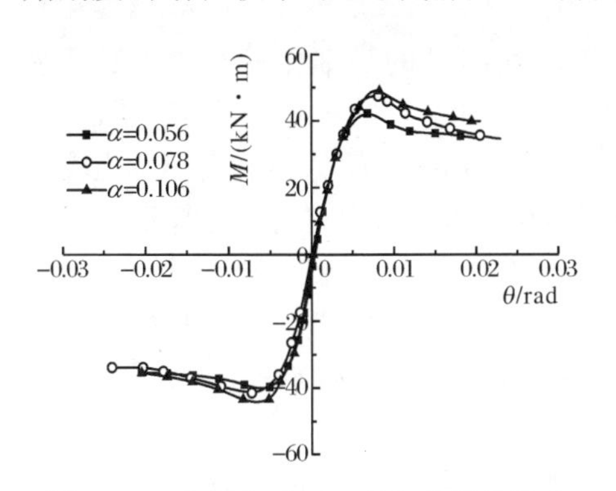

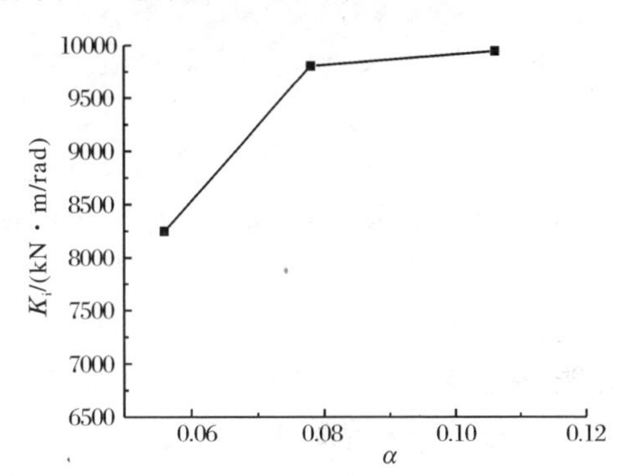

图 6.59　含钢率对 M-θ 骨架曲线的影响

图 6.60　含钢率对初始刚度的影响

3）环梁宽度 b_0

图 6.61 为保证含钢率、轴压比、梁柱线刚度比、柱的长细比等基本参数不变的情况下，不同的环梁宽度对环梁式节点弯矩-梁柱相对转角骨架曲线的影响情况。图 6.62 为不同的环梁宽度对初始刚度 K_i 的影响情况。由图可以看出：①随着环梁宽度的增加，环梁式节点的抗弯承载力不断提高，但是对曲线的形状和变化趋势影响

不大;②在加载初期,随着环梁宽度的增加,曲线的初始刚度保持在 10000kN·m/rad 左右,变化不明显,说明环梁的宽度变化对曲线的弹性段没有明显的影响;③随着环梁宽度的增加,节点的极限抗弯承载力逐渐提高,表现为曲线整体上移,当环梁宽度为 140mm 时,极限抗弯承载力比环梁宽度为 100mm 时提高了 18%,但比环梁宽度为 120mm 节点仅提高了 5%,而初始刚度几乎没有变化,说明初始刚度的变化没有抗弯承载力变化明显;④根据分析可知,JH6 节点比同组的其他模型,表现出更好的延性和储备承载能力,在屈服之后具有更为理想的承载能力,而当含钢率继续增加时,抗弯承载力和初始刚度的增长较小,同时,在环梁式节点中,环梁的宽度不宜小于框架梁的宽度,所以节点 JH6 的环梁宽度是比较优化的设计值。

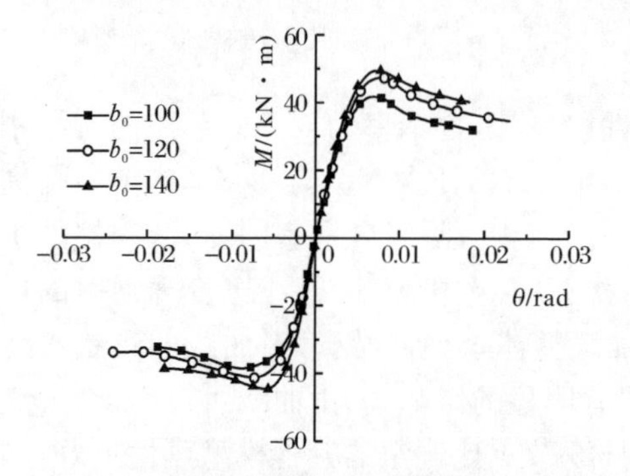

图 6.61 环梁宽度对 M-θ 骨架曲线的影响

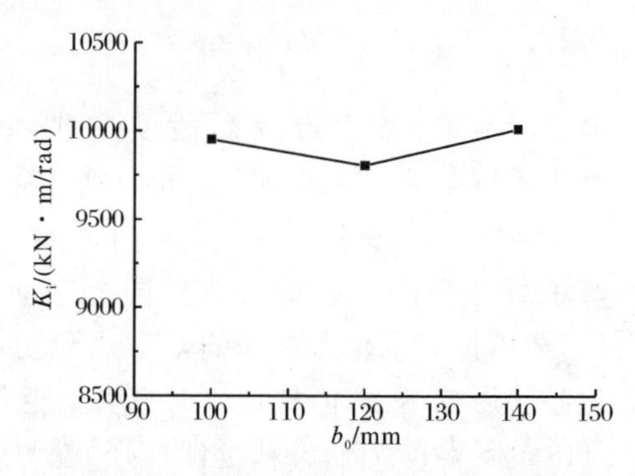

图 6.62 环梁宽度对初始刚度的影响

4) 钢管内煤矸石混凝土的强度 $f_{cu,c}$

图 6.63 为保证含钢率、轴压比、梁柱线刚度比、柱的长细比等基本参数不变的情况下,不同的钢管内煤矸石混凝土强度对环梁式节点荷载-位移骨架曲线的影响。图 6.64 为不同钢管内煤矸石混凝土强度对初始刚度 K_i 的影响情况。由图可以看出,钢管内煤矸石混凝土强度的增加对节点性能几乎没有影响,煤矸石混凝土强度的改变没有引起曲线的形状和变化趋势的改变,同时极限抗弯承载力也未受到影响,节点的初始刚度几乎没有改变。本节主要研究的是"强柱弱梁"节点的性能,所以钢管内煤矸石混凝土的强度对节点的承载力影响较小。

5) 梁煤矸石混凝土的强度 $f_{cu,b}$

图 6.65 为保证含钢率、轴压比、梁柱线刚度比、柱的长细比等基本参数不变的情况下,不同梁煤矸石混凝土强度对环梁式节点荷载-位移骨架曲线的影响。图 6.66 为不同梁煤矸石混凝土强度对初始刚度 K_i 的影响情况。由图可以看出:①在往复荷载作用下,随着梁的煤矸石混凝土强度的增加,节点抗弯承载力逐渐增大,表现为曲线整体向上移动,但是煤矸石混凝土的强度对曲线的形状和变化趋势影响不明显;②在加载初期,节点处于弹性工作阶段,随着梁煤矸石混凝土强度的增加,曲线的直线段增加,说明节点的弹性段逐渐增大,但曲线的初始刚度保持

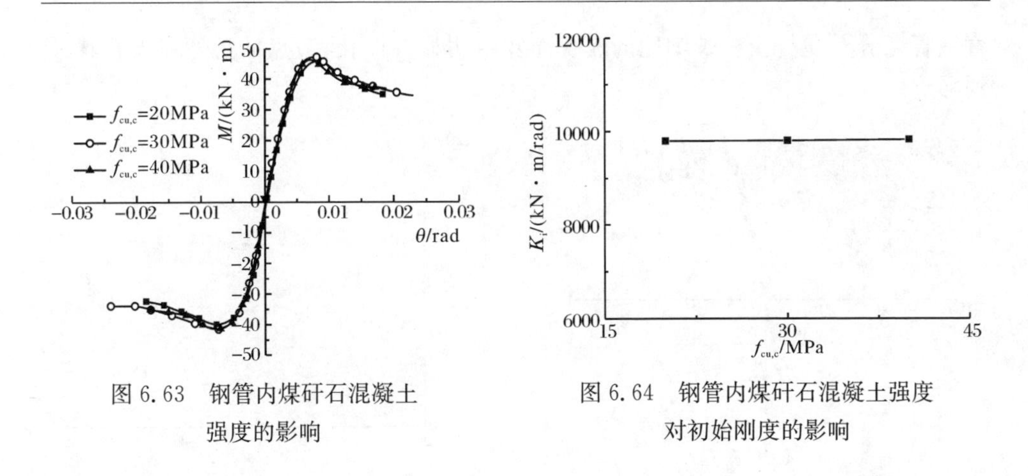

图 6.63　钢管内煤矸石混凝土强度的影响

图 6.64　钢管内煤矸石混凝土强度对初始刚度的影响

在 10000kN · m/rad 左右，变化不明显，说明煤矸石混凝土强度变化对曲线的弹性段没有明显的影响；③进入弹塑性段，煤矸石混凝土的强度对节点弹塑性段的刚度有一定影响，随着煤矸石混凝土强度的逐渐增加，节点的极限抗弯承载力增大，煤矸石混凝土的强度为 40MPa 的节点极限承载力是煤矸石混凝土的强度为 20MPa 的 1.3 倍，过了极限状态以后，节点的抗弯承载力随着煤矸石混凝土强度的增大而加大。

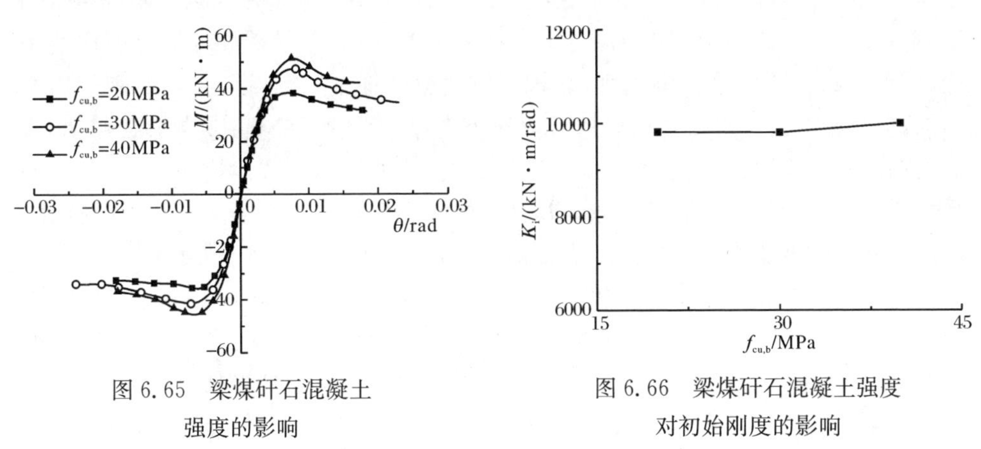

图 6.65　梁煤矸石混凝土强度的影响

图 6.66　梁煤矸石混凝土强度对初始刚度的影响

6）钢管煤矸石混凝土柱的长细比 λ

图 6.67 为轴压比、含钢率、环梁宽度、梁柱线刚度比等基本参数不变的情况下，改变柱长来改变节点的长细比对环梁式节点弯矩-梁柱相对转角骨架曲线的影响情况。图 6.68 为节点的长细比对初始刚度 K_i 的影响情况。由图可以看出，钢管煤矸石混凝土柱长细比的增加对节点性能影响很小，钢管煤矸石混凝土柱长细比的改变没有引起曲线的形状和变化趋势的改变，同时节点的抗弯承载力没有随

着钢管煤矸石混凝土柱长细比的改变而发生明显的变化，节点的抗弯刚度也未受到影响。

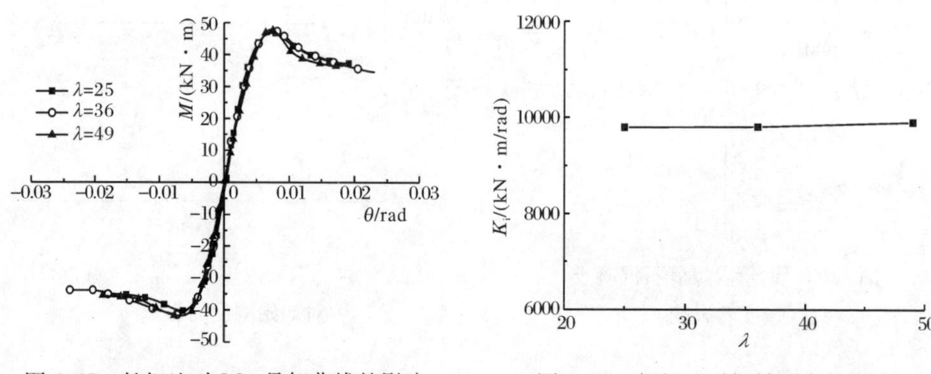

图 6.67　长细比对 M-θ 骨架曲线的影响　　　图 6.68　长细比对初始刚度的影响

7）梁柱线刚度比 k

梁柱线刚度比充分反映了结构中梁对柱产生的约束作用的程度，通常来说，约束作用越大，梁柱的线刚度比越大。图 6.69 为轴压比、含钢率、环梁宽度、柱的长细比等基本参数不变的情况下，改变梁的跨度来改变线刚度比对环梁式节点弯矩-梁柱相对转角骨架曲线的影响情况。图 6.70 为节点的梁柱线刚度比对初始刚度 K_i 的影响情况。由图可以看出：①在往复荷载作用下，随着梁柱线刚度比的增加，节点的抗弯承载力逐渐增大，表现为曲线整体向上移动，同时，初始刚度逐渐增加，但是梁柱线刚度比对曲线的形状和变化趋势影响不明显；②在加载初期，节点处在弹性工作阶段，随着梁柱线刚度比的增大，曲线的直线段增长，说明节点的弹性段增大，节点的初始刚度不断增大，梁柱线刚度比为 1.066 的节点，其初始刚度比梁柱线刚度比为 0.711 的节点提高了 38%；③随着梁柱线刚度比的增大，节点的极限抗弯承载力增加，梁柱线刚度比为 1.066 节点的极限承载力是梁柱线刚度比为 0.711 节点极限承载力的 1.33 倍，但仅是线刚度比为 0.853 节点的 1.01 倍，过了极限状态后，节点的承载力随着梁柱线刚度比的增加而增大；④节点 JH6 的承载能力储备和延性较好，说明 JH6 节点比同组的其他模型延性更好，同时在屈服后具有更为理想的承载能力，而当梁柱刚度比继续增加时，抗弯承载力的增长较小，所以节点 JH6 的梁柱线刚度比是比较优化的设计值。

6.6.4　环梁式节点的极限承载力

表 6.8 为在不同轴压比情况下，钢管煤矸石混凝土柱-环梁连接节点在各阶段的位移和对应的荷载值。由表可知：①随着轴压比的增加，轴压比为 0.8 的节点，其极限承载力比轴压比为 0.2 的节点提高了 18.8%，是轴压比为 0.6 节点的极限

承载力的1.1倍；②总体上来说，节点的屈服荷载、极限承载力、破坏荷载均有提高，同时，屈服位移、极限位移和破坏位移受到轴压比的影响不大，均处在一定的范围内。

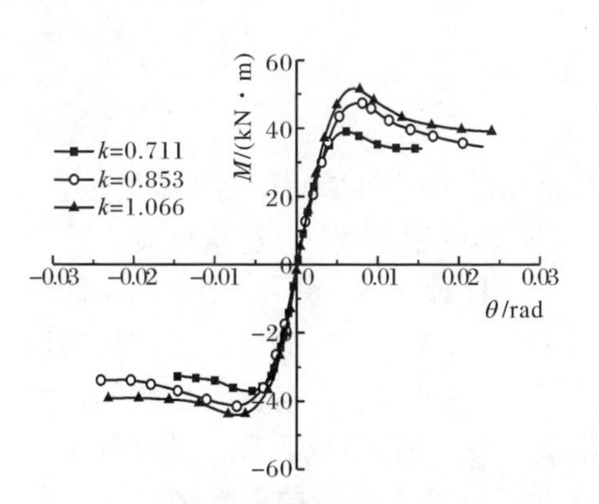

图6.69　线刚度比对M-θ骨架曲线的影响

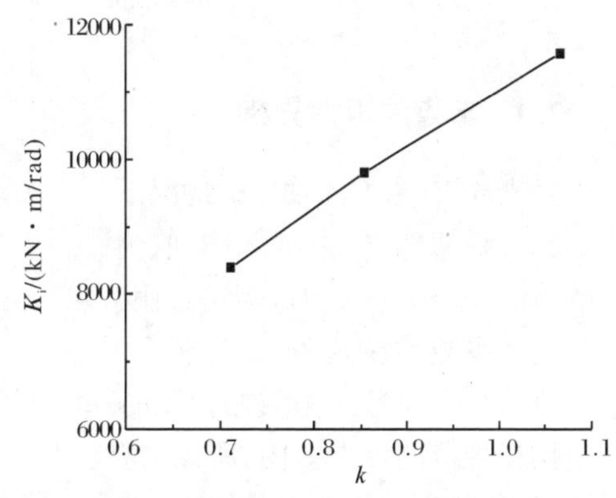

图6.70　线刚度比对初始刚度的影响

表6.8　环梁式节点各阶段的位移和对应的荷载值

节点编号	N_0/kN	n	P_y/kN	Δ_y/mm	P_{max}/kN	Δ_{max}/mm	P_u/kN	Δ_u/mm
JH6-n-0.2	600	0.2	22.42	1.75	44.17	5.94	37.54	10.61
JH6	1800	0.6	23.38	2.02	47.74	5.95	40.56	11.88
JH6-n-0.8	2250	0.8	29.44	2.21	52.48	5.99	44.61	11.57

注：N_0为轴向压力，n为轴压比，P_y为屈服荷载，Δ_y为屈服位移，P_{max}为极限荷载，Δ_{max}为极限位移，P_u为破坏荷载，Δ_u为破坏位移。

6.6.5　环梁式节点的刚性

表6.9为环梁式节点的刚性指标，通过与EC4中刚性节点界限的比较可见，钢管煤矸石混凝土柱-环梁连接节点的初始刚度介于$0.5(EI)_b/L_b$与$25(EI)_b/L_b$之间，所以，若按此标准判断，该节点形式属于半刚性节点。

表6.9　环梁式节点的刚性指标

节点编号	极限弯矩/(kN·m)	初始弹性刚度/(×10^5kN·m)	$(EI)_b/L_b$/(×10^5kN·m)	$8(EI)_b/L_b$/(×10^5kN·m)	$25(EI)_b/L_b$/(×10^5kN·m)
JH6-n-0.2	45.19	0.93	0.0469	0.3752	1.1725
JH6	47.74	0.98	0.0469	0.3752	1.1725
JH6-n-0.8	52.48	1.03	0.0469	0.3752	1.1725

6.7　基于ABAQUS的钢管煤矸石混凝土环梁式节点的抗震性能分析

6.7.1　节点的延性分析

表6.10为不同轴压比情况下节点的延性指标，其中弹性层间位移角限值$[\theta_e]$＝1/300，弹塑性层间位移角限值为$[\theta_p]$＝1/50，具体的数值可由《建筑抗震设计规范》(GB 50011—2001)确定。由表可以看出：①不同轴压比作用下，节点的层间位移延性系数均在5.2～5.9，满足由唐九如在1989年提出的钢筋混凝土结构的层间位移延性系数一般要求≥2的基本原则；②弹性层间位移角和弹塑性层间位移角均在规范的要求以内，所以，钢管煤矸石混凝土柱-环梁节点表现出良好的延性性能；③随着轴压比n的增大，节点的延性略有降低，但其影响的程度比较小。

表6.10　不同轴压比情况下节点的延性指标

节点编号	n	Δ_y/mm	Δ_u/mm	θ_y/rad	θ_u/rad	μ	μ_θ
JH6-n-0.2	0.2	1.75	10.61	0.00117	0.00707	6.06	6.04
JH6	0.6	2.02	11.88	0.00135	0.00792	5.88	5.87
JH6-n-0.8	0.8	2.21	11.57	0.00147	0.00771	5.24	5.245

6.7.2　节点的耗能性能

表6.11为环梁式节点的总耗能、等效黏滞阻尼系数ζ_{eq}和能量耗散系数E。由表可知，随着钢管混凝土柱轴压比的增加，环梁式节点的等效黏滞阻尼系数ζ_{eq}和能量耗散系数E均有逐渐增长的趋势，但是当n<0.6时，增长的程度较小，而当n>0.6时，增长的程度大大加剧，说明环梁式节点的耗能能力随着轴压比的增加逐渐得到提高。

表6.11　环梁式节点的耗能指标

节点编号	耗能/(kN·m)	ζ_{eq}	E
JH6-n-0.2	29.83	0.255	1.599
JH6	35.40	0.268	1.685
JH6-n-0.8	36.29	0.281	1.767

6.7.3　节点的刚度退化分析

图6.71为不同轴压比情况下K_i-Δ/Δ_y关系曲线示意图。由图可以看出：

①总体上,节点的刚度退化较为缓慢,说明节点具有良好的抗侧移能力;②随着轴压比的变化,曲线的变化较小,说明梁式节点的环线刚度退化随着轴压比的增大变化不明显。

6.7.4　节点的强度退化分析

图6.72为钢管煤矸石混凝土柱-环梁连接节点的总体荷载退化系数λ_j随着加载位移(Δ/Δ_y)变化而变化的情况。由图可以看出:①发生屈服后,在图中表现为位移达到Δ_y,节点的曲线仍然保持较长的水平段,说明节点达到破坏荷载($P_u=0.85P_{max}$),依然能够保持一定的承载能力,承担一定的荷载;②节点在达到极限承载力P_{max}之前,强度退化的现象并不明显,但是,过了极限承载力以后,强度退化加剧,整体来说,随着轴压比的增加,强度退化的趋势越来越不明显;③节点的破坏是在节点区域的煤矸石混凝土梁端出现破坏,钢管煤矸石混凝土柱基本没有发生破坏,仍处在正常工作。

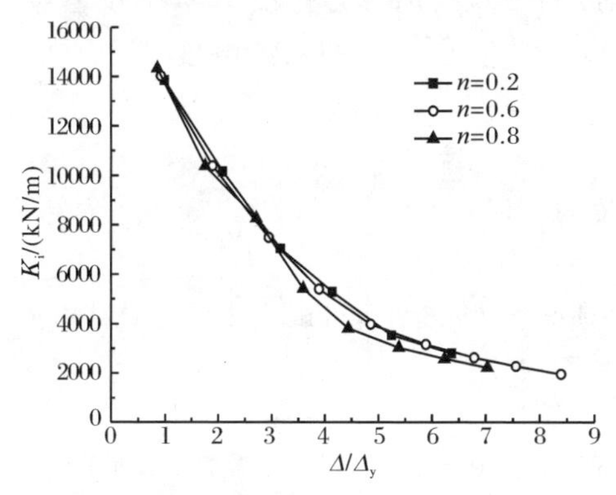

图6.71　不同轴压比情况下K_i-Δ/Δ_y关系曲线

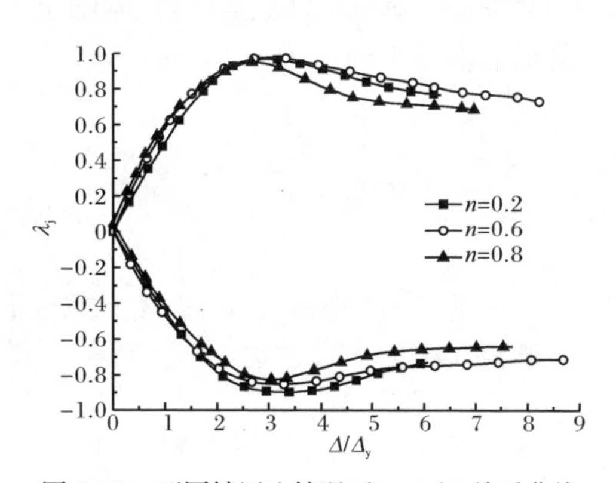

图6.72　不同轴压比情况下λ_j-Δ/Δ_y关系曲线

6.8　本章小结

本章进行了钢管煤矸石混凝土柱-钢筋煤矸石混凝土环梁节点在低周往复荷载作用下的试验研究、理论分析和数值模拟,得到如下主要结论。

(1) 钢管煤矸石混凝土柱-钢筋煤矸石混凝土环梁节点属于半刚性节点,其滞回曲线比较饱满,节点的延性及耗能能力均满足抗震要求,是一种比较可靠的节点连接形式。

(2) 轴压比对节点的抗弯承载力影响比较大,随着轴压比的增大,节点的抗弯承载力逐渐增大,但是对节点的弹性段、曲线的形状和变化趋势几乎没有影响;节点初始刚度和极限抗弯承载力随着轴压比的增大逐渐增大。在一定范围内,随着

轴压比 n 的增大,节点的延性和耗能能力有一定程度的提高;与普通钢管混凝土柱-钢筋混凝土环梁节点相比,钢管煤矸石混凝土柱-钢筋煤矸石混凝土环梁节点的延性和耗能能力更强,整体性能更好。

(3) 节点刚度逐步退化,屈服后在荷载增加较小的情况下,位移增加很多,但骨架曲线没有明显的下降段,说明环梁节点具有良好的变形能力。

(4) 含钢率对曲线的形状和变化趋势影响不大,但是对节点的抗弯承载能力有明显的影响:随着含钢率的增大,节点抗弯承载力逐渐增大,曲线的初始刚度相应的逐渐增加,曲线的强化刚度有所提高,但是含钢率对曲线弹性段的影响较小。

(5) 梁柱线刚度比对节点的承载力和初始刚度有着比较明显的影响:随着梁柱线刚度比的增大,节点的承载力逐渐增大,同时,曲线的初始刚度也相应的增强,但是梁柱线刚度比对曲线的形状和变化趋势影响不明显。

(6) 钢管内煤矸石混凝土强度和柱的长细比对节点性能几乎没有影响,煤矸石混凝土强度的改变没有引起曲线的形状和变化趋势的改变,同时极限抗弯承载力也未受到影响。而梁煤矸石混凝土的强度对节点的承载力有较大影响,随着梁煤矸石混凝土的增加,节点的承载力逐渐增大,但是节点的初始刚度几乎不受影响。

参考文献

方小丹,李少云,钱稼茹,等. 2002. 钢管混凝土柱-环梁节点抗震性能的试验研究. 建筑结构学报,23(6):10－18.

福建省住房和城乡建设厅. 2003. DBJ 13-51—2003 钢管混凝土结构技术规程. 福州.

傅剑平,白绍良,王峥,等. 2000. 考虑轴压比影响的钢筋混凝土框架内节点抗震性能试验研究. 重庆建筑大学学报,22(增刊):60－66.

傅剑平,游渊,白绍良. 1996a. 钢筋混凝土抗震框架节点传力机构分析. 重庆建筑大学学报,18(2):43－52.

傅剑平,游渊,白绍良. 1996b. 钢筋混凝土抗震框架节点的受力特征分类. 重庆建筑大学学报,18(2):85－91.

霍静思. 2005. 火灾作用后钢管混凝土柱-钢梁节点力学性能研究. 福州:福州大学博士学位论文.

李帼昌,龙海波,王兆强. 2004. 钢管煤矸石混凝土轴压中长柱的非弹性屈曲荷载. 沈阳建筑大学学报:自然科学版,20(4):291－293.

李帼昌,王兆强,邵玉梅. 2005. 钢管煤矸石混凝土受弯构件的承载力分析. 沈阳建筑大学学报:自然科学版,21(6):654－657.

卢海林,吴军民,许成祥. 2004. 钢管混凝土框架节点选型与设计. 武汉理工大学学报,26(2):44－49.

钱稼茹，周栋梁，方小丹．2003．钢管混凝土柱-RC 环梁节点及其应用．建筑结构，33(9)：60－72.

曲慧．2007．钢管混凝土结构梁-柱连接节点的力学性能和计算方法研究．福州：福州大学硕士学位论文．

苏恒强．1997．高层建筑钢管混凝土柱节点构造型式的试验研究．广州：华南理工大学硕士学位论文．

张大旭，张素梅．2001．钢管混凝土柱与梁节点荷载-位移滞回曲线理论分析．哈尔滨建筑大学学报，34(4)：1－6.

中华人民共和国建设部．2002．GB 50010—2002　混凝土结构设计规范．北京：中国建筑工业出版社．

中华人民共和国建设部．2002．GB 50011—2001　建筑抗震设计规范．北京：中国建筑工业出版社．

中华人民共和国建设部．2002．GB/T 228—2002　金属材料室温拉伸试验方法．北京：中国建筑工业出版社．

钟善桐．1999．高层钢管混凝土结构．哈尔滨：黑龙江科学技术出版社．

钟善桐，白国良．2006．高层建筑组合结构框架梁柱节点分析与设计．北京：人民交通出版社．

Li G C，Wang Z Q. 2004. Researching progress of composite structure with low environmental pollution steel and composite structure//Proceeding of the Second International Conference on Steel and Composite Structures，Seoul：112－117.

Li G C，Zhong S T. 2001. Bearing capacity of gangue concrete filled steel tubular columns under axial compression//Proceedings of Sixth Pacific Structure Steel Conference. Beijing：Seismological Press：1106－1111.

第7章　钢筋贯穿式钢管煤矸石混凝土柱-煤矸石混凝土梁节点的滞回性能研究

7.1 引　　言

本章以钢筋贯穿式钢管煤矸石混凝土节点作为研究对象，进行了其在低周往复荷载作用下受力性能的试验研究，分析其滞回性能、骨架曲线特征、耗能能力和延性性能；探讨试验参数对低周往复荷载下该节点滞回性能的影响规律。然后，利用ABAQUS有限元分析软件，通过选择合理的材料本构关系和破坏准则，采用合适的接触模型、边界条件及加载方式，建立钢筋贯穿式钢管煤矸石混凝土梁柱连接节点模型，对其进行抗震性能研究及多参数有限元分析。

7.2 试验概况

7.2.1　试件设计与制作

1. 试件设计

试验采用钢筋贯穿式钢管煤矸石混凝土节点。在钢管煤矸石混凝土柱节点区的钢管壁上开孔，梁中的纵筋从孔中穿过，用来传递弯矩；由于在钢管壁上开孔会对钢管的承载力有影响，在开孔的下方设加强环，同时在孔两侧及孔中间设加劲肋，试件节点形式如图7.1所示。试件钢管壁厚6mm，外径325mm，高度为1500mm。钢管内以及梁的煤矸石混凝土强度等级为C30，采用32.5级矿渣水泥，粗骨料粒径为5～20mm的阜新产自燃煤矸石，细骨料为5mm以下矸石砂。受力纵筋为HRB335级钢筋，其余为HPB235级钢筋。梁的纵筋从钢管壁上开的孔中穿过，孔径为25mm，在孔的下方设置的加强环和肋板厚均为8mm。试件的具体截面尺寸见表7.1。

表 7.1　试件截面尺寸

试件编号	梁截面尺寸 $b\times h$/(mm×mm)	柱截面尺寸 $D\times t$/(mm×mm)	跨度 L/mm	高度 H/mm
ZZ-1	240×300	325×6	2000	1500
BZ-2	240×300	325×6	1000	1500

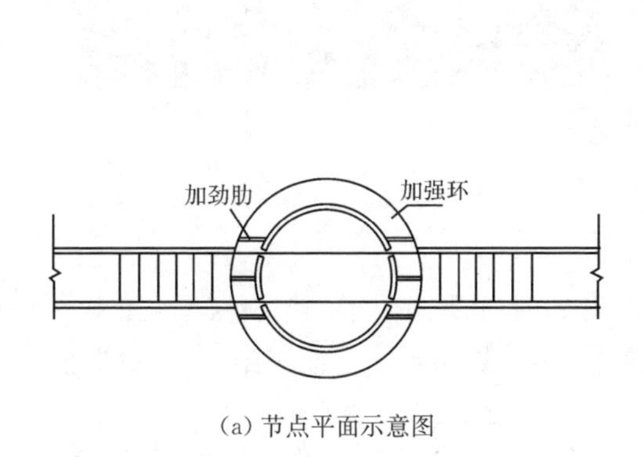

(a) 节点平面示意图

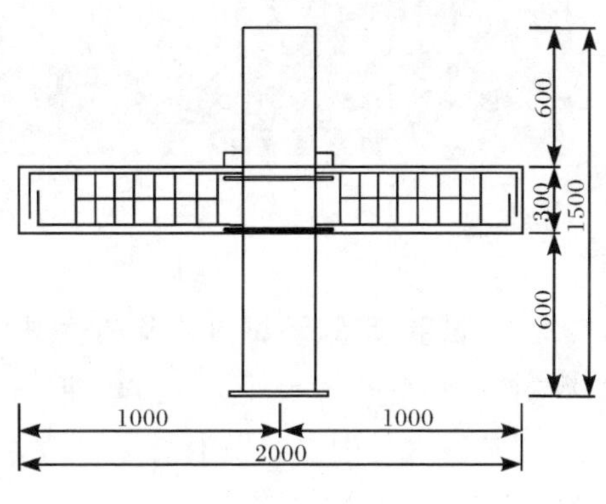

(b) 节点立面示意图

图 7.1　钢筋贯穿式节点

2. 试件制作

节点部位加强环和肋板的焊接在沈阳黎明加工厂完成，后期制作在沈阳建筑大学完成。图 7.2 为试件的骨架绑扎图。浇筑所用混凝土为现场拌制，在浇筑的过程中保证节点的密实，同时根据试验设计要求，煤矸石混凝土梁必须对中并保持水平，对中采用水准仪进行控制，水平度采用水准尺进行控制，浇筑完毕之后开始试件养护，定时给试件浇水，一天三次。图 7.3 为浇筑养护后的试件。

图 7.2　试件的骨筋绑扎

图 7.3 养护之后的试件

7.2.2 试验装置、测试方法及加载制度

试验加载装置与 6.2.2 节相同。试验开始时，先取轴力的 40%～50%加载一次，以消除试件内部组织不均匀性，再施加轴向荷载 N 至指定轴压比，本试验中轴压比为 0.6，再分步施加梁自由端集中荷载。在试验过程中保持柱轴力不变，在梁自由端逐级施加同步低周往复荷载。本试验采用荷载-位移双控制的加荷制度。根据屈服荷载、屈服位移来确定往复荷载的具体加载方案，具体步骤为：在梁屈服前，按照估算的屈服荷载 P，分三到五步双循环加载至 P，即 P-Δ 曲线出现拐点。进入屈服以后，根据屈服位移 Δ_y 进行位移控制，按照 Δ_y、$2\Delta_y$、$3\Delta_y$、$4\Delta_y$、$5\Delta_y$、…，分级加载，每级循环 3 次，直至试件破坏。

试验的主要测量内容如下：①加强环和肋板的应变分布情况；②节点区钢管的应变分布情况；③节点区混凝土的应变分布情况；④节点区柱端和梁端之间的相对转角；⑤梁端的位移；⑥节点区混凝土内部贯通钢筋及箍筋的应变分布情况。

获得以上各部分应变分布，进而描述各部分应力变化规律，应变片布置情况如图 7.4～图 7.6 所示。

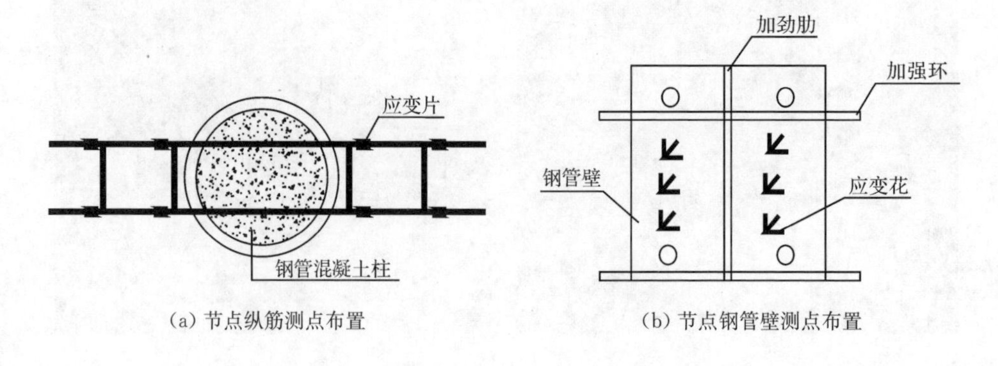

(a) 节点纵筋测点布置　　(b) 节点钢管壁测点布置

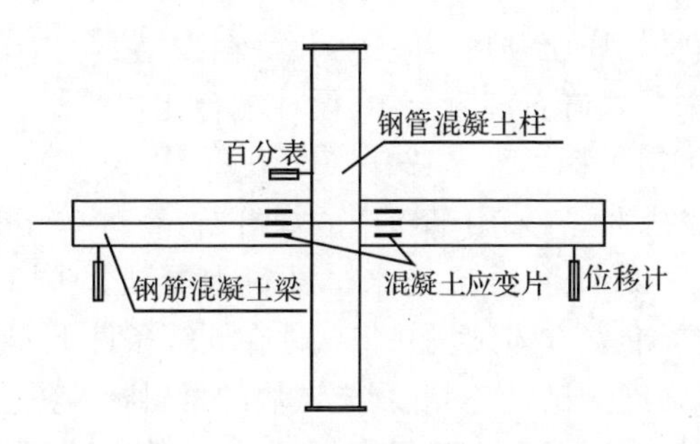

(c) 节点外部测点布置

图 7.4 节点试验测点布置

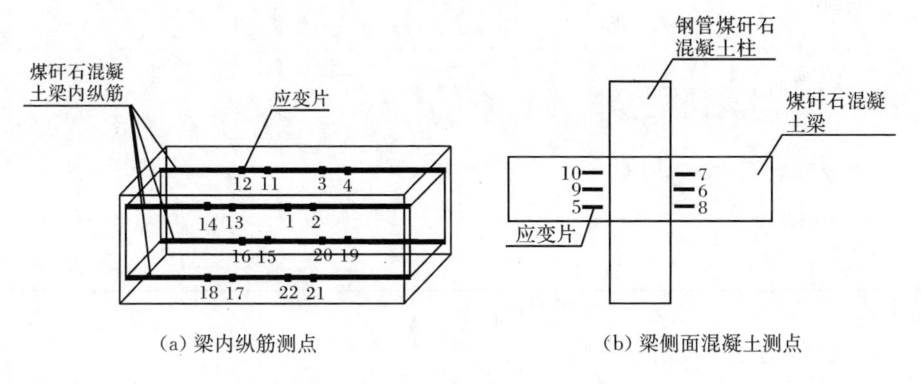

(a) 梁内纵筋测点 (b) 梁侧面混凝土测点

图 7.5 中柱节点梁内测点布置及编号

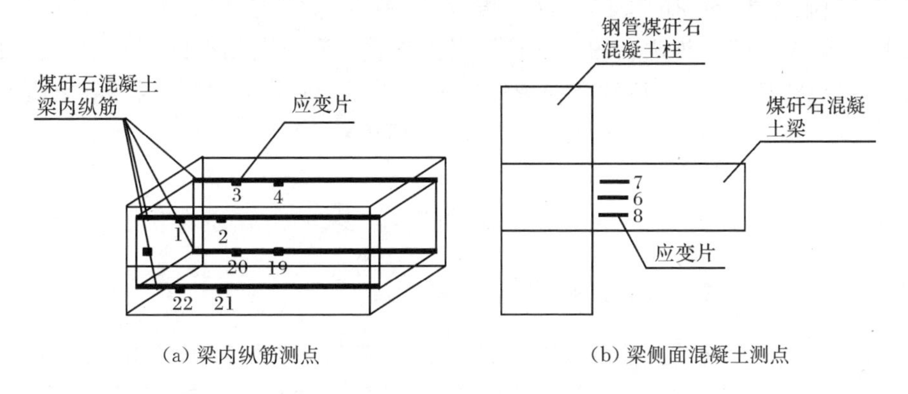

(a) 梁内纵筋测点 (b) 梁侧面混凝土测点

图 7.6 边柱节点梁内测点布置及编号

7.2.3 材料的力学性能

试件钢管柱采用 Q235 钢材卷制、焊接而成，在钢结构专业工厂制作。钢材进行拉伸试验，测得其平均屈服强度、抗拉强度、弹性模量等力学指标见表 7.2。钢管内和梁的混凝土采用煤矸石混凝土，其设计配合比按质量(kg)，$1m^3$ 用料如下：水泥：砂：煤矸石：粗骨料：水＝420：412.5：412.5：608：250。采用的原材料为：32.5 普通硅酸盐水泥；采用阜新产的煤矸石，经过 10mm 的筛子筛过，煤矸石粒径一般为 5～10mm；普通自来水。浇筑混凝土的同时制作了 150mm×150mm×150mm 的标准立方体试块并与试件在同等条件下养护。试块养护 28 天后，进行立方体抗压强度测试，实测混凝土试块的材料特性见表 7.2。梁纵筋采用 HRB335 级钢材，箍筋采用 HPB235 级钢材，进行拉伸试验，测试结果见表 7.2。

表 7.2　材料的力学性能指标

性能指标	屈服强度 f_y/MPa	极限强度 f_u/MPa	立方体抗压强度/MPa	弹性模量/MPa
Φ20 钢筋	411	524	—	2.17×10^5
Φ10 钢筋	342	435	—	2.06×10^5
8mm 厚钢板	306	417	—	2.22×10^5
6mm 厚钢管壁	324	459	—	2.19×10^5
混凝土	—	—	35.6	0.201×10^5

7.2.4　试件的屈服及破坏准则

以框架梁纵向钢筋屈服或试件的荷载-变形曲线上出现明显拐点时对应的荷载作为屈服荷载，对应的位移作为屈服位移。荷载达到最大值时承担的荷载作为极限荷载，试件破坏时达到的位移作为极限位移。当节点临近破坏时，荷载增量较小，而位移增量较大，达到下列条件之一即可停止加载：①受压区混凝土压碎；②试件达到最大荷载后，承载力下降至最大荷载的 85%。

7.3　试验现象

7.3.1　中柱节点试件试验现象及破坏过程

加荷初期为荷载控制阶段，因荷载较小，试件处于弹性变形状态。当加载至屈服荷载的 0.5 倍左右时，在梁端出现第一道宽度大约为 0.03mm 的弯曲裂缝。此后在往复荷载作用下，该裂缝沿对角线方向不断扩展，最后形成交错裂缝。初裂阶段节点的梁端位移、核心区剪切变形、钢管壁及钢筋应变均很小，节点总体尚处于弹性阶段。随着往复荷载的逐级增大，核心区交错裂缝不断扩展，且有新裂缝产生，交错主裂缝沿着对角线方向发展，直至形成宽度为 0.3mm 贯通节点核心区的斜裂缝。钢管混凝土柱与钢筋混凝土梁沿柱在出平面外方向产生剥离。在此阶段，贯穿钢管的纵向钢筋在弯矩和剪力的共同作用下出现屈服，与此对应的位移为屈服位移 Δ_y。

进入位移控制阶段，随着循环次数的增加，梁正反两个方向的弯剪裂缝发展较明显，节点部位不断出现新的裂缝，且原有裂缝不断延伸，裂缝宽度不断增加。当节点处混凝土梁的纵筋达到屈服时，裂缝宽度未超过规范规定的0.3mm限值。随着位移的逐渐加大，进入极限状态阶段。在这一阶段，节点核心区混凝土裂缝呈明显的交叉贯通状，裂缝加大，最大裂缝宽度最终均超过1.0mm，并伴随有轻微的混凝土劈裂声，核心区剪切变形明显增大。此后节点承载力下降，破坏加剧，两侧梁顶和梁底混凝土完全开裂。裂缝发展成宽而长的斜裂缝，许多小裂缝连成大裂缝，主裂缝宽度急剧增加，混凝土保护层大量剥落，钢筋部分外露。最后，核心区附近混凝土开始大块剥落，节点荷载逐渐降至极限荷载的85%以下，试验结束。在整个试验过程中未见钢管混凝土柱发生明显变形。将核心区钢管剖开，发现其内部混凝土没有发生明显破坏，其破坏形式如图7.7所示。

图7.7　中柱节点破坏形态

7.3.2　边柱节点试件现象及破坏过程

加荷初期为荷载控制阶段，因荷载较小，试件处于弹性变形状态。当梁端竖向荷载为48.2kN时，在梁端出现第一道宽度大约为0.03mm的弯曲直裂缝，随着加载的继续，逐渐形成弯剪裂缝，裂缝逐渐延伸，管壁与混凝土之间出现轻度脱离。当梁端竖向荷载为90kN时，梁出现弯剪斜裂缝，并随着荷载的增加，裂缝逐渐开展。当梁端竖向荷载为110kN时，梁受拉区钢筋屈服，与此对应的位移为屈服位移 Δ_y，试验进入位移控制阶段。随着循环次数的增加，梁正反两个方向的弯剪裂缝发展较明显，节点部位不断出现新的裂缝，且原有裂缝不断延伸，裂缝宽度不断增加。当加载至 $\pm\Delta_y$ 时，裂缝相互交叉成X状，荷载发生明显衰减。当加荷至$\pm 2\Delta_y$时，裂缝只在原有裂缝基础上迅速发展，裂缝发展成多条相互贯穿的弯剪裂缝，节点达到极限承载力，梁端逐步形成塑性铰。当加荷至$\pm 4\Delta_y$时裂缝发展成宽而长的斜裂缝，许多小裂缝连成大裂缝，主裂缝宽度急剧增加，混凝土保护层大量剥落，钢筋部分外露，受压区混凝土压酥，梁承载力降至极限承载力85%以下，梁即告破坏，其破坏形态如图7.8所示。

图7.8　边柱节点破坏形态

试验中节点在梁端荷载作用下没有发生破坏，裂缝主要出现在上、下加强环外侧，试件从破坏形式看都属于梁端弯曲屈服后的剪切破坏。节点的整体工作性能较好，破坏时钢管混凝土柱仍处于正常工作状态，节点区除了部分保护层混凝土脱落外，整体基本完好。

7.4　试验结果与分析

7.4.1　荷载-应变关系曲线

1. 钢筋煤矸石混凝土梁纵筋荷载-应变分析

1）中柱节点

中柱节点1号、2号应变片位置如图7.5所示。图7.9为四次循环下中柱节点梁内纵筋荷载-应变关系曲线。从图中可以看出，每个位置应变片的应变变化规律并不十分相同，钢筋煤矸石混凝土梁纵筋的应变随着荷载的不断增加而增大。在沿着梁长度方向上，钢筋的应变逐渐减小。随着荷载的增大，靠近钢管柱壁的测点应变变化的幅度比较均匀，说明靠近钢管壁端梁纵筋应力、应变随着梁所加荷载的增大而增大，基本呈弹性关系。

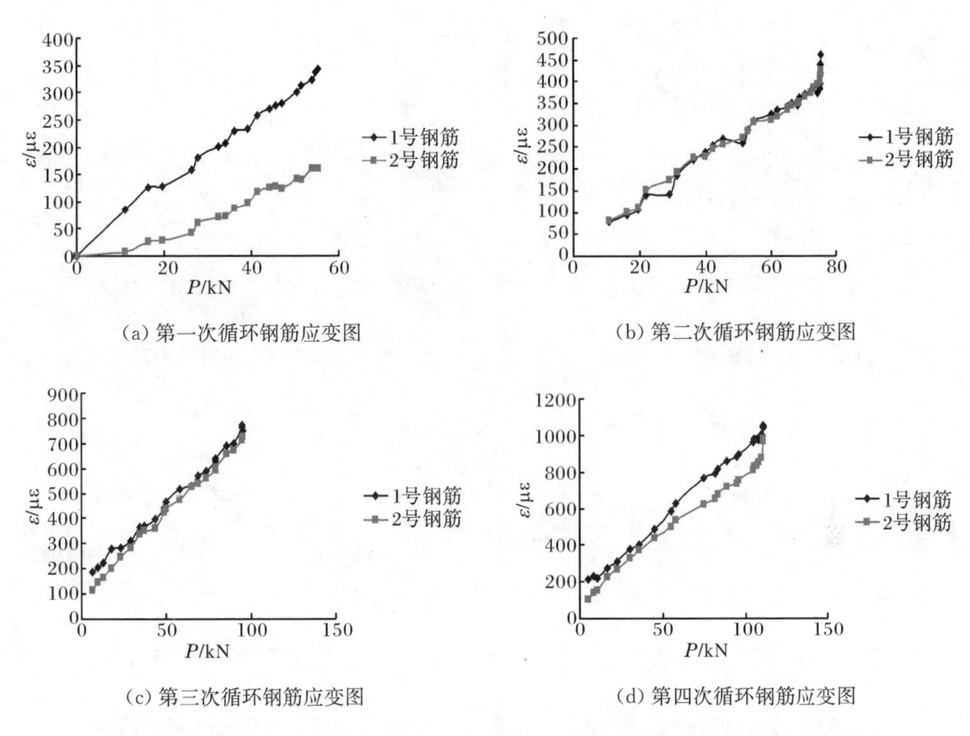

(a) 第一次循环钢筋应变图

(b) 第二次循环钢筋应变图

(c) 第三次循环钢筋应变图

(d) 第四次循环钢筋应变图

图 7.9 四次循环下中柱节点梁内纵筋荷载-应变关系曲线

第一次循环过程中,可以看出钢筋上应变片 1 号、2 号点在 100kN 之前试件处于弹性状态,沿梁长方向上,钢筋的应变逐渐减小;随着荷载的增大,应变值比较均匀地逐步增大,两者呈弹性关系。在第二次循环中钢筋的应变值也是随着荷载值的增加逐渐递增,但是沿梁长方向应变呈递增趋势,主要是因为节点域刚度比较大,有钢板和钢筋共同承担力,而在加载端仅有钢筋承担。第三次循环中钢筋沿梁长方向的应变变化趋势不是很明显,混凝土应变随应力变化趋势也比较平缓。第四循环中当荷载达到 110kN 时,钢筋应变达到屈服应变,此后随着荷载的增加,应变并没有明显的变化。荷载增加到 124kN 时达到钢筋的极限应变。

2) 边柱节点

边柱节点 1 号、2 号应变片位置如图 7.6 所示。图 7.10 为四次循环下边柱节点梁内纵筋荷载-应变关系曲线。从图中可以看出,钢筋煤矸石混凝土梁纵筋的应变随着荷载的增长而增大,其变化过程与中柱节点的钢筋应变变化相似。当荷载为 65kN 时,应变片值发生突变,说明梁端部分混凝土已经产生细微裂缝,裂缝处受拉区混凝土已经退出工作,钢筋开始承担全部的拉应力,这种突变同时导致梁全长范围的纵筋应力变化加快,且梁的根部最为明显。而当荷载达到 110kN 时,钢筋的应变实际上已经达到屈服值。

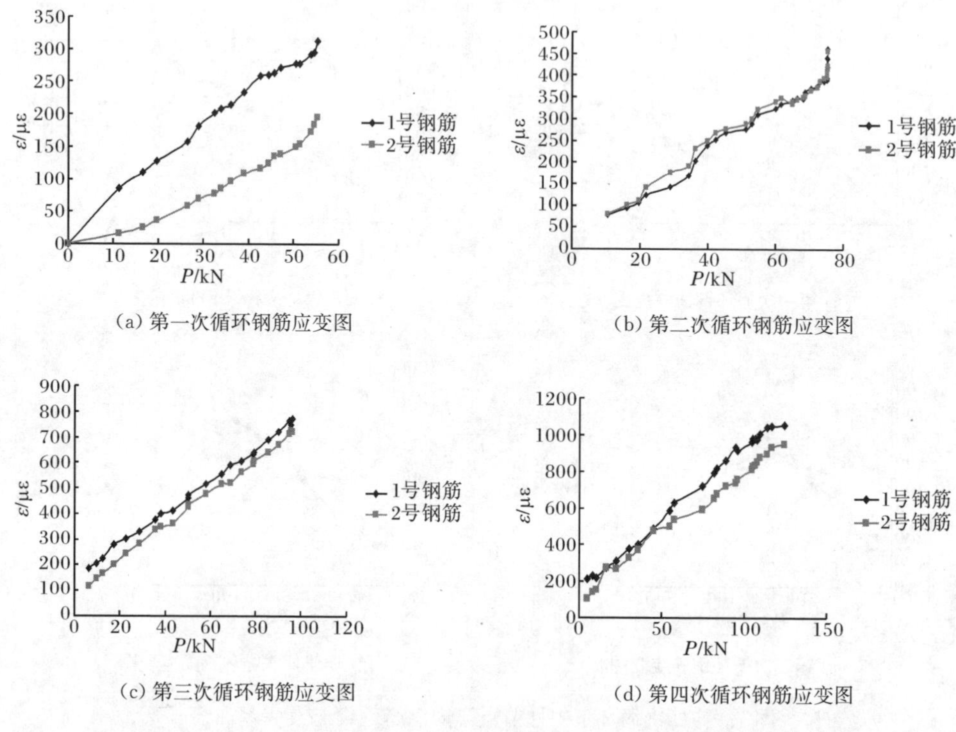

图 7.10　四次循环下边柱节点梁内纵筋荷载-应变关系曲线

2. 煤矸石混凝土荷载-应变分析

1)　中柱节点

中柱节点 6 号、7 号应变片位置如图 7.5 所示。图 7.11 为四次循环下中柱节点煤矸石混凝土荷载-应变关系曲线。从图中可以看到，第一次循环过程中，当梁荷载为 45kN 时，混凝土 6 号和 7 号的应变片发生了突变，和试验现象中 45kN 时梁段出现细微裂缝吻合。对应钢筋上应变规律是一致的，说明此时煤矸石钢筋混凝土梁内的钢筋和混凝土能够协同工作，没有发生大的滑移。第二次循环过程中，当加载到 75kN 时，梁侧面混凝土出现比较大的裂缝开展，开裂处混凝土退出工作。在第三次循环过程中，比较突出的是混凝土的应变变化。当荷载值达到 105kN 时，靠近加载端的 7 号混凝土应变片的应变出现了突然增大的现象，相应的同时靠近梁柱连接处的 6 号混凝土应变片的应变值出现了比较大的下滑现象。这主要是因为在 6 号应变片位置的混凝土出现比较大的裂缝，此时虽然混凝土应变片还没有断裂，但是此处的混凝土已经退出工作。随着荷载的进一步增大，7 号应变片位置的混凝土也退出工作，由梁中钢筋承担往复力，靠近梁柱连接处的混凝土应力相应的减小，致使 6 号应变片值下降。在最后一个循环中，混凝土应变出现比较严重的下滑现象，主要是因为此时加载端的混凝土开裂非常严重，钢筋外面的混凝土保护层已经脱落，完全退出工作，使得节点区应力发生重分布。

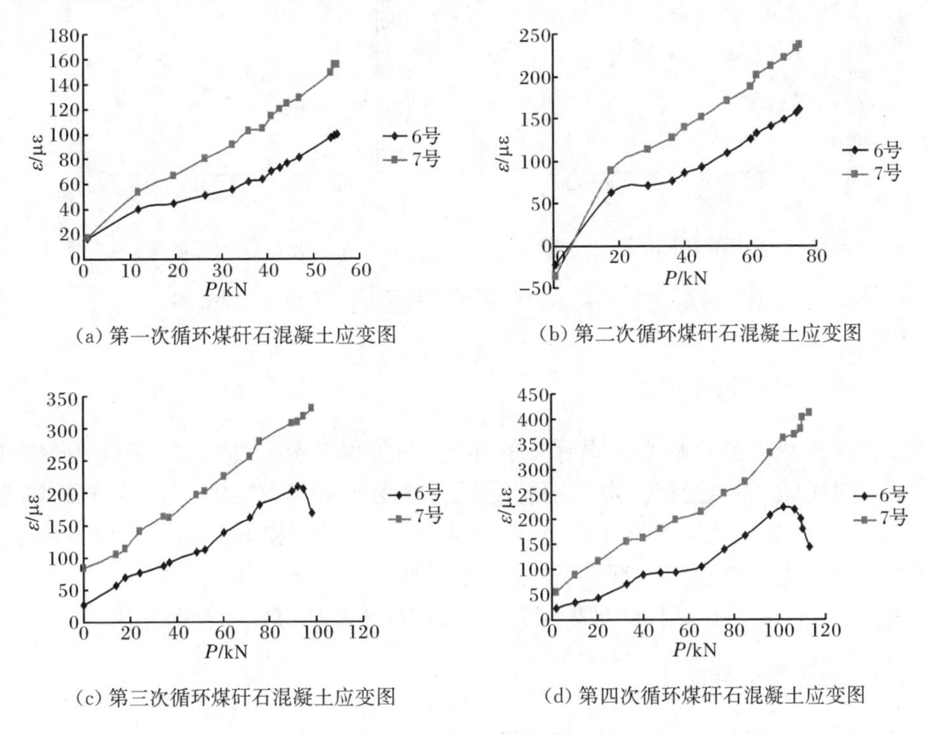

(a) 第一次循环煤矸石混凝土应变图　　(b) 第二次循环煤矸石混凝土应变图

(c) 第三次循环煤矸石混凝土应变图　　(d) 第四次循环煤矸石混凝土应变图

图 7.11　四次循环下中柱节点煤矸石混凝土荷载-应变关系曲线

2) 边柱节点

边柱节点 6 号、7 号应变片位置如图 7.6 所示。图 7.12 为四次循环下边柱节点煤矸石混凝土荷载-应变关系曲线。从图中可以看出，边柱的混凝土破坏过程与中柱相似。

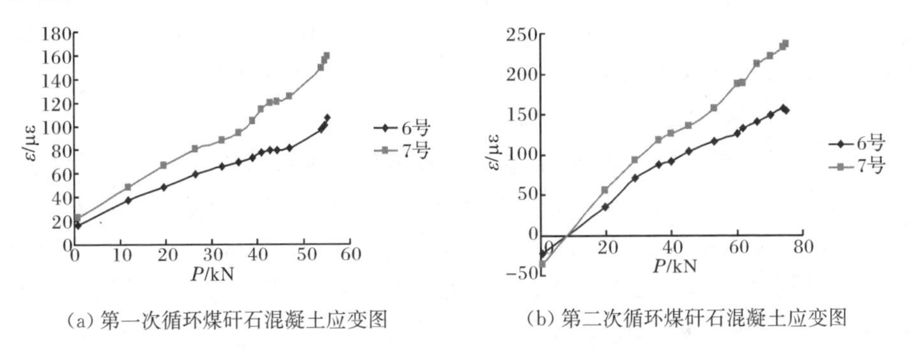

(a) 第一次循环煤矸石混凝土应变图　　(b) 第二次循环煤矸石混凝土应变图

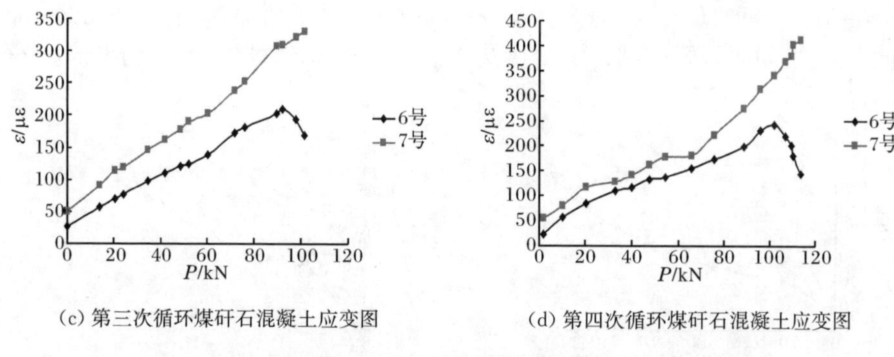

(c) 第三次循环煤矸石混凝土应变图　(d) 第四次循环煤矸石混凝土应变图

图 7.12　四次循环下边柱煤矸石混凝土荷载-应变关系曲线

3. 节点部位钢管应变

试验观测了节点核心区钢管壁的环向、纵向和斜 45°方向的应变。轴向力使管壁纵向受压，环向受拉。由于钢管混凝土柱受压承载力很大，而试验时的轴心压力较小，钢管壁处于弹性工作状态，节点外上部钢管和下部钢管主应变较小。通过观测柱上应变读数发现，钢管混凝土节点区内部钢管主应变较大，但低于屈服应变。同时从最后试件的破坏形态上看，所有的破坏都发生在梁上。

7.4.2　节点受力性能分析

在整个加载的过程中，节点区开孔周边应变片的应变比较小。在梁柱节点域梁中钢筋达到屈服时，钢管壁开孔区上下的环向应变仅为 170με，纵向应变为 90με，开孔区左右两边的钢管壁的纵向应变仅为 50με，环向应变为 243με，说明此时节点区钢管壁的受力还比较小，应变较小；当节点达到破坏时，开孔区上下方的环向应变为 1500με，纵向应变为 140με，开孔区左右侧的纵向应变为 215με，环向应变为 524με，说明在破坏时钢管壁并没有因开孔引起受力时的局部应力增大而破坏。而节点区钢管壁的剪切应变在整个加载过程中一直比较小，根据节点区的应变花可计算得到破坏时其剪切应变为 242με，说明在节点核心区混凝土的剪切变形较小，节点核心区未发生剪切破坏。

从煤矸石混凝土柱与煤矸石混凝土梁连接处的钢管壁的变形特点可以看出，在节点试件加载到屈服时，钢管壁的变形主要是由柱顶的轴向荷载引起的。同时也可以看出，节点试件核心区钢管壁的剪切变形在节点破坏时比较小，说明节点核心区混凝土及钢管壁还处于良好的受力状态，体现了节点传力路径直接明确的特点，同时也说明节点满足“强节点、弱构件”的要求。

7.4.3　节点抗震性能分析

1. P-Δ 滞回关系曲线

图 7.13 为节点梁端竖向荷载 P-竖向位移 Δ 滞回关系曲线。从图中可以看出，钢管煤矸石混凝土中柱节点和边柱节点的滞回曲线都比较饱满，说明此种梁柱节点具有较好的承载力、延性和耗能能力。本次试验得到的节点滞回曲线有轻微的捏缩现象，主要是因为节点梁采用的是钢筋煤矸石混凝土梁。在往复加载卸载过程中，试件的残余变形与煤矸石混凝土梁受拉裂缝的张合随荷载的变化，时而加速位移的增加，时而又使位移减速平缓增加，反映在滞回曲线上就是曲线斜率的大幅度变化，从而导致捏缩现象。本试验中节点滞回曲线捏缩程度很小，是因为该节点为钢筋穿心节点，刚度较大，在很大程度上减弱了煤矸石混凝土开裂对滞回曲线的影响。

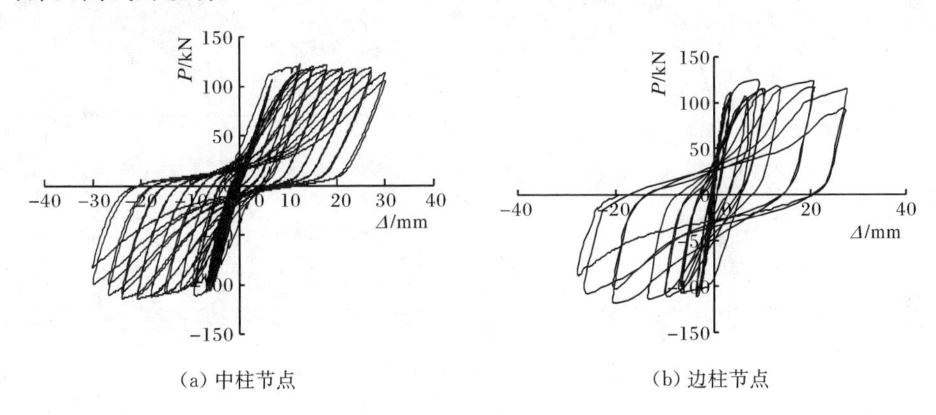

图 7.13　节点的荷载-位移滞回曲线

从图 7.13(a)还可以看出，在加荷初期，混凝土尚未开裂，滞回曲线基本沿直线循环，卸载时没有残余变形，节点处于弹性阶段。继续加载，混凝土出现了裂缝和塑性变形，滞回曲线的斜率变化很小，曲线有一个拐点(但不十分明显)，卸载后的残余变形也很小，每次循环的滞回环不明显。在这一阶段，滞回曲线呈稳定的梭形，刚度的退化和同级强度的退化均较小。随着荷载的继续增加，节点核心裂缝出现过多后，曲线上有一个明显的拐点，纵筋屈服，随着反复加载位移幅值的不断增大以及循环次数的增多，混凝土裂缝逐渐开展、延伸。此时，曲线的斜率随荷载的增加而减小，且减小的程度不断加快，后次的曲线斜率比前次的明显减小，说明往复荷载下试件的刚度在不断的退化。每次循环形成的滞回环非常明显，节点出现较为明显的残余变形，变形持续增加，但承载力变化不大。中柱节点滞回曲线呈稳定的梭形，滞回曲线比较稳定，曲线比较饱满，说明中柱节点都具有良好的耗能能力。

另外，由图 7.13(b)可知，边柱节点核心区的刚度较大，节点核心区在多次荷载循环后刚度仅有微小的下降和少量的不可恢复的残余变形。当节点从极限阶段过渡到破坏阶段时，由于梁内纵向钢筋出现黏结滑移，剪切变形开始急剧增加，节点刚度才有明显地降低。此试件的滞回曲线比较饱满，没有出现过于明显的捏缩现象，兼有梭形和滑移形的性质，抗震性能良好。

2. 节点骨架曲线

各节点的骨架曲线如图 7.14 所示。从图中可以看出，虽然两种节点的形式不同，但其承载力与对应的位移基本相同，弹性段的刚度也变化不大，但是边柱节点达到峰值点之后的曲线要比中柱节点下降的平稳，其刚度略大。

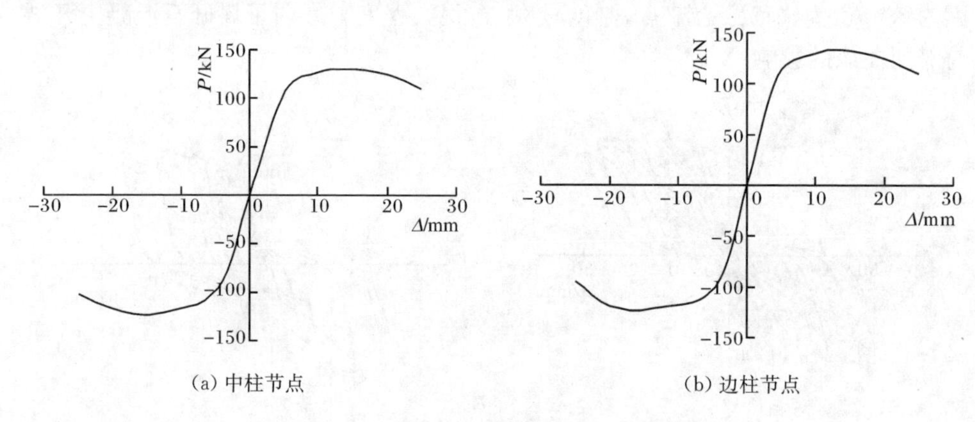

(a) 中柱节点　(b) 边柱节点

图 7.14　中柱节点和边柱节点的骨架曲线

3. 节点延性性能

采用位移延性系数来体现节点的延性性能，表 7.3 为各试件的屈服位移 Δ_y、极限位移 Δ_u 以及位移延性系数 μ。

表 7.3　节点位移延性系数

节点编号	屈服位移 Δ_y/mm	极限位移 Δ_u/mm	位移延性系数 μ
BZ	6.1	27.61	4.53
ZZ	5.9	26.57	4.50

从表中可知，试验得到的节点延性系数都大于 4，说明本试验的钢管煤矸石梁柱节点的位移延性系数指标均满足抗震要求。

4. 节点耗能能力

采用等效黏滞阻尼系数 ζ_{eq} 和能力耗散系数 E 来反映节点的耗能能力，具体数值见表 7.4，表中 Δ_y 表示梁内纵筋屈服时的试件位移。从表中可以看出，刚开始屈服阶段，等效黏滞阻尼系数较小，说明塑性铰吸收能量较少，试件的不可恢复变形小，随着循环的增加，等效黏滞阻尼系数逐渐增大，说明此时试件塑性铰吸收了较大的能量。

表 7.4　节点耗能系数

位移阶段		Δ_y	$2\Delta_y$	$3\Delta_y$	$4\Delta_y$	$5\Delta_y$
BZ	ζ_{eq}	0.102	0.162	0.271	0.338	0.390
	E	0.641	1.080	1.702	2.123	2.442
ZZ	ζ_{eq}	0.095	0.161	0.257	0.327	0.382
	E	0.598	1.024	1.614	2.054	2.399

试件塑性铰出现在梁端，试件的主要耗能机制是梁端的塑性变形。钢筋煤矸石混凝土梁与钢管之间局部有裂缝产生，在往复荷载作用下，缝隙张开、合拢，也是一种耗能。另外，也可以从实测的节点滞回曲线的滞回环面积及形状来判断试件的耗能能力。在试件到达其最大承载力以前，滞回环比较饱满，大致呈纺锤形，耗能能力较好；超过最大承载力进入下降段后，滞回环有捏拢现象，但不明显。试验结果表明，由于破坏始于钢筋的屈服，试件的耗能能力是比较好的。

钢筋混凝土节点的等效黏滞阻尼系数 $\zeta_{eq}=0.1$ 左右，型钢混凝土节点的等效黏滞阻尼系数 $\zeta_{eq}=0.3$ 左右，本次试验的滞回曲线较为饱满，最后一次循环的等效黏滞阻尼系数 $\zeta_{eq}>0.3$，满足结构的抗震要求。

5. 刚度退化曲线

图 7.15 为试件的刚度退化曲线。从图中可以看出，各节点的刚度退化总体来说是较缓慢的，从而说明节点试件具有较强的抗侧移能力。导致强度及刚度退化的根本原因是节点试件屈服后的弹塑性性质及累积损伤，这种损伤主要表现为混凝土细微裂缝的产生和发展、钢材的屈服及塑性发展、钢管与混凝土之间的黏结滑移等。在滞回曲线中，最高荷载点之后节点试件的梁端承载力下降，它也是强度和刚度退化综合效应的反映。而正是由于钢管处于混凝土的外围，对内部混凝土起约束作用，延缓混凝土裂缝的发展和破坏，从而也降低其强度和刚度的退化速度。

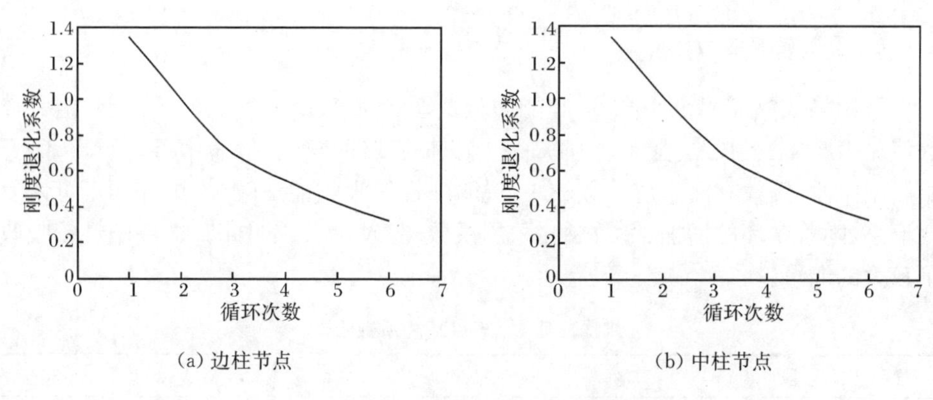

(a) 边柱节点　(b) 中柱节点

图 7.15　边柱节点和中柱节点的刚度退化曲线

6. 强度退化曲线

由节点试件的滞回曲线可知,试件在进入屈服阶段后,其强度是不断退化的。这是由于节点试件在弹性阶段时,材料处于弹性阶段,没有达到强度极限,因此试件的受力变化无法反映其强度变化,屈服以后,这种现象较为明显,主要是由钢管和混凝土之间的黏结破坏和材料的累积损伤所造成的。强度退化用承载力降低系数表示,图 7.16 为节点第二次循环时的承载力降低系数的变化情况。从图中可以看出,在梁端转角 0.025rad 以前,第二次循环的承载力降低系数变化不明显;但当梁端转角超过 0.025rad 以后,强度降低系数变化很明显。

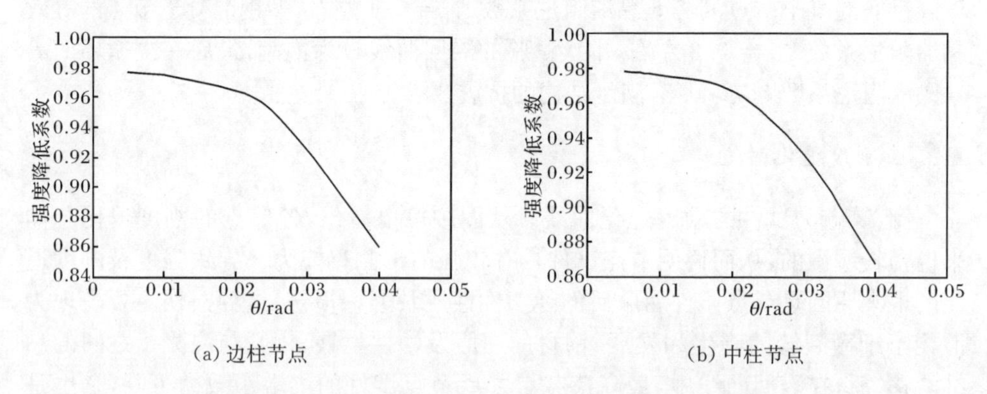

(a) 边柱节点　(b) 中柱节点

图 7.16　边柱节点和中柱节点承载力降低系数曲线

7.4.4　节点承载力的确定

本试验采用基于弹性屈服的方法来确定屈服荷载和屈服位移。表 7.5 为各节点在各种状态下的荷载和位移值。

表 7.5　各种状态下的荷载和位移值

节点	屈服状态		极限状态		破坏状态		$0.85P_{max}$/kN
	P_y/kN	Δ_y/mm	P_{max}/kN	Δ_{max}/mm	P_u/kN	Δ_u/mm	
BZ	110.0	6.1	120.27	22.32	102.23	27.61	102.23
ZZ	111.5	5.9	116.43	20.26	98.97	26.57	98.97

7.4.5　与同种形式的普通钢管混凝土节点抗震性能指标对比

普通钢管混凝土节点采用的节点形式也是钢筋贯穿式梁-柱节点，采用的混凝土等级为 C30 混凝土(薛玉丽，2006)。表 7.6 给出了钢管煤矸石混凝土节点与普通钢管混凝土节点的抗震性能指标对比，其中钢管煤矸石混凝土节点的抗震指标取的是边柱和中柱的平均值。从表中可以看出，钢管煤矸石混凝土节点的位移延性系数和等效黏滞阻尼系数比普通钢管混凝土节点小，其中位移延性系数约小 8%，等效黏滞阻尼系数约小 3.6%，但均大于普通混凝土结构要求的位移延性系数为 2 和等效黏滞系数为 0.1，均满足抗震要求。

表 7.6　钢管煤矸石混凝土节点与普通钢管混凝土节点的抗震性能指标对比

混凝土类型	位移延性系数 μ	等效黏滞阻尼系数 ζ_{eq}
普通钢管混凝土节点	4.91	0.167
钢管煤矸石混凝土节点	4.52	0.161

7.5　钢管煤矸石混凝土柱-梁节点理论分析

7.5.1　节点的受力机理及破坏形式

1. 受力机理

在往复荷载作用下，节点核心区在梁和柱端部内力共同影响下产生斜向的拉力和压力，随着荷载的不断增大，节点的受力和破坏过程可分为初裂、通裂、极限和破坏等几个阶段，其相应受到的各种内力(M、N、V)在节点核心内的传递有斜压杆机理、剪摩擦机理和桁架机理三种受力机理(万云芳，2006)。

节点作为梁柱接头区的主要部分，在平面框架中承受由左、右梁端和柱端传来的弯矩、剪力和轴力。当竖向荷载较大而地震水平力反应较小时，左右梁端截面中的内力所引起的节点剪力较小，则节点受力较为有利。当水平地震反应较大，使左右梁端分别受正负弯矩作用时，节点剪力就比较大，对节点受力不利。因此节点抗震性能研究多以后一种不利状况为对象。图 7.17 为节点的受力简图

(张重阳,2004)。

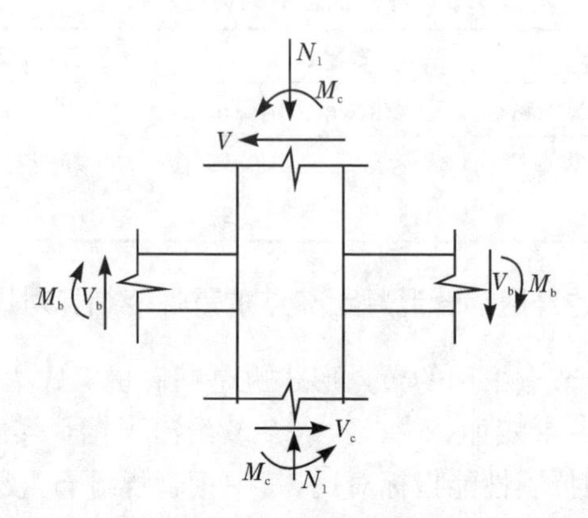

图 7.17　节点的受力情况

图 7.18 为钢筋贯穿式穿心节点的剪力传递示意图,从图中可以看出,节点区对水平剪力的抗力主要由钢管壁和核心混凝土提供,设它们提供的抗力分别为 V_s 和 V_c。当两者都达到所能提供抗力的极限抗力 V_{su} 和 V_{cu} 时,节点就达到了极限受剪承载力。钢管壁和核心混凝土达到最大抗力的顺序不同:钢管壁首先屈服,而后核心混凝土被压碎。但钢管壁屈服后,仍能够继续保持一定的抗力。因此,钢筋贯穿式穿心节点受剪承载力 V_u 为考虑钢管壁的受剪承载力 V_{su} 和混凝土的受剪承载力 V_{cu} 之和(张重阳,2004),即

$$V_u = V_{su} + V_{cu} \tag{7.1}$$

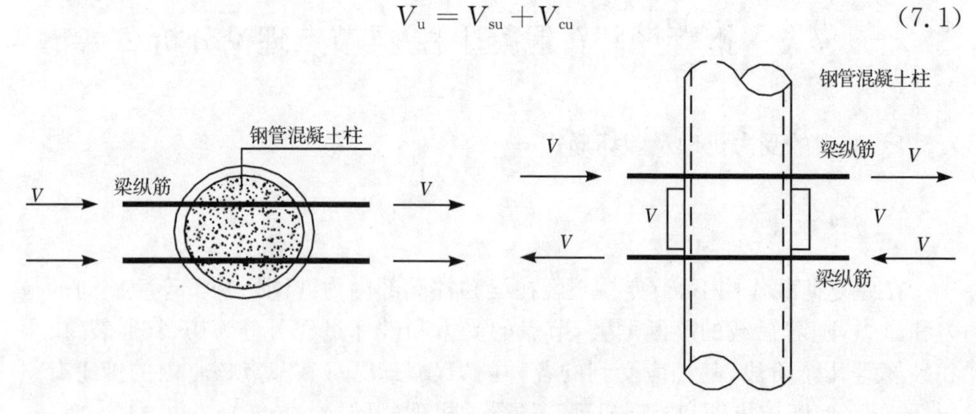

图 7.18　节点剪力传递示意图

2. 钢筋贯穿式节点几种破坏形式

钢筋贯穿式节点在节点核心区的水平剪力是通过穿心构件直接传递到核心混凝土。在柱端的压力作用下,梁端弯矩以力偶的形式通过框架梁钢筋和混凝土

之间的黏结力传递到核心混凝土；由于核心混凝土和钢管壁的变形协调，钢管壁也同时承受水平剪力和轴向压力，这样整个节点核心区都处在剪压状态。

穿心节点的破坏形式有两种：剪切破坏和锚固破坏。

1）剪切破坏

目前对这种破坏时节点核心区的受力性能还不够明确，相应资料很少。2000年，哈尔滨工业大学做了削弱节点核心区的节点破坏试验，从中可以看出，节点剪切破坏时的一些基本特征：框架梁屈服之前，节点核心区首先进入屈服阶段，框架梁整个截面屈服时，用肉眼可以观察到节点核心区有明显的剪切变形；用气焊将节点核心区割开，可以发现与普通混凝土节点破坏现象不同的是，混凝土表面产生一些沿对角线方向的交叉斜裂缝，它们的宽度较小，长度较短，而且分布较为均匀（普通混凝土节点剪切破坏时产生沿对角线方向少数几条宽度很大，长度很长，而且完全贯通的斜裂缝），核心混凝土整体受力性能比普通混凝土好。该试验对核心区应力状态进行了测量，但由于核心区受力状态复杂，应力集中现象严重，所以测量数据比较离散，规律不明显，但从测点数据可以看出，在荷载较大时主拉应力方向基本沿着对角线方向。Elremaily 和 Azizinamini（2001）所做的受剪节点破坏试验中，观察到节点核心区破坏时的剪切斜裂缝，并用有限元程序 ANSYS 模拟了节点受剪状态，得到核心区混凝土最大主应力分布，进一步证实节点剪力传递模式符合斜压杆原理。

2）锚固破坏

钢筋贯穿式钢管混凝土柱-梁节点可能发生钢筋锚固破坏，尤其在往复荷载作用下。钢筋贯穿核心混凝土时，由于梁纵向钢筋与混凝土之间传递的剪力较大（钢筋一端受拉，一端受压），因此，纵向钢筋在节点内产生“拉风箱式”滑移，以致梁端塑性铰难以发挥作用。东南大学进行的钢管混凝土柱-钢筋混凝土梁节点低周往复荷载试验中，就观察到了此种破坏现象（朱筱俊，2000）。

7.5.2　钢筋贯穿式钢管煤矸石混凝土柱-梁节点的承载力计算

1.《建筑抗震设计规范》（GB 50011—2010）中规定的剪力设计值

《建筑抗震设计规范》（GB 50011—2010）根据结构的抗震设防烈度、结构形式和高度，将结构划分为四个抗震等级。对一级、二级、三级和四级的框架柱的剪力设计值采用公式：

$$V = \eta_{vc}(M_c^b + M_c^t)/H_n \tag{7.2}$$

而对于一级框架结构及9度的一级框架时，应符合公式：

$$V = 1.2(M_{cua}^b + M_{cua}^t)/H_n \tag{7.3}$$

这种规定，保证了钢筋混凝土结构中柱子的“强剪弱弯”设计思想的实现，并且保证了柱子发生弯曲破坏时，节点不发生剪切破坏。但对于钢管混凝土结构，情况有所不同。设计钢管混凝土结构时，首先选择钢管柱的管径和壁厚，然后对结构进行整体分析，得到结构的内力设计值，最后对构件分别进行校核验算。这和设计钢筋混凝土结构时，先初选截面，然后进行结构整体计算分析，最后用所得内力设计值进行配筋计算的设计思路是不同的。如果柱子剪力设计值再套用上述公式，将不一定保证节点区柱子发生弯曲破坏时，不发生剪切破坏。

因此，为保证节点区在柱端发生弯曲破坏时，不发生剪切破坏，实现强剪弱弯和强节点的设计思想，本节建议节点区剪力设计值都按式(7.2)计算。由于钢管混凝土柱一般在同一层中不改变截面，所以公式改写如下：

$$V_{\mathrm{j}} = 2.4M_{\mathrm{cua}}/H_{\mathrm{n}} \tag{7.4}$$

式中，V_{j}为钢管混凝土梁柱节点水平剪力设计值；H_{n}为柱的净高；M_{cua}为偏心受压柱端按实际截面计算的受弯承载力对应的弯矩值，按式(7.5)计算：

$$M_{\mathrm{cua}} = 0.4N_0 r \tag{7.5}$$

式(7.5)是蔡绍怀在周氏等(2001)提出的柱子纯弯承载力公式基础上进行简化的计算公式，N_0 为轴压短柱承载力计算公式，按《钢管混凝土结构设计与施工规程》(CECS28:2012)计。

2. 受剪承载力验算公式

高层钢管混凝土结构梁柱节点水平受剪承载力可按式(7.6)验算(张重阳，2004)：

$$V_{\mathrm{j}} \leqslant \frac{1}{\gamma_{\mathrm{Z}}} V_{\mathrm{u}} \tag{7.6}$$

式中，V_{j}按(7.4)计算。

钢筋贯穿式钢管煤矸石混凝土柱-梁节点受剪承载力验算公式 V_{u} 按式(7.7)计算：

$$\begin{aligned} V_{\mathrm{u}} = V_{\mathrm{su}} + V_{\mathrm{cu}} &= \pi r t \sqrt{\frac{f_{\mathrm{y}}^2 - \sigma_{\mathrm{x}}^2 - (\sigma_{\mathrm{ys}}^N)^2 - \sigma_{\mathrm{x}}\sigma_{\mathrm{ys}}^N}{3}} + 0.2 f_{\mathrm{c}}^* A_{\mathrm{c}} \cot\beta \\ &\quad + \frac{0.68 N \cot\beta}{1 + \dfrac{A_{\mathrm{s}} E_{\mathrm{s}}}{A_{\mathrm{c}} E_{\mathrm{c}}}} + 0.10 f_{\mathrm{ch}} A_{\mathrm{jh}} \end{aligned} \tag{7.7}$$

式中，N 为节点区柱端轴向压力设计值；f_{c}^* 为三向受压混凝土抗压强度；β 为斜压杆轴线和水平面之间的夹角；r 为钢管内半径；t 为钢加强环厚度；f_{yg} 为钢加强环屈服强度设计值；E_{c} 为核心混凝土弹性模量；E_{s} 为钢管弹性模量；A_{c} 为核心混凝土的截面面积；A_{s} 为钢管截面面积；σ_{x} 为节点受剪极限状态时的钢管环向应力；σ_{ys}^N为轴力 N 在钢管上产生的竖向压应力；f_{y} 为钢材屈服强度；β 为斜压杆轴线与水平面之间的夹角；f_{ch}为环梁中混凝土的单轴抗压强度设计值；A_{jh}为环梁抗剪截面的有效面积。

3. 钢筋贯穿式节点梁端出现塑性铰时节点承受的剪力

图 7.19 为节点受力简图，由梁传来弯矩和剪力，由柱子传来轴力、弯矩和剪力。根据强节点的设计要求，节点区应能抵抗当节点区边梁端出现塑性铰时的剪力，当梁端出现塑性铰后，钢筋总拉力及压区混凝土的总压力都是已知的，取边节点上半部为隔离体，由平衡条件可得

$$V_{\mathrm{i}} = T - V_{\mathrm{c}} \tag{7.8}$$

式中，V_{i} 为节点区梁端出现塑性铰时节点承受的剪力；T 为钢筋产生的拉力，当考虑梁筋超强时 $T=\gamma f_{\mathrm{y}} A_{\mathrm{s}}$；$V_{\mathrm{c}}$ 为柱子的水平剪力。取梁柱轴线交点列平衡方程得

$$V_{\mathrm{c}} = \frac{P\left(L + \frac{1}{2} h_{\mathrm{c}}\right)}{H} \tag{7.9}$$

式中，P 为梁上荷载；H 为节点柱子上下反弯点之间的距离；L 为煤矸石混凝土梁长。

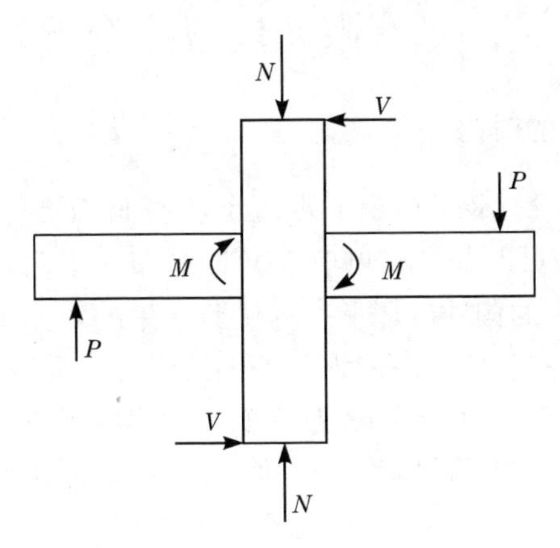

图 7.19　节点的受力简图

如边节点的边界取力矩平衡，可得

$$V_{\mathrm{c}} = \frac{PL}{H - h_{\mathrm{b}}}$$

$$V_{\mathrm{i}} = T - V_{\mathrm{c}} = \gamma f_{\mathrm{y}} A_{\mathrm{s}} - \frac{PL}{H - h_{\mathrm{b}}} = \gamma f_{\mathrm{y}} A_{\mathrm{s}} \left(1 - \frac{h_0 - a_{\mathrm{s}}}{H - h_{\mathrm{b}}}\right) \tag{7.10}$$

式中，f_{y} 为钢筋屈服强度；A_{s} 为受拉钢筋面积；a_{s} 为煤矸石混凝土保护层厚度；h_0 为煤矸石混凝土梁受压区高度；h_{b} 为煤矸石混凝土梁高度。

7.5.3 钢筋贯穿式钢管煤矸石混凝土节点理论结果与试验结果对比

本试验中节点的材料和尺寸：钢材为 Q235，钢管壁 $t=6\text{mm}$，钢管外径 $D=325\text{mm}$，钢加强环厚度 $t_1=8\text{mm}$，加劲肋厚度 $t_2=8\text{mm}$，钢加强环外径 $D_h=445\text{mm}$；钢管内及梁中的混凝土采用煤矸石混凝土，强度等级为 C30，梁截面尺寸为 250mm×300mm，$A_s=314\text{mm}^2$。通过式(7.7)所得计算结果见表 7.7。

表 7.7 节点承载力计算结果与试验结果对比

结果	N/kN	V_{cu}/kN	V_{su}/kN	V_u/kN	V_i/kN	V_j/kN
计算结果	1800	4545	325	4870	169	1650
试验结果	1800	—	—	—	124	—

注：V_i 为节点区梁端出现塑性铰时节点承受的剪力，V_j 为钢管混凝土梁柱节点水平剪力设计值。

从表 7.7 中可以看出，节点的受剪承载力比水平剪力设计值和梁端出现塑性铰时节点承受的剪力大得多，由此可知，节点的受剪承载力很大，完全满足强节点的要求。

7.6 有限元模型的验证

7.6.1 构件破坏形态的对比

图 7.20 为钢筋贯穿式钢管煤矸石混凝土柱-煤矸石混凝土梁节点在最终破坏时的变形和主应力 S22(即混凝土轴向应力)的分布。图 7.21 为节点在往复荷载作用下有限元计算得到的构件破坏形态与试验结果的对比图。分析结果表明，两者基本吻合，节点最终的破坏是在加强环外侧的煤矸石混凝土梁端弯曲屈服后的剪切破坏，而节点整体工作性能保持良好，破坏时钢管混凝土保持正常工作。这说明，节点核心区域具有较大的刚度和强度，能保持正常的工作，由于塑性铰在煤矸石混凝土梁端出现，节点最终在梁端出现剪切破坏。

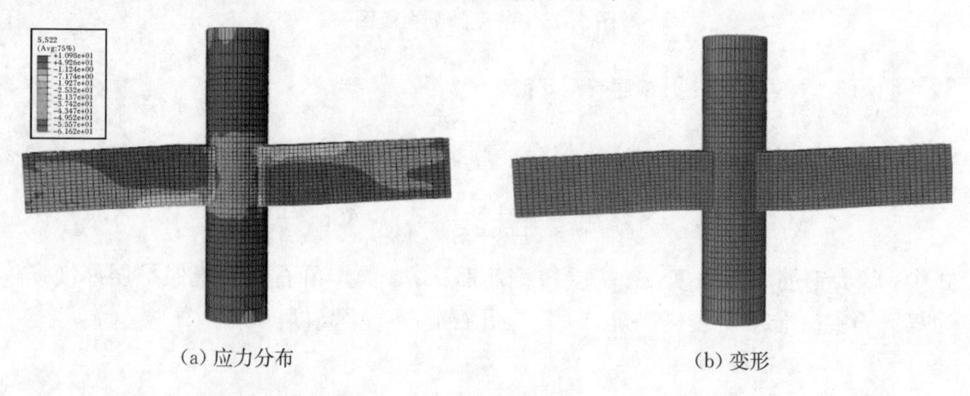

(a) 应力分布　　(b) 变形

图 7.20 钢筋贯穿式节点破坏时的变形和应力分布

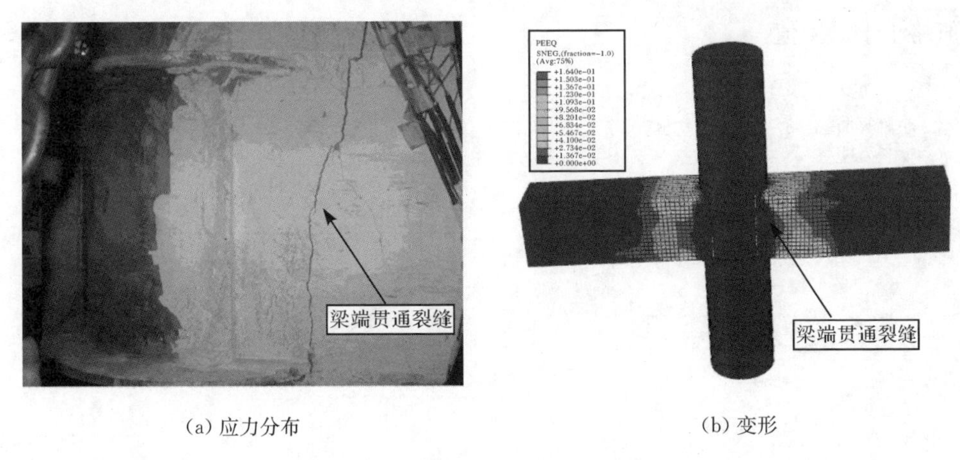

(a) 应力分布　　(b) 变形

图 7.21　钢筋贯穿式节点的破坏形态

7.6.2　钢筋贯穿式节点荷载-位移滞回曲线的对比

为了验证 ABAQUS 建立模型的适用性和模拟结果的正确性，对往复荷载作用下钢筋贯穿式钢管煤矸石混凝土柱-煤矸石混凝土梁节点的计算结果和试验结果进行验算。图 7.22 给出了边柱节点和中柱节点在往复荷载作用下的 P-Δ 滞回曲线的对比情况，由图可见，计算结果和试验结果总体上吻合。

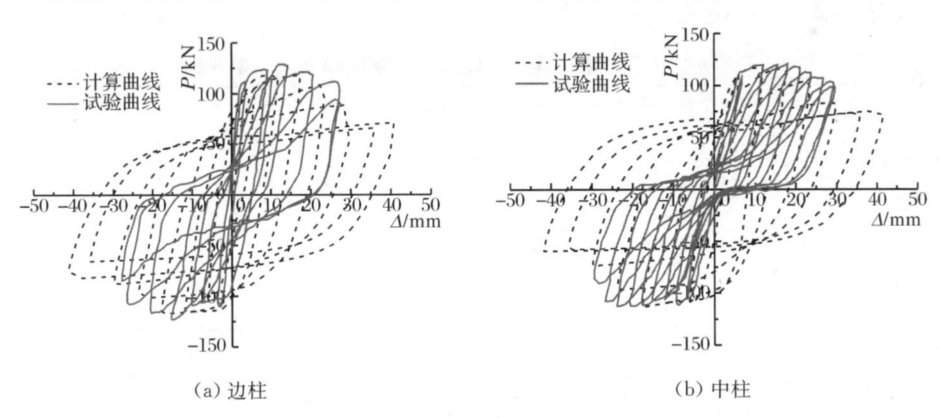

(a) 边柱　　(b) 中柱

图 7.22　钢筋贯穿式节点试验曲线和有限元曲线的对比

7.6.3　钢筋贯穿式节点骨架曲线的对比

图 7.23 为钢筋贯穿式钢管煤矸石混凝土柱-煤矸石混凝土梁边柱和中柱节点在往复荷载作用下的骨架曲线对比情况。由图可以看出，有限元计算骨架曲线与试验骨架曲线吻合较好，曲线整体变化趋势基本一致，但是极限承载力之后，计算

值略小于试验值。

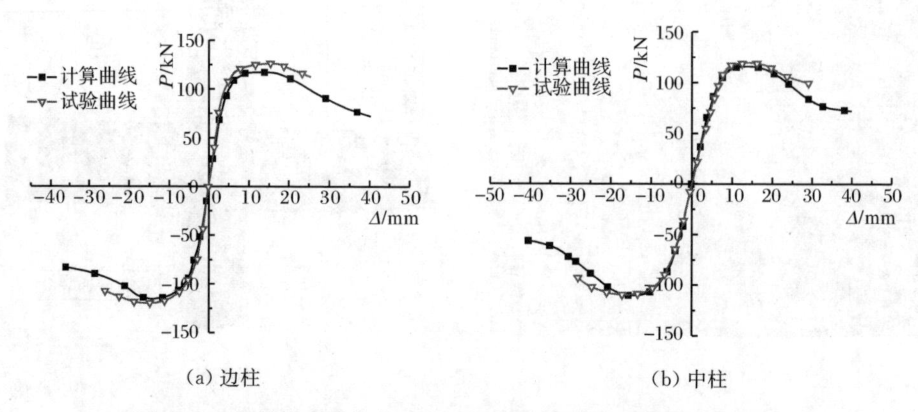

(a) 边柱　　(b) 中柱

图 7.23　钢筋贯穿式节点试验骨架曲线和有限元骨架曲线的对比

表 7.8 对比了钢筋贯穿式钢管煤矸石混凝土柱-煤矸石混凝土梁节点承载力的有限元计算结果和试验结果。结果表明，ABAQUS 建立的有限元模型的承载力与试验中节点的承载力误差均小于 10%，结合图 7.23 可以看出，在曲线弹性段，计算结果与试验结果基本一致，在极限承载力之后，计算结果略小于试验结果，但是误差较小，曲线变化合理，所以运用 ABAQUS 有限分析软件建立的钢筋贯穿式钢管煤矸石混凝土柱-煤矸石混凝土梁节点模型分析和研究该节点的力学性能是可靠的。

表 7.8　钢筋贯穿式节点承载力计算结果和试验结果对比

试件		开裂荷载/kN	屈服位移/mm	屈服荷载/kN	极限位移/mm	极限荷载/kN	破坏荷载/kN
边柱	试验值	47.65	5.92	107.40	17.31	122.53	104.50
	计算值	46.58	5.88	103.11	16.88	116.46	98.99
中柱	试验值	45.20	5.81	108.30	17.27	119.83	99.60
	计算值	44.40	5.85	107.15	17.15	117.53	99.05

7.7　基于 ABAQUS 的钢筋贯穿式钢管煤矸石混凝土节点的理论分析

7.7.1　单调荷载作用下钢筋贯穿式节点的力学性能研究

1. 梁端荷载-位移曲线

图 7.24 为钢筋贯穿式钢管煤矸石混凝土柱-煤矸石混凝土梁节点通过

ABAQUS 计算得到的典型梁端荷载-位移全过程关系曲线。从图中可以看出，构件的受力过程可以分为三个阶段：弹性段、弹塑性段以及破坏段，其中选取曲线峰值点所对应的荷载为极限荷载 P_{max} 即 B 点，过 O 点作曲线的切线与峰值点的水平线交点所对应的荷载定义为试件的屈服荷载 P_y 即 A 点，定义水平荷载下降到 85%的极限荷载为破坏荷载 P_u 即 C 点。

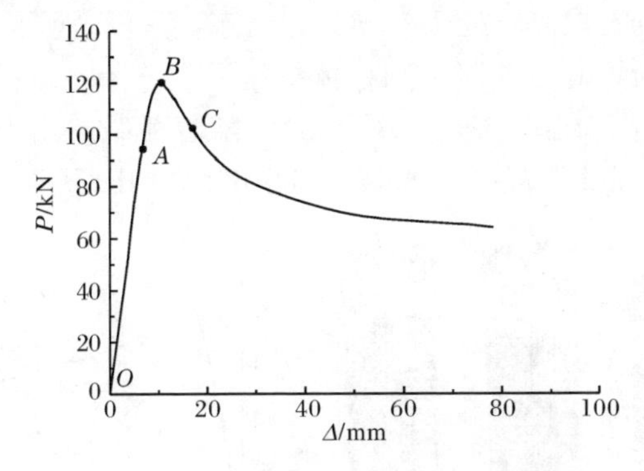

图 7.24 单调荷载下节点荷载-位移曲线

结合节点应力-应变曲线关键点的应力云图对节点受力全过程进行分析。

(1) OA 为节点的弹性阶段。其荷载-位移曲线呈线性关系。在加载初期，钢管的泊松比大于混凝土的泊松比，使得钢管对核心混凝土的约束作用并不明显，钢管、核心煤矸石混凝土、煤矸石混凝土梁应力均为线性增加。随着梁端位移的增大，到达 A 点时，钢管开始对核心混凝土产生逐渐增大的约束作用。

(2) AB 为节点的弹塑性阶段。随着梁端位移的增加，柱核心煤矸石混凝土竖向应力增大，横向变形增大，钢管对核心煤矸石混凝土的约束作用增大，钢管和核心煤矸石混凝土之间产生非均匀的相互作用力，节点弹塑性工作。煤矸石混凝土梁的受拉区随着梁端位移的增大，沿着梁长方向扩展，且最大拉压应力集中于煤矸石混凝土梁和抗剪环连接处的附近，开始出现裂缝，梁内受力筋出现屈服，节点的应变增长加快，荷载-位移曲线不再呈直线型。

(3) BC 为节点的破坏阶段。达到峰值应力 B 点后，节点达到最大承载力，荷载不再增大，过了 B 点承载力开始下降，且变形加速。在 B 点时，核心煤矸石混凝土处于三向受压状态，压应力达到最大值。在此过程中，梁端位移产生的剪力和弯矩，一部分由抗剪环承担，大部分由加劲肋传递给柱核心煤矸石混凝土和钢管，主要由核心煤矸石混凝土承担，使得构件表现出一定的延性。随着梁端位移的增大，煤矸石混凝土梁的受力不断增加，裂缝不断扩展，直至 C 点。C 点以后，节点承载力下降迅速，变形加速，最终由于煤矸石混凝土梁和抗剪环连接附近的区域裂缝开展过大而退出工作。

2. 应力分布和发展

图 7.25 为核心区煤矸石混凝土在各个特征点的应力分布。由图可知，在荷载达到节点的极限承载力之前，随着梁端位移的增加，煤矸石混凝土的受压区逐渐增大，煤矸石混凝土的压应力值也在逐渐增加。同时由于钢管对煤矸石混凝土的约束作用，使煤矸石混凝土处于三向受力状态，煤矸石混凝土的最大压应力为 $2.01f'_c$，其中 f'_c 为煤矸石混凝土圆柱体抗压强度。图 7.26 为核心区煤矸石混凝土的应力值变化图，在极限荷载 B 点以后，随着荷载的增大，梁柱节点核心区范围内柱中的核心煤矸石混凝土的压应力由60.47MPa逐渐减小到 41.26MPa。

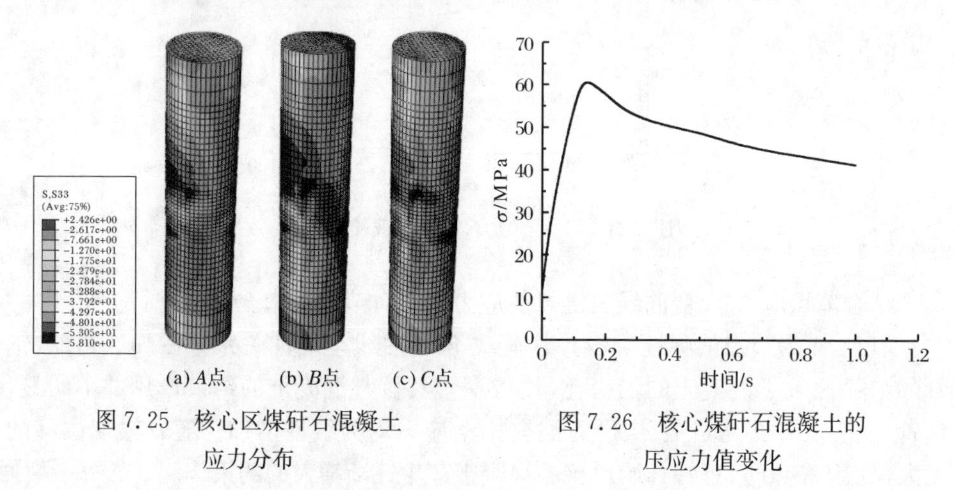

图 7.25　核心区煤矸石混凝土应力分布

图 7.26　核心煤矸石混凝土的压应力值变化

图 7.27 为节点区域的核心煤矸石混凝土横断面各特征点的应力分布。沿柱高方向的横截面图中明显地看到，在核心煤矸石混凝土节点区域应力呈斜压杆形分布，这说明核心煤矸石承受由梁弯矩引起的剪力。加载初期，随着梁端位移的增大，斜压杆区域不断增大，压杆的应力值由 0 不断增大到极限应力值60.47MPa。在极限荷载 B 点时，核心煤矸石混凝土处于三向受压状态，且煤矸石混凝土的压应力达到最大。在极限荷载以后，随着梁端位移的增大，斜压杆区的区域逐渐增大，但是由于煤矸石混凝土的压碎，压应力值由 60.47MPa 逐渐减小到 41.26MPa。

图 7.28 为钢管和抗剪环在各特征点的 Mises 应力分布。从图中可以看出，受力比较大且容易破坏的区域主要集中于连接梁柱的抗剪环上。图 7.29 为钢管的各特征点的纵向应力(S11)分布。从图中可以看出，钢管的纵向应力均处于正值，这表明钢管在加载时为核心区煤矸石混凝土提供了有效的约束。图 7.30 和图 7.31分别为抗剪环和钢管的 Mises 应力值变化，由图可知，在 B 点时，抗剪环的应力主要集中于受拉区的加强环和加劲肋上，最大应力为 331.3MPa，已经超过钢材的屈服应力，此时其他部位的应力值还未达到屈服强度，均处于弹性状态。可

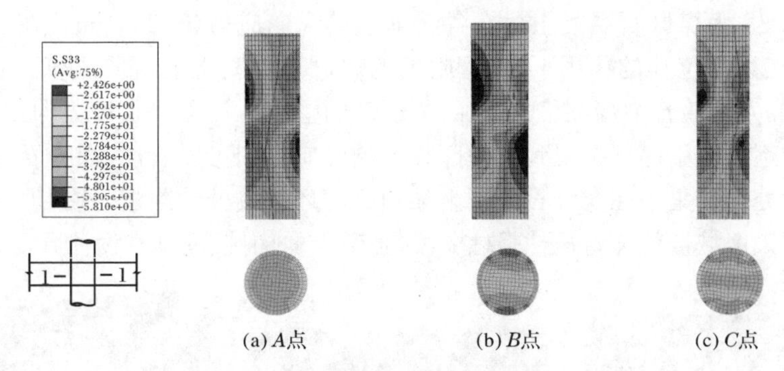

图 7.27　核心煤矸石混凝土横断面的应力分布

见，抗剪环承担梁端的一部分剪力和拉压应力。这说明梁端弯矩一部分由抗剪环直接承担，大部分由加劲肋传递给钢管和核心煤矸石混凝土，且主要由核心煤矸石混凝土承担。

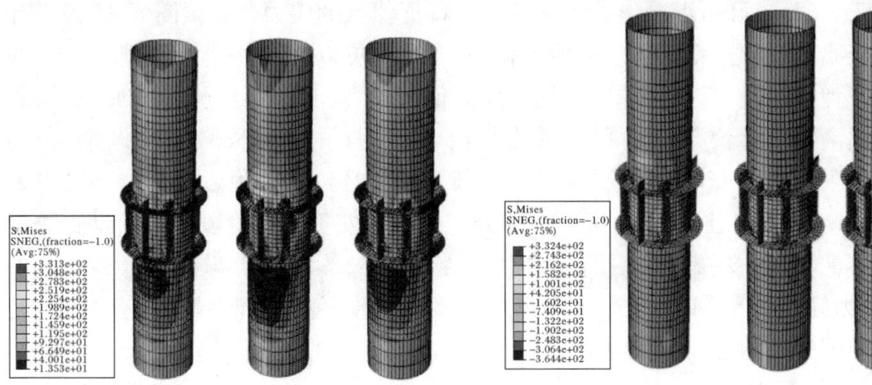

图 7.28　钢管和抗剪环的 Mises 应力分布

图 7.29　钢管纵向应力(S11)分布

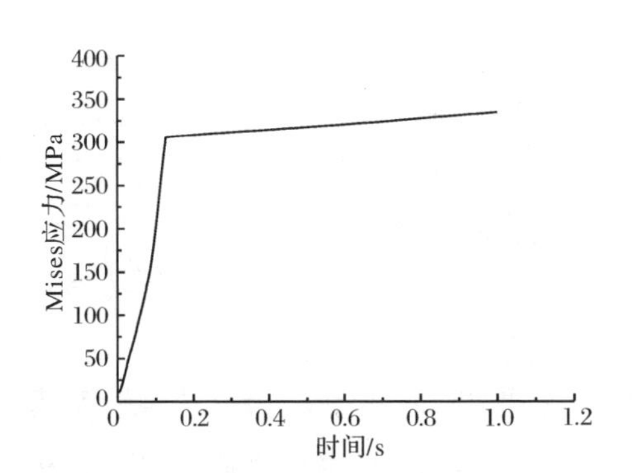

图 7.30　抗剪环 Mises 应力值变化

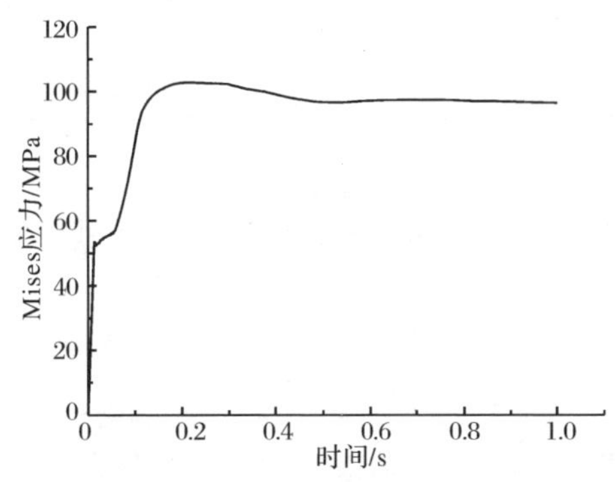

图 7.31　钢管 Mises 应力值变化

图 7.32 为煤矸石混凝土梁在各特征点的纵向应力(S22)分布。在加载的初始阶段,在梁端位移的作用下,钢管附近的煤矸石混凝土梁的顶部和下部分别承受压力、拉力。随着梁端位移的增加,梁顶部的受压区沿着梁长度方向逐渐扩大,受拉区则逐渐由梁底部扩展到梁中部。由纵向应力图可以看出,煤矸石混凝土梁应力最大处主要集中在煤矸石混凝土梁和抗剪环连接处的附近,这说明煤矸石混凝土梁在该区域被拉坏,符合“强柱弱梁,强节点弱构件”的基本设计原则。

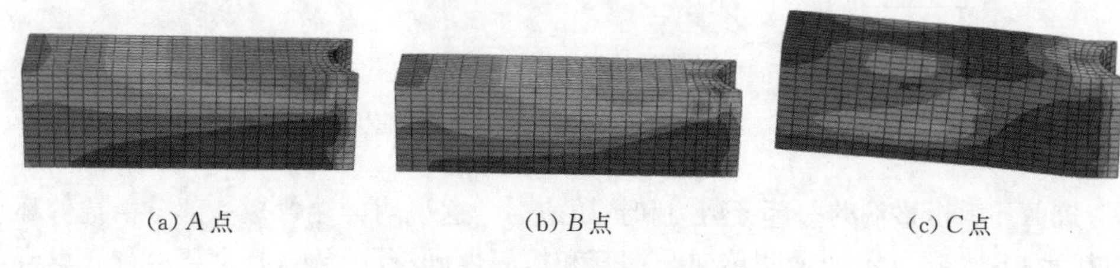

(a) A 点　　(b) B 点　　(c) C 点

图 7.32　煤矸石混凝土梁纵向应力(S22)分布

图 7.33 为煤矸石混凝土梁中钢筋在各特征值点的应力分布。图 7.34 为煤矸石混凝土梁中受拉区钢筋的应力值变化,结合两图可以看出,在节点屈服点 A 时,钢筋处在弹性阶段,且在受拉区的钢筋应力值最大,随着梁端位移的增加,钢筋的受拉区逐渐沿着梁长方向扩展,且应力值由 A 点时的 204.033MPa 逐渐增大,到达节点极限荷载 B 点时,在煤矸石混凝土梁和抗剪环连接处附近的受拉钢筋应力值为 423.988MPa,且已屈服,而其他部分的钢筋仍处于弹性阶段。B 点以后随着梁端位移的增加,受拉区的钢筋应力由 B 点时的 423.988MPa 逐渐增大,达到 C 点时,应力为 425.58MPa,但未达到钢筋的极限强度,钢筋未被拉坏,这说明钢筋承担了一部分拉力,并良好地加入节点的工作中。

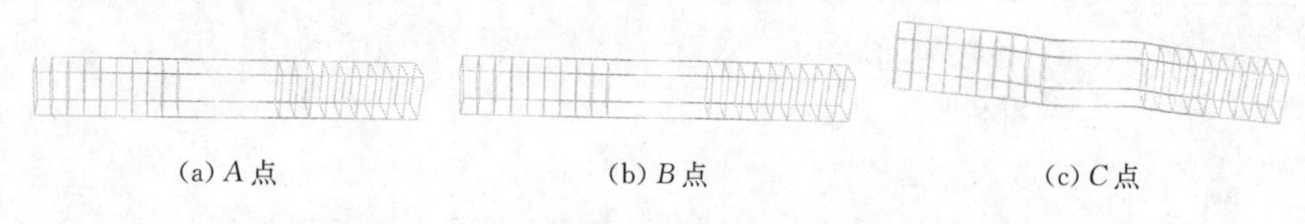

(a) A 点　　(b) B 点　　(c) C 点

图 7.33　煤矸石混凝土梁中钢筋(S11)的应力分布

7.7.2　往复荷载作用下钢筋贯通式节点的力学性能研究

1. 节点滞回曲线分析

图 7.35 为钢筋贯穿式钢管煤矸石混凝土柱-煤矸石混凝土梁节点的梁端荷载 P-位移 Δ 滞回曲线。曲线可划分为四个阶段:初裂、通裂(近似于对应梁内纵筋开始屈服)、极限阶段和破坏阶段。基于有限元分析中节点各构件对应的各特征点

应力图,对钢筋贯穿式节点的滞回曲线进行分析。

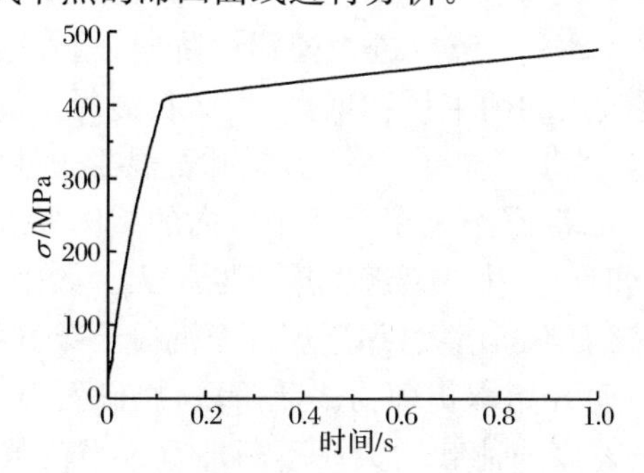

图 7.34　梁中受拉区钢筋(S11)的应力值变化

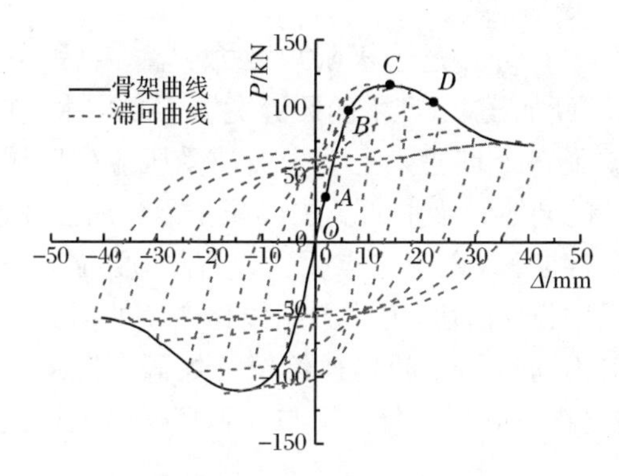

图 7.35　钢筋贯穿式节点 P-Δ 滞回曲线

(1) 初裂阶段(OA)。在此阶段,因荷载较小,钢管对核心煤矸石混凝土的约束效应还未表现出来,钢管和核心煤矸石混凝土的应力均呈线性增长。当荷载增加到 A 点时,在煤矸石混凝土梁的应力云图中出现应力变化,则表明在煤矸石混凝土梁端出现了第一道弯曲直裂缝。在该阶段中,节点的柱内核心煤矸石混凝土、煤矸石混凝土梁端位移、钢管壁及梁内钢筋应变较小,节点处于弹性工作状态。

(2) 通裂阶段(AB)。节点处在弹性阶段,随着梁端往复荷载的逐级增加,钢管内核心混凝土的纵向变形增加,钢管对核心煤矸石混凝土的约束作用随之增加。在煤矸石混凝土梁的应力云图上,梁表面的拉应变沿着梁长方向不断扩展,则核心区的裂缝也不断沿着梁长方向扩展,煤矸石混凝土梁与加强环连接的区域出现贯通核心区的裂缝,到达 B 点时,煤矸石混凝土梁表面的拉应变呈水平扩展状态。随着梁端往复荷载的增加,钢管上的抗剪环开始受力,梁中的受拉钢筋承受的荷载逐渐增大,节点核心区的剪应力也逐渐增大,梁中的箍筋承担的剪力逐渐增大,而加劲肋承担的荷载不大。到达 B 点时,梁中的受拉钢筋达到屈服强度,节点进入屈服状态。此时,节点核心区剪压应力范围增大,核心区的斜压区域的范围不断扩大。

(3) 极限状态阶段(BC)。节点进入弹塑性阶段,随着梁端荷载的逐级增加,钢管对核心煤矸石混凝土的约束作用增大,煤矸石混凝土的横向变形逐渐增大,由于核心煤矸石混凝土处于三向受力状态,煤矸石混凝土柱的承载力增大。随着梁端荷载的增加,煤矸石混凝土梁正反两个方向的裂缝发展显著,裂缝区域不断沿着梁长方向扩展,同时已产生的裂缝宽度不断扩大。梁中的箍筋承受的剪力随着梁端荷载的逐级增大而不断增大,靠近煤矸石混凝土梁和抗剪环连接处的箍筋先屈服,钢管上的加劲肋开始承担剪力。此阶段,煤矸石混凝土梁上出现明显的交叉贯穿裂缝,裂缝的宽度随荷载增大而不断加宽。当荷载增加到 C 点时,节点的承载力达到极限值,此时,核心区的斜压区域范围继续扩大,同时剪压应力在核心区中部出现明显的集中现象。

(4) 破坏状态阶段(CD)。过了极限承载力 $P_{\max}$ 以后,节点承载能力逐渐下降,节点的破坏程度不断加剧,已产生的裂缝宽度不断增大,在煤矸石混凝土梁与加强环连接区域形成了一个贯通梁上下表面的受压应变区域。在此区域中形成了一条贯通的宽而长的裂缝。梁中的受拉纵筋在梁和加强环连接区域已经屈服,但其他部分均处在弹性阶段,说明节点受力过程中,受拉纵筋承担弯矩。位于加强环上部的加劲肋处于弹性阶段,说明梁端位移产生的剪力由梁中的箍筋和加劲肋承担,同时,部分剪力通过加劲肋传递给钢管煤矸石混凝土柱。随着梁端往复位移的逐级增大,最终在煤矸石混凝土梁与加强环连接区域出现大裂缝而失去承载力,节点破坏。

2. 应力分布和发展

1) 钢管煤矸石混凝土柱的应力分析

图 7.36 为钢管内核心煤矸石混凝土在各特征点的应力分布。在梁端荷载达到极限荷载值之前,随着梁端荷载的逐级增加,核心煤矸石混凝土受压区的范围沿着柱长方向逐渐扩展,承受的压应力呈现逐级增大的趋势。随着梁端荷载的逐级增大,核心煤矸石混凝土的横向变形逐渐增大,从而钢管对核心煤矸石混凝土的约束作用逐渐增大,当节点达到极限承载能力 C 点时,核心煤矸石混凝土的压应力达到 44.22MPa,大约为 $1.86f'_c$,其中 f'_c 为煤矸石混凝土圆柱体抗压强度,说明钢管对核心煤矸石混凝土产生明显的约束作用,从而提高核心煤矸石混凝土的承载能力。当过了节点极限承载力 C 点后,核心煤矸石混凝土的压应力逐级减小,达到节点的破坏状态 D 点。

图 7.37 为核心煤矸石混凝土的横断面在各特征值点的应力分布。在沿柱宽方向的横断面应力分布图中可以明显地看出,在梁端往复荷载作用下,核心煤矸石混凝土的受压区和受拉区在中和轴的左右两边不断变化,总体趋势为煤矸石混

凝土由最初的接近全截面受压状态，逐渐转变为部分截面受拉、部分截面受压的状态。随着往复荷载的逐级增大，中和轴逐渐偏移到煤矸石混凝土的受压区。由沿柱高方向的横断面应力图可见，节点核心区形成了明显的斜压杆式应力分布区域，这说明核心煤矸石混凝土承担了由梁端荷载引起的剪应力。在往复荷载作用下，应力分布区域的方向不断变化，总体上来说，在达到节点极限承载力以前，随着往复荷载的逐级增大，受压区域不断发展。由于核心煤矸石混凝土在钢管的约束作用下处于三向受力状态，在节点极限承载力 C 点时，核心煤矸石混凝土的压应力达到最大值。过了 C 点以后，斜压杆区域随着荷载的逐级增大而继续发展，但是煤矸石混凝土的压应力逐渐减小。

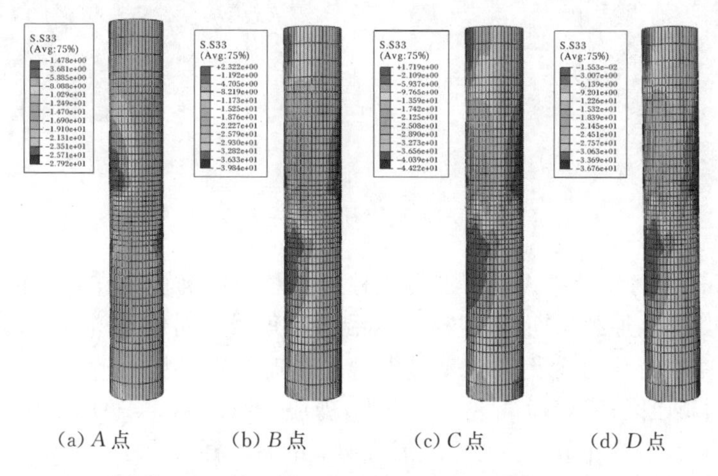

(a) A 点　(b) B 点　(c) C 点　(d) D 点

图 7.36　核心煤矸石混凝土的应力分布(S33)

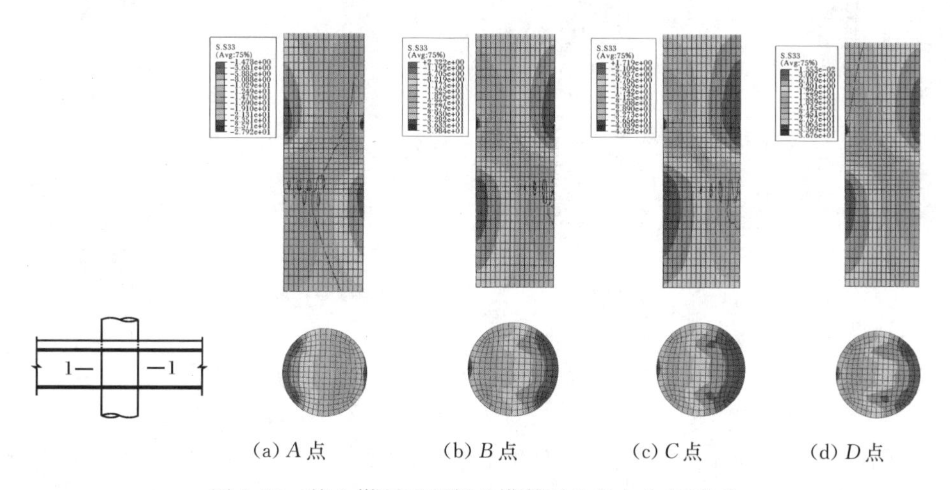

(a) A 点　(b) B 点　(c) C 点　(d) D 点

图 7.37　核心煤矸石混凝土横断面的应力分布(S33)

图 7.38 为节点核心区梁柱之间主应力的矢量图。从图中可以明显看出，在核心煤矸石混凝土中存在呈 45°斜压杆式的应力传递，说明钢管煤矸石混凝土柱承担了梁端荷载产生的剪力，同时，钢筋贯穿式节点的传递路径明确。

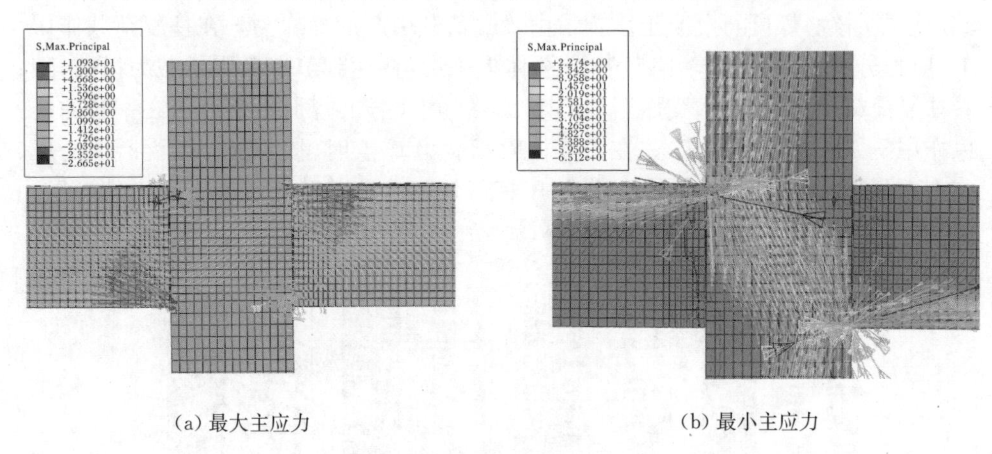

(a) 最大主应力　　　　(b) 最小主应力

图 7.38　节点核心区梁柱之间主应力的矢量图

图 7.39 为钢筋贯穿式钢管混凝土柱节点核心区剪应力在各特征点的分布图。由图可见，在加载初期，节点核心区沿着对角线方向出现斜压杆式的剪应力区域，随着梁端荷载的逐级增大，剪应力增大逐渐加快，达到 B 点时沿对角线方向形成较大的斜压区；随着荷载进一步增大，剪应力继续增大，斜压区域继续扩展，宽度不断增大，最终在节点核心区域形成明显的斜压杆式短柱。

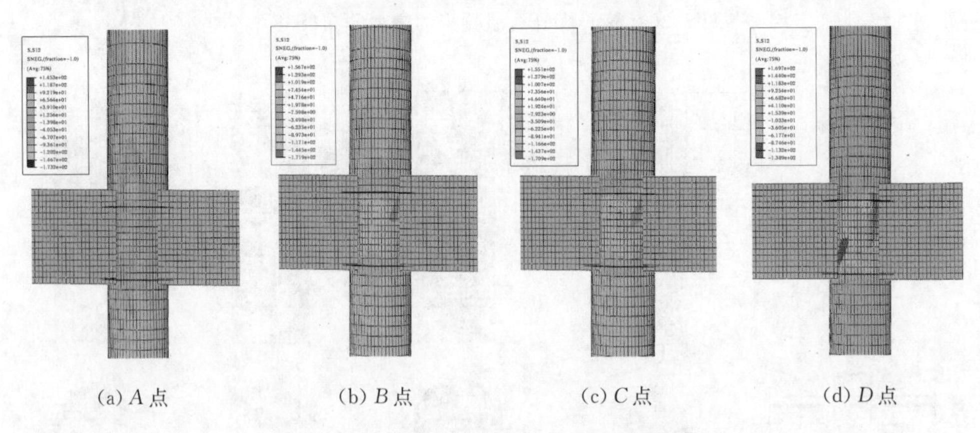

(a) A 点　　　　(b) B 点　　　　(c) C 点　　　　(d) D 点

图 7.39　节点核心区剪应力的分布(S12)

因此，根据节点区域中煤矸石混凝土梁与钢管煤矸石混凝土柱之间的应力分布，贯穿式节点的传递机制可以表示为：当往复荷载加载到煤矸石混凝土梁端，钢管煤矸石混凝土柱节点核心区域形成一个呈 45°的斜压剪应力区域，在节点受力过程，该斜压杆传递梁端产生的剪应力。抗剪环的应力主要集中于煤矸石混凝土梁连接区域的加强环和加劲肋上，在受力初期，抗剪环的应力较小，随着梁端荷载的逐级增加，钢管受力增加，加强环受力也逐渐增大，节点核心区的剪应力增大。

图 7.40 为钢管和抗剪环在各特征点的 Mises 应力分布。由图可见，在受力过程中，钢管的应力发展比较小，受力较大的部分主要集中于梁柱连接区域，由于承受轴向压力和梁端弯矩，钢管受压区的应力大于受拉区的应力。

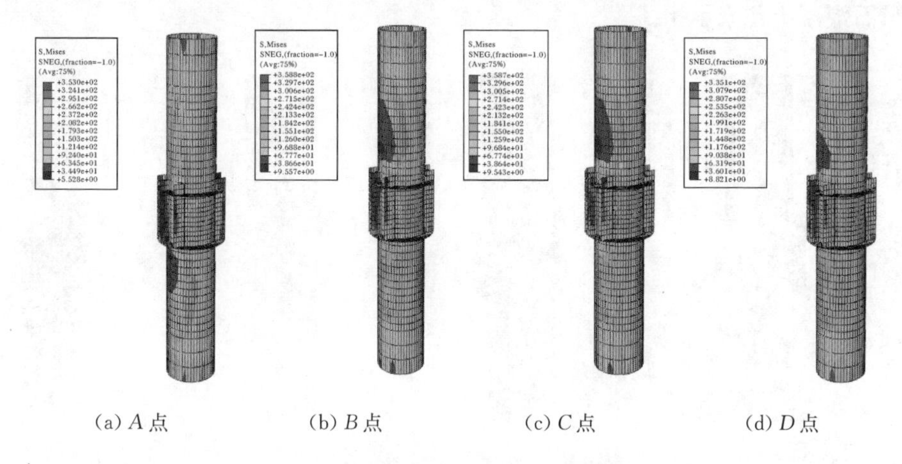

(a) A 点　(b) B 点　(c) C 点　(d) D 点

图 7.40　钢管和抗剪环的 Mises 应力分布

图 7.41 为钢管在各特征点的纵向应力分布，从图中可以看出，在往复荷载作用下，钢管的受压区域和受拉区域随着荷载方向的改变而交替产生，但是在整个受力过程中，梁柱连接区域的钢管受压区域和受拉区域的应力均没有达到屈服强度，且有限元分析得到的钢管应力与试验结果符合较好。

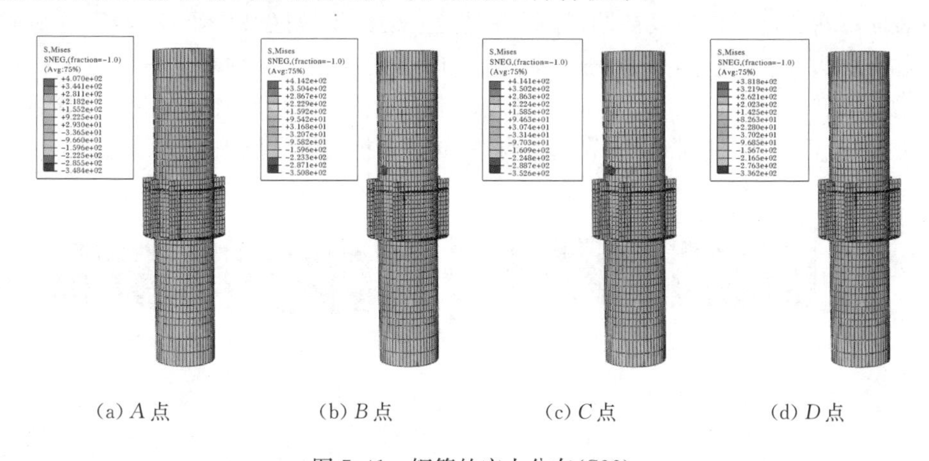

(a) A 点　(b) B 点　(c) C 点　(d) D 点

图 7.41　钢管的应力分布(S22)

图 7.42 为钢管和抗剪环在各特征点的剪应力分布，从图中可以看出，在轴向压力和梁端弯矩的共同作用下，到达 B 点时，由于煤矸石混凝土梁中的钢筋屈服，加劲肋开始承担一部分剪力，但是在受力过程中，抗剪环的应力均未超过屈服强度，仍然处于弹性阶段工作，同时，钢管上的剪应力明显大于加劲肋上的剪应力，由此可见，抗剪环不仅承担了一部分梁端荷载产生的弯矩，而且更为主要的是起到传递弯矩的作用，将梁端弯矩传递给钢管煤矸石混凝土柱，大部分弯矩由钢管煤矸石混凝土柱来承担。

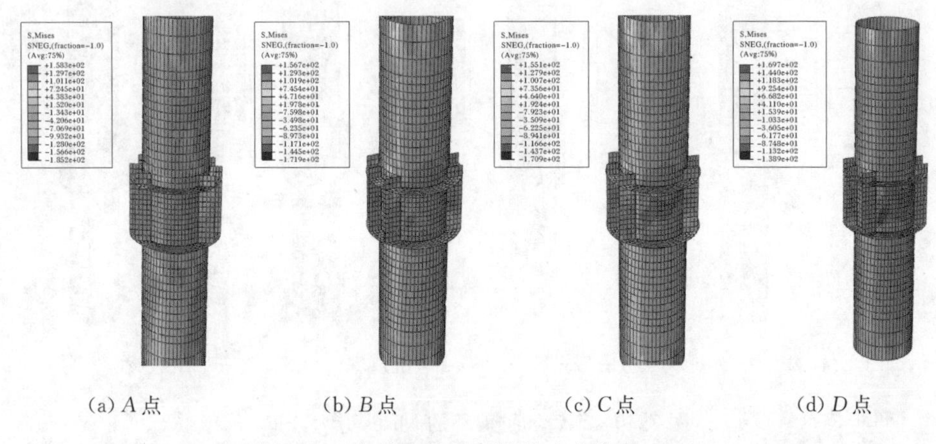

(a) A 点　　(b) B 点　　(c) C 点　　(d) D 点

图 7.42　钢管和抗剪环的剪应力分布(S12)

2) 煤矸石混凝土梁的应力分析

图 7.43 为煤矸石混凝土梁在特征值点的应力分布。由图可知，在往复荷载作用下，煤矸石混凝土梁的受压区域和受拉区域随着荷载方向的改变而在梁的上下表面不断变化。在加载初期，煤矸石混凝土梁的受拉区域较小，随着往复荷载的逐级增大，受压区域沿着梁长方向逐渐扩展，受拉区域则由梁的表面逐渐扩大到梁的中部。煤矸石混凝土梁应力最大处集中于梁与抗剪环连接的区域，最终在此处破坏，符合“强柱弱梁，强节点弱构件”的基本抗震设计原则。

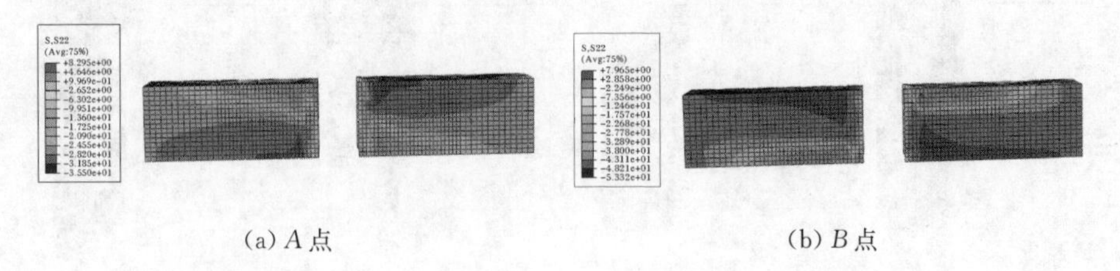

(a) A 点　　(b) B 点

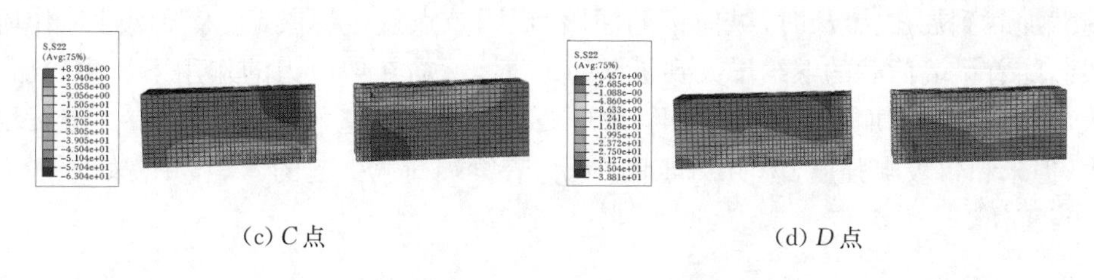

(c) C 点　　(d) D 点

图 7.43　煤矸石混凝土梁的应力分布(S22)

图 7.44 为钢筋贯穿式节点煤矸石混凝土梁在各特征点的等效塑性应变的发展过程。由图可知，初始裂缝出现在加强环和煤矸石混凝土梁的交界处，同时钢管和煤矸石混凝土梁的接触面有部分混凝土出现脱离，与试验现象符合。随着梁端荷载的逐级增大，裂缝沿着梁长方向发展，宽度逐渐增大，到达屈服点 B 时，在煤矸石混凝土梁与加强环连接区域的裂缝最为明显，且宽度最大；当荷载达到极限状态 C 点时，煤矸石混凝土梁上形成贯通裂缝，梁发生通裂现象。过了 C 点以后，由于煤矸石混凝土被压碎，节点承载力下降，节点的破坏程度不断加剧，已产生的裂缝宽度不断增大，当到达破坏状态 D 点时，在煤矸石混凝土梁与加强环连接区域形成了一条贯通、宽而长的裂缝，煤矸石混凝土梁破坏。整个裂缝发展过程与试验现象基本吻合。

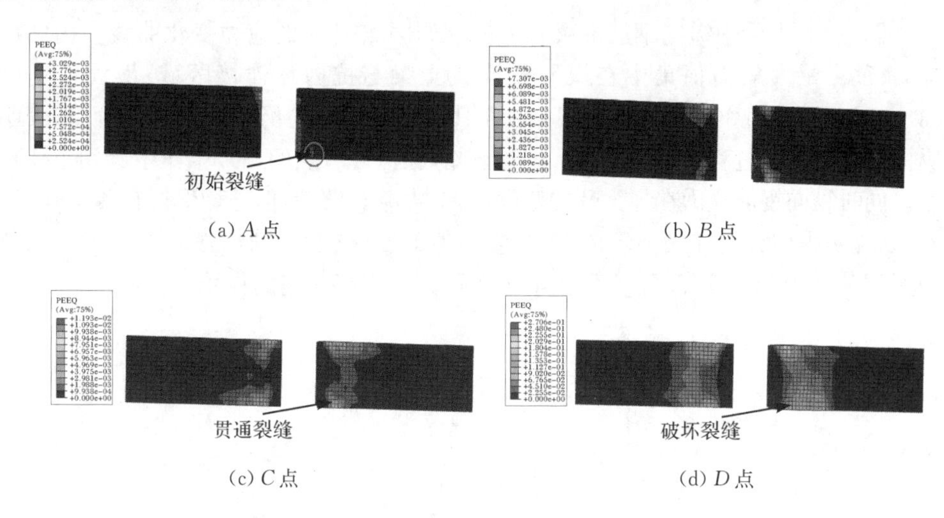

(a) A 点　　(b) B 点

(c) C 点　　(d) D 点

图 7.44　煤矸石混凝土梁的等效塑性应变

图 7.45 为煤矸石混凝土梁中钢筋在各特征点的 S11 应力分布。从图中可以明显地看出，钢筋的应力从梁与加强环连接的部分到梁两端逐渐减小。在节点受力初期，钢筋纵筋的应力较小，随着往复荷载的逐级增加，纵向钢筋的应力逐渐增大，箍筋上承担的剪应力也逐渐增大。在轴向压力和梁端弯矩的共同作用下，当

荷载加载到屈服点 B 时，纵向钢筋屈服，说明节点发生屈服，进入弹塑性工作阶段。随着梁端荷载的继续增大到极限点 C 时，箍筋在剪应力的作用下发生屈服，大部分剪应力由加劲肋传递给钢管煤矸石混凝土柱承担，纵向钢筋的应力继续增大，但未超过极限强度，说明纵向钢筋承担着梁端荷载引起的弯矩，并良好地加入节点工作。

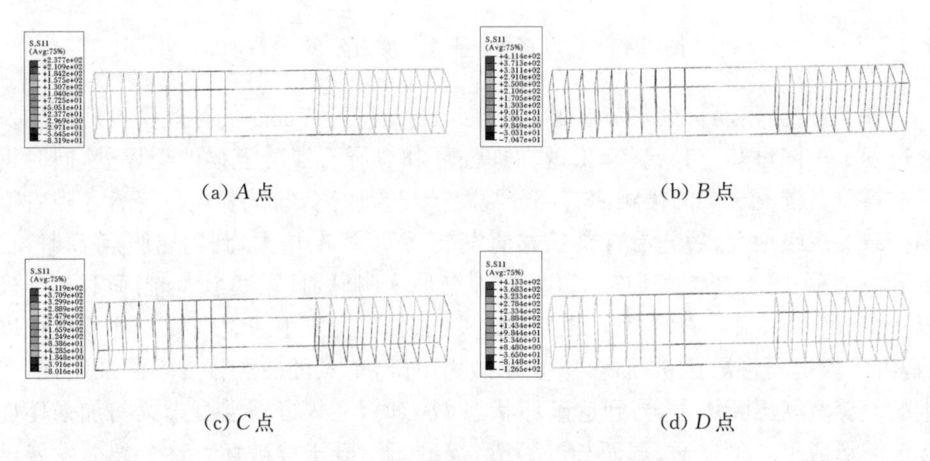

(a) A 点　　(b) B 点

(c) C 点　　(d) D 点

图 7.45　钢筋的应力分布(S11)

图 7.46 为梁中纵向钢筋沿梁长方向在屈服点 B 时的应力变化曲线。由图可知，钢筋的最大应力值集中在煤矸石混凝土梁与抗剪环连接区域，最大值达到 415.45MPa，超过钢筋的屈服强度 f_y，而其他区域的钢筋仍然处于弹性阶段，表明纵向钢筋在受力过程中承担了大部分的弯矩，在保证节点的正常工作中起到重要作用。同时纵向钢筋应力在加强环的范围内，应力略有波动，但是均保持在 411.0MPa 左右，说明纵向钢筋在加强环范围内，应力值的变化较小，则加强环承担了一部分由梁端荷载引起的弯矩，抗剪环在承担弯矩方面起到一定的作用。

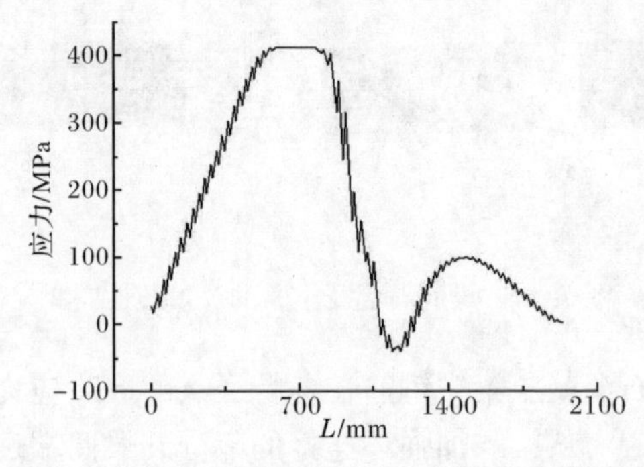

图 7.46　梁中纵向钢筋沿梁长方向的应力变化曲线

7.7.3　钢筋贯穿式节点的参数分析

基于对钢筋贯穿式节点在往复荷载作用下的应力分析，为了进一步研究钢筋贯穿式节点的性能，弥补试验分析的缺陷，通过改变各个主要影响参数，建立不同的有限元分析模型，进一步分析轴压比、钢管中煤矸石混凝土的抗压强度、含钢率、加强环宽度等重要参数对此节点滞回性能的影响。

1. 不同参数的荷载-位移滞回曲线

本节建立 15 个钢筋贯穿式钢管煤矸石混凝土柱-煤矸石混凝土梁节点模型，具体的材料参数和几何参数见表 7.9，其中，D、t 分别为钢管截面外直径及壁厚；l 为梁的长度；L 为柱的长度；d 为加强环的宽度；$\alpha = A_s/A_{sc}$ 为构件的含钢率，A_s 为钢管横截面面积，A_{sc} 为钢管煤矸石混凝土横截面面积；k 为梁柱线刚度比；λ 为柱的长细比；$f_{cu,c}$ 代表钢管中的煤矸石混凝土立方体抗压强度，$f_{cu,b}$ 代表梁中的煤矸石混凝土立方体抗压强度；n 为轴压比；N_0 为作用在柱顶的恒定轴向压力。节点编号如 J6-n-0.6 的定义为：J 代表节点(joint)，6 代表钢管壁的厚度 t=6mm，n-0.6 为轴压比 n=0.6，d-60 代表加强环宽度为 d=60mm，以此类推，J6 后的数据代表所改变的参数。

表 7.9　节点模型尺寸

节点编号	$D\times t$ /(mm×mm)	l /mm	L /mm	d /mm	α	k	λ	$f_{cu,c}$ /MPa	$f_{cu,b}$ /MPa	N_0 /kN	n
J6	325×6	1000	1500	60	0.078	0.853	36	30	30	1800	0.6
J6-n-0.2	325×6	1000	1500	60	0.078	0.853	36	30	30	600	0.2
J6-n-0.8	325×6	1000	1500	60	0.078	0.853	36	30	30	2250	0.8
J5-α-0.056	325×5	1000	1500	60	0.056	0.853	36	30	30	1800	0.6
J8-α-0.106	325×8	1000	1500	60	0.106	0.853	36	30	30	1800	0.6
J6-d-40	325×6	1000	1500	40	0.078	0.853	36	30	30	1800	0.6
J6-d-80	325×6	1000	1500	80	0.078	0.853	36	30	30	1800	0.6
J6-$f_{cu,c}$-20	325×6	1000	1500	60	0.078	0.853	36	20	30	1800	0.6
J6-$f_{cu,c}$-40	325×6	1000	1500	60	0.078	0.853	36	40	30	1800	0.6
J6-$f_{cu,b}$-20	325×6	1000	1500	60	0.078	0.853	36	30	20	1800	0.6
J6-$f_{cu,b}$-40	325×6	1000	1500	60	0.078	0.853	36	30	40	1800	0.6
J6-λ-25	325×6	1000	1000	60	0.078	0.853	25	30	30	1800	0.6
J6-λ-49	325×6	1000	2000	60	0.078	0.853	49	30	30	1800	0.6

续表

节点编号	$D\times t$ /(mm×mm)	l /mm	L /mm	d /mm	α	k	λ	$f_{cu,c}$ /MPa	$f_{cu,b}$ /MPa	N_0 /kN	n
J6-k-1.066	325×6	800	1500	60	0.078	1.066	36	30	30	1800	0.6
J6-k-0.711	325×6	1200	1500	60	0.078	0.711	36	30	30	1800	0.6

图7.47为通过ABAQUS计算的改变参数后所得到的15个节点模型的梁端荷载-位移曲线。从图中可以明显地看出,本节计算的15个节点在不同参数下的梁端荷载-位移滞回曲线的形状和变化趋势基本相同,说明利用ABAQUS建立的有限元模型是合理的、正确的。在加载初期,节点处于弹性工作阶段,梁端荷载和变形呈线性增长,此时煤矸石混凝土未产生裂缝,节点存在比较小的整体变形。随着梁端荷载的逐级增大,纵向钢筋屈服,且煤矸石混凝土梁上出现裂缝,此时曲线出现明显的拐点,节点进入弹塑性阶段,此后,节点的变形逐渐增大,而荷载的增长逐渐变缓。随着梁端荷载的继续增大以及循环次数的增加,煤矸石混凝土梁的裂缝继续扩展和增大。此后,曲线的斜率随着梁端荷载的逐级增大而逐渐减小,且减小的程度增大,在过了极限状态以后,减小的程度更为明显,节点变形增长迅速,节点承载力逐渐下降,刚度退化越来越严重。本节模拟的滞回曲线具有以下基本特点。

(1) 加载初期,滞回曲线呈直线状态增长,节点处于弹性阶段;随着梁端荷载的逐级增大,节点进入弹塑性状态以后,滞回曲线的斜率逐渐减小,节点的刚度出现退化;在过了极限状态以后,节点变形增大,而承载力逐渐减小。

(2) 不同参数下的滞回曲线图形呈饱满的纺锤形,模拟的滞回曲线捏缩较小,且刚度退化较为合理,表明节点具有良好的抗震能力。

(3) 节点由极限状态进入破坏阶段时,由于剪切变形的不断增大,节点刚度减小明显,但滞回曲线饱满,不同材料充分发挥各自的性能,节点具有良好的耗能能力。

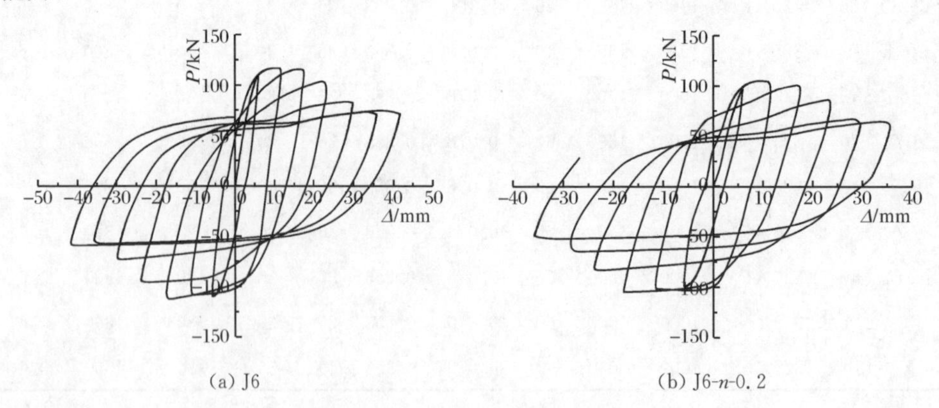

(a) J6

(b) J6-n-0.2

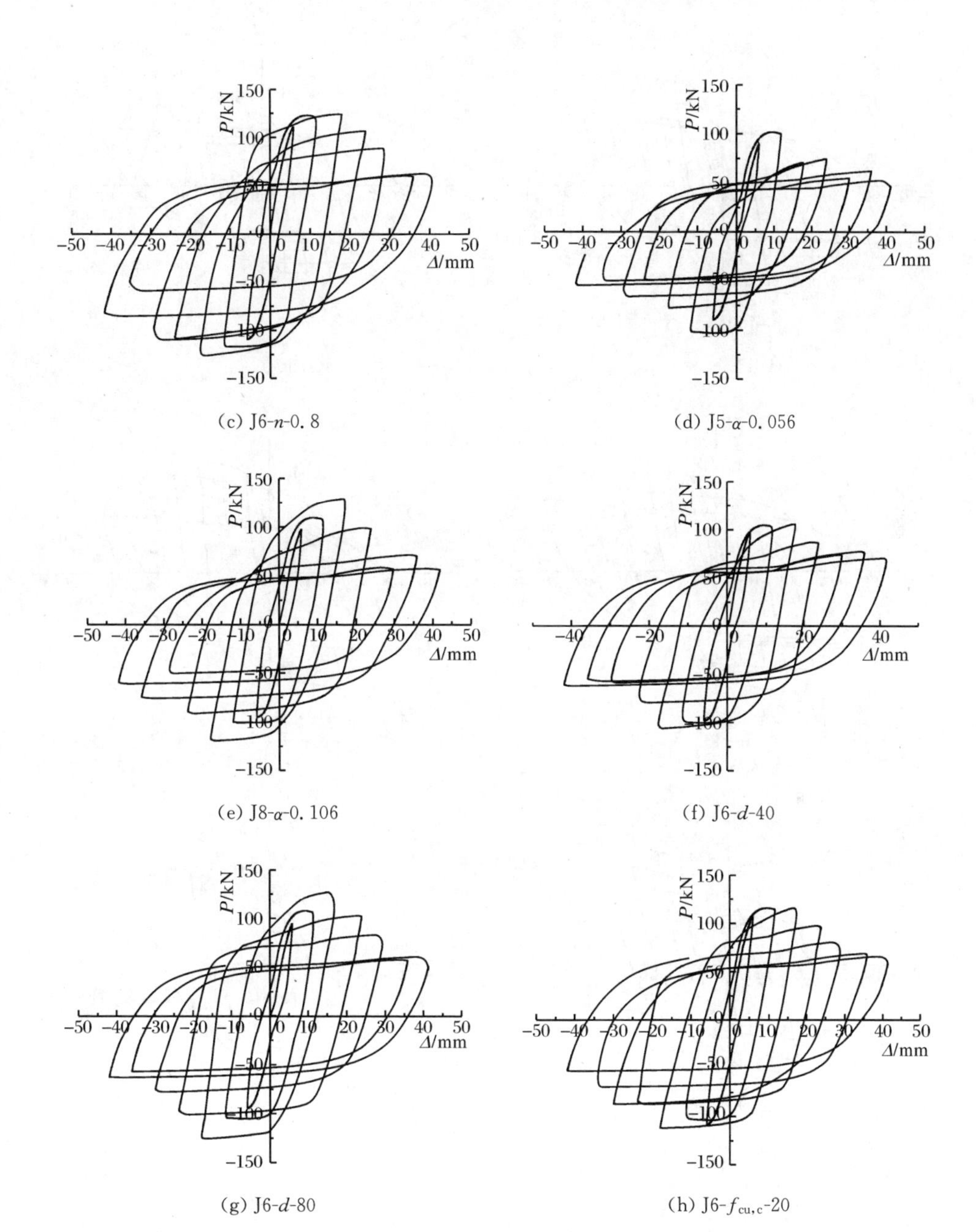

(c) J6-n-0.8

(d) J5-α-0.056

(e) J8-α-0.106

(f) J6-d-40

(g) J6-d-80

(h) J6-$f_{cu,c}$-20

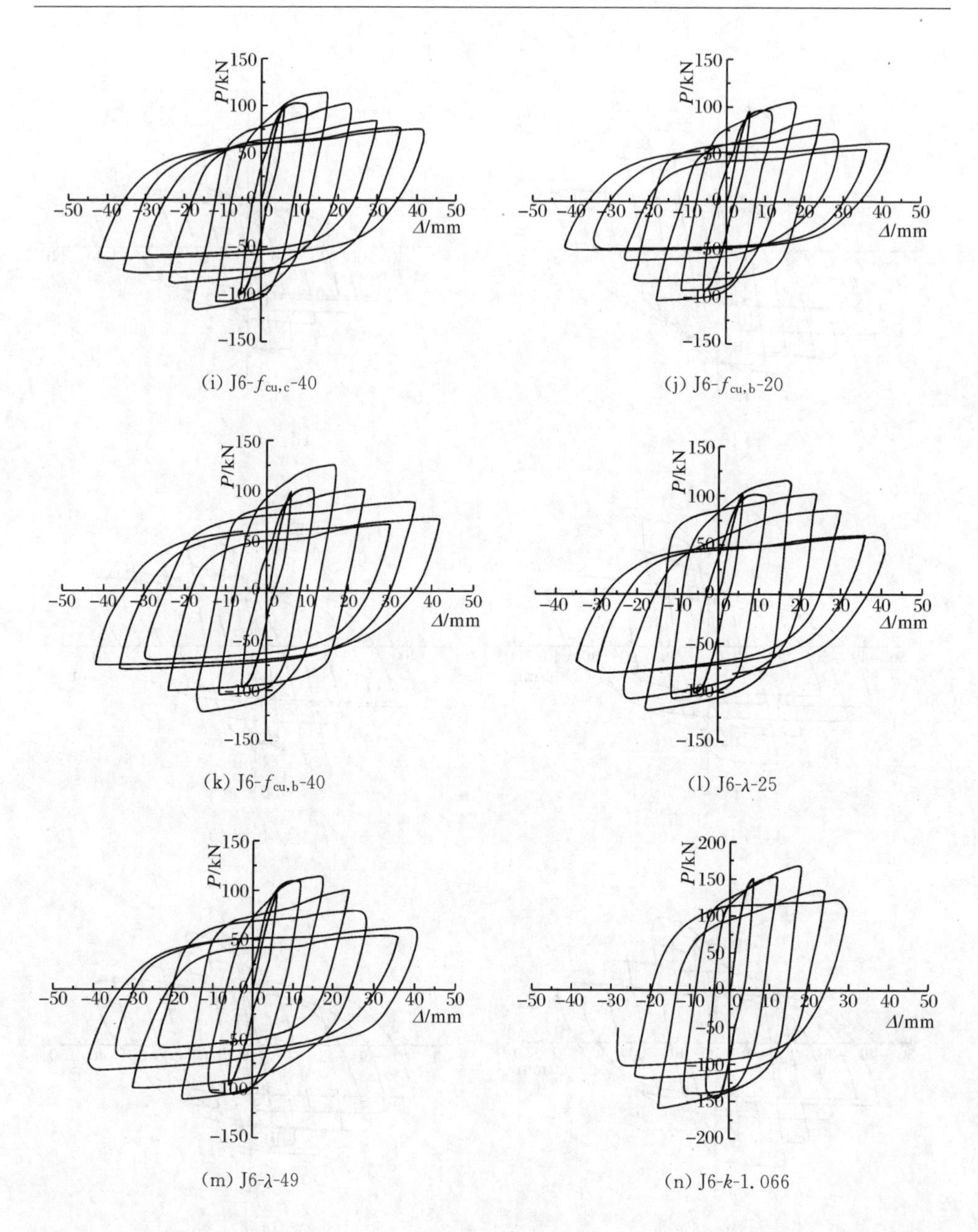

(i) J6-$f_{cu,c}$-40　　(j) J6-$f_{cu,b}$-20

(k) J6-$f_{cu,b}$-40　　(l) J6-λ-25

(m) J6-λ-49　　(n) J6-k-1.066

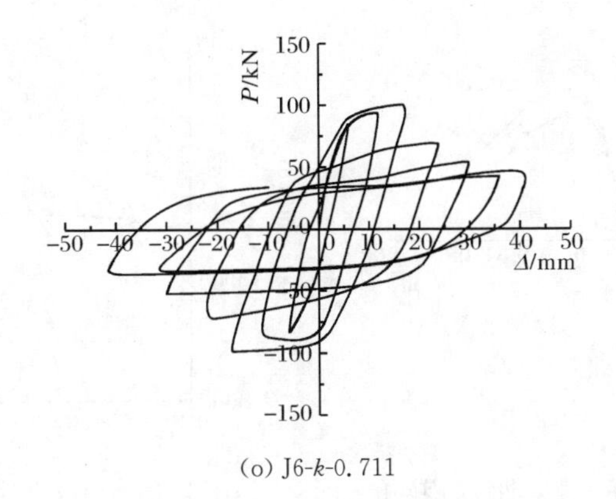

(o) J6-k-0.711

图 7.47　钢筋贯穿式节点的梁端荷载-位移滞回曲线

2. 弯矩-梁柱相对转角关系参数分析

利用 ABAQUS 对节点进行计算，主要研究轴压比 n、含钢率 α、加强环宽度 d、梁柱线刚度比 k、柱的长细比 λ、钢管中的煤矸石混凝土立方体抗压强度 $f_{cu,c}$、梁的煤矸石混凝土立方体抗压强度 $f_{cu,b}$ 对钢筋贯穿式节点的弯矩-转角(M-θ)荷载-位移滞回关系骨架曲线的影响，分析各参数对节点的影响规律，选取参数为：钢管煤矸石混凝土柱的尺寸为 $D \times t \times H = 325\text{mm} \times 6\text{mm} \times 1500\text{mm}$，C30 煤矸石混凝土，含钢率 $\alpha = 0.078$，煤矸石混凝土梁的尺寸为 240mm × 300mm。在分析不同参数对节点滞回性能的影响时，仅改变需要分析的参数，节点的其他参数保持不变。弯矩-转角滞回关系的计算参见 6.6.3 节。

1) 轴压比

图 7.48 为保证含钢率、加强环宽度、梁柱线刚度比、柱的长细比等基本参数不变的情况下，不同的轴压比对节点弯矩-梁柱相对转角骨架曲线的影响情况。图 7.49 为不同的轴压比对初始刚度的影响情况。由图可以看出：①在往复荷载作用下，轴压比对节点的抗弯承载力影响比较明显，随着轴压比的增大，曲线整体上移，节点的极限抗弯承载力基本上呈线性增加的趋势，节点的抗弯承载力逐渐增大；②在加载初期，骨架曲线呈线性增加，随着轴压比的增大，曲线的弹性段增长逐渐增长，但对骨架曲线形状的影响不明显，节点的初始刚度逐渐增大，近似于呈直线增长；③随着轴压比的增大，节点在强化阶段的刚度逐渐增大，节点在极限承载以后下降的程度加剧。

2) 含钢率

图 7.50 为节点的轴压比、加强环宽度、梁柱线刚度比、柱的长细比等基本参数不变的情况下，改变钢管壁厚来改变节点的含钢率，对节点弯矩-梁柱相对转角

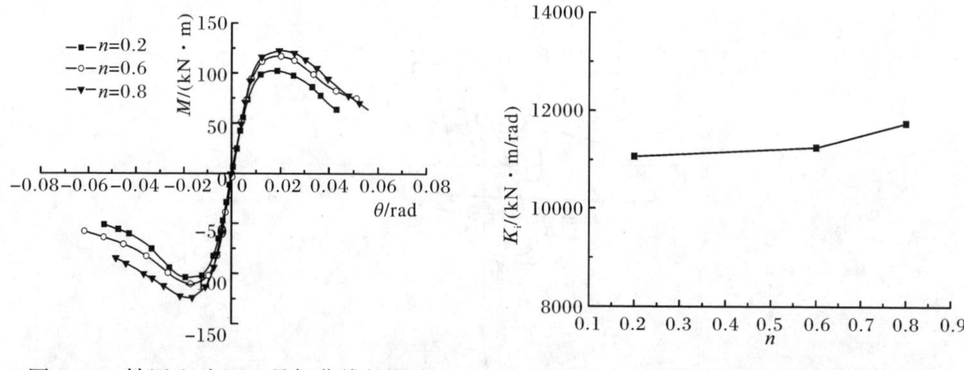

图 7.48　轴压比对 M-θ 骨架曲线的影响　　图 7.49　轴压比对初始刚度的影响

骨架曲线的影响情况，图 7.51 为节点的含钢率对初始刚度的影响情况。由图可以看出：①在往复荷载作用下，在加载初期，节点处于弹性段时，曲线的变化并不明显，但是含钢率大的节点，直线段较长，即弹性段较长，含钢率为 0.106 节点的初始刚度比含钢率为 0.056 节点的初始刚度提高了 26%。②随着含钢率的增大，构件的抗弯承载力逐渐增大，曲线整体向上移动，过了极限状态以后，随着含钢率的增加，节点抗弯承载力下降的幅度逐渐增加。整体来说，含钢率对曲线的形状和变化趋势影响不大，但是对节点的承载能力有明显的影响。③节点 J6 的承载能力储备和延性较好，说明 J6 节点比同组的其他模型，延性更好，同时在屈服后具有更为理想的承载能力，而当含钢率继续增加时，抗弯承载力和初始刚度的增长较小，所以节点 J6 的含钢率是比较优化的设计值。

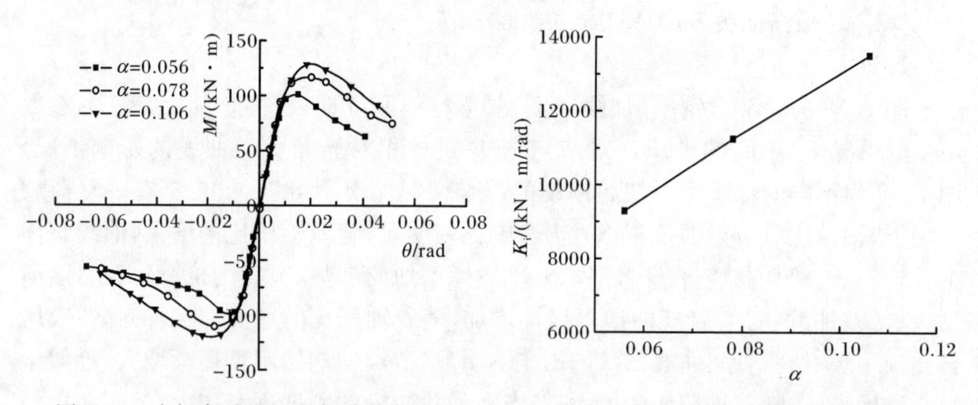

图 7.50　含钢率对 M-θ 骨架曲线的影响　　图 7.51　含钢率对初始刚度的影响

3) 加强环宽度

图 7.52 为保证含钢率、轴压比、梁柱线刚度比、柱的长细比等基本参数不变的情况下，不同的加强环宽度对节点弯矩-梁柱相对转角骨架曲线的影响情况。

图7.53为不同的加强环宽度对初始刚度的影响情况。由图可以看出:①在加载初期,随着加强环宽度的增加,曲线的初始刚度保持在10000kN·m/rad左右,变化不明显,说明加强环的宽度变化对曲线的弹性段没有明显的影响;随着加强环宽度的增加,节点的极限抗弯承载力逐渐提高,表现为曲线整体上移,当加强环为80mm时,极限抗弯承载力较加强环为40mm时提高了17%,而初始刚度几乎没有变化,说明初始刚度的变化没有抗弯承载力变化明显。②在钢管开孔处下方,加强环的目的主要是弥补钢管开孔产生的截面环向削弱,同时保证钢管截面形状不变,对混凝土提供足够的横向约束。根据分析可知,J6节点比同组的其他模型表现出更好的延性和储备承载能力,在屈服之后具有更为理想的承载能力,而当含钢率继续增加时,抗弯承载力和初始刚度的增长较小,加强环宽度可取$d \geqslant 0.15D$,D定义为钢管的直径,而加强环宜采用剖口焊与钢管焊接,保证焊接的可靠性,所以节点J6的加强环宽度是比较优化的设计值。

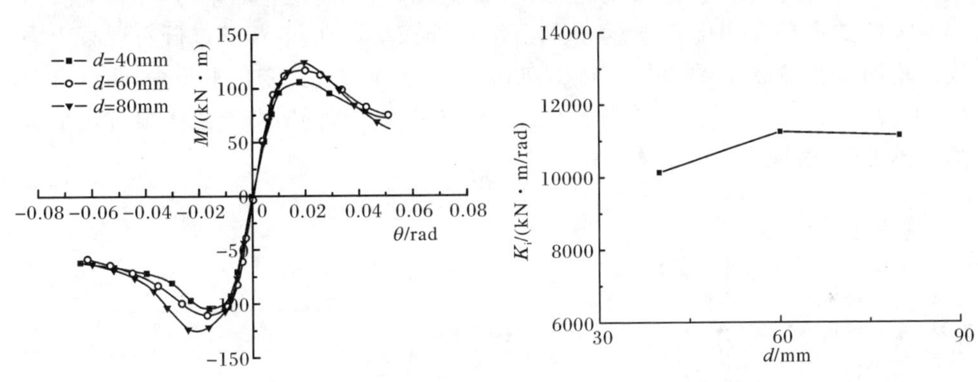

图7.52　加强环宽度对M-θ骨架曲线的影响　　图7.53　加强环宽度对初始刚度的影响

4) 钢管内煤矸石混凝土的强度

图7.54为保证含钢率、轴压比、梁柱线刚度比、柱的长细比等基本参数不变的情况下,不同的钢管内煤矸石混凝土强度对节点弯矩-梁柱相对转角骨架曲线的影响情况。图7.55为不同的钢管内煤矸石混凝土强度对初始刚度的影响情况。由图可以看出,钢管内煤矸石混凝土强度几乎对节点的性能没有影响,煤矸石混凝土强度的改变没有引起曲线的形状和变化趋势的改变,同时节点的初始刚度几乎没有改变。本节主要研究的是"强柱弱梁"节点的性能,所以钢管内煤矸石混凝土的强度对节点的承载力影响较小。

5) 梁煤矸石混凝土的强度

图7.56为保证含钢率、轴压比、梁柱线刚度比、柱的长细比等基本参数不变的情况下,不同的钢管内煤矸石混凝土强度对节点弯矩-梁柱相对转角骨架曲线的影响情况。图7.57为不同的梁煤矸石混凝土强度对初始刚度的影响情况。由图

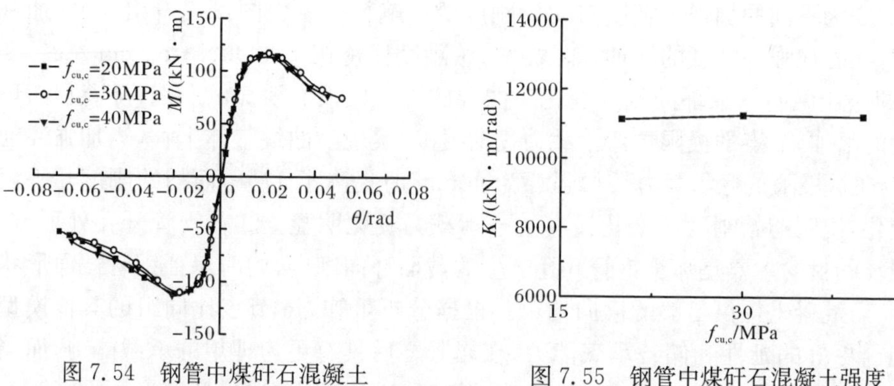

图 7.54 钢管中煤矸石混凝土强度的影响

图 7.55 钢管中煤矸石混凝土强度对初始刚度的影响

可以看出:①随着梁的煤矸石混凝土强度的提高,节点的抗弯承载力不断提高,但是对曲线的形状和变化趋势影响不大;②在加载初期,随着梁的煤矸石混凝土强度的增加,曲线的初始刚度保持在 11000kN · m/rad 左右,变化不明显,曲线直线段的距离增大,说明节点处在弹性段工作的时间增加,同时节点的极限抗弯承载力逐渐提高,表现为曲线整体上移。

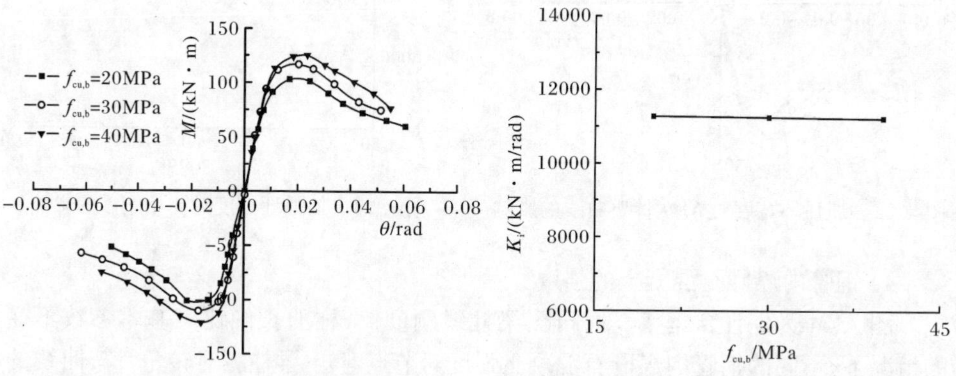

图 7.56 梁煤矸石混凝土强度的影响

图 7.57 梁的煤矸石混凝土强度对初始刚度的影响

6) 钢管煤矸石混凝土柱的长细比

图 7.58 为节点的轴压比、含钢率、加强环宽度、梁柱线刚度比等基本参数不变的情况下,改变柱长来改变节点的长细比对节点弯矩-梁柱相对转角骨架曲线的影响情况,图 7.59 为节点的长细比对初始刚度的影响情况。由图可以看出,钢管煤矸石混凝土柱长细比的增加对节点性能影响很小,钢管煤矸石混凝土柱长细比的改变没有引起曲线的形状和变化趋势的改变,同时节点的抗弯承载力没有随着钢管煤矸石混凝土柱长细比的改变而发生明显的变化,节点的抗弯刚度也未受到影响。

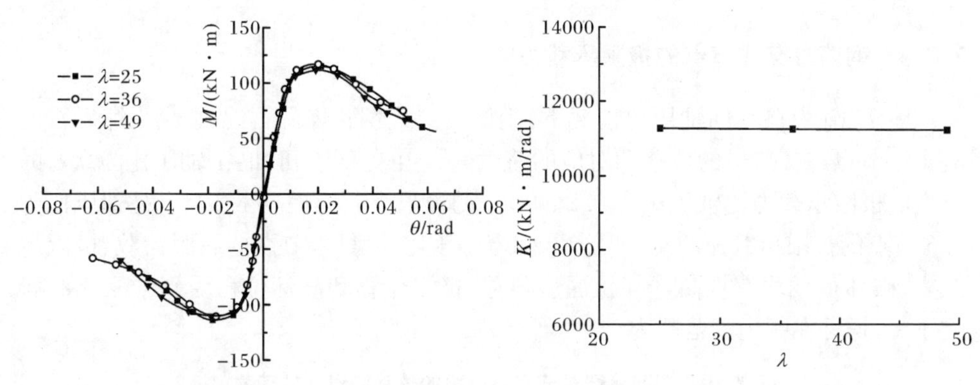

图7.58　长细比对M-θ骨架曲线的影响　　图7.59　长细比对初始刚度的影响

7) 梁柱线刚度比

图7.60为节点在轴压比、含钢率、加强环宽度、柱的长细比等基本参数不变的情况下，改变梁的跨度来改变节点的长细比对节点弯矩-梁柱相对转角骨架曲线的影响情况，图7.61为节点的梁柱线刚度比对初始刚度的影响情况。由图可以看出：①在往复荷载作用下，随着梁柱线刚度比的增加，节点的抗弯承载力逐渐增大，表现为曲线整体向上移动，同时，初始刚度也逐渐增加，但是梁柱线刚度比对曲线的形状和变化趋势影响不明显；②在加载初期，节点处在弹性工作阶段，随着梁柱线刚度比的增大，曲线的直线段增长，说明节点的弹性段增大，梁柱线刚度比为1.066节点的初始刚度比梁柱线刚度比为0.711节点提高了70%；③随着梁柱线刚度比的增大，节点的极限抗弯承载力增加，梁柱线刚度比为1.066节点的极限承载力是梁柱线刚度比为0.711节点极限承载力的1.71倍，过了极限状态，节点的承载力随着梁柱线刚度比的增加而增大；④节点J6的承载能力储备和延性较好，说明J6节点比同组的其他模型，延性更好，同时在屈服后具有更为理想的承载能力，而当梁柱刚度比继续增加时，抗弯承载力的增长较小，所以节点J6的梁柱刚度比是比较优化的设计值。

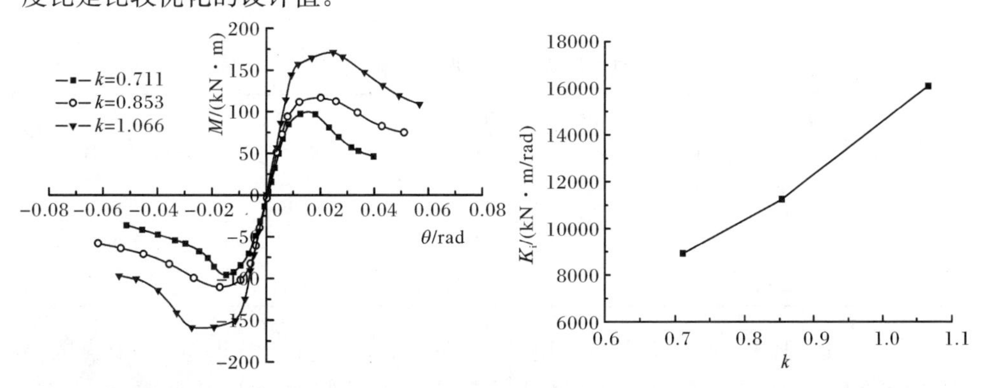

图7.60　线刚度比对M-θ骨架曲线的影响　　图7.61　线刚度比对初始刚度的影响

7.7.4　钢筋贯穿式节点的极限承载力

表7.10为在不同轴压比情况下，钢筋贯穿式钢管煤矸石混凝土柱-煤矸石混凝土梁节点在各阶段的位移和对应的荷载值。由表7.10可知：①轴压比为0.8的节点的极限承载力比轴压比为0.2的节点的极限承载力提高了19%，是轴压比为0.6节点的极限承载力的1.05倍；②随着轴压比的增加，节点的屈服荷载、极限承载力、破坏荷载均有提高，同时，屈服位移、极限位移和破坏位移受到轴压比的影响不大，均处在一定的范围内。

表7.10　钢筋贯穿式节点各阶段的位移和对应的荷载值

节点编号	轴向压力 N_0/kN	轴压比 n	屈服荷载 P_y/kN	屈服位移 Δ_y/mm	极限荷载 P_{max}/kN	极限位移 Δ_{max}/mm	破坏荷载 P_u/kN	破坏位移 Δ_u/mm
J6-n-0.2	600	0.2	89.54	5.76	105.12	16.76	86.75	24.89
J6	1800	0.6	103.11	5.85	116.46	16.88	98.99	25.01
J6-n-0.8	2250	0.8	110.12	5.90	121.764	17.02	103.50	24.96

7.7.5　钢筋贯穿式节点刚性

基于强度和刚度，EC4(2004)通过比较节点的初始刚度 K_i，把节点划分为刚性节点、半刚性节点和铰接节点。当 $K_i \geqslant k_b(EI)_b/L_b$ 时，节点定义为刚性，其中，$(EI)_b$ 为梁的抗弯刚度，L_b 为梁的跨度。当支撑体系可以减少框架80%的水平位移时，$k_b = 8$；对于其他框架，$k_b = 25$。当 $K_i \leqslant 0.5k_b(EI)_b/L_b$ 时，节点定义为铰接。介于两者之间时为半刚性节点。

表7.11给出本章节点的初始弹性刚度，通过与EC4中刚性节点界限的比较可见，本章的钢筋贯穿式钢管煤矸石混凝土柱-煤矸石混凝土梁节点的初始刚度大于规范中刚性节点的界限，即 $k_b(EI)_b/L_b$，因此，按照此标准，该节点形式属于刚性节点。

表7.11　钢筋贯穿式节点的刚性比较

试件编号	极限弯矩 /(kN·m)	初始弹性刚度 /(×10^{5}kN·m)	$(EI)_b/L_b$ /(×10^{5}kN·m)	$8(EI)_b/L_b$ /(×10^{5}kN·m)	$25(EI)_b/L_b$ /(×10^{5}kN·m)
J6-n-0.2	105.06	1.15	0.0372	0.298	0.93
J6	116.89	1.19	0.0372	0.298	0.93
J6-n-0.8	122.84	1.23	0.0372	0.298	0.93

Hasan等(1998)研究了134个钢结构节点的刚性，分析结果得出，节点的最小初始刚度应为1.13×10^{5}kN·m，而本节节点的初始刚度均为1.15×10^5～1.23×

10^5 kN · m，全部大于钢结构节点的最小初始刚度限值，所以，利用此判别方法，该节点形式也属于刚性节点。

7.8　基于 ABAQUS 的钢筋贯穿式钢管煤矸石混凝土节点的抗震性能分析

7.8.1　节点的延性分析

表 7.12 为在不同轴压比的情况下，节点的位移延性系数和转角延性系数指标。由表可以看出，不同轴压比作用下，节点的层间位移延性系数均为 4.2～4.4。同时，弹性层间位移角和弹塑性层间位移角均在规范的要求以内，所以，钢筋贯穿式节点表现出良好的延性性能。随着轴压比 n 的增大，节点的延性略有降低，但是影响的程度比较小。

表 7.12　节点的延性指标

试件编号	n	Δ_y/mm	Δ_u/mm	θ_y/rad	θ_u/rad	μ	μ_θ
J6-n-0.2	0.2	5.76	24.89	0.00384	0.01659	4.32	4.32
J6	0.6	5.85	25.01	0.00390	0.01667	4.28	4.27
J6-n-0.8	0.8	5.90	24.96	0.00393	0.01664	4.23	4.23

7.8.2　节点的耗能性能

表 7.13 为钢筋贯穿式节点的总耗能、等效黏滞阻尼系数 ζ_{eq} 和能量耗散系数 E。由表可知，随着钢管混凝土柱轴压比的增加，钢筋贯穿式节点的等效黏滞阻尼系数 ζ_{eq} 和能量耗散系数 E 均有逐渐增长的趋势，但是当 $n < 0.6$ 时，增长的程度较小，而当 $n > 0.6$ 时，增长的程度大大加剧，说明钢筋贯穿式节点的耗能能力随着轴压比的增加逐渐得到提高。

表 7.13　钢筋贯穿式节点的耗能指标

节点编号	耗能 /(kN · m)	ζ_{eq}	E
J6-n-0.2	26.48	0.40	2.56
J6	29.14	0.41	2.58
J6-n-0.8	34.35	0.47	2.95

7.8.3　节点的刚度退化分析

图 7.62 为在不同轴压比 n 下，K_j-Δ/Δ_y 关系曲线示意图。由图可以看出，总

体上，节点的刚度退化较为缓慢，说明节点具有良好的抗侧移能力。同时，随着轴压比的增大，钢筋贯穿式节点的环线刚度退化不明显。

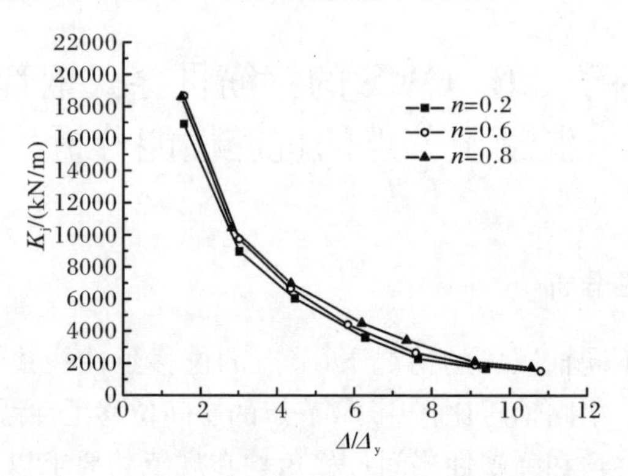

图 7.62　不同轴压比 n 下 K_j-Δ/Δ_y 关系曲线

7.8.4　节点的强度退化分析

图 7.63 为钢筋贯穿式节点的总体荷载退化系数 λ_j 随着加载位移 Δ/Δ_y 变化情况。由图可以看出：①发生屈服后，在图中表现为位移达到 Δ_y，节点的曲线仍然保持较长的水平段，说明节点达到破坏荷载（$P_u=0.85P_{max}$）时依然能够保持一定的承载能力，承担一定的荷载；②节点在达到极限承载力 P_{max} 之前，强度退化的现象并不明显，但过了极限承载力以后，强度退化加剧，整体来说，随着轴压比的增加，强度退化的趋势越来越不明显，同时，当轴压比 $n<0.6$ 时，轴压比对强度退化的影响较小；③节点的破坏是在节点区域的煤矸石混凝土梁端出现破坏，钢管煤矸石混凝土柱基本没有发生破坏，仍处在正常工作状态。

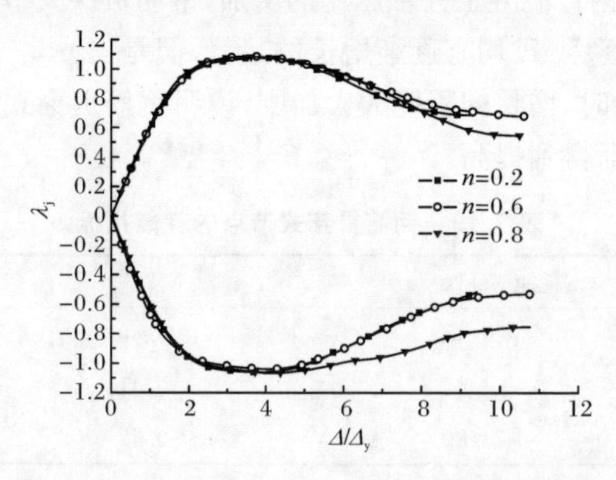

图 7.63　钢筋贯穿式节点的总体荷载退化系数随加载位移的变化情况

7.9　两类钢管煤矸石混凝土柱-煤矸石混凝土梁连接节点性能的对比

本章及第6章研究了两类钢管煤矸石混凝土柱-煤矸石混凝土梁节点的力学性能(钢筋贯穿式节点和环梁式节点),研究结果表明,两类节点均表现出合理的刚度和强度退化,具有良好的抗震性能,同时,节点的传力路径明确且合理,具有良好的力学性能。因此,通过对比两类连接节点的承载力、刚度退化、强度退化以及耗能,进一步深入研究和分析两类节点的力学性能。在对比过程中,选择两类节点的典型试件进行对比分析,即选择钢筋贯穿式节点J6和环梁式节点JH6。

7.9.1　节点延性和耗能的对比

表7.14为两类节点延性和耗能的对比,由表可以看出:①两类节点均满足钢筋混凝土结构的层间位移延性系数,一般要求≥2的基本原则。同时,弹性层间位移角和弹塑性层间位移角均在规范的要求以内,两类节点均表现出良好的延性性能。②与钢筋贯穿式节点相比,环梁式节点的层间位移延性系数较大,说明其延性较好,但是其等效黏滞阻尼系数和能量耗散系数较小,说明其耗能能力比钢筋贯穿式节点差。

表7.14　节点的延性和耗能对比

试件编号	Δ_y/mm	Δ_u/mm	θ_y/rad	θ_u/rad	μ	μ_θ	ζ_{eq}	E
J6	5.85	25.01	0.00390	0.01667	4.28	4.27	0.410	2.580
JH6	2.02	11.88	0.00135	0.00792	5.88	5.87	0.268	1.685

7.9.2　节点的承载力对比

图7.64为两类节点骨架曲线的对比。表7.15为两类节点在各阶段的位移和对应的荷载值。由此可以明显地看出:①在轴压比相同的情况下,往复荷载作用下,钢筋贯穿式节点的承载能力明显高于环梁式节点的承载能力,钢筋贯穿式节点的初始刚度为1.19×10^5kN·m,同样高于环梁式节点的初始刚度0.98×10^5 kN·m,则钢筋贯穿式节点在弹性段工作的时间明显长于环梁式节点;②钢筋贯穿式节点的极限承载力是环梁式节点极限承载力的2.46倍,且钢筋贯穿式节点的屈服荷载、屈服位移、极限位移、破坏荷载和破坏位移均大于环梁式节点,这是由两类节点不同的受力机制所决定的;③钢筋贯穿式节点具有比环梁式节点更好的储备承载能力,在屈服之后具有更理想的承载能力。

表 7.15 两类节点各阶段的位移和对应的荷载值

试件编号	轴向压力 N_0/kN	轴压比 n	屈服荷载 P_y/kN	屈服位移 Δ_y/mm	极限荷载 P_{max}/kN	极限位移 Δ_{max}/mm	破坏荷载 P_u/kN	破坏位移 Δ_u/mm
J6	1800	0.6	103.11	5.85	116.46	16.88	98.99	25.01
JH6	1800	0.6	23.38	2.02	47.74	5.95	40.56	11.88

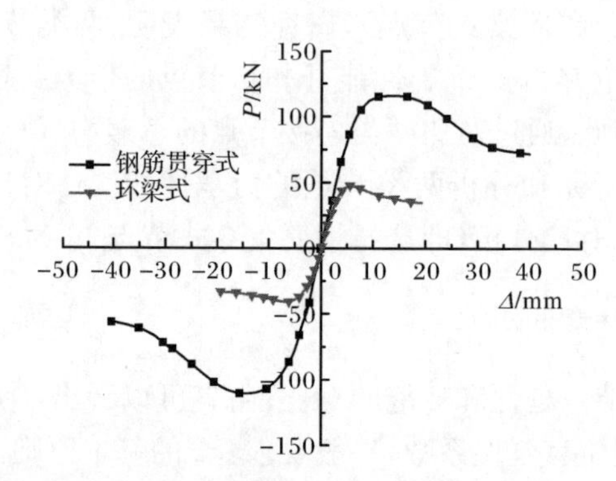

图 7.64 两类节点骨架曲线的对比

7.9.3 节点强度退化的对比

图 7.65 为两类节点强度退化的对比图，由图可以看出：①两类节点均表现出发生屈服后，节点的曲线仍然保持了较长的水平段，说明节点达到破坏荷载后依然能够保持一定的承载能力，承担一定的荷载；②钢筋贯穿式节点的强度退化程度比环梁式节点的强度退化高，同时，极限荷载状态以后，钢筋贯穿式节点的退化程度下降更为明显，环梁节点的曲线表现为更为平缓；③两类节点的破坏是在节点区域的煤矸石混凝土梁端出现破坏，钢管煤矸石混凝土柱基本没有发生破坏，仍处在正常工作。

7.9.4 节点刚度退化的对比

图 7.66 为两类节点刚度退化的对比，由图可以看出：①两类节点的刚度退化均较为缓慢，说明两类节点具有良好的抗侧移能力；②钢筋贯穿式节点的退化大于环梁式节点，退化更为明显；③与钢筋贯穿式节点相比，钢管煤矸石混凝土柱-环梁节点的刚度退化曲线更为平缓，刚度退化速度较慢。

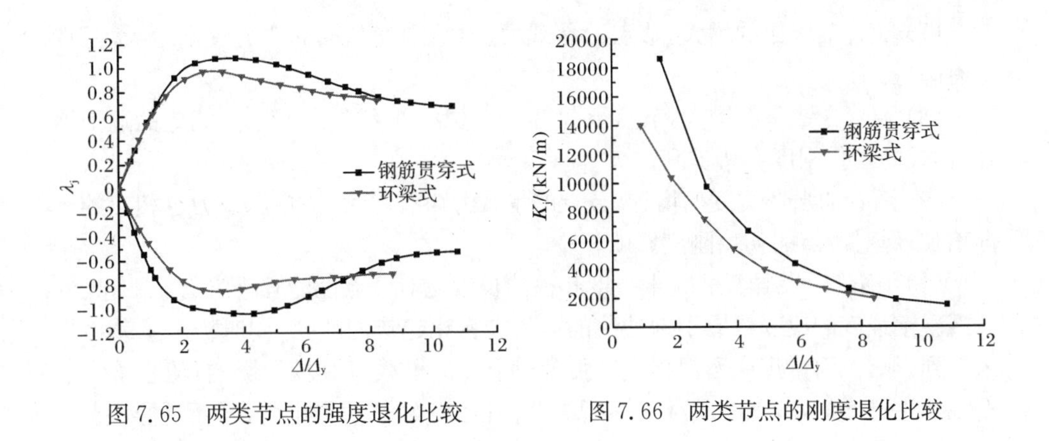

图 7.65　两类节点的强度退化比较　　图 7.66　两类节点的刚度退化比较

7.10　本章小结

本章对钢筋贯穿式钢管煤矸石混凝土柱-煤矸石混凝土梁节点进行了在往复荷载作用下的试验研究、理论分析及数值模拟，并将研究结果与普通混凝土节点、钢管煤矸石混凝土柱-钢筋煤矸石混凝土环梁节点进行对比分析，得到如下主要结论。

(1) 试件的破坏形式均属于梁端弯曲屈服后的剪切破坏，破坏时钢管混凝土柱仍处于正常工作状态，节点区除了部分保护层混凝土脱落外，整体基本完好，说明节点的整体工作性能较好。

(2) 基于试验结果及对钢筋贯穿式节点在荷载作用下各构件应力的数值分析，认为该节点传力路径明确，具有良好的力学性能，节点梁端的弯矩以力偶的方式通过钢管内外成为一体的钢筋混凝土梁直接传递到钢管柱，有效地减少了加劲肋与加强环在传递梁端力时对钢管壁的局部撕裂作用。

(3) 节点滞回曲线较为饱满，且呈纺锤形，其梁端位移延性系数都大于 4，满足规范对节点的抗震要求。

(4) 在整个加载过程中，节点的刚度逐步退化，说明钢筋贯穿式节点具有良好的变形能力。

(5) 与普通混凝土节点的抗震指标对比可以看出，钢管煤矸石混凝土节点的位移延性系数和等效黏滞阻尼系数比普通钢管混凝土节点小 8%和 3.6%，但均大于普通混凝土结构位移延性系数为 2 和等效黏滞系数为 0.1 的要求。

(6) 通过节点的抗剪承载力和梁端出现塑性铰时节点所承受剪力的计算，结果表明，节点的受剪承载力较水平剪力设计值和梁端出现塑性铰时节点承受的剪力大的多，满足“强节点”的设计要求。

(7) 随着轴压比的增大,节点的承载力、初始刚度和耗能能力逐渐增大,延性略有降低。

(8) 随着含钢率的增大,节点承载力逐渐增大,曲线的初始刚度相应的逐渐增加,曲线的强化刚度有所提高。

(9) 随着加强环宽度的增加,节点的承载力略有增大,抗弯承载力也相应的逐渐增加,但对节点的初始刚度影响较小。

(10) 钢管内煤矸石混凝土强度和柱的长细比对节点性能几乎没有影响,煤矸石混凝土强度的改变没有引起曲线的形状和变化趋势的改变,同时极限承载力也未受到影响。而梁煤矸石混凝土的强度对节点的承载力有较大影响,随着梁煤矸石混凝土的增加,节点的承载力逐渐增大,但是节点的初始刚度几乎不受影响。

(11) 随着梁柱线刚度比的增大,节点的承载力和初始刚度逐渐增大。

(12) 与环梁式节点相比,钢筋贯穿式节点的抗震性能要略好。

参考文献

唐九如. 1989. 钢筋混凝土框架节点抗震. 南京:东南大学出版社.

薛玉丽. 2006. 新型钢管混凝土梁柱节点的理论分析与试验研究. 南京:河海大学硕士学位论文.

万云芳. 2006. 低周反复荷载作用下钢骨混凝土T形柱节点抗震性能研究. 广西:广西大学硕士学位论文.

张重阳. 2004. 高层钢管混凝土结构梁柱节点设计方法研究. 南京:东南大学硕士学位论文.

朱筱俊. 2000. 高层钢管混凝土结构体系的试验研究. 南京:东南大学博士学位论文.

中华人民共和国住房和城乡建设部. GB 50011—2010 建筑抗震设计规范. 北京:中国建筑工业出版社.

中华人民共和国住房和城乡建设部. 2012. CECS28:2012 钢管混凝土结构设计与施工规程. 北京:中国计划出版社.

周氏,康清梁,童保全. 2001. 现代钢筋混凝土基本理论. 南京:河海大学出版社.

Eurocode 3. 2005. Design of Steel Structures-Part 1-8: Design of Joints. EN 1993-1-8: Brussels: European Committee for Standardization.

Elremaily A, Azizinamini A. 2001. Design provisions for connections between steel beams and concrete filled tube columns. Journal of Constructional Steel Research, 57(9): 971—995.

Hasan R, Kishi N, Chen W F. 1998. A new nonlinear connection classification system. Journal of Constructional Steel Research, 47(1): 119—140.

第8章　钢管煤矸石混凝土框架结构的抗震性能研究

8.1　引　　言

大量的震害使人们意识到，结构的抗震设计已成为结构设计中的一个关键问题。如何改善结构的抗震性能、减轻结构在地震过程中的破坏、减少地震造成的人员伤亡和经济损失越来越受到结构工程领域的重视。而对于当今社会，环境保护又是另一个引人关注的问题，未来的社会是倡导环境、资源可持续发展的社会。钢管煤矸石混凝土作为一种新型的绿色结构体系也受到国内外学者的重视。然而，对其进行抗震设计，若采用弹性分析法固然简便，但忽略了结构的非线性特征，无法描述结构在大震情况下各构件进入弹塑性状态的内力和变形状态。结构的非线性分析目前有两种方法，即静力弹塑性方法和非线性动力方法。静力弹塑性方法可以考虑结构在进入塑性阶段后内力重分布的现象，但其仅可以对以第一振型为主的结构做出正确的性能评估。非线性动力方法可以得到结构各质点的位移、内力等随时间的变化情况，但其对地震波的依赖性很强，计算时间长。因此，为了更好地对钢管煤矸石混凝土框架结构进行抗震性能的评价，本章在钢管混凝土统一理论基础上，建立结构的静力弹塑性分析和非线性动力分析的计算模型，利用有限元分析软件SAP2000和OpenSees对十层钢管煤矸石混凝土框架结构进行静力弹塑性和非线性动力分析，并考虑在小震、中震和大震下不同侧向力加载方式和不同地震波作用对钢管煤矸石混凝土框架体系抗震性能的影响，综合基底剪力-顶点位移曲线、结构侧向变形、结构加速度反应时程曲线和塑性铰发展情况，对钢管煤矸石混凝土框架进行抗震性能评估；同时，针对静力弹塑性和非线性动力方法的特点，比较两种方法下钢管煤矸石混凝土框架结构抗震性能的差异。

8.2　钢管混凝土框架结构抗震性能的发展现状

Matsui (1985) 对单层的方钢管混凝土框架进行了拟静力试验，试验得到了饱满的框架滞回曲线，没有明显的刚度退化现象，证明钢管混凝土结构是利于抗震的结构形式。Kawaguchi 等(1993)对单层的方钢管混凝土门式框架进行了拟静力试验，得到的 D_s值只是钢结构的一半左右，D_s值为结构特征系数。日本规范中指出：结构的特征系数越小表明抗震性能越好，试验说明方钢管混凝土框架抗震性能优于钢框架。

1998 年哈尔滨建筑工程学院对单跨单层钢管混凝土框架进行了动力性能试验研究，试验设计了 6 榀圆钢管混凝土柱-工字钢梁框架和 2 榀圆钢管混凝土柱-方钢管梁框架，共 8 榀框架。试验参数为柱的轴压比和长细比，轴压比为 0.24～0.83，长细比为 34～69。从试验结果可以看出，破坏时的钢管混凝土单层框架梁端和柱脚均有塑性铰出现，柱子为压弯破坏；试验得到了饱满的构件滞回曲线，刚度退化缓慢；随着柱的长细比、轴压比的增大，耗能比也增大(钟善桐等，2002；张文福，2000；马万福，1998)。

林东欣等(2000)对两层圆钢管混凝土框架进行拟动力反应试验，分析了框架的位移反应、加速度反应和滞回曲线。试验中采用的地震波为广州波(0.33g，g=9.8m/s^2)、El Centro 波(0.28g)、San Francisco 波(0.32g)和天津波(0.38g)，用 12 个加速度传感器，每层沿 x 方向和 y 方向各布置一个。另在二层的中柱、边柱、角柱各布置 6 个加速度传感器测量角位移。用 6 个位移传感器，在第一、三、顶层沿 x 方向和 y 方向布置。在钢管混凝土框架节点处布置一定数量的应变片，观察节点处的塑性变形情况，同时对模型开裂情况进行观测，记录开裂部位、裂缝走向、裂缝宽度等。试验结果反映了该模型在地震波作用下的受力特点和变形特点，说明该框架延性好、耗能强、无明显刚度退化现象，整体抗震性能良好。

黄襄云和周福霖(2000)对五层 2 开间的钢管混凝土组合框架结构和钢筋混凝土框架结构进行了地震模拟试验并进行对比。通过振动台试验和理论分析，对钢管混凝土结构体系的动力特征、不同地震波下结构的位移反应和加速反应进行对比分析。模型在小震后刚度没有改变，经中震和大震以后，频率稍有降低，模型基本没有损坏。不同地震波的不同谱频成分对结构的加速度反应影响较大。

李斌等(2002)对 2 榀具有同一外形尺寸和用料的钢管混凝土框架进行了低周往复荷载作用下的试验，试验得到了该类型结构的变形特点、破坏形态、荷载-位移曲线、结构耗能比，分析了钢管混凝土框架的受力特点和抗震性能。试件模型采用钢管混凝土柱和 I14 钢梁组成的框架，柱为 ϕ219mm×8mm 的无缝钢管。钢管内填 C30 混凝土。试验表明，框架最终因梁端形成塑性铰，使承载力不能继续增大而破坏，其滞回曲线饱满，说明钢管混凝土框架具有很好的耗能能力。

8.3 钢管煤矸石混凝土框架非线性分析模型的建立

8.3.1 模型设计

本节以十层钢管煤矸石混凝土框架结构为研究对象，分别采用 SAP2000 和 OpenSees 软件对钢管煤矸石混凝土框架进行静力弹塑性分析和非线性动力分析。

框架采用钢管煤矸石混凝土柱和钢梁，柱采用 500mm×20mm 圆钢管内填 LC30 级煤矸石混凝土，梁截面尺寸为 350mm×150mm×8mm×10mm，钢材均采用 Q235 级钢，楼板厚度 120mm，混凝土强度等级为 C30，层高 3m。平面布置如图 8.1 所示。

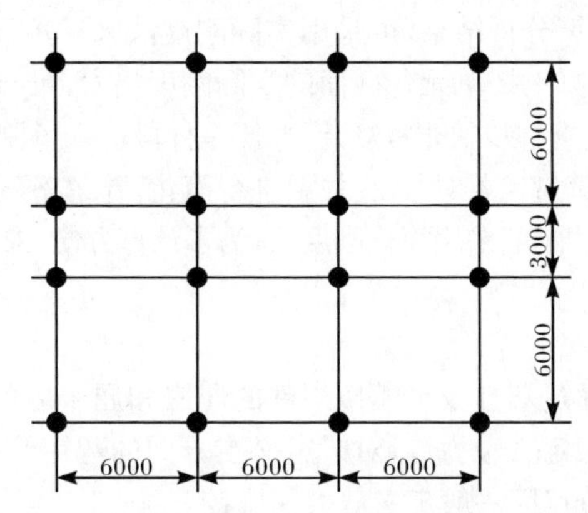

图 8.1　钢管煤矸石混凝土框架平面布置图(单位:mm)

模型的场地类别为Ⅲ类，设计地震分组为第一组，设计场地特征周期为 0.45s，抗震设防烈度为 8 度，阻尼比为 0.05。本节进行非线性分析时，考虑了梁、柱和楼板，梁、柱用框架单元模拟，楼板用膜单元模拟。

8.3.2　材料的本构关系模型

1. 煤矸石混凝土的本构关系模型

本节选用吉伯海在对 50 多根钢管轻集料混凝土轴压短柱的试验基础上，对韩林海提出的核心普通混凝土的应力 σ-应变 ε 关系进行了修正，得到核心轻集料混凝土的应力 σ-应变 ε 关系(吉伯海等，2006)。

2. 钢材的本构关系模型

本节采用钢材简化的三折线模型，对于高强钢材，一般采用双线性模型，即只考虑弹性段和强化段，弹性段的弹性模量为 E_s，强化段的模量可取为 $0.01E_s$。

3. 恢复力模型

杆系模型中恢复力模型常取弯矩-曲率形式，其中较有代表性的有双线型、刚度退化三线型及 Park 模型等。在求解框架结构杆单元的非线性刚度变化的分析中，又可以分为比较简单的简化刚度法和比较复杂的实际刚度法。简化刚度法是指对每根杆件的刚度都给以一定的模式，在杆端塑性铰出现以前，杆件的截面刚度为常数，当弯矩到达屈服弯矩 M_y时，刚度立刻降低进入另一常数。

然而在实际结构中，塑性铰不一定都出现在杆端，一些梁的塑性铰会产生在 1/3 跨的集中荷载作用部位。为了得到不同受力-变形情况下的杆单元矩阵及相对精确的框架结构计算分析结果，可采用实际刚度法来求单元的刚度。实际刚度法是从框架的钢筋混凝土杆单元各截面的实际刚度出发，推导各杆单元刚度矩阵。但是，采用实际刚度法求解步骤非常复杂，即便是杆段进入负刚度以前，求各杆段的刚度也需要占很大计算量。若对 M-ϕ 关系进行简化，并忽略下降段，则框架结构非线性分析将极大简化。本节采用简化刚度法，为了计算方便，采用双分量模型。

4. 塑性铰的定义

对于框架单元，通过塑性铰来模拟构件的屈服和屈服后的行为。根据杆件的受力特点，一般对桁架定义轴力铰；对梁定义主方向的弯矩铰和剪力铰；对柱一般定义 PMM 相关铰；节点区一般定义剪力屈服铰。

塑性铰的力-位移曲线是每一自由度给出屈服值和屈服后塑性变形的力-位移(弯矩-转角)曲线。如图 8.2 所示，即弹性段(AB)、强化段(BC)、卸载段(CD)、塑性段(DE)。在 A 和 B 间铰内没有发生变形，铰屈服之前被假定为刚性的，框架单元内无塑性变形发生。B 点代表铰的屈服，当铰到达 C 点时，开始失去承载力。点 IO 表示“直接使用”，LS 表示“生命安全”，CP 表示“防止倒塌”。Pushover 分析后，应查看当结构位移至其性能点时各铰的变形量，进而判断结构是否满足指定地震荷载作用下结构期望的能力目标。

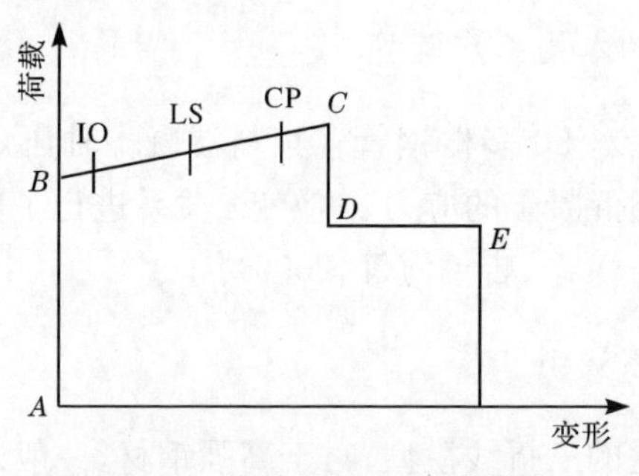

图 8.2 塑性铰的力-位移曲线

5. 地面加速度记录的选取

根据地震波的选取原则，选取地震波时地震加速度考虑三种地震灾害水准，为多遇烈度水准、基本设计烈度水准、罕遇烈度水准。本节模型为Ⅲ类场地，特征周期为 0.45s。选择两条地震波分别为：1987 年 10 月 1 日发生在美国加利福尼亚维特尔地区的 EMC_FAIRVIEW AVE(简称 EMC)以及 1994 年 1 月 17 日发生在美国洛杉矶的 CPC_TOPANGA CANYON(简称 CPC)。人工波选择Ⅲ类场地的兰州波。三种地震波信息见表 8.1。三种地震波时程曲线如图 8.3 所示。

表 8.1　地震波加速度峰值调整

地震波	加速度峰值/(cm/s^2)	调整系数		
		多遇烈度水准	基本设计烈度水准	罕遇烈度水准
兰州波	187.400	0.374	1.067	2.134
EMC	130.397	0.256	1.534	3.068
CPC	380.980	0.184	0.525	1.050

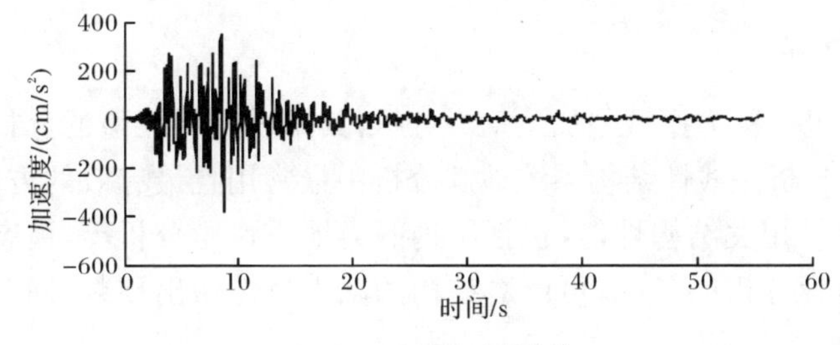

(a) CPC 地震波时程曲线

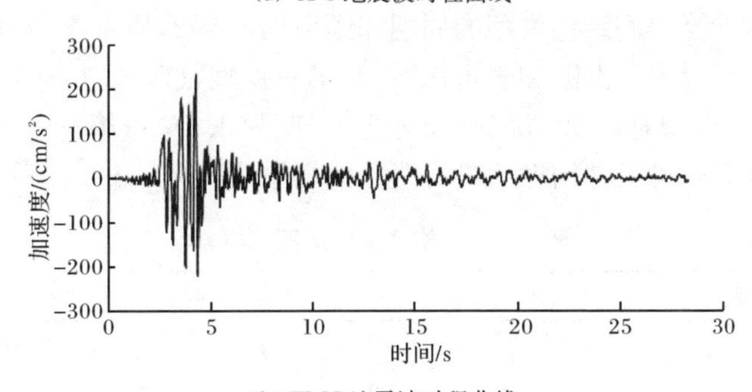

(b) EMC 地震波时程曲线

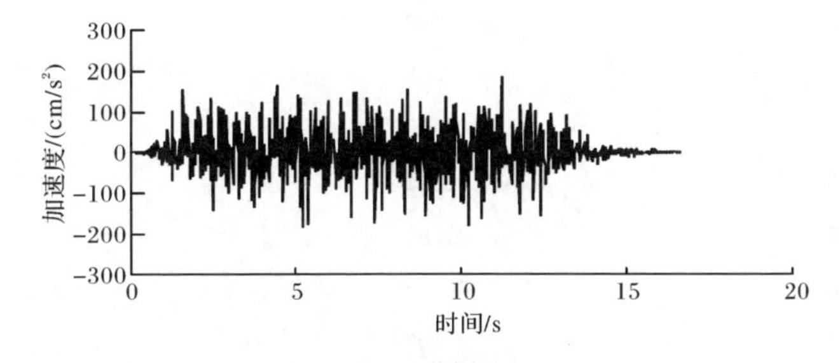

(c) 兰州波时程曲线

图 8.3　三种不同地震波的时程曲线

8.4 钢管煤矸石混凝土框架 Pushover 分析

8.4.1 概述

本节将采用 SAP2000 和 OpenSees 两种软件对 8.3 节建立的模型进行 Pushover 分析。分析时采用两种侧向力分布模式,即振型分布和加速度荷载分布,分别计算多遇地震烈度水准、设计地震烈度水准和罕遇地震烈度水准下的基底剪力-顶点位移曲线、层间位移及塑性铰的出现情况并评价模型的抗震性能。

8.4.2 模态分析

模态分析也被称为振型叠加法动力分析,其本质是特征值的分析和特征向量的提取。模态分析是线性结构系统地震分析中最常用且最有效的方法,为结构相关静力分析提供相关结构性能,包括结构静力地震作用分析等,模态分析还是反应谱分析和时程分析的基础,可以对结构的动力特性做出预判,同时可验证结构模型的合理性。

SAP2000 计算得到结构模型的周期和频率见表 8.2,质量参与系数见表 8.3,振型图如图 8.4 所示。由图和表可以看出,第一振型是以 X 方向平动为主,周期为 1.651s;第二振型是以 Y 方向平动为主,周期为 1.453s;第三振型是以扭转为主,周期为 1.092s,可见结构振型具有明显的规律性。

表 8.2 结构模型的周期和频率

振型	周期/s	频率
1	1.651	0.606
2	1.453	0.688
3	1.092	0.916
4	0.506	1.976
5	0.453	2.209
6	0.351	2.850
7	0.265	3.780
8	0.242	4.124
9	0.197	5.078
10	0.162	6.189
11	0.152	6.591
12	0.129	7.756

表 8.3　质量参与系数

振型	X方向平动	Y方向平动	扭转
1	0.77706	0	0.21124
2	0	0.78484	0.30723
3	0	0	0.26926
4	0.10385	0	0.02823
5	0	0.10160	0.03977
6	0	0	0.03255
7	0.04534	0	0.01232
8	0	0	0.01689
9	0	0	0.01321
10	0.02646	0	0.00719
11	0	0.02513	0.00984
12	0	0	0.00759

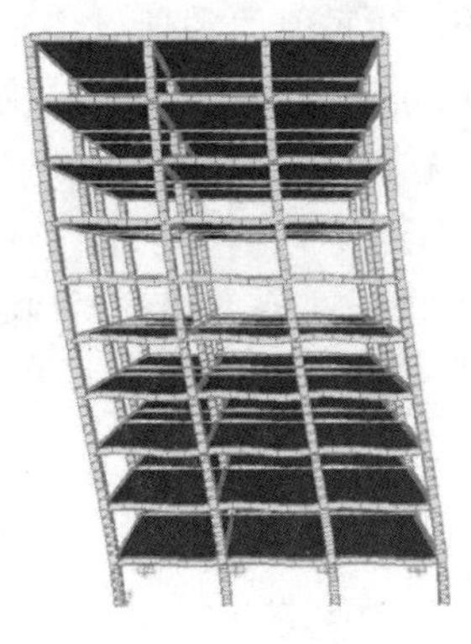
(a) 第一振型

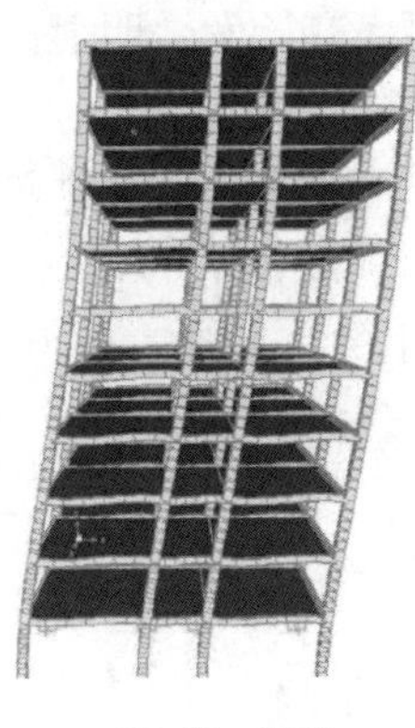
(b) 第二振型

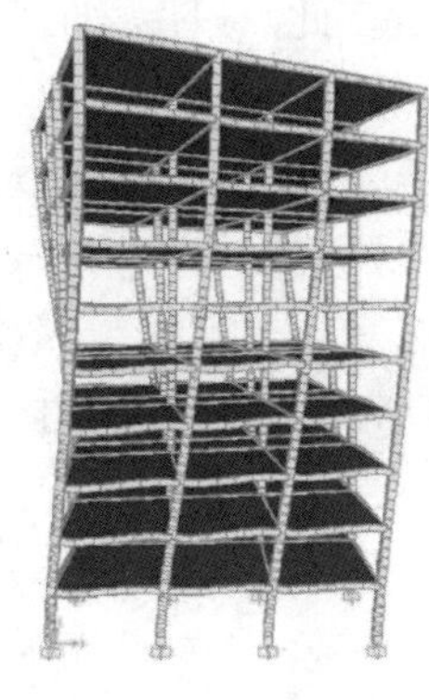
(c) 第三振型

图 8.4　结构振型图

8.4.3　SAP2000 中框架模型 Pushover 分析

用有限元分析软件 SAP2000 对 8.3 节所述的钢管煤矸石混凝土框架结构模型进行 Pushover 分析，用 SAP2000 建立的三维分析模型如图 8.5 所示。

1. 基底剪力-顶点位移曲线

通过 Pushover 分析，得到各个结构模型的基底剪力-顶点位移曲线，如图 8.6 所示，从而对结构模型进行抗震性能评估。由基底剪力-顶点位移曲线可以计算

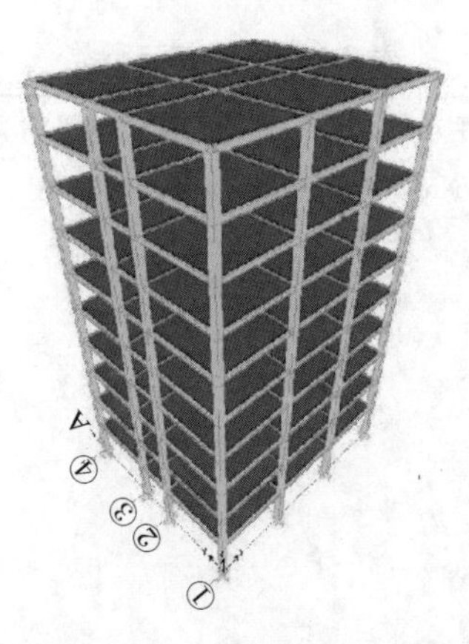

图 8.5　SAP2000 中的三维分析模型

出，在振型加载模式时，当基底剪力为 2344.28kN、顶点位移为 0.175m 时，模型开始进入弹塑性阶段；在加速度加载模式时，当基底剪力为 2944.70kN、顶点位移为 0.164m 时，模型开始进入弹塑性阶段。在此两点以前，基底剪力-顶点位移的斜率为常数，在此点以后，曲线的斜率开始发生明显的变化，基底剪力和顶点位移不再呈线性关系，则认为结构模型进入弹塑性阶段。两种侧向力加载模式对结构顶点位移-基底剪力的影响较大。在弹性阶段，两种侧向力分布模式对结构刚度影响较小，但进入弹塑性阶段后，两种侧向力分布模式对结构刚度的影响较大。在位移相同时，加速度加载模式计算出的模型基底剪力较大，在基底剪力相同时，振型分布模式计算出的顶点位移较大。

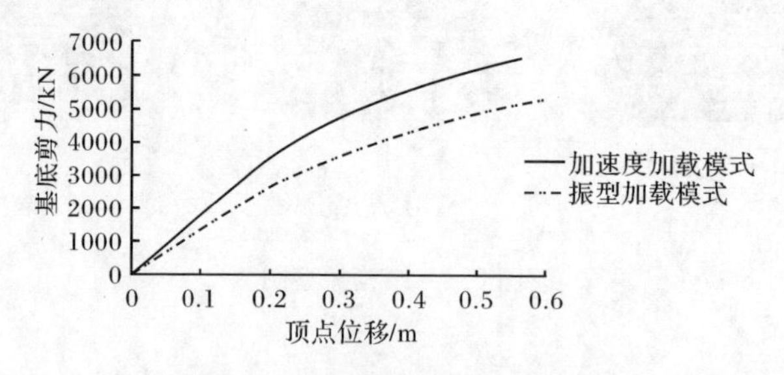

图 8.6　基底剪力-顶点位移曲线

2. 结构的性能分析

通过对结构模型进行 Pushover 分析，得到多遇地震烈度水准、基本设计地震烈度水准和罕遇地震烈度水准下的能力谱曲线和需求谱曲线的交点，即性能点，如图 8.7 所示。进一步计算出 8 度多遇地震烈度水准、设计地震烈度水准和罕遇地震烈度水准的 C_A 和 C_V 值。通过调整在 SAP2000 中的 C_A 和 C_V 值，得到结构性能点各参数，见表 8.4。

在 8 度多遇地震烈度水准时：$\alpha_{\max} = 0.16$，$C_A = 0.063$，$C_V = 0.071$；

在 8 度设计地震烈度水准时：$\alpha_{\max} = 0.45$，$C_A = 0.178$，$C_V = 0.200$；

在 8 度罕遇地震烈度水准时：$\alpha_{\max} = 0.90$，$C_A = 0.356$，$C_V = 0.401$。

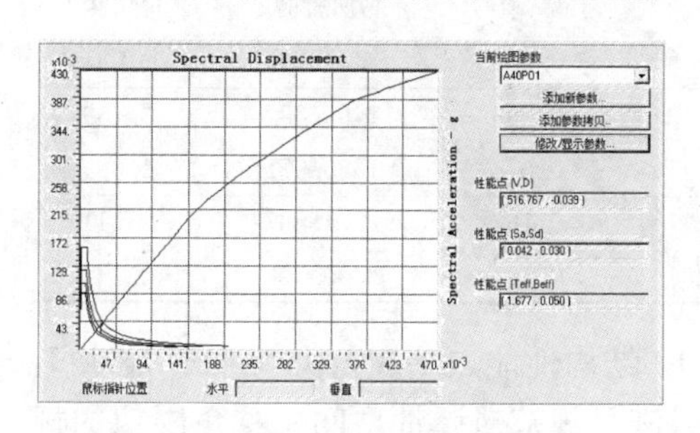

(a) 多遇地震烈度振型模式

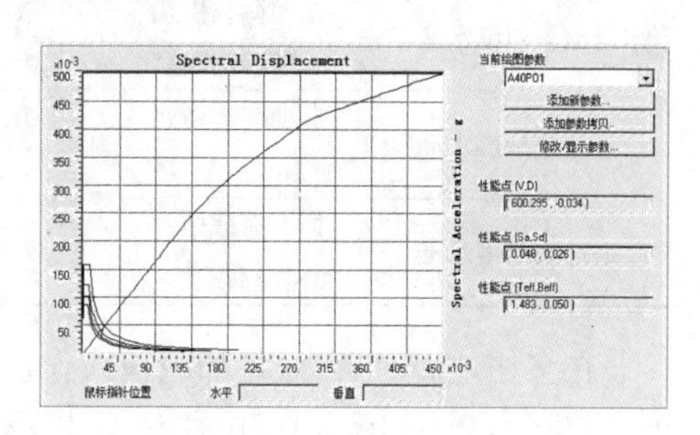

(b) 多遇地震烈度加速度模式

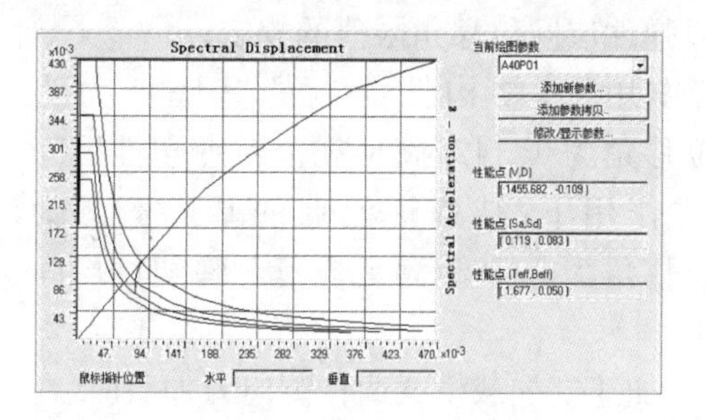

(c) 设计地震烈度振型模式

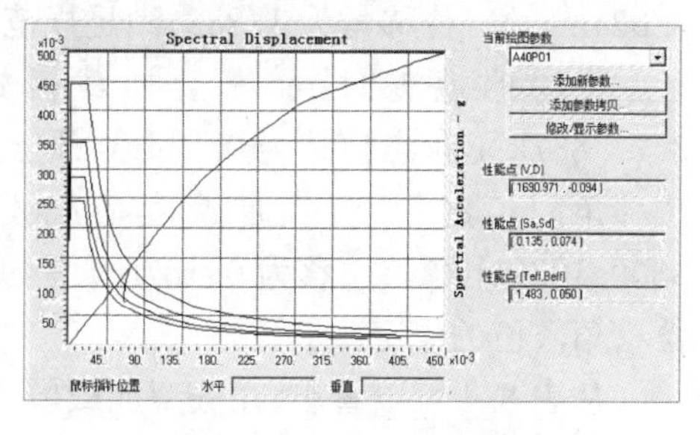

(d) 设计地震烈度加速度模式

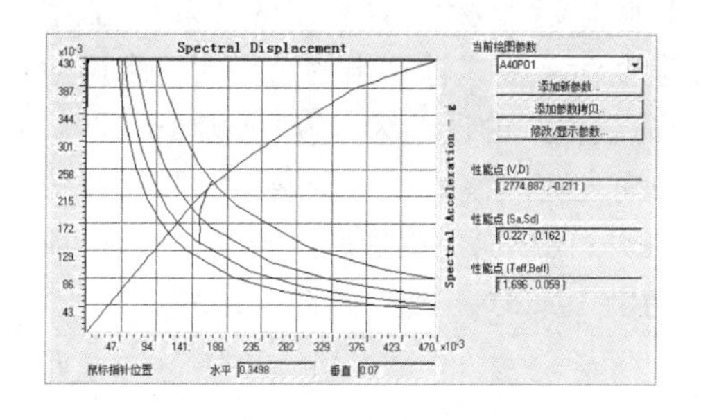

(e) 罕遇地震烈度振型模式

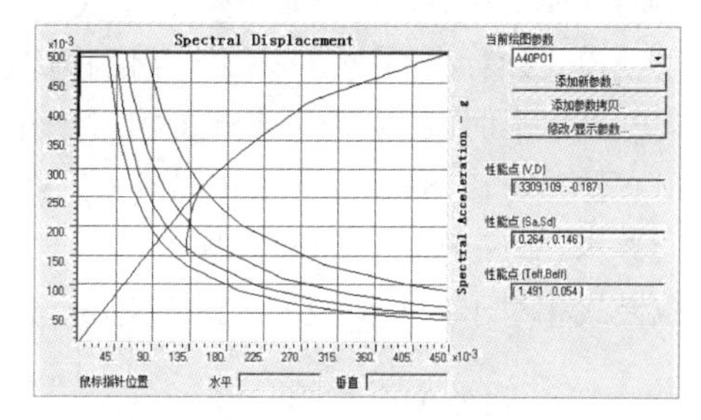

(f) 罕遇地震烈度加速度模式

图 8.7　不同地震烈度水准和侧向力加载模式下性能点图

表 8.4 SAP2000 中不同地震烈度水准和不同侧向力加载模式下结构性能点参数

地震烈度水准	侧向力加载模式	谱加速度 $S_a/(\mathrm{m/s^2})$	谱位移 S_d/m	基底剪力 V/kN	顶点位移 D/m
多遇地震烈度水准	振型荷载模式	0.042	0.030	516.767	0.039
	加速度荷载模式	0.048	0.026	600.295	0.034
设计地震烈度水准	振型荷载模式	0.119	0.083	1455.682	0.109
	加速度荷载模式	0.135	0.074	1690.971	0.094
罕遇地震烈度水准	振型荷载模式	0.227	0.162	2774.887	0.211
	加速度荷载模式	0.264	0.146	3309.109	0.187

在多遇地震时，在振型加载模式作用下，结构性能点基底剪力为516.767kN，顶点位移为0.039m，顶点位移角为1/796，满足规范对弹性层间位移角限值的规定；在加速度荷载模式作用下，结构性能点的基底剪力为600.295kN，顶点位移为0.034m，顶点位移角为1/882，满足规范对弹性层间位移角限值的规定。

在罕遇地震时，在振型加载模式作用下，结构性能点的基底剪力为2774.887kN，顶点位移为0.211m，顶点位移角为1/142，满足规范对弹塑性层间位移角限值的规定；在加速度荷载模式作用下，结构性能点的基底剪力为3309.109kN，顶点位移为0.187m，顶点位移角为1/160，满足规范对弹塑性层间位移角限值的规定。

从表8.4可以看出，在振型加载模式和加速度加载模式两种侧向力加载时，在同一种地震烈度水准时，性能点的各个参数有所不同。在三种地震烈度水准时，振型荷载模式计算出的谱加速度和基底剪力比加速度荷载模式计算出的结果小，振型荷载模式计算出的谱位移和顶点位移比加速度荷载模式计算出的结果大。多遇地震烈度水准时，加速度荷载模式相对于振型荷载模式的误差为：基底剪力16.16%、顶点位移−12.82%；设计地震烈度水准时加速度荷载模式相对于振型荷载模式的误差为：基底剪力16.16%、顶点位移−13.76%；在罕遇地震烈度水准时，加速度荷载模式相对于振型荷载模式的误差为：基底剪力19.25%、顶点位移−11.37%。

3. 结构的侧向变形分析

根据工程实例、震害情况和规范的规定，结构的侧向变形是衡量结构变形能力的一个标准，从而可以判别结构能否满足功能要求。通过Pushover分析，得到结构模型在不同侧向力作用下的三种地震灾害水准时的侧向变形。多遇地震烈度水准、设计地震烈度水准和罕遇地震烈度水准下在不同侧向力分布模式下的侧向变形对比图，包括层位移图和层间位移图，如图8.8～图8.13所示。

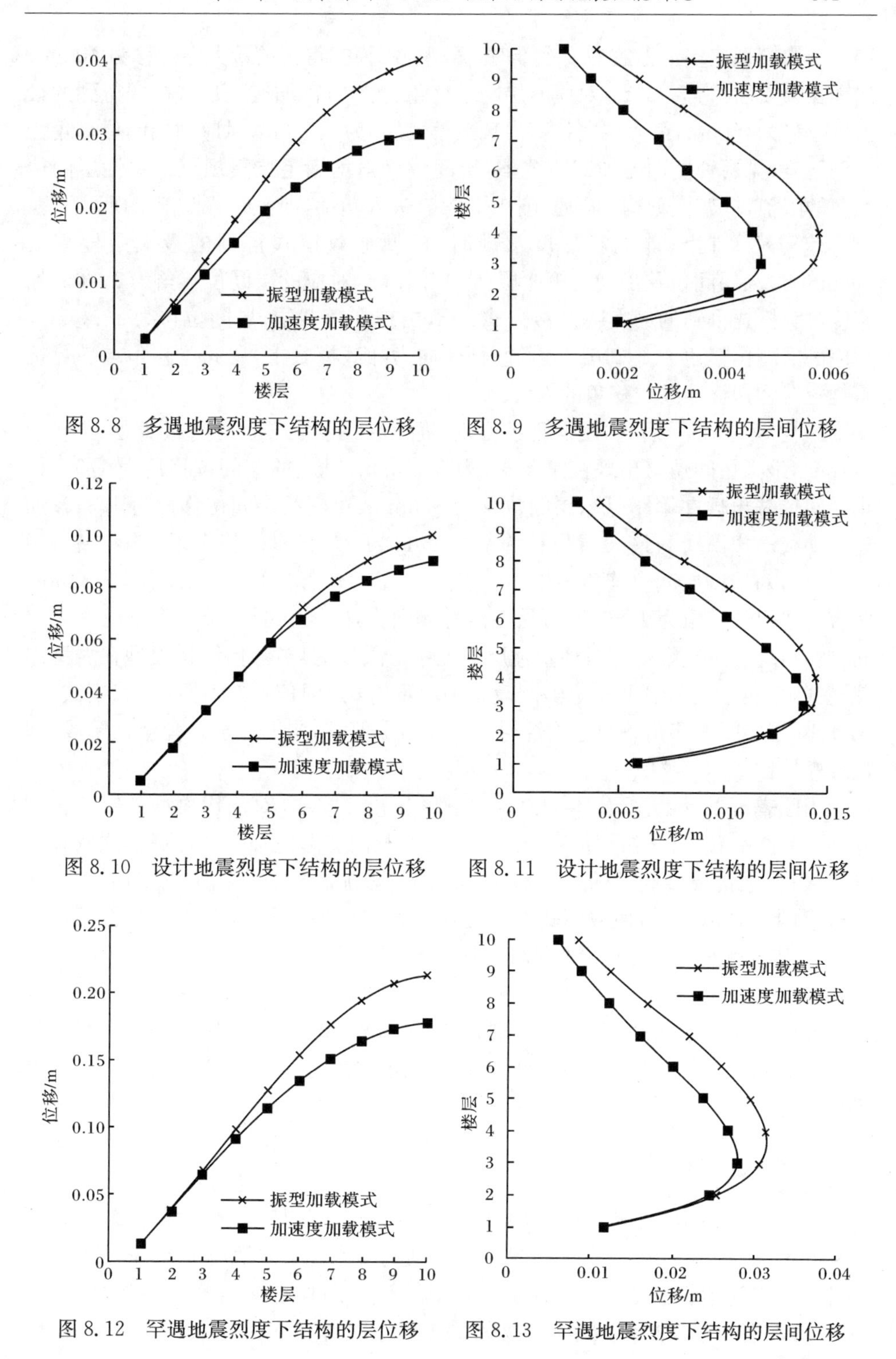

图 8.8　多遇地震烈度下结构的层位移

图 8.9　多遇地震烈度下结构的层间位移

图 8.10　设计地震烈度下结构的层位移

图 8.11　设计地震烈度下结构的层间位移

图 8.12　罕遇地震烈度下结构的层位移

图 8.13　罕遇地震烈度下结构的层间位移

结构模型在多遇地震烈度水准时，振型加载模式得到的最大层位移为40mm，出现在第4层，为5.8mm，对应的层间位移角为1/517；加速度加载模式得到的最大层位移为30mm，最大层间位移出现在第3层，为4.7mm，对应的层间位移角为1/638。可见两种侧向力加载模式下，层间位移角均满足抗震规范对弹性层间位移角的限值，框架模型均在弹性范围内，没有进入塑性，即没有塑性铰出现。

结构模型在设计地震烈度水准时，振型加载模式得到的最大层位移为100mm，最大层间位移出现在第4层，为14.4mm，对应的层间位移角为1/208；加速度加载模式得到的最大层位移为90mm，出现在第3层，层间位移为13.9mm，对应的层间位移角为1/216。可见两种侧向力加载模式下，层间位移角均满足抗震规范对弹塑性层间位移角的限值。

结构模型在罕遇地震烈度水准时，振型加载模式得到的最大层位移为214mm，最大层间位移出现在第4层，为31.5mm，对应的层间位移角为1/95，最小层间位移出现在第10层，层间位移为8.6mm，对应的层间位移角为1/349；加速度加载模式得到的最大层位移为178.5mm，最大层间位移出现在第3层，为27.8mm，对应的层间位移角为1/107，最小的层间位移出现在第10层，为6mm，对应的层间位移角为1/500。可见在两种侧向力加载模式下，结构模型的最大层间位移角均满足抗震规范对弹塑性层间位移角限值的规定，但结构模型在振型加载模式下，第10层层间位移角小于弹性层间位移角限值，在加速度加载模式下，第9、10层层间位移角均小于弹性层间位移角限值，结构模型进入弹塑性阶段，即出现塑性铰。

由图表可以看出：①总体来说，两种侧向力加载模式对结构模型的层位移和层间位移影响较大；②振型加载模式计算出的侧向变形比加速度加载模式的计算结果大；③结构模型底层的层位移在不同侧向力加载模式作用下相差很小，但随着楼层的增大，侧向力加载模式对层位移的影响越来越大；④结构模型在不同侧向力作用下和不同地震烈度作用下，中下部的变形均比较大，即第3、4、5层层间位移较大，层间位移向上下层逐渐减小，呈有规则变化，曲线光滑无突变；⑤结构模型在两种侧向力加载模式下，多遇地震烈度水准时皆满足弹性层间位移角限值，罕遇地震烈度时皆满足弹塑性层间位移角限值，说明钢管煤矸石混凝土具有良好的变形能力，抗震性能良好。

4. 塑性铰分析

各结构模型均是在顶点处以结构总高度的1/50，即0.6m为监控位移进行Pushover分析，最小保存步数为60步。各结构模型在罕遇地震下均出现塑性铰，即体系进入弹塑性状态。图8.14为各个模型中间榀框架塑性铰发展的分布，图8.15为各个模型边框架塑性铰发展的分布。图中铰的发展程度见下方图例。

图例中 A～E 的含义见 8.3 节所述。

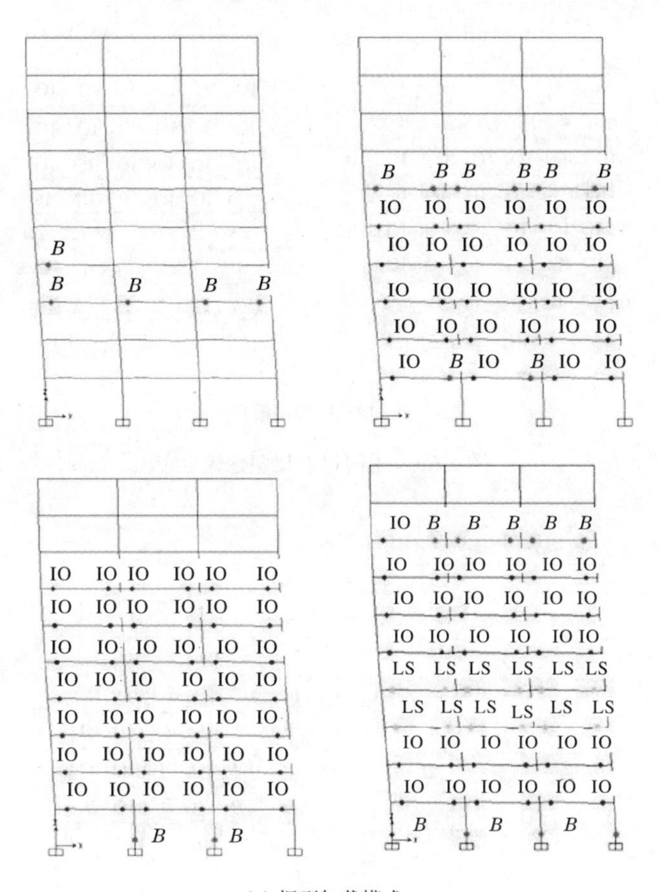

(a) 振型加载模式

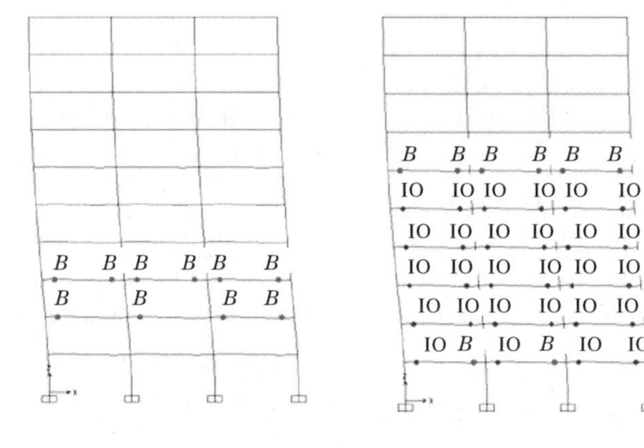

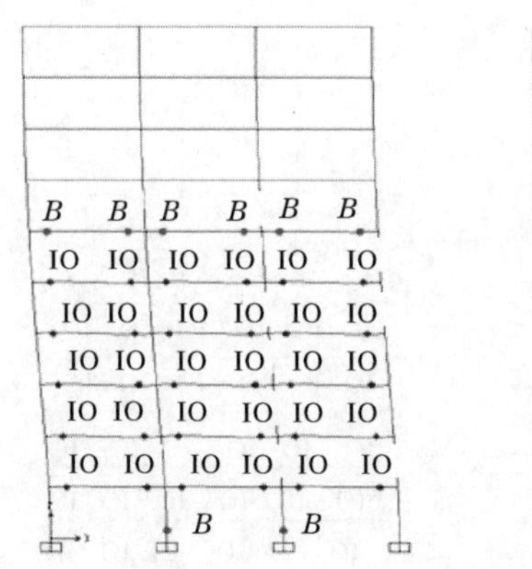

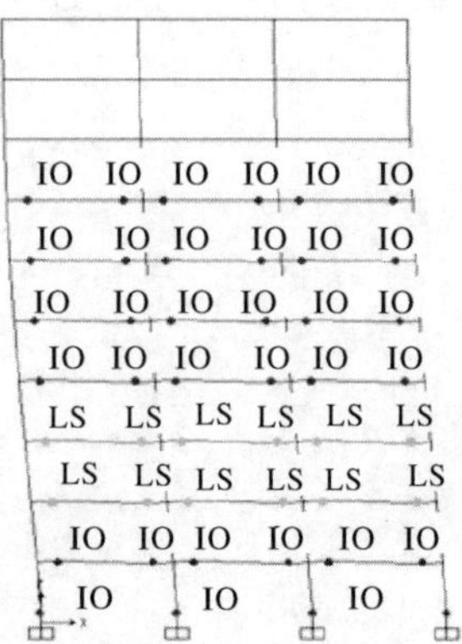

(b) 加速度加载模式

图 8.14　中间榀框架塑性铰分布

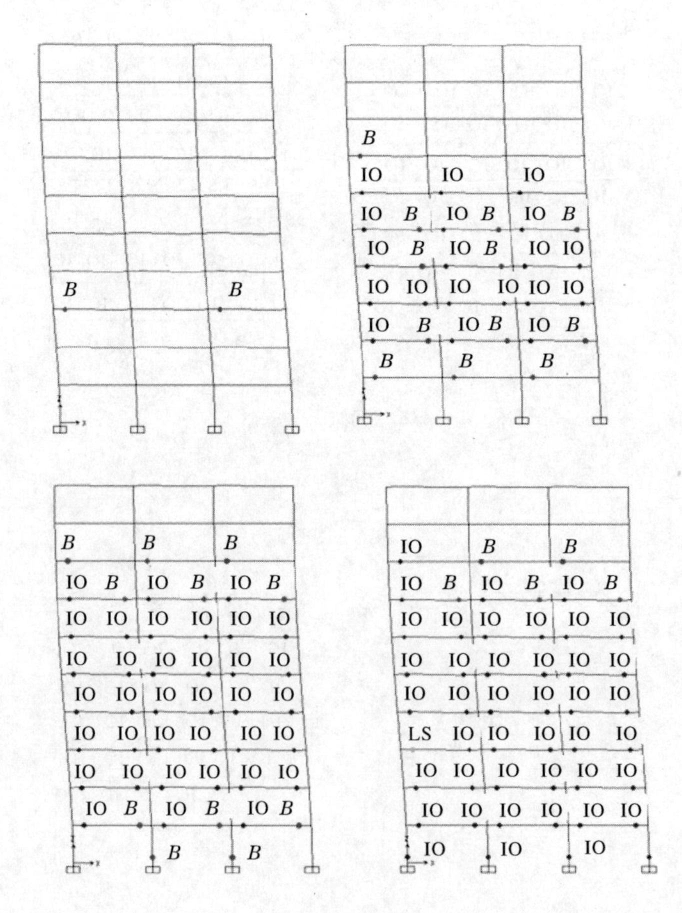

(a) 振型加载模式

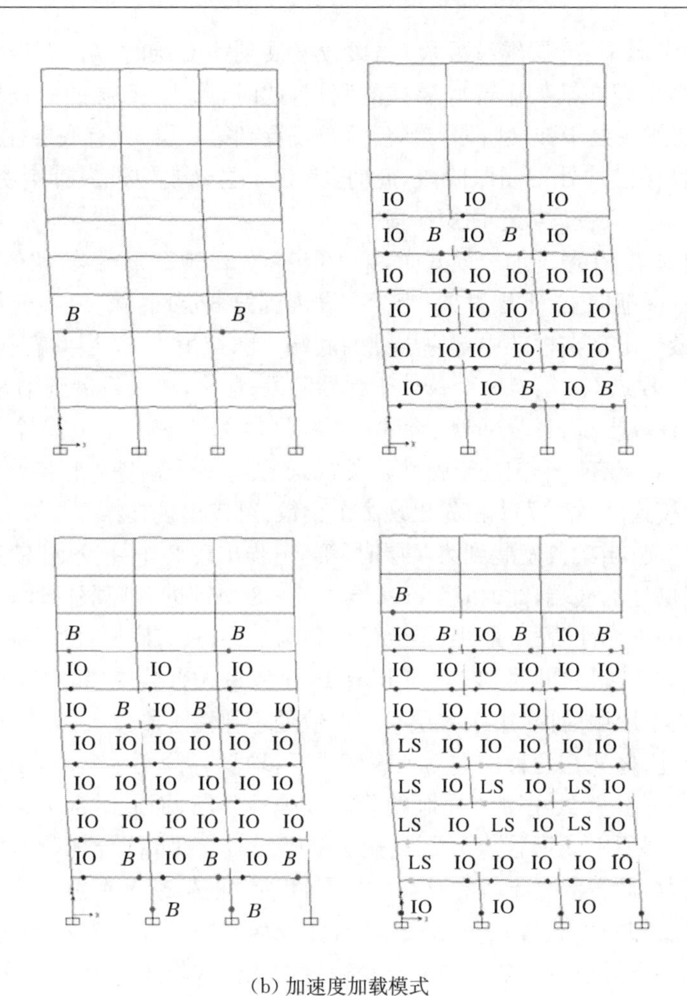

(b) 加速度加载模式

图 8.15　边框架塑性铰发展分布

对于中间榀框架，在振型加载模式时，第 20 步首先出现 5 个梁铰，梁铰出现在第 3、4 层，然后梁铰逐渐向上、下层发展；当梁铰发展到第 7 层时，在第 41 步开始出现 2 个柱铰，柱铰最早出现在框架中部底层柱的底端，此时，第 1～7 层共 42 个梁铰均进入屈服阶段；最终梁铰发展到第 8 层，只有底层柱底端有 4 个柱铰出现，其中，底层柱铰有一个处于屈服阶段，其余各柱铰处于弹性阶段，此时，第 3、4 层梁铰处于直接使用阶段，第 1、2、5、6、7、8 层共有 31 个铰处于屈服阶段，第 8 层有 5 个铰处于弹性阶段。在加速度加载模式时，第 19 步首先出现 10 个梁铰，梁铰出现在第 2、3 层，其中，3 层梁端均出现两个塑性铰，而 2 层梁端均出现一个塑性铰，然后梁铰逐渐向上、下层继续发展；当梁铰发展到第 6 层时，第 31 步出现 2 个柱铰，柱铰最早出现在框架中部底层柱的底端，此时，第 1～5 层的梁铰均进入屈服阶段，第 6 层梁铰处于弹性阶段；最终，梁铰发展到第 7 层，只有底层柱底端有 4 个柱铰出现，且柱铰均处于屈服阶段，此时，第 2、3 层梁铰均进入直接使用阶段，而第 1、4、5、6、7 层梁铰均处于屈服阶段。

对于边框架，在振型加载模式时，第 18 步首先出现 2 个梁铰，梁铰出现在第 3 层，然后梁铰逐渐向上、下层发展；当梁铰发展到第 8 层时，第 40 步开始出现 2 个柱铰，柱铰最早出现在框架中部底层柱的底端，此时，第 1～7 层共有 36 个梁铰进入屈服阶段，第 1、7、8 层有 9 个铰处于弹性阶段；最终，梁铰发展到第 8 层，只有底层柱底端有柱铰出现，且全部处于屈服阶段，此时，第 1～8 层有 39 个梁铰进入屈服阶段，第 7、8 层有 5 个铰处于弹性阶段，第 3 层有一个铰进入直接使用阶段。在加速度加载模式时，第 17 步首先出现 2 个梁铰，梁铰出现在第 3 层，然后梁铰逐渐向上、下层发展；当梁铰发展到第 7 层时，第 31 步出现 2 个柱铰，柱铰最早出现在框架中部底层柱的底端，此时，第 1～6 层共有 28 个铰进入屈服阶段，第 1、5、7 层共有 7 个铰处于弹性阶段；最终，梁铰发展到第 8 层，只有底层柱底端有柱铰出现，且全部处于屈服阶段，此时，第 1～4 层有 10 个铰进入直接使用阶段，第 1～7 层共有 29 个铰处于屈服阶段，第 7、8 层有 4 个铰处于弹性阶段。

综上所述，框架在两种侧向力加载模式下，均没有铰发生破坏，虽然底层柱有柱铰出现，但是柱铰处于刚刚屈服的阶段或弹性阶段，而此时部分梁铰已经进入直接使用阶段，所以该钢管煤矸石混凝土框架设计合理，符合规范对“强柱弱梁”的规定，钢管煤矸石混凝土具有良好的抗震性能。框架模型在振型荷载模式作用下比在加速度加载模式作用下出现梁铰、柱铰均较晚。在最终状态，模型在振型荷载模式作用下梁铰发展的个数多于加速度加载模式作用下发展梁铰的个数。

8.4.4 OpenSees 中框架模型 Pushover 分析

在 OpenSees 平台上选择 *XZ* 平面建立二维分析模型。为了同 OpenSees 中的 Pushover 分析结果做对比，也在 SAP2000 中建立与 OpenSees 相同的二维框架模型。

1. 基底剪力-顶点位移曲线

用 OpenSees 和 SAP2000 进行 Pushover 分析时仍采用两种侧向力加载模式，即振型荷载模式和加速度荷载模式，结构在 Pushover 分析后得到的基底剪力-顶点位移如图 8.16 所示。

由图可以看出，结构由弹性阶段进入弹塑性阶段。OpenSees 的计算结果为：在振型加载模式时，当基底剪力为 426.65kN、顶点位移为 0.174m 时，模型开始进入弹塑性阶段；在加速度加载模式时，当基底剪力为570.11kN、顶点位移为0.171m时，模型开始进入弹塑性阶段，在此两点以前，基底剪力-顶点位移曲线的斜率为常数，在此两点以后，曲线斜率开始发生明显的变化，基底剪力和顶点位移不再呈线性关系，则认为结构模型进入弹塑性阶段。SAP2000的计算结果为：在振型加载时，当基底剪力为408.11kN、顶点位移为0.185m时，模型开始进入弹塑性阶段；在加速度加载模式时，当基底剪力为562.11kN、顶点位移为0.174m时，模型开始进入弹塑性阶段，在此两点以前，基底剪力-顶点位移曲线的斜率为常数，在此两点以后，曲线斜率开始发生明显的变化，基底剪力和顶点位移不再呈线性关系，则认为结构模型进入弹塑性阶段。

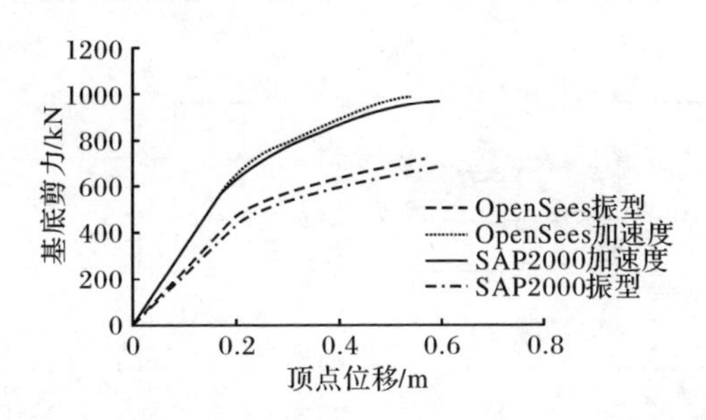

图8.16　基底剪力-顶点位移曲线

通过图8.16还可以看出，在弹性阶段，两种侧向力分布模式对结构刚度影响较小，但进入弹塑性阶段后，两种侧向力分布模式对结构刚度的影响较大。在位移相同时，加速度加载模式计算出的模型基底剪力较大；在基底剪力相同时，振型分布模式计算出的顶点位移较大。两种软件计算出的结果吻合较好，模型进入弹塑性时，OpenSees计算出的基底剪力和顶点位移值相对于SAP2000计算结果的误差分别为：振型加载模式时，基底剪力4.5%，顶点位移−5.9%；加速度加载模式时，基底剪力1.4%，顶点位移−1.7%。

2. 结构性能分析

通过Pushover分析得到结构模型在Ⅲ类场地、8度罕遇地震作用下的能力谱分析结果，得出两种侧向力加载模式下能力谱曲线与需求谱曲线的交点，即性能点，结构模型的性能曲线如图8.17所示，性能点各参数数值见表8.5。

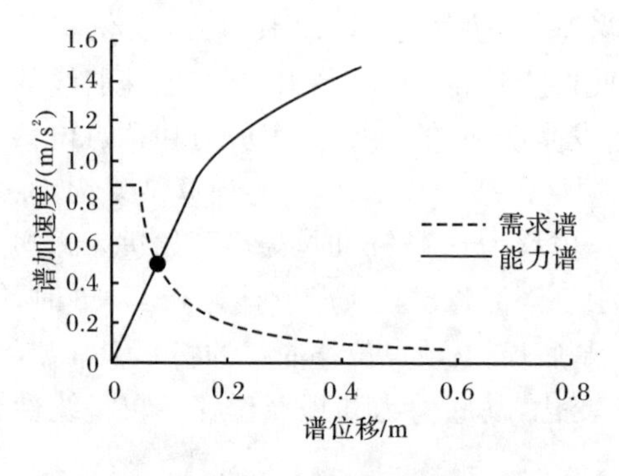

(a) OpenSees 振型加载模式

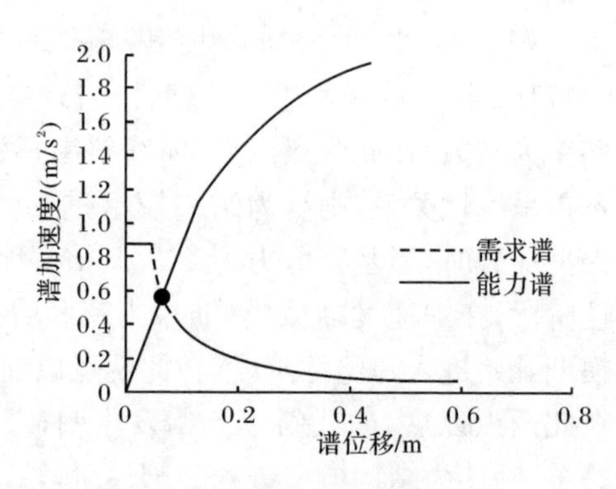

(b) OpenSees 加速度加载模式

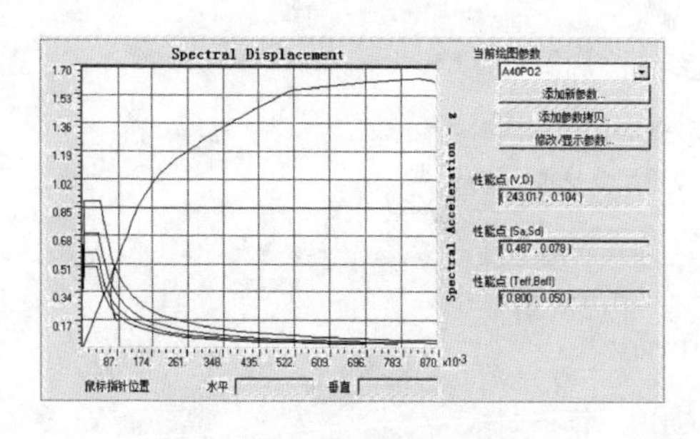

(c) SAP2000 振型加载模式

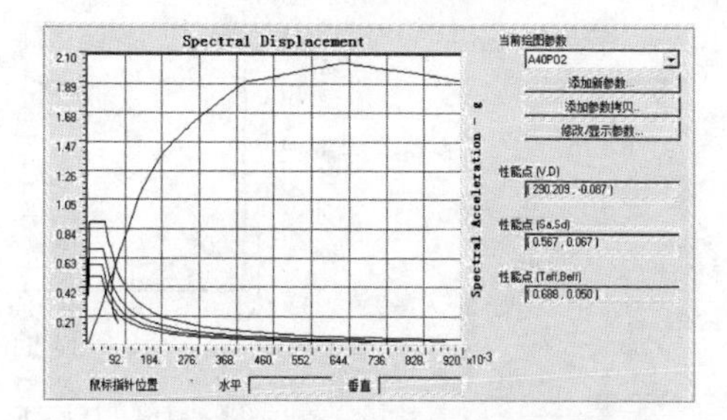

(d) SAP2000 加速度加载模式

图 8.17　用 OpenSees 和 SAP2000 进行 Pushover 分析时结构模型的性能曲线

表 8.5　用 OpenSees 和 SAP2000 进行 Pushover 分析时结构模型性能点各参数

参数		振型加载模式	加速度加载模式
OpenSees	谱加速度 S_a	0.503	0.585
	谱位移 S_d	0.079	0.068
	基底剪力 V/kN	250.758	299.486
	顶点位移 D/m	0.106	0.090
SAP2000	谱加速度 S_a	0.487	0.567
	谱位移 S_d	0.078	0.067
	基底剪力 V/kN	243.017	290.209
	顶点位移 D/m	0.104	0.087

在罕遇地震时，OpenSees 计算出性能点的参数为：振型加载模式时，基底剪力为 250.758kN，顶点位移为 0.106m，顶点位移角为 1/283；加速度加载模式时，基底剪力为 299.486kN，顶点位移为 0.090m，顶点位移角为 1/333。SAP2000 计算出的性能点参数为：振型加载模式时，基底剪力为 243.017kN，顶点位移为

0. 104m，顶点位移角为 1/288，加速度加载模式时，基底剪力为 290. 209kN，顶点位移为 0. 087m，顶点位移角为 1/344。

由图 8. 17 和表 8. 5 可以看出，在两种侧向力加载模式下，结构性能点的基底剪力和顶点位移相差很大，其中加速度加载模式的基底剪力比振型加载模式的基底剪力大，振型加载模式的顶点位移大于加速度加载模式的顶点位移。加速度加载模式相对于振型加载模式的误差为：基底剪力 19. 43%，顶点位移－15. 09%。两种软件计算出的性能点参数相差不大，OpenSees 计算出的性能点的基底剪力和顶点位移相对于 SAP2000 计算结果的误差为：振型加载模式时，基底剪力3. 19%，顶点位移 1. 9%；加速度加载模式时，基底剪力 3. 20%，顶点位移 3. 4%。

3. 结构的侧向变形分析

通过 Pushover 分析，得到结构模型在性能点处的侧向变形，表 8. 6 给出了两种软件计算出结构模型在两种侧向力加载模式下的层位移、层间位移及层间位移角及误差，图 8. 18、图 8. 19 表示了在两种侧向力加载模式下结构模型的层位移及层间位移。

表 8. 6　结构模型在两种侧向力加载模式下的侧向变形

加载模式	楼层	层位移/m			层间位移/m			层间位移角	
		OpenSees	SAP2000	误差/%	OpenSees	SAP2000	误差/%	OpenSees	SAP2000
振型加载模式	1	0. 0049	0. 0052	－4. 85	0. 0049	0. 0052	11. 36	1/612	1/576
	2	0. 0161	0. 0168	－4. 17	0. 0112	0. 0117	－3. 86	1/268	1/258
	3	0. 0299	0. 0313	－4. 47	0. 0138	0. 0145	－4. 83	1/217	1/207
	4	0. 0445	0. 0465	－4. 30	0. 0146	0. 0152	－3. 95	1/205	1/197
	5	0. 0584	0. 0610	－4. 26	0. 0139	0. 0145	－4. 14	1/216	1/207
	6	0. 0709	0. 0741	－4. 32	0. 0125	0. 0131	－4. 58	1/240	1/229
	7	0. 0815	0. 0852	－4. 29	0. 0106	0. 0111	－4. 07	1/283	1/271
	8	0. 0898	0. 0939	－4. 37	0. 0083	0. 0087	－5. 14	1/361	1/343
	9	0. 0960	0. 1004	－4. 33	0. 0062	0. 0065	－3. 88	1/484	1/465
	10	0. 1005	0. 1051	－4. 38	0. 0045	0. 0048	－5. 26	1/667	1/625
加速度加载模式	1	0. 0053	0. 0054	－1. 85	0. 0053	0. 0054	－10. 17	1/566	1/508
	2	0. 0167	0. 0169	－1. 18	0. 0114	0. 0115	－0. 87	1/263	1/261
	3	0. 0302	0. 0305	－0. 98	0. 0135	0. 0136	－0. 74	1/222	1/221
	4	0. 0436	0. 0440	－0. 91	0. 0134	0. 0135	－0. 74	1/224	1/222
	5	0. 0557	0. 0563	－1. 07	0. 0121	0. 0123	－1. 63	1/248	1/244

续表

加载模式	楼层	层位移/m			层间位移/m			层间位移角	
		OpenSees	SAP2000	误差/%	OpenSees	SAP2000	误差/%	OpenSees	SAP2000
加速度加载模式	6	0.0661	0.0669	−1.20	0.0104	0.0106	−1.89	1/288	1/283
	7	0.0746	0.0754	−1.06	0.0085	0.0085	0	1/353	1/353
	8	0.0811	0.0819	−0.98	0.0065	0.0065	0	1/462	1/462
	9	0.0857	0.0867	−1.15	0.0046	0.0048	−4.17	1/652	1/625
	10	0.0890	0.0899	−1.00	0.0033	0.0032	3.13	1/909	1/938

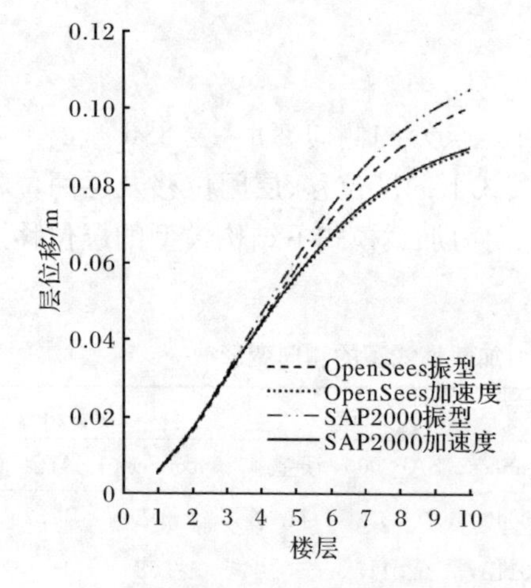

图 8.18 两种侧向力加载模式下结构模型的层位移的层位移

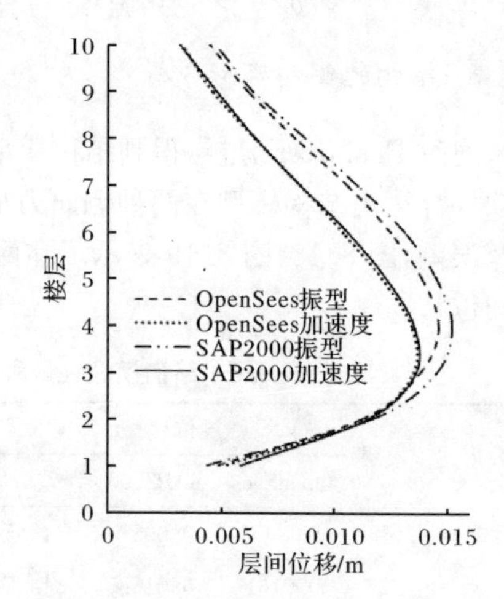

图 8.19 两种侧向力加载模式下结构模型的层位移的层间位移

OpenSees 计算出结构模型性能点处在振型加载模式作用下层位移最大为 100.5mm，最大层间位移为 14.6mm，发生在第 4 层，对应的层间位移角为 1/205，满足《建筑抗震设计规范》(GB 50011—2010)对弹塑性层间位移角限值的规定，最小层间位移为4.5mm，发生在第 10 层，对应的层间位移角为 1/667，满足《建筑抗震设计规范》(GB 50011—2010)对弹性层间位移角限值的规定。结构模型在加速度加载模式作用下层位移最大为89.0mm，最大层间位移发生在第 3 层，最大层间位移为 13.5mm，对应的层间位移角为 1/222，满足《建筑抗震设计规范》(GB 50011—2010)对弹塑性层间位移角限值的规定，最小层间位移为 3.3mm，发生在第 10 层，对应的层间位移角为 1/909，满足《建筑抗震设计规范》(GB 50011—2010)对弹性层间位移角限值的规定。

SAP2000 计算出结构模型性能点处在振型加载模式作用下层位移最大为 105.1mm，最大层间位移为 15.2mm，发生在第 4 层，对应的层间位移角为 1/197，满足《建筑抗震设计规范》(GB 50011—2010)对弹塑性层间位移角限值的规定，最小层间位移为4.8mm，发生在第10层，对应的层间位移角为1/625，满足《建筑抗震设计规范》(GB 50011—2010)对弹性层间位移角限值的规定。结构模型在加速度加载模式作用下层位移最大为89.9mm，最大层间位移为13.6mm，发生在第3层，对应的层间位移角为1/221，满足《建筑抗震设计规范》(GB 50011—2010)对弹塑性层间位移角限值的规定，最小层间位移为3.2mm，发生在第10层，对应的层间位移角为1/938，满足《建筑抗震设计规范》(GB 50011—2010)对弹性层间位移角限值的规定。

从图8.18、图8.19和表8.6中可以看出：①在两种侧向力加载模式下，最大层间位移角均满足弹塑性层间位移角限值，最小层间位移角均满足弹性层间位移角限值，钢管煤矸石混凝土框架具有很好的变形能力，抗震性能良好；②两种侧向力加载模式下，结构模型中间层的层间位移较大，即发生在第3、4、5层，结构模型的层间位移曲线平滑无突变；③两种侧向力加载模式对结构模型的层位移和层间位移影响较大；④两种软件计算出的侧向变形相差不大，层位移和层间位移吻合较好。

8.4.5　钢管煤矸石混凝土框架与钢管混凝土框架 Pushover 分析对比

为了比较钢管煤矸石混凝土框架和钢管混凝土框架的抗震性能，在SAP2000中建立了与钢管煤矸石混凝土框架尺寸相同、材料等级相同的钢管混凝土框架二维模型，采用振型加载模式进行Pushover分析。

1. 结构侧向变形

图8.20和图8.21为两种结构通过Pushover分析得到的罕遇地震烈度水准时的层位移和层间位移对比情况。

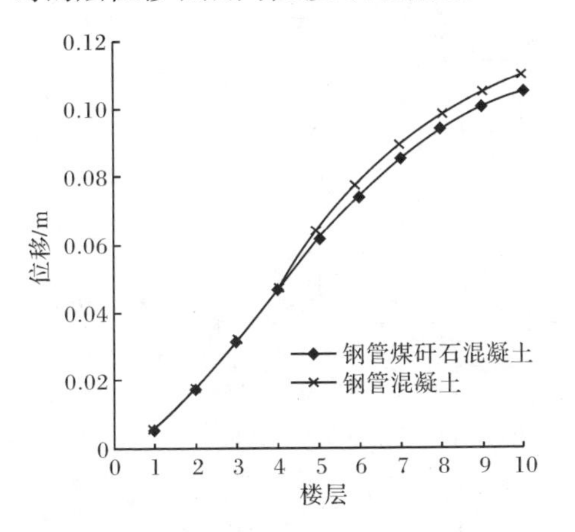

图8.20　两种结构在罕遇地震烈度水准时的层位移

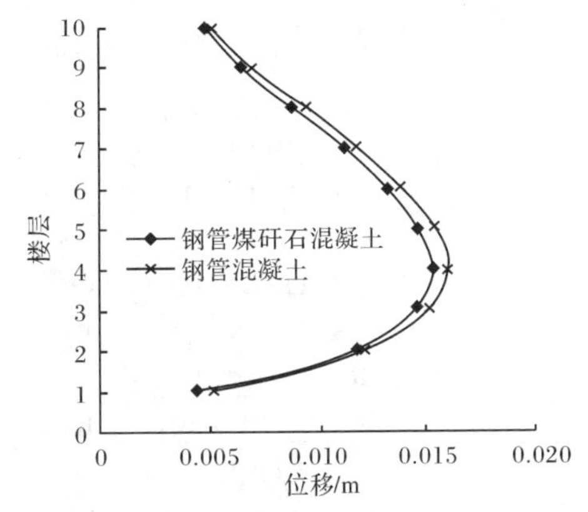

图8.21　两种结构在罕遇地震烈度水准时的层间位移

由图 8.20 和图 8.21 可以看出:①钢管煤矸石混凝土和钢管混凝土的侧向变形相差不大,钢管煤矸石混凝土结构的层位移和层间位移略小于钢管混凝土结构;②两种结构 2、3、4、5 层的层间位移较大;③两种结构的最大层间位移角均小于《建筑抗震设计规范》(GB 50011—2010)规定的层间位移角限值。

2. 结构性能点分析

进行 Pushover 分析后,得到结构性能点,其各参数见表 8.7。从表中可以看出,两种框架的顶点位移和基底剪力相差不大,钢管煤矸石混凝土框架顶点位移略小于钢管混凝土框架,钢管煤矸石混凝土框架的基底剪力略小于钢管混凝土框架,即钢管煤矸石混凝土框架的刚度略小于钢管混凝土框架。

表 8.7　钢管煤矸石混凝土框架与钢管混凝土框架结构性能点各参数对比

参数	钢管煤矸石混凝土	钢管混凝土
谱加速度 $S_a/(\mathrm{m/s^2})$	0.487	0.448
谱位移 S_d/m	0.078	0.084
基底剪力 V/kN	243.017	268.988
顶点位移 D/m	0.104	0.113

3. 塑性铰分析

各结构模型在罕遇地震下均出现塑性铰,即体系进入弹塑性状态。图 8.22(a)为钢管煤矸石混凝土框架模型塑性铰发展的分布,图 8.22(b)为钢管混凝土框架模型塑性铰发展的分布。

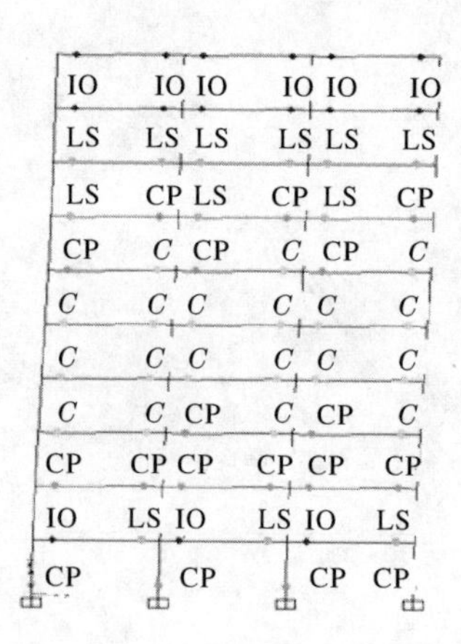

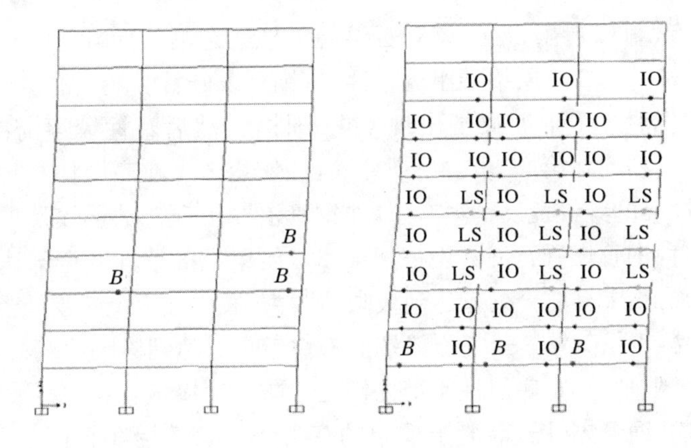

(a) 钢管煤矸石混凝土框架

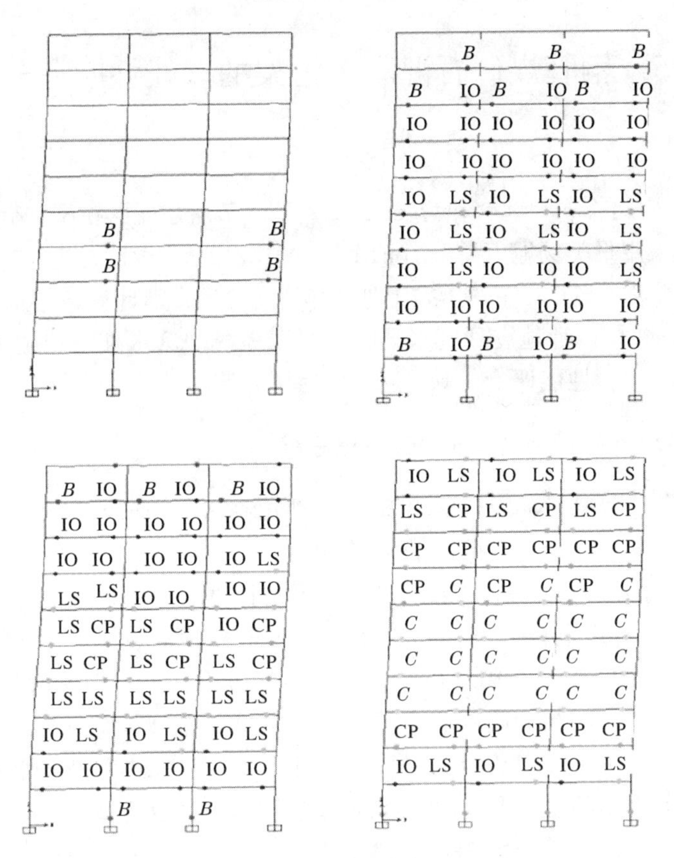

(b) 钢管混凝土框架

B　IO　LS　CP　C　D　E

图 8.22　钢管煤矸石混凝土框架模型和钢管混凝土框架模型塑性铰发展的分布

由图 8.22 可以看出,钢管煤矸石混凝土框架和钢管混凝土框架最早均是在第 18 步时框架的第 3、4 层梁端出现塑性铰,钢管煤矸石混凝土框架梁端出现 3 个塑性铰,而钢管混凝土框架梁端出现 4 个塑性铰,然后塑性铰逐渐向上、下层发展;两种框架模型均在第 64 步时出现柱铰,柱铰均产生在底层柱端,此时,钢管煤矸石混凝土框架的梁铰发展到第 9 层,而钢管混凝土框架的梁铰发展到第 10 层。在最终状态时,钢管煤矸石混凝土框架第 4、5 层梁端的塑性铰全部达到极限承载力,第 2 层和第 6 层有部分梁铰达到极限承载力,底层柱 4 个柱铰处于防止倒塌状态,而钢管混凝土框架第 3、4、5 层梁端的塑性铰全部达到极限承载力,第 6 层有部分梁铰达到极限承载力,底层柱 4 个柱铰处于防止倒塌状态。

综上所述,钢管煤矸石混凝土框架的变形小于钢管混凝土框架,两种框架模型在罕遇地震下均满足"强柱弱梁"的要求。

8.5 钢管煤矸石混凝土框架的非线性时程分析

8.5.1 概述

本节采用软件 SAP2000 和 OpenSees 对 8.3 节所建立的模型进行非线性时程分析。模型采用Ⅲ类场地土类型的 EMC_FAIRVIEW AVE 波、CPC_TOPANGA CANYON(简称 CPC)波和一条人工地震波兰州波,分别计算该结构模型在多遇地震烈度水准时、设计地震烈度水准时和罕遇地震烈度水准时的结构响应,并依此对结构模型进行性能评价。

8.5.2 SAP2000 中框架模型非线性时程分析

在用 CPC_TOPANGA CANYON 波、EMC_FAIRVIEW AVE 波和兰州波进行结构弹性分析时,计算所得的基底剪力分别为 993.268kN、436.372kN、441.227kN,对结构模型进行振型分解反应谱法计算的基底剪力为 669.946kN,满足《建筑抗震设计规范》(GB 5001—2010)中对所选地震波进行结构弹性分析时,每条时程曲线计算所得结构底部剪力不小于振型分解反应谱法计算结果的 65%,多条时程曲线计算的结构底部剪力的平均值不小于振型分解反应谱法计算结果的 80%的规定。进行非线性动力时程分析时,所用的地震加速度时程曲线的最大值按规范地震设防烈度 8 度选取:多遇地震烈度水准时取 70cm/s^2,设计地震烈度水准时取 200cm/s^2,罕遇地震烈度水准时取 400cm/s^2。

1. 基底剪力分析

本节分别计算了结构模型在三种波的作用下在三种地震灾害水准下的基底

剪力时程曲线,如图 8.23～图 8.25 所示。

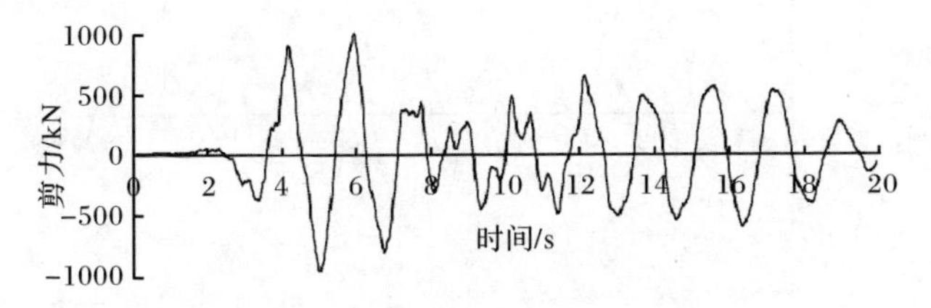

(a) CPC_TOPANGA CANYON 波

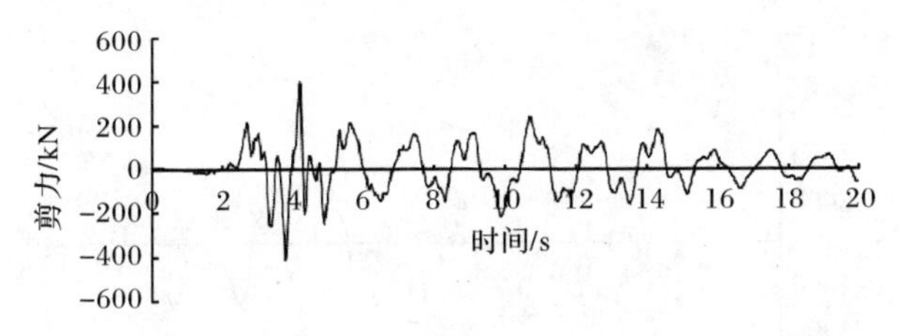

(b) EMC_FAIRVIEW AVE 波

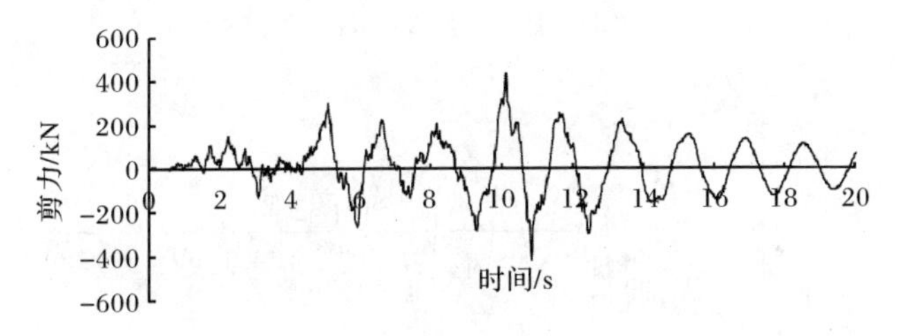

(c) 兰州波

图 8.23　多遇地震烈度下的基底剪力时程曲线

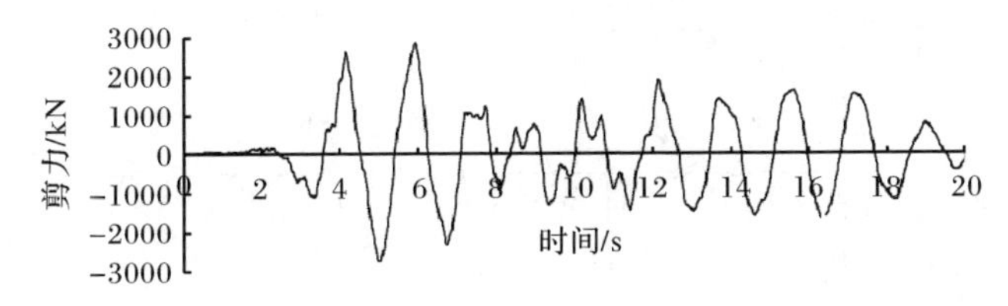

(a) CPC_TOPANGA CANYON 波

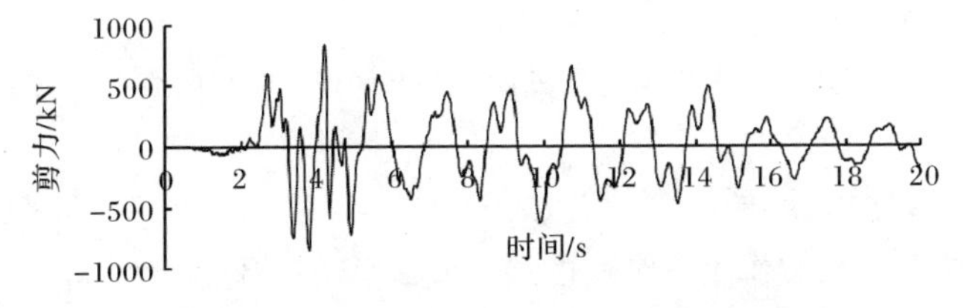

(b) EMC_FAIRVIEW AVE 波

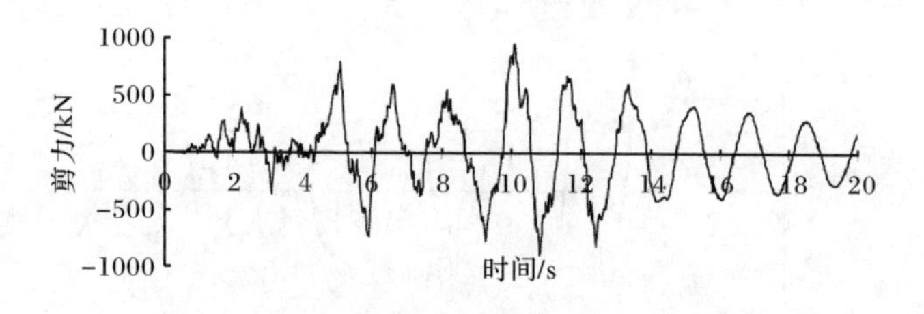

(c) 兰州波

图 8.24 设计地震烈度下的基底剪力时程曲线

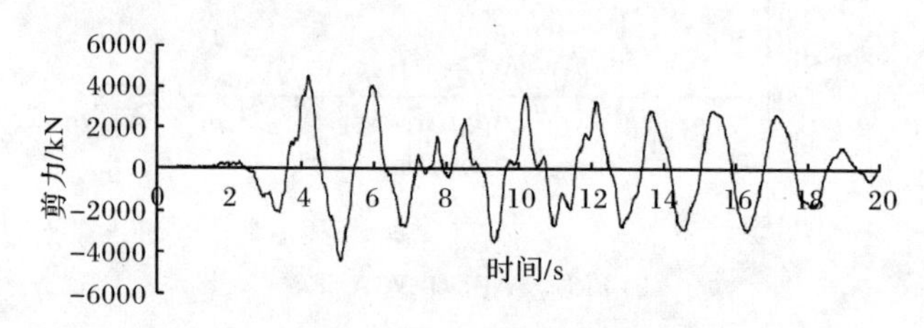

(a) CPC_TOPANGA CANYON 波

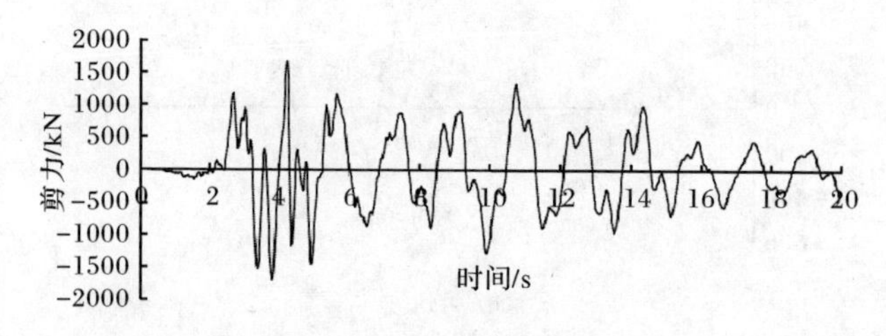

(b) EMC_FAIRVIEW AVE 波

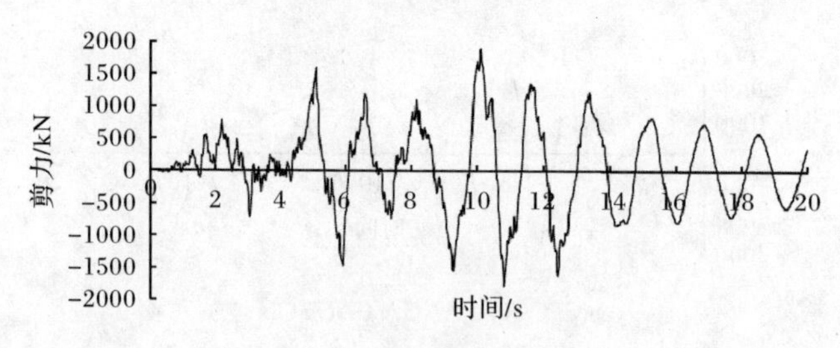

(c) 兰州波

图 8.25 罕遇地震烈度下的基底剪力时程曲线

在多遇地震烈度水准时，在 CPC_TOPANGA CANYON 波、EMC_FAIRVIEW AVE 波和兰州波作用下结构的最大基底剪力分别为 992.773kN、418.45kN、427.09kN，分别出现在 5.96s、3.82s 和 10.1s；在设计地震烈度水准时，在 CPC_

TOPANGA CANYON 波、EMC_FAIRVIEW AVE 波和兰州波作用下结构的最大基底剪力分别为 2839. 143kN、845. 612kN、938. 094kN，分别出现在 5. 96s、3. 82s和 10. 1s；在罕遇地震烈度水准时，在 CPC_ TOPANGA CANYON 波、EMC_FAIRVIEW AVE波和兰州波作用下结构的最大基底剪力分别为 4431. 576kN、1691. 214kN、1876. 162kN，分别出现在 4. 18s、3. 82s 和 10. 1s。从图中可以看出，模型在三种地震烈度水准时，每条波出现的波峰和波谷时刻大致相同，峰值出现的时刻也基本相同。

2. 顶层位移分析

图 8. 26～图 8. 28 分别为结构模型在多遇地震烈度水准、设计地震烈度水准和罕遇地震烈度水准时的顶层位移时程曲线。

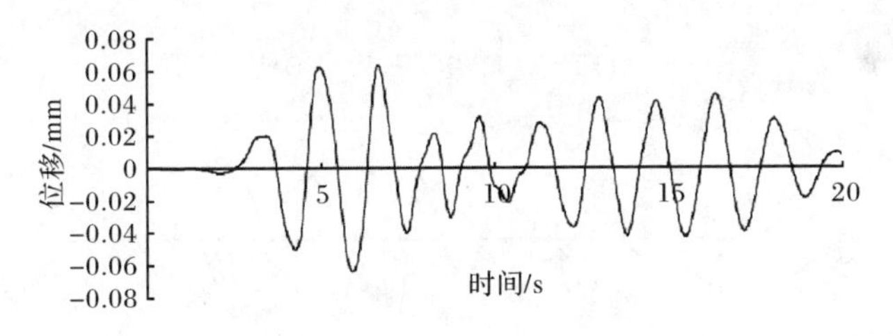

(a) CPC_TOPANGA CANYON 波

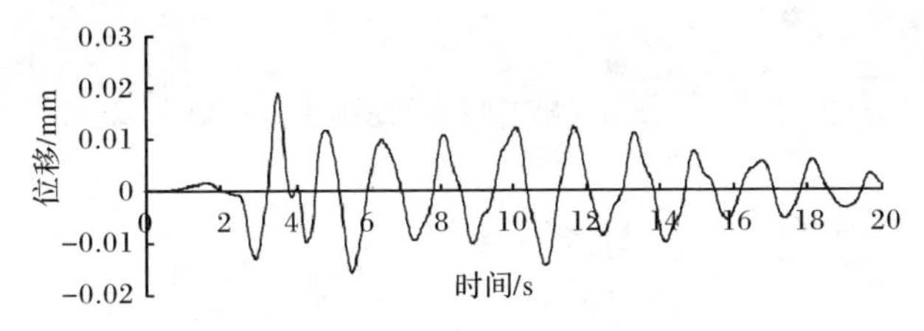

(b) EMC_FAIRVIEW AVE 波

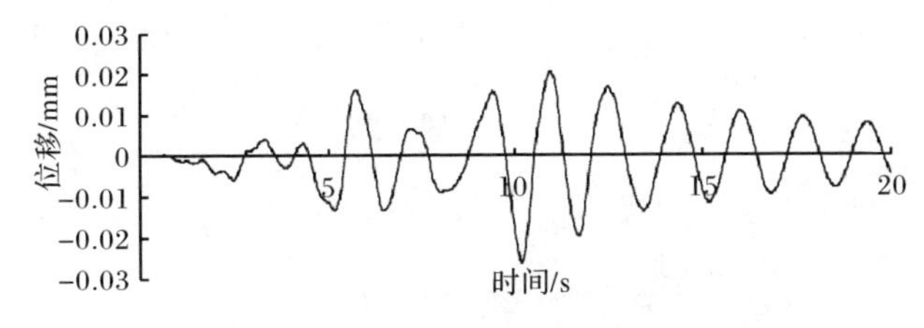

(c) 兰州波

图 8. 26　多遇地震烈度水准下的顶层位移时程曲线

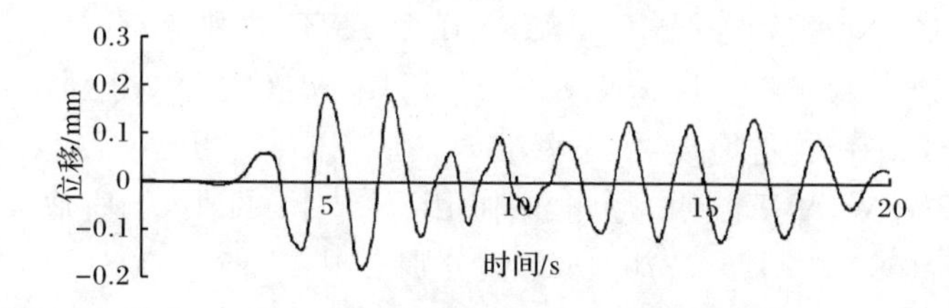

(a) CPC_TOPANGA CANYON 波

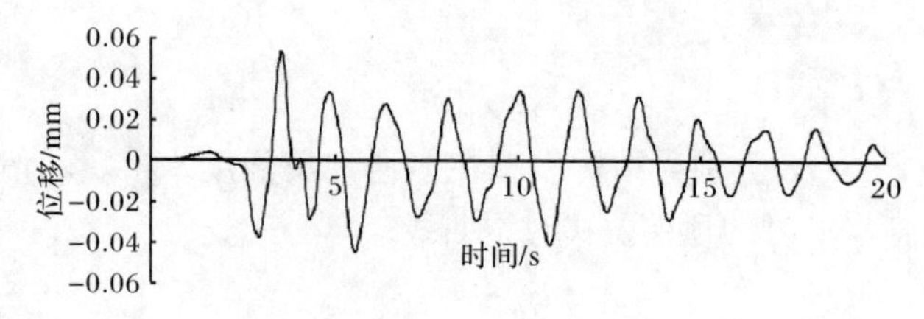

(b) EMC_FAIRVIEW AVE 波

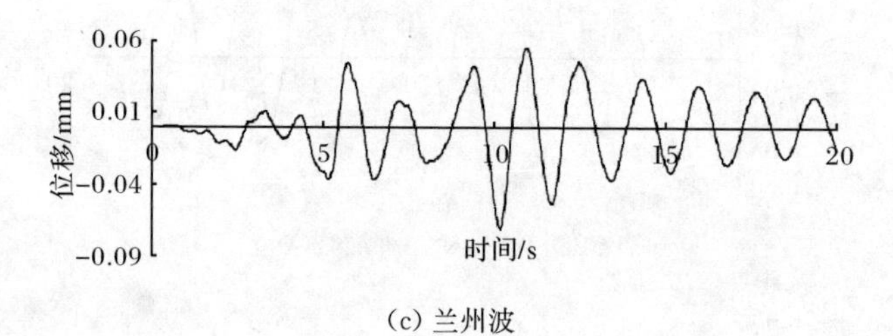

(c) 兰州波

图 8.27　设计地震烈度下的顶层位移时程曲线

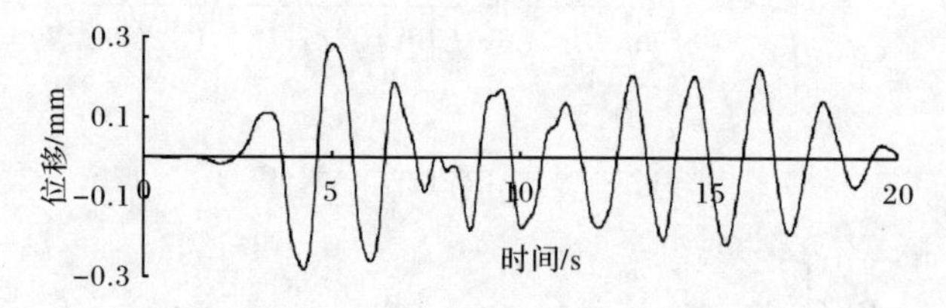

(a) CPC_TOPANGA CANYON 波

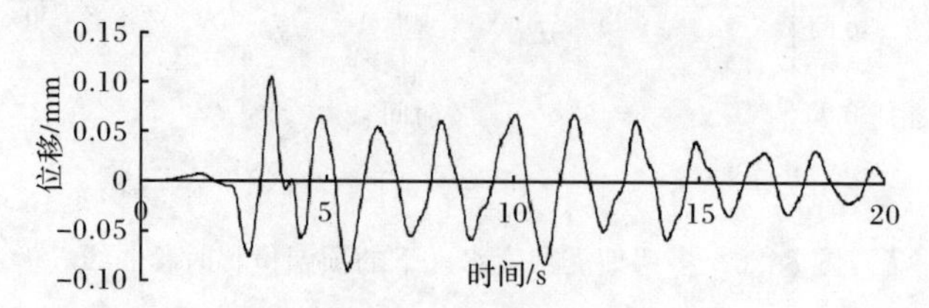

(b) EMC_FAIRVIEW AVE 波

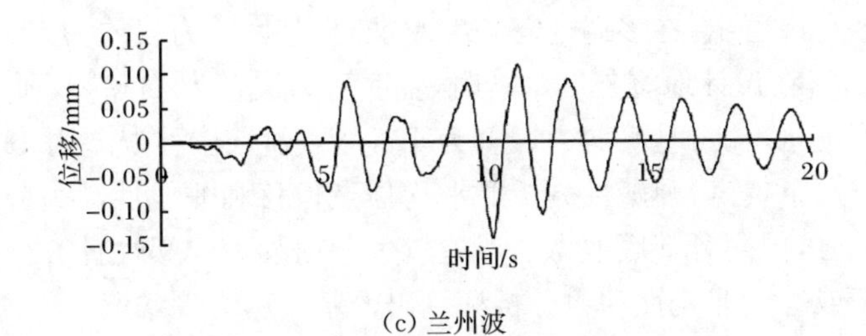

(c) 兰州波

图 8.28　罕遇地震烈度下的顶层位移时程曲线

在多遇地震烈度水准时，在 CPC_TOPANGA CANYON 波、EMC_FAIRVIEW AVE 波和兰州波作用下结构的最大顶点位移分别为 63.8mm、18.7mm 和 26.3mm，分别出现在 5.90s、3.56s 和 10.18s，对应的基底剪力分别为992.243kN、419.463kN 和 428.096kN；在设计地震烈度水准时，在 CPC_TOPANGA CANYON 波、EMC_FAIRVIEW AVE 波和兰州波作用下结构的最大顶点位移分别为 183.5mm、52.9mm 和 71.0mm，分别出现在 5.90s、3.56s 和 10.18s，对应的基底剪力分别为 2692.977kN、563.398kN 和 759.400kN；在罕遇地震烈度水准时，在 CPC_TOPANGA CANYON 波、EMC_FAIRVIEW AVE 波和兰州波作用下结构的最大顶点位移分别为 282.3mm、105.7mm 和 142.0mm，分别出现在 4.28s、3.56s和 10.18s，对应的基底剪力分别为 4208.966kN、1652.525kN 和 1703.766kN。由图可以看出，在三种地震烈度作用下，结构模型对三种地震波的顶点位移响应的波峰波谷出现的时刻大致相同，峰值的出现时刻也是基本一致的。

表 8.8 为结构模型基底剪力和顶点位移的对比情况，其中静力弹塑性平均值由振型分布模式和加速度分布模式两种侧向力分布模式得到的性能点结果求平均值取得，非线性动力平均值由 CPC_TOPANGA CANYON 波、EMC_FAIRVIEW AVE 波和兰州波计算得到的最大顶点位移及与之相对应的基底剪力求平均值取得，误差为非线性动力分析的平均值相对于静力弹塑性平均值的误差。

表 8.8　结构模型基底剪力和顶点位移对比

计算方法	计算内容	多遇地震烈度	设计地震烈度	罕遇地震烈度
静力弹塑性平均值	基底剪力 V/kN	558.53	1573.23	3042.00
	顶点位移 D/m	0.0365	0.1020	0.1990
非线性动力平均值	基底剪力 V/kN	491.86	1338.59	2521.75
	顶点位移 D/m	0.0363	0.1020	0.1767
误差/%	基底剪力 V	11.9	14.9	17.1
	顶点位移 D	0.5	0	11.2

由表 8.8 可以看出，在多遇地震烈度水准时，基底剪力误差为 11.9%，顶点位移误差为 0.5%；在设计地震烈度水准时，基底剪力误差为 14.9%，顶点位移相等；在罕遇地震烈度水准时，基底剪力误差为 17.1%，顶点位移误差为 11.2%。在三种地震烈度作用下，静力弹塑性分析的平均顶点位移和非线性动力分析的平均顶点位移吻合较好，但两者基底剪力的误差较大。由静力弹塑性计算出的基底剪力的平均值大于或等于非线性动力分析计算出的基底剪力平均值。

3. 侧向变形分析

表 8.9～表 8.11 分别为结构模型在三种地震烈度水准时三种波作用下的楼层位移，表 8.12～表 8.14 分别表示在多遇地震烈度水准、设计地震烈度水准和罕遇地震烈度水准时静力弹塑性分析得到的楼层位移的平均值和非线性动力分析得到的楼层位移平均值的对比情况。其中，静力弹塑性分析的楼层位移平均值由两种侧向力分布模式所得结果求平均值得到，非线性动力分析的楼层位移平均值由 CPC_TOPANGA CANYON 波、EMC_FAIRVIEW AVE 波和兰州波得到的楼层位移最大值求平均值得到，误差为非线性动力分析平均值和静力弹塑性分析平均值之差与非线性动力分析平均值的比值。

表 8.9 结构模型多遇地震烈度楼层位移

楼层		楼层位移/m		
		CPC_TOPANGA CANYON 波	EMC_FAIRVIEW AVE 波	兰州波
1	最大值	0.0038	0.0011	0.0013
	最小值	−0.0039	−0.0009	−0.0014
2	最大值	0.0118	0.0033	0.0039
	最小值	−0.0122	−0.0027	−0.0042
3	最大值	0.0210	0.0058	0.0070
	最小值	−0.0218	−0.0048	−0.0076
4	最大值	0.0301	0.0082	0.0099
	最小值	−0.0313	−0.0068	−0.0112
5	最大值	0.0386	0.0116	0.0125
	最小值	−0.0398	−0.0086	−0.0145
6	最大值	0.0460	0.0146	0.0155
	最小值	−0.0471	−0.0116	−0.0182
7	最大值	0.0522	0.0175	0.0180
	最小值	−0.0531	−0.0136	−0.0211

续表

楼层		楼层位移/m		
		CPC_TOPANGA CANYON 波	EMC_FAIRVIEW AVE 波	兰州波
8	最大值	0.0568	0.0203	0.0202
	最小值	−0.0579	−0.0156	−0.0236
9	最大值	0.0602	0.0227	0.0219
	最小值	−0.0614	−0.0176	−0.0256
10	最大值	0.0633	0.0254	0.0231
	最小值	−0.0638	−0.0192	−0.0270

表 8.10　设计地震烈度楼层位移

楼层		楼层位移/m		
		CPC_TOPANGA CANYON 波	EMC_FAIRVIEW AVE 波	兰州波
1	最大值	0.0110	0.0031	0.0035
	最小值	−0.0113	−0.0025	−0.0037
2	最大值	0.0340	0.0093	0.0106
	最小值	−0.0352	−0.0078	−0.0114
3	最大值	0.0607	0.0165	0.0188
	最小值	−0.0629	−0.0137	−0.0206
4	最大值	0.0871	0.0233	0.0268
	最小值	−0.0900	−0.0193	−0.0301
5	最大值	0.1127	0.0329	0.0345
	最小值	−0.1145	−0.0263	−0.0392
6	最大值	0.1351	0.0392	0.0418
	最小值	−0.1371	−0.0329	−0.0477
7	最大值	0.1507	0.0467	0.0487
	最小值	−0.1527	−0.0387	−0.0567
8	最大值	0.1641	0.0526	0.0547
	最小值	−0.1664	−0.0444	−0.0634
9	最大值	0.1705	0.0582	0.0594
	最小值	−0.1742	−0.0501	−0.0687
10	最大值	0.1761	0.0629	0.0627
	最小值	−0.1803	−0.0546	−0.0726

表 8.11　罕遇地震烈度楼层位移

楼层		楼层位移/m		
		CPC_TOPANGA CANYON 波	EMC_FAIRVIEW AVE 波	兰州波
1	最大值	0.0184	0.0061	0.0069
	最小值	−0.0187	−0.0050	−0.0073
2	最大值	0.0582	0.0186	0.0213
	最小值	−0.0596	−0.0155	−0.0228
3	最大值	0.1048	0.0330	0.0377
	最小值	−0.1082	−0.0274	−0.0413
4	最大值	0.1492	0.0466	0.0536
	最小值	−0.1549	−0.0387	−0.0603
5	最大值	0.1871	0.0595	0.0677
	最小值	−0.1945	−0.0487	−0.0785
6	最大值	0.2176	0.0721	0.0794
	最小值	−0.2247	−0.0590	−0.0953
7	最大值	0.2413	0.0835	0.0892
	最小值	−0.2465	−0.0693	−0.1106
8	最大值	0.2590	0.0929	0.0976
	最小值	−0.2621	−0.0777	−0.1236
9	最大值	0.2712	0.1001	0.1045
	最小值	−0.2737	−0.0843	−0.1342
10	最大值	0.2797	0.1057	0.1103
	最小值	−0.2824	−0.0893	−0.1420

表 8.12　多遇地震烈度水准层位移对比

楼层	层位移/m		误差/%
	静力弹塑性	动力弹塑性	
1	0.0021	0.0021	0
2	0.0065	0.0063	−3.17
3	0.0117	0.0113	−3.53
4	0.0169	0.0161	−4.86
5	0.0216	0.0209	−3.34
6	0.0257	0.0254	−1.18
7	0.0291	0.0292	−3.42
8	0.0318	0.0324	−1.85
9	0.0337	0.0349	−3.43
10	0.0350	0.0373	−6.17

表 8.13　设计地震烈度水准层位移对比

楼层	层位移/m		误差/%
	静力弹塑性	动力弹塑性	
1	0.0058	0.0058	0
2	0.0179	0.0180	0.56
3	0.0319	0.0320	0.31
4	0.0459	0.0457	−0.42
5	0.0587	0.0600	2.10
6	0.0698	0.0720	3.06
7	0.0791	0.0820	3.53
8	0.0863	0.0904	4.54
9	0.0915	0.0960	4.69
10	0.0950	0.1006	5.66

表 8.14　罕遇地震烈度时层位移对比

楼层	层位移/m		误差/%
	静力弹塑性	动力弹塑性	
1	0.0119	0.0105	−11.52
2	0.0368	0.0327	−10.99
3	0.0660	0.0585	−11.29
4	0.0951	0.0831	−12.53
5	0.1217	0.1048	−13.88
6	0.1446	0.1230	−14.91
7	0.1636	0.1380	−15.64
8	0.1783	0.1498	−15.98
9	0.1890	0.1586	−16.06
10	0.1963	0.1652	−15.80

从表中可以看出，多遇地震烈度水准和设计地震烈度水准时，静力弹塑性分析和非线性动力分析的平均值差别不大，误差均在 10%以内。罕遇地震烈度水准时，静力弹塑性分析和非线性动力分析的平均值相差稍大，非线性动力分析的平均值均小于静力弹塑性分析的平均值，可见静力弹塑性分析计算出的结果比较保守。

4. 层间位移分析

本节分别计算了结构模型在三种波的作用下、在三种地震烈度水准时的层间位移和层间位移角。图 8.29 为在多遇地震烈度水准、设计地震烈度水准和罕遇地震烈度水准时，结构模型在三种波作用下的层间位移包络图。

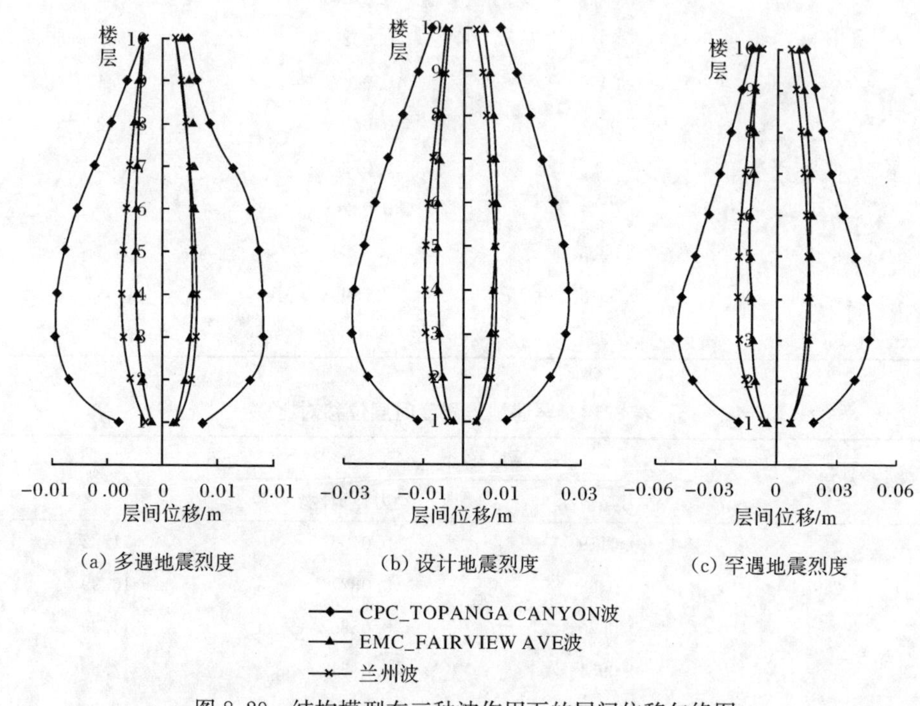

图 8.29　结构模型在三种波作用下的层间位移包络图

在多遇地震烈度水准时，CPC_TOPANGA CANYON 波作用下，最大的层间位移出现在第 3 层，层间位移为 9.6mm，对应的层间位移角为 1/312；EMC_FAIRVIEW AVE 波作用下，最大的层间位移出现在第 5 层和第 6 层，层间位移为 3.0mm，对应的层间位移角为 1/1000；兰州波作用下，最大的层间位移出现在第 3 层，层间位移为 3.6mm，对应的层间位移角为 1/839。在设计地震烈度水准时，CPC_TOPANGA CANYON 波作用下，最大的层间位移出现在第 3 层，层间位移为 27.7mm，对应的层间位移角为 1/108；EMC_FAIRVIEW AVE 波作用下，最大的层间位移出现在第 5 层，层间位移为 8.4mm，对应的层间位移角为 1/356；兰州波作用下，最大的层间位移出现在第 4 层，层间位移为 9.7mm，对应的层间位移角为 1/311。在罕遇地震烈度时，CPC_TOPANGA CANYON 波作用下，最大的层间位移出现在第 3 层，层间位移为 48.9mm，对应的层间位移角为 1/61，最小的层间位移出现在第 10 层，层间位移为 12.5mm，对应的层间位移角为 1/240；EMC_

FAIRVIEW AVE 波作用下，最大的层间位移出现在第 6 层，层间位移为 17.0mm，对应的层间位移角为 1/176，最小的层间位移出现在第 1 层，层间位移为 5.0mm，对应的层间位移角为 1/594；兰州波作用下，最大的层间位移出现在第 4 层，层间位移为 19.3mm，对应的层间位移角为 1/155，最小的层间位移出现在第 10 层，层间位移为 6.7mm，对应的层间位移角为 1/449。

从图 8.29 可以看出：①在多遇地震烈度水准时，三种波作用下得到的最大层间位移角为 1/312，满足规范对弹性层间位移角 1/300 的规定；在罕遇地震烈度水准时，三种波作用下得到的最大层间位移角为 1/61，满足规范对弹塑性层间位移角 1/50 的规定，三种波作用下得到的最小层间位移角为 1/594，满足规范的弹性层间位移角的规定，钢管煤矸石混凝土框架模型在三种波的作用下具有良好的变形能力，抗震性能良好。②在 CPC_TOPANGA CANYON 波作用下，结构模型各层的层间位移角变化较大，而在 EMC_FAIRVIEW AVE 波和兰州波作用下，结构模型各层的层间位移角变化很小，说明在 CPC_TOPANGA CANYON 波作用下，结构的层间侧移响应较大，而在 EMC_FAIRVIEW AVE 波和兰州波作用下，结构的层间侧移响应较小。

表 8.15～表 8.17 分别为在三种地震烈度作用下，静力弹塑性分析和非线性动力分析得到的层间侧移结果平均值对比。由表可以看出，静力弹塑性分析结果平均值与非线性动力分析结果平均值在 5 层以下吻合较好，在 6 层及以上误差稍大。两种非线性分析得到的模型中下部层间位移平均值吻合最好，然后误差向顶层和底层逐渐增大。

表 8.15　多遇地震烈度水准下的层间侧移对比

楼层	静力弹塑性平均值		非线性动力平均值		误差/%
	层间位移/m	层间位移角	层间位移/m	层间位移角	
1	0.0021	1/1429	0.0021	1/1461	−2.21
2	0.0044	1/682	0.0043	1/698	−2.38
3	0.0052	1/577	0.0050	1/605	−4.60
4	0.0052	1/583	0.0050	1/601	−3.03
5	0.0047	1/638	0.0048	1/621	2.74
6	0.0041	1/732	0.0046	1/651	12.42
7	0.0035	1/870	0.0039	1/766	13.59
8	0.0027	1/1132	0.0030	1/995	13.81
9	0.0020	1/1538	0.0023	1/1322	16.41
10	0.0013	1/2308	0.0018	1/1668	38.36

表 8.16 设计地震烈度下的层间侧移对比

楼层	静力弹塑性平均值		非线性动力平均值		误差/%
	层间位移/m	层间位移角	层间位移/m	层间位移角	
1	0.0058	1/522	0.0058	1/515	1.30
2	0.0121	1/248	0.0122	1/246	0.80
3	0.0141	1/214	0.0141	1/213	0.41
4	0.0140	1/215	0.0142	1/211	1.85
5	0.0128	1/234	0.0137	1/219	7.19
6	0.0112	1/269	0.0120	1/251	7.35
7	0.0093	1/324	0.0099	1/302	7.43
8	0.0072	1/417	0.007823	1/383	8.66
9	0.0052	1/577	0.006272	1/478	20.62
10	0.0036	1/845	0.004538	1/661	27.84

表 8.17 罕遇地震烈度水准下的层间侧移对比

楼层	静力弹塑性平均值		非线性动力平均值		误差/%
	层间位移/m	层间位移角	层间位移/m	层间位移角	
1	0.0119	1/253	0.0105	1/286	−11.52
2	0.0249	1/120	0.0223	1/135	−10.48
3	0.0292	1/103	0.0259	1/116	−11.27
4	0.0291	1/103	0.0255	1/118	−12.48
5	0.0266	1/113	0.0245	1/123	−8.07
6	0.0230	1/131	0.0223	1/135	−2.83
7	0.0190	1/158	0.0194	1/154	2.28
8	0.0147	1/204	0.0173	1/174	17.35
9	0.0107	1/282	0.0141	1/213	31.97
10	0.0073	1/411	0.0103	1/291	41.42

5. 加速度反应分析

图 8.30～图 8.32 为三种波在三种地震烈度水准时，结构模型底层和顶层的加速度时程曲线。从图中可以看出，钢管煤矸石混凝土加速度反应趋势与三种波吻合较好，结构模型在各个波作用下，正反向加速度峰值基本相同。

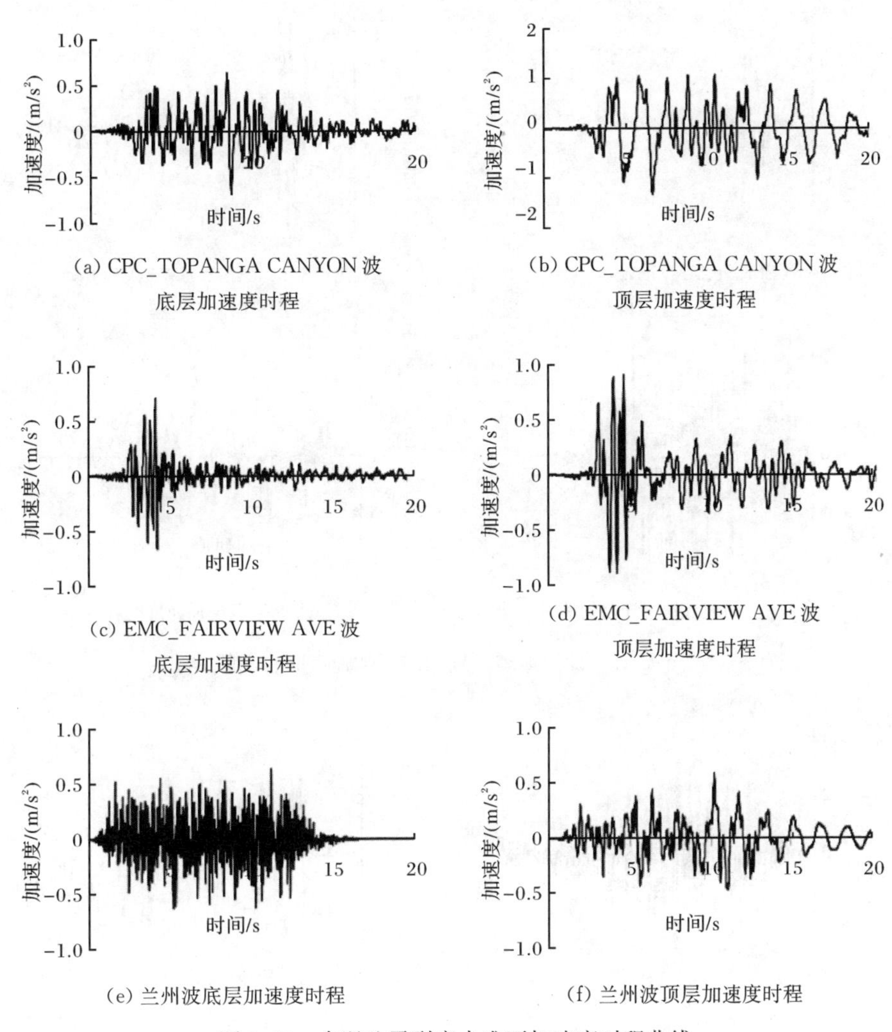

(a) CPC_TOPANGA CANYON 波底层加速度时程　(b) CPC_TOPANGA CANYON 波顶层加速度时程

(c) EMC_FAIRVIEW AVE 波底层加速度时程　(d) EMC_FAIRVIEW AVE 波顶层加速度时程

(e) 兰州波底层加速度时程　(f) 兰州波顶层加速度时程

图 8.30　多遇地震烈度水准下加速度时程曲线

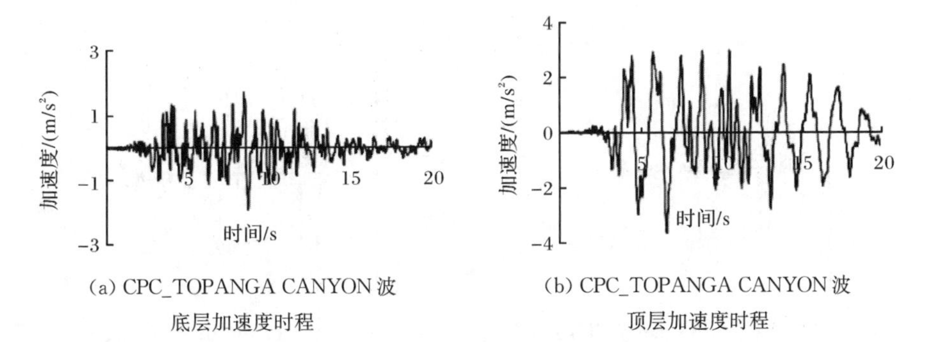

(a) CPC_TOPANGA CANYON 波底层加速度时程　(b) CPC_TOPANGA CANYON 波顶层加速度时程

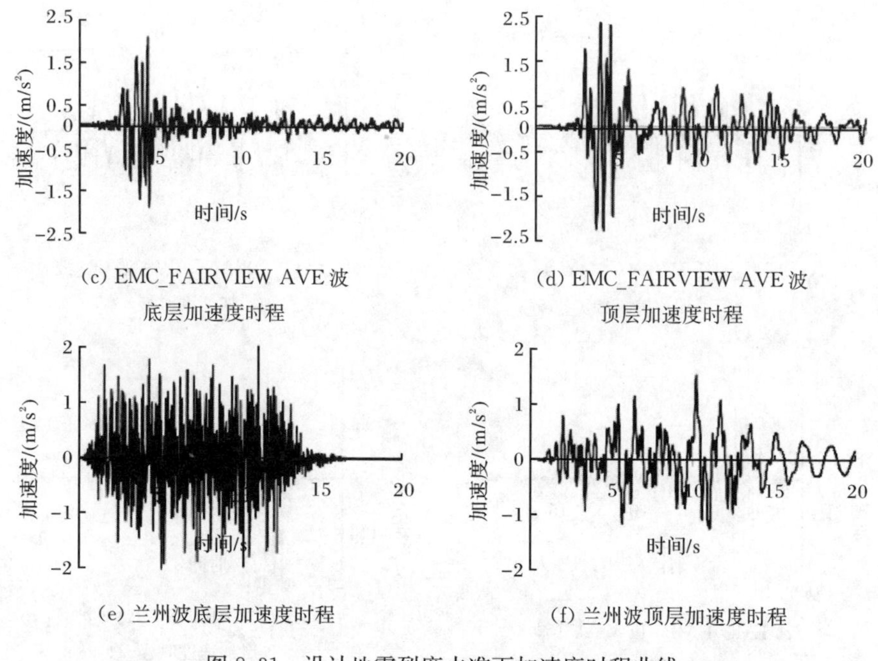

(c) EMC_FAIRVIEW AVE 波底层加速度时程

(d) EMC_FAIRVIEW AVE 波顶层加速度时程

(e) 兰州波底层加速度时程

(f) 兰州波顶层加速度时程

图 8.31　设计地震烈度水准下加速度时程曲线

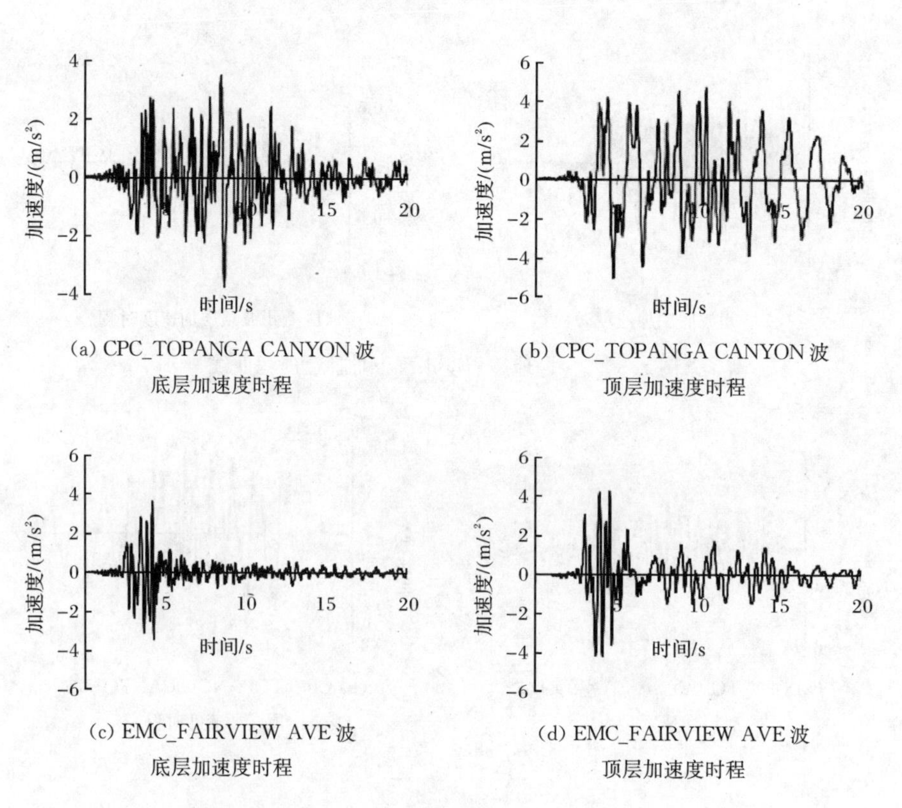

(a) CPC_TOPANGA CANYON 波底层加速度时程

(b) CPC_TOPANGA CANYON 波顶层加速度时程

(c) EMC_FAIRVIEW AVE 波底层加速度时程

(d) EMC_FAIRVIEW AVE 波顶层加速度时程

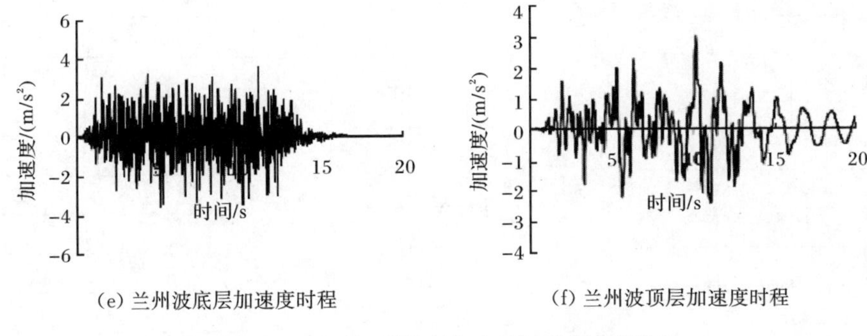

(e) 兰州波底层加速度时程　　　(f) 兰州波顶层加速度时程

图 8.32　罕遇地震烈度水准下加速度时程曲线

6. 塑性铰分析

图 8.33～图 8.35 分别为结构模型在 CPC_TOPANGA CANYON 波、EMC_FAIRVIEW AVE 波和兰州波作用下，在多遇地震烈度水准时、设计地震烈度水准时和罕遇地震烈度水准时顶层位移最大时刻的塑性铰分布情况。

由图 8.33 可以看出，结构模型在 CPC_TOPANGA CANYON 波作用下，在多遇地震时，结构模型处于弹性阶段，即模型没有塑性铰出现；在设计地震烈度时，框架第 2、3、4 层梁端出现塑性铰，框架进入弹塑性状态；在罕遇地震烈度时，框架梁端的塑性铰继续向上、下层发展，但第 8、9、10 层梁端并没有塑性铰出现，仍处于弹性阶段，框架柱没有出现塑性铰，符合抗震规范对“强柱弱梁”的规定。

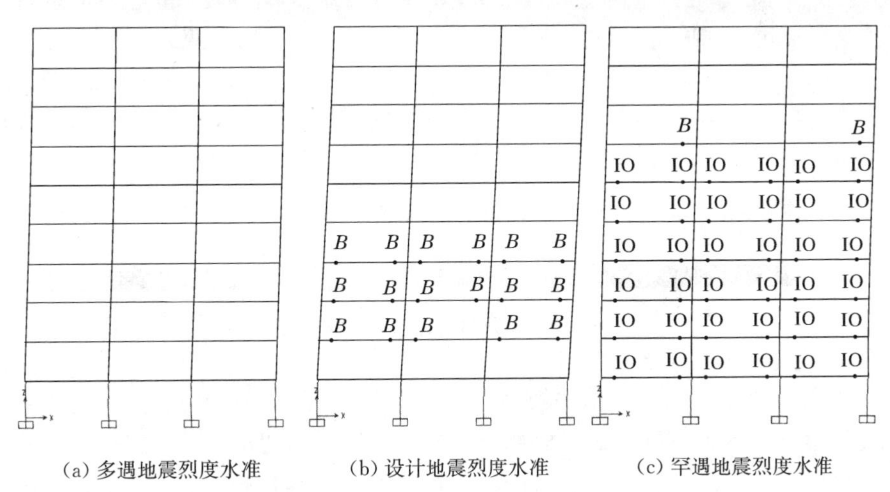

(a) 多遇地震烈度水准　　(b) 设计地震烈度水准　　(c) 罕遇地震烈度水准

图 8.33　CPC_TOPANGA CANYON 波塑性铰发展分布图

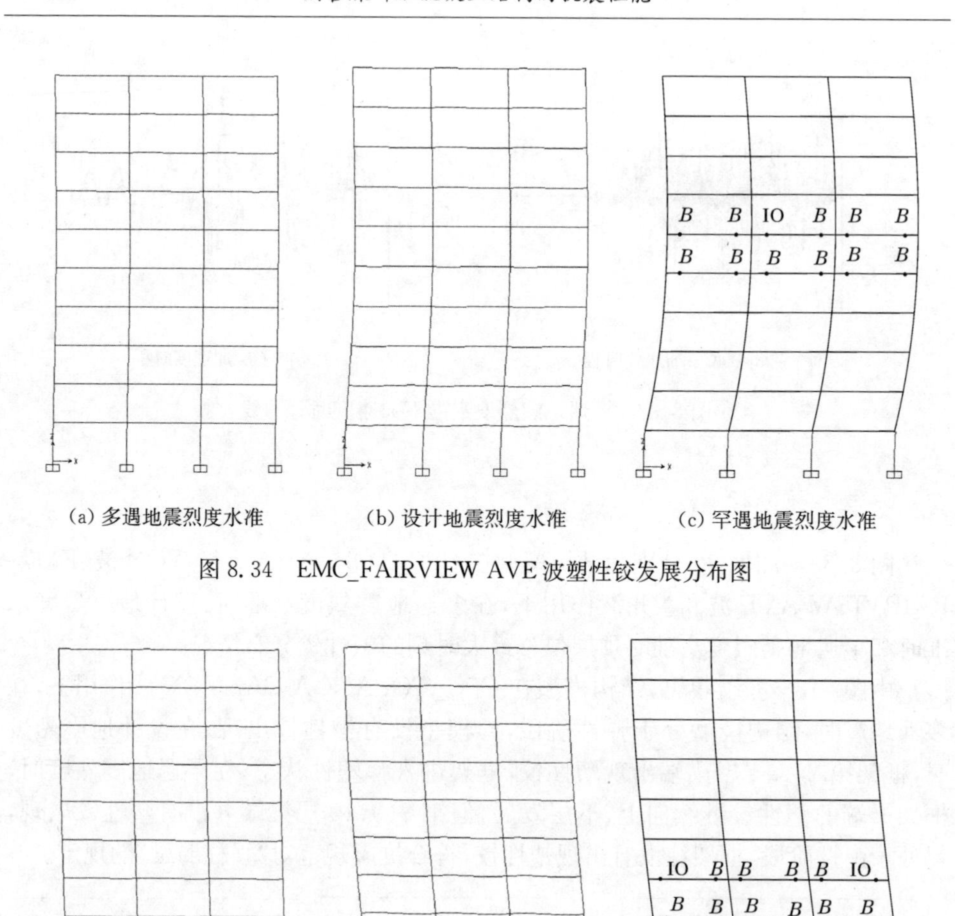

(a) 多遇地震烈度水准　　(b) 设计地震烈度水准　　(c) 罕遇地震烈度水准

图 8.34　EMC_FAIRVIEW AVE 波塑性铰发展分布图

(a) 多遇地震烈度水准　　(b) 设计地震烈度水准　　(c) 罕遇地震烈度水准

图 8.35　兰州波波塑性铰发展分布图

由图 8.34 可以看出，结构模型在 EMC_FAIRVIEW AVE 波作用下，在多遇地震烈度和设计地震烈度时，结构模型处于弹性阶段，没有塑性铰出现；在罕遇地震烈度时，第 5、6 层梁端出现塑性铰，结构模型进入弹塑性阶段，但柱端没有塑性铰出现，符合“强柱弱梁”的规定。

由图 8.35 可以看出，结构模型在兰州波的作用下，在多遇地震烈度和设计地震烈度时，结构模型处于弹性阶段，没有塑性铰出现；在罕遇地震烈度时，第 3、4

层梁端出现塑性铰，结构模型进入弹塑性阶段，但柱端没有塑性铰出现，符合“强柱弱梁”的规定。

在进行静力弹塑性分析时，两种侧向力分布的底层柱均产生塑性铰，而且最终第3、4层柱达到直接使用阶段，而在非线性动力分析时，结构梁端的塑性铰仍处于直接使用状态或刚进入屈服阶段。非线性动力分析时，罕遇地震下塑性铰最多发展到第7层，而静力弹塑性分析时，塑性铰最多发展到第8层，由此可见静力弹塑性分析的结果偏于保守。

8.5.3　OpenSees中框架模型非线性时程分析

1. 侧向变形分析

表8.18表示OpenSees中罕遇地震时静力弹塑性分析得到的楼层位移的平均值和非线性动力分析得到的楼层位移平均值的对比情况。其中，静力弹塑性分析的楼层位移平均值由两种侧向力分布模式所得结果求平均值得到，非线性动力分析的楼层位移平均值由CPC_TOPANGA CANYON波、EMC_FAIRVIEW AVE波和兰州波得到的楼层位移最大值求平均值得到，误差为非线性动力分析平均值和静力弹塑性分析平均值之差与动力弹塑性分析平均值的比值。图8.36给出了OpenSees和SAP2000计算出的结构模型在罕遇地震作用下的楼层位移曲线。

表8.18　OpenSees中罕遇地震时两种不同分析方法得到的结构模型楼层位移

楼层	层位移/m		误差/%
	静力弹塑性分析平均值	非线性动力分析平均值	
1	0.0052	0.0058	9.48
2	0.0169	0.0179	5.05
3	0.0314	0.0319	1.61
4	0.0463	0.0459	−1.06
5	0.0605	0.0587	−3.10
6	0.0730	0.0698	−4.54
7	0.0834	0.0791	−5.52
8	0.0917	0.0863	−6.32
9	0.0982	0.0915	−7.39
10	0.1031	0.0950	−8.48

从图表中可以看出，结构模型在EMC_FAIRVIEW AVE波和兰州波作用下，层位移相差较小。两种软件计算出的层位移曲线吻合较好。静力弹塑性分析和

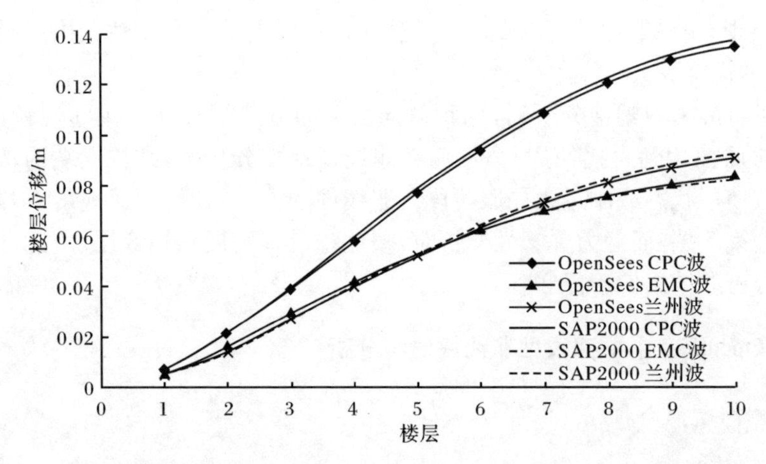

图 8.36 OpenSees 和 SAP2000 计算出的结构模型在罕遇地震作用下的楼层位移曲线

非线性动力分析的平均值相差不大,误差均在 10%以内,除底部三层外,非线性动力分析的平均值均小于静力弹塑性分析的平均值,可见静力弹塑性分析计算出的结果比较保守。

2. 层间位移分析

图 8.37 为结构模型在三种地震波作用下利用 OpenSees 和 SAP2000 计算得到层间位移曲线。表 8.19 为结构模型在 OpenSees 中静力弹塑性分析和非线性动力分析得到的层间位移角对比情况,其中静力弹塑性分析和非线性动力分析的层间位移平均值的计算方法同上。

表 8.19 OpenSees 中两种不同分析方法得到的结构模型层间位移

楼层	层间位移/m		误差/%
	静力弹塑性平均值	非线性动力平均值	
1	0.0052	0.0058	9.48
2	0.0096	0.0121	20.8
3	0.0138	0.0141	1.73
4	0.0151	0.0140	−8.01
5	0.0147	0.0128	−14.48
6	0.0134	0.0112	−20.36
7	0.0117	0.0093	−26.90
8	0.0097	0.0072	−34.49
9	0.0075	0.0052	−44.39
10	0.0056	0.0036	−58.19

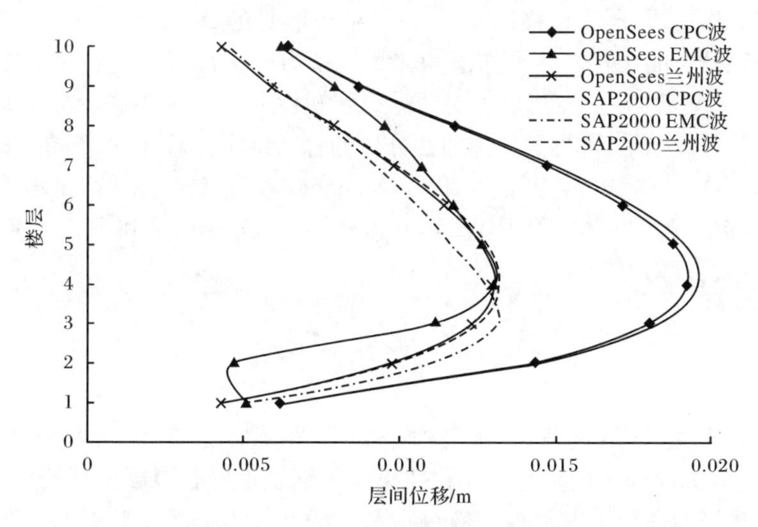

图 8.37　利用 OpenSees 和 SAP2000 计算得到的层间位移曲线

由 OpenSees 计算出在 CPC_TOPANGA CANYON 波作用下，最大层间位移发生在第 4 层，层间位移为 19.2mm，对应的层间位移角为 1/156，最小层间位移发生在第 1 层，层间位移为 6.2mm，对应的层间位移角为 1/480；在 EMC_FAIRVIEW AVE 波作用下，结构模型最大层间位移发生在第 4 层，层间位移为 13.0mm，对应的层间位移角为 1/230，最小层间位移发生在第 2 层，层间位移为 4.7mm，对应的层间位移角为 1/645；在兰州波作用下，结构模型最大层间位移发生在第 4 层，层间位移为 13.0mm，对应的层间位移角为 1/231，最小的层间位移发生在第 1 层和第 10 层，层间位移为 4.3mm，对应的层间位移角为 1/704。

由 SAP2000 计算出在 CPC_TOPANGA CANYON 波作用下，结构模型最大层间位移发生在第 4 层，层间位移为 19.6mm，对应的层间位移角为 1/153，最小层间位移发生在第 1 层，层间位移为 6.4 mm，对应的层间位移角为 1/472；在 EMC_FAIRVIEW AVE 波作用下，结构模型最大层间位移发生在第 3 层，层间位移为 13.1mm，对应的层间位移角为 1/229，最小层间位移发生在第 10 层，层间位移为 4.6mm，对应的层间位移角为 1/654；在兰州波作用下，结构模型最大层间位移发生在第 4 层，层间位移为 13.2mm，对应的层间位移角为 1/227，最小的层间位移发生在第 1 层，层间位移为 4.3mm，对应的层间位移角为 1/704。

由图 8.37 和表 8.19 可以看出：①结构模型在三种波的作用下，最大层间位移均发生在第 4 层，且中间层的层间位移角均较大；②在三种地震波作用下，结构模型的最大层间位移角均满足《建筑抗震设计规范》(GB 50011—2010)对弹塑性层间位移角限值的规定，最小的层间位移角均满足弹性位移角限值的规定，结构模型具有良好的变形能力，抗震性能良好；③结构模型在 EMC_FAIRVIEW AVE 波和兰州波的作用下,层间位移相差不大;④结构模型在 OpenSees 平台上计算出的静力弹塑性分析的层间位移平均值和非线性动力分析计算出的层间位移平均值相差较大,除底部三层外,其余各层的静力弹塑性分析的计算结果均大于非线性动力分析的计算结果,可见静力弹塑性分析的计算结果比较保守;⑤在 CPC_TOPANGA CANYON 波和兰州波作用下 OpenSees 和 SAP2000 计算出的层间位移吻合较好,但在 EMC_FAIRVIEW AVE 波作用下,OpenSees 和 SAP2000 计算出的层间位移误差稍大。

8.6 本章小结

本章在简要介绍钢管混凝土框架抗震性能发展现状的基础上,采用 SAP2000 和 OpenSees 两种有限元软件建立了钢管煤矸石混凝土框架体系模型,分别对结构模型进行了静力弹塑性分析和非线性动力分析。静力弹塑性分析主要考虑了不同侧向力加载模式和不同地震烈度水准对结构抗震性能的影响,非线性动力分析主要考虑了不同地震波作用下不同地震烈度水准对结构抗震性能的影响,并综合静力弹塑性分析结果和非线性动力分析结果进行对比分析,得到如下主要结论。

(1) 静力弹塑性分析时,两种侧向力分布模式在弹性阶段对钢管煤矸石混凝土刚度影响不大,但进入塑性阶段后,两种侧向力分布模式对其刚度影响较大,加速度分布模式比振型荷载模式计算出的刚度大。结构模型在多遇地震和罕遇地震时,层间位移角均满足弹性和弹塑性位移角限值,且结构模型中下部的侧向变形较大。在两种侧向力加载模式下,结构模型的梁端先于柱端出现塑性铰,最终状态时,结构模型中下部梁端塑性铰较底层柱端塑性铰破坏比较严重,符合规范对“强柱弱梁”的要求。

(2) 非线性动力分析时,地震波对结构模型受力情况、变形情况影响较大。在多遇地震和罕遇地震时,层间位移角均满足各自限值的要求,且结构模型中下部的侧向变形较大。在三条地震波作用下,结构模型均在中下部梁端首先出现塑性铰,而始终无柱铰出现,符合规范对“强柱弱梁”的要求。

(3) 通过对框架尺寸相同、材料等级相同的钢管煤矸石混凝土框架和钢管混凝土框架进行对比,可以看出,钢管煤矸石混凝土框架比钢管混凝土框架具有良好的变形性能,抗震性能良好。

(4) 综合基底剪力-顶点位移曲线、楼层侧移和塑性铰开裂情况可以看出,静力弹塑性分析结果与非线性动力分析结果相比偏于保守,所以在通过结构非线性分析评价结构抗震性能时,推荐使用静力弹塑性方法。

综上所述,钢管煤矸石混凝土框架结构体系在地震作用下具有良好的变形能力和受力性能，钢管煤矸石混凝土框架结构模型满足“小震不坏、中震可修、大震不倒”的三水准设防目标，是抗震性能良好的结构形式。

参 考 文 献

方鄂华，钱稼茹. 1999. 我国高层建筑抗震设计的若干问题. 土木工程学报，32(1)：4－8.

胡聿贤. 1979. 地震工程学. 北京：科学出版社.

黄襄云，周福霖. 2000. 钢管混凝土结构地震模拟试验研究. 西北建筑工程学院学报，17(3)：14－17.

吉伯海，杨明，陈甲树，等. 2006. 钢管约束下轻集料混凝土的紧箍效应及强度准则. 桥梁建设，4：11－14.

李斌，薛刚，张园. 2002. 钢管混凝土框架结构抗震性能试验研究. 包头钢铁学院学报，21(2)：174－178.

李刚，陈耿东. 2004. 基于性能的结构抗震设计——理论、方法和应用. 北京：科学出版社.

林东欣，宗周红，房贞政. 2000. 两层钢管混凝土组合框架结构拟动力地震反应试验研究. 福州大学学报：自然科学版，28(6)：72－76.

林家浩，张亚辉，赵岩. 2001. 大跨度结构抗震分析方法及近期进展. 力学进展，33(4)：15－18.

刘大海. 1993. 高层建筑抗震设计. 北京：中国建筑工业出版社.

吕西林，蒋欢军. 2004. 结构地震作用和抗震概念设计. 武汉：武汉理工大学出版社 .

马宏旺，吕西林. 2002. 建筑结构基于性能抗震设计的几个问题. 同济大学学报，30(12)：1429－1434.

马万福. 1998. 钢管混凝土单层框架动力性能的试验研究. 哈尔滨：哈尔滨建筑大学硕士学位论文.

钱稼茹，罗文斌. 2000. 静力弹塑性分析——基于性能/位移抗震设计的分析工具. 建筑结构，12(6)：23－26.

王亚勇. 2000. 我国2000年工程抗震设计模式规范基本问题研究综述. 建筑结构学报，12(1)：21－23.

杨溥，李英民，王亚勇，等. 2000. 结构弹塑性静力分析(push-over)方法的改进. 建筑结构学报，12(1)：12－15.

姚谦峰，苏三庆. 2000. 地震工程. 西安：陕西科学技术出版社.

张文福. 2000. 单层钢管混凝土框架恢复力特性研究. 哈尔滨：哈尔滨工业大学博士学位论文.

中华人民共和国住房和城乡建设部. 2010. 建筑抗震设计规范　GB 50011—2010. 北京：中国建筑工业出版社.

钟善桐，张文福，屠永清，等. 2002. 钢管混凝土结构抗震性能的研究. 建筑钢结构进展，4(2)：3－15.

Applied Technology Council. 1996. Seismic Evaluation and Retrofit of Concrete Buildings (ATC-40), Redwood, California Report. California Seismic Safty Commission.

FEMA 273. 1997. NEHRP Guidelines for the Seismic Rehabilitation of Buildings. Federal

Emergency Management Agency.

FEMA 356. 2000. The Seismic Rehabilitation of Buildings. Federal Emergency Management Agency.

FEMA 440. 2005. NEHRP Improvement of Nonlinear Static Seismic Analysis Procedures. Federal Emergency Management Agency.

Kawaguchi J, Morino S, Sugimoto T. 1997. Elasto-plastic behavior of concrete-filled steel tubular frames//Proceeding of an Engineering Foundation International Conference on Steel-Concrete Composite Construction Ⅲ. Irsee: 272－281.

Krawinkler H, Seneviratna G. 1998. Pros and cons of a pushover analysis of seismic performance evaluation. Engineering Structures, 20(4): 452－464.

Matsui C. 1985. Strength and behavior of frame with concrete filled square steel tubular columns under earthquake loading//Proceedings of the International Specialty Conference on Concrete Filled Steel Tubular Structures, Aucland: 104－111.

US Army. 1986. Seismic Design Guidelines for Essential Buildings. Department of the Army, Navy, Air Force, Washington DC.